非常规油气开采新工艺新技术新方法论文集

郑新权 沈 琛 刘建忠 主编

石油工业出版社

内 容 提 要

本书收录了近年来我国采油采气专业在非常规致密油气、页岩气、煤层气等开发中形成的优秀成果和先进的管理经验的论文共 54 篇，内容主要针对近年来国内在非常规致密油气、页岩气、煤层气等开发中形成的技术，即提高单井产量、降低开发成本、提高施工效率等新工艺、新技术、新方法和先进的管理经验等，包括方案优化、储层改造、人工举升、井下作业等单项技术或一体化集成应用及效果等。

本书适合石油勘探开发工作者，以及大专院校相关专业师生参考使用。

图书在版编目（CIP）数据

非常规油气开采新工艺新技术新方法论文集／郑新权，沈琛，刘建忠主编．— 北京：石油工业出版社，2021.3

ISBN 978-7-5183-4780-3

Ⅰ．①非… Ⅱ．①郑… Ⅲ．①油气开采-文集 Ⅳ．①TE3-53

中国版本图书馆 CIP 数据核字（2021）第 148243 号

出版发行：石油工业出版社
　　　　　（北京安定门外安华里 2 区 1 号　100011）
　　　　网　　址：www.petropub.com
　　　　编辑部：（010）64523736
　　　　图书营销中心：（010）64523633
经　　销：全国新华书店
印　　刷：北京中石油彩色印刷有限责任公司

2021 年 3 月第 1 版　2021 年 3 月第 1 次印刷
787×1092 毫米　开本：1/16　印张：20.75
字数：495 千字

定价：150.00 元
（如发现印装质量问题，我社图书营销中心负责调换）
版权所有，翻印必究

《非常规油气开采新工艺新技术新方法论文集》编委会

主 编：郑新权　沈 琛　刘建忠

成 员：杨能宇　薄启炜　徐文江　赵捍军

　　　　马玉生　姜维东　张 娜

前　言

　　当前，随着常规油气资源的快速消耗，非常规油气资源作为最现实的接替能源，在世界能源格局中扮演着日益重要的角色。我国非常规油气资源丰富，开发利用潜力巨大，近年来勘探开发势头迅猛。各大石油公司在探索非常规油气开采方面不断攻克技术难关，取得了一系列重要的理论成果和经验，保障了非常规油气资源大规模开发的实现。为了及时总结、共享这些经验和成果，降低重复交叉研究和不必要的人力、物力重复投入，进而加快我国采油气技术发展的步伐，编写了本书。本书内容基本涵盖了近年来我国采油气专业在非常规致密油气、页岩气、煤层气等开发中形成的优秀成果和先进的管理经验，为广大业内管理人员和科研人员提供参考。

　　在本书的编写过程中，得到了中国石油学会石油工程专业委员会采油工作部、中国石油、中国石化和中国海油等各单位和领导及全体论文作者的大力支持和帮助，在此表示衷心感谢！

　　由于本书汇编的时间比较紧，编者水平有限，其中的疏漏和错误之处在所难免，肯请各位专家、学者批评与指正。

目　　录

玛湖地区致密砾岩油藏水平井体积压裂用石英砂适应性分析
………………………………………………………… 陈　昂　马俊修　鲁文婷　张丽萍（1）
智能防砂控水工艺在高泥质稠油油藏中的应用
………… 王海宁　熊书权　邹信波　李　凡　李勇锋　杨　光　段　铮　黄正详（10）
礁灰岩油藏微粒过饱和充填完井技术作用机理研究及创新应用
………… 杨　勇　谢日彬　李　锋　邹信波　吴意明　李小东　孙常伟　刘远志（21）
φ177.8mm套管一次多层压裂充填工具的研制及工业化应用
……………………………………………………… 车争安　修海媚　巩永刚　贺占国（30）
薄互层低渗透油藏大规模组合压裂配套技术研究与应用
……………………………………………………… 于法珍　杨广雷　陈　斌　王营营（36）
页岩气水平井产气剖面测试新方法——混合温度法的研究与应用………… 樊丽丽（48）
松辽盆地古隆起基岩缝控储量体积改造技术探索
………………………… 朱兴旺　吕玲玲　邓大伟　王海涛　尚立涛　魏　旭（59）
非常规油气开发光纤微地震监测技术研究与应用
………………… 谢　斌　潘　勇　王宁博　张　敏　潘树林　刘　飞　汪　志（65）
南堡油田多元热流体多轮次吞吐后转蒸汽驱可行性研究
………………………………………… 王秋霞　邹　剑　刘　昊　韩玉贵　张　华（74）
深层页岩气高效压裂关键工艺技术……………………………………………… 段　华（79）
页岩气电动泵压裂配套工艺及应用…………………………………………… 龚明峰（86）
长庆油田定位球座系列体积压裂工具研发与应用
………………………… 郭思文　刘晓瑞　张家志　贾姗姗　江智强　胡相君（91）
碳纤维连续杆深抽举升工艺在非常规油藏开发后期的应用
………………………………………… 孙洪舟　任小磊　李大伟　韩吉顺　胡　营（98）
川西须家河组DY1井复合改造工艺技术……… 杨衍东　刘　林　王兴文　王智君（104）
川南页岩气压裂用可溶桥塞技术现状与发展趋势
………………… 付玉坤　喻成刚　喻　冰　尹　强　李　明　邓　悟（108）
煤系天然气同井筒合采理论与技术展望………………………………………… 孟尚志（119）
固定阀球可开启泄油式抽油泵的研究与应用………………………………… 于海山（125）
低渗透油田低产水平井治理技术研究与实践 … 张　炜　常莉静　朱洪征　李大建（128）
"一站多井"液压抽油机液压系统设计与试验………………………………… 王立杰（135）
分压合采完井方式在临兴区块致密气藏的应用
……………………………………………… 张红杰　李　斌　王　鹏　孙泽宁（138）
130BPM全电动混砂橇在页岩气压裂施工中的应用 ………… 高启国　高银胜（143）
安岳气田须二段气藏有水凝析气井产能维护工艺技术应用实践
……………………………………………………… 严　鸿　谢　波　罗　炫　何同均（150）

渤海油田稠油热采工艺技术研究与实践
　　………………………………… 韩晓冬　王秋霞　刘　昊　王弘宇　张　华（156）
超深井深穿透喷砂射孔完井工艺研究与应用 ………… 张　杰　吴春洪　秦　星（161）
川西气田智能注剂排采系统的开发与应用 …… 黄万书　刘　通　倪　杰　赵哲军（167）
大港油田页岩油体积压裂技术探索与实践 ……………… 刘学伟　陈紫薇　尹顺利（171）
低压致密气藏采气关键技术问题
　　………………… 周　祥　蒋卫东　赵志宏　刘　翔　裘智超　伊　然（176）
地热水驱在海上稠油断块油藏的应用研究及配套技术实践
　　………………… 匡腊梅　邹信波　杨　光　段　铮　李勇锋　王海宁（182）
非常规油藏义178-184块压裂配套工艺浅析
　　………………… 郑英杰　李文轩　李　彬　李有才　李　楠　唐　硕　李　斌（188）
高分子活性降黏冷采技术在草13块孔店组的研究与应用
　　…………………………………… 孙　超　张　江　万惠平　石明明（192）
高含水ICD完井水平井的二次控水改造矿场实践
　　………………………… 刘　佳　徐立前　高晓飞　段　铮　武宇泽（195）
高温高压酸性井筒腐蚀预防及环空保护液研究
　　………………………… 潘丽娟　李冬梅　龙　武　李渭亮　黄知娟（201）
海上稠油高温井下监测工艺技术研究及应用
　　……… 王弘宇　王秋霞　刘　昊　张　华　韩晓冬　张　伟　周法元　韩玉贵（205）
海上稠油油藏自源闭式地热能量补充技术研究与实践
　　………………… 李勇锋　邹信波　熊书权　王中华　李　凡　王海宁　黄正详（210）
海上稠油热采长效注汽管柱配套及矿场试验
　　………………………… 张　华　刘义刚　邹　剑　韩晓冬　韩玉贵（216）
海上油田T型井解堵扩能技术应用研究
　　………………… 段　铮　邹信波　匡腊梅　杨继明　刘　帅　杨　光（220）
海相疏松砂岩油田水平井小剂量精准高效控堵水工艺
　　………………… 江任开　李莉娟　杨　勇　刘　佳　高晓飞　张　译　徐立前（224）
基于注采井间窜逸参数量化识别的组合调驱技术研究与应用
　　………… 李彦阅　王　楠　张云宝　代磊阳　薛宝庆　黎　慧　夏　欢　吕　鹏（227）
井下节流器压缩中心杆打捞工具的研制与应用
　　………………………… 张安康　李旭梅　胡开斌　姜　勇　王效明（237）
爬行器找堵水一体化在南海东部高含水老油田水平井中的应用
　　………………………………… 徐立前　张　译　高晓飞　李俊键（242）
葡萄花油田缝内转向压裂技术研究与应用 ……………………………… 张　建（250）
三轴条件下页岩岩石力学各向异性测试新理论和新方法
　　………………… 金　娟　张广明　刘建东　蒋卫东　程　威　张潇文（255）
水平井连续油管泡沫冲砂酸化一体化工艺技术
　　………………………………… 罗有刚　刘宝伟　杨义兴　张雄涛（262）
水平井压力激动判识来水方向选井方法研究
　　………………………………… 李大建　常莉静　景晓琴　周杨帆（268）

苏里格气田排水采气主体工艺技术研究
.... 陈庆轩 王晓明 蒋成银 崔春江 任越飞（272）
特低渗透凝析气藏压裂关键技术研究与应用
.... 张 冲 邵立民 夏富国 李玉贤（281）
提高加砂强度对致密油藏提高单井产量的探讨与实践
.... 张洪亮 赵玉武 张明伟 陈 静（288）
新型无杆泵举升技术研究与应用
.... 呼苏娟 甘庆明 李佰涛 张 磊 杨海涛 魏 韦（292）
盐家油田永936块致密砂砾岩油藏压裂开发实践与认识
.... 王瑞军 方 婧 杨 峰 李力行 徐云现（297）
页岩储层地应力场预测技术研究 .... 唐思洪 杨 建 彭钧亮 韩慧芬（300）
页岩气水平井智能压裂监测技术研究 .... 帅春岗 尹 强 喻成刚 杨云山（305）
义184块致密砂岩油藏钻采主导工艺的优化与配套
.... 李良红 田小存 黄艳霞 孙 麟 刘 阳（309）
致密灰岩储层高造斜率四边形油井应用案例分析
.... 刘远志 闫正和 谢日彬 杨 勇 陈 琴（313）
致密气储层压裂入井工作液组合研究与应用 .... 刘培培（317）

玛湖地区致密砾岩油藏水平井体积压裂用石英砂适应性分析

陈 昂 马俊修 鲁文婷 张丽萍

(中国石油新疆油田公司工程技术研究院)

摘要：新疆玛湖地区致密油储层最小主应力介于 40~75MPa，勘探评价阶段使用在高闭合压力下可保持高导流能力的 20/40 目陶粒为主支撑剂，但随区块进入规模开发，支撑剂需求量巨大，支撑剂成本占压裂成本的 25%~30%。为了进一步降低支撑剂成本，在采用数值模拟结合支撑剂室内实验论证使用石英砂作为支撑剂可行性的基础上，选择部分区块进行了石英砂替代陶粒作为支撑剂现场试验。结果表明：(1) 油藏最小主应力随孔隙压力变化而变化，在整个开发过程中呈现"升高、恢复、降低"的规律。(2) 玛湖地区致密油裂缝理论导流能力需求为 30.0D·cm，室内实验石英砂加载压力等于自喷期作用于支撑剂的有效闭合应力时，其导流能力介于理论导流能力需求范围，且随铺砂浓度增加，导流能力增加。(3) 2017—2018 年，玛湖地区试验石英砂替代陶粒 46 井次，共使用石英砂 $5.9 \times 10^4 m^3$，节约费用 1.37 亿元。通过石英砂试验井与邻井对比分析，投产一年的累计产油量无明显差异。结论认为，该项试验为在基质渗透率极低的致密油储层中采用石英砂替代陶粒以降低成本提供了技术支撑。

关键词：致密油；石英砂；降低成本；替代试验

自 2015 年以来，水平井+体积压裂成为玛湖地区致密砾岩油藏有效开发动用方法，由于玛湖地区致密油储层闭合应力高（已开发区块油藏中部深度 2800~3900m、闭合应力 40~75MPa），前期开发井使用在高闭合压力下可有效保持导流能力的 20/40 目陶粒作为主要支撑剂，达到保持裂缝长期有效的目的。但随玛湖地区砾岩油藏进入规模开发阶段，其对支撑剂的需求量与日俱增，同时支撑剂成本占单井压裂成本的 25%~30%，因此需要探索材料降本有效途径。

2015—2017 年，随着油价下跌，国外致密油气开发为进一步压缩成本，开始采用石英砂替代陶粒作为支撑剂。借鉴国外经验，结合玛湖地区致密砾岩油藏地质物性、生产动态，论证了在玛湖地区应用石英砂替代陶粒作为支撑剂的可行性，优选了试验井，开展了应用石英砂现场试验，为后续在基质渗透率极低的致密油储层中采用石英砂替代陶粒提供支撑。

1 致密油用石英砂可行性论证

1.1 已压裂井地应力场动态变化规律

数模模型采用有限元网格描述人工裂缝（图1），有限元网格是由内部为三角网格，外部为长方形网格的网格单元构成的，裂缝由二维平面和定义在该平面上缝宽来近似表示。在解决了人工裂缝差分网格收敛性的同时保证了计算精度和效率,同时还可表征比较复杂的裂缝形态。

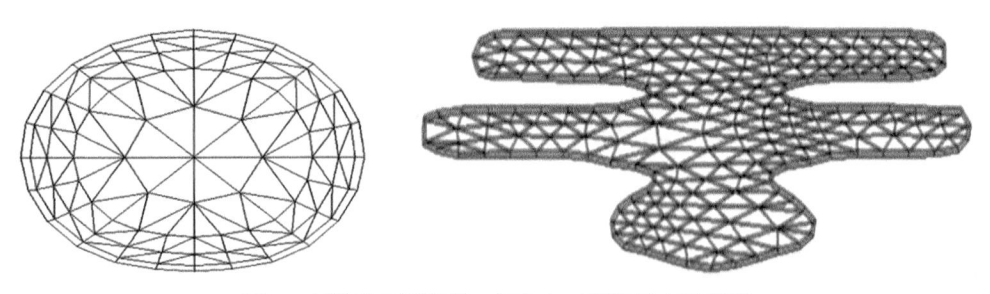

图 1 有限元表征简单、复杂人工裂缝形态示意图

对玛湖地区投产时间最早的井组玛 13X 井区 MaHW132X0—MaHW132X5 井区域进行模拟,阐明已压裂井地应力场变化规律。与常规数值模拟不同,本地区压裂井裂缝级数多,注入压裂液量大,对原始饱和度场和压力场产生非常大的影响,压裂完后井周围网格压力可达到 60~70MPa,甚至更高。而近井地带的含水饱和度在压裂后会变高,从而在生产过程中会形成一段初期高含水,随后含水快速下降的过程。因此,为了保证模型的初始压力场和饱和度场与实际相符,模型计算时,井在生产之前按压裂液入井总液量注入模型。在生产过程模拟中,模型采用定液量计算,拟合日产油和井口压力。历史拟合结果看,模型计算数据与实际数据吻合较好(图 2)。

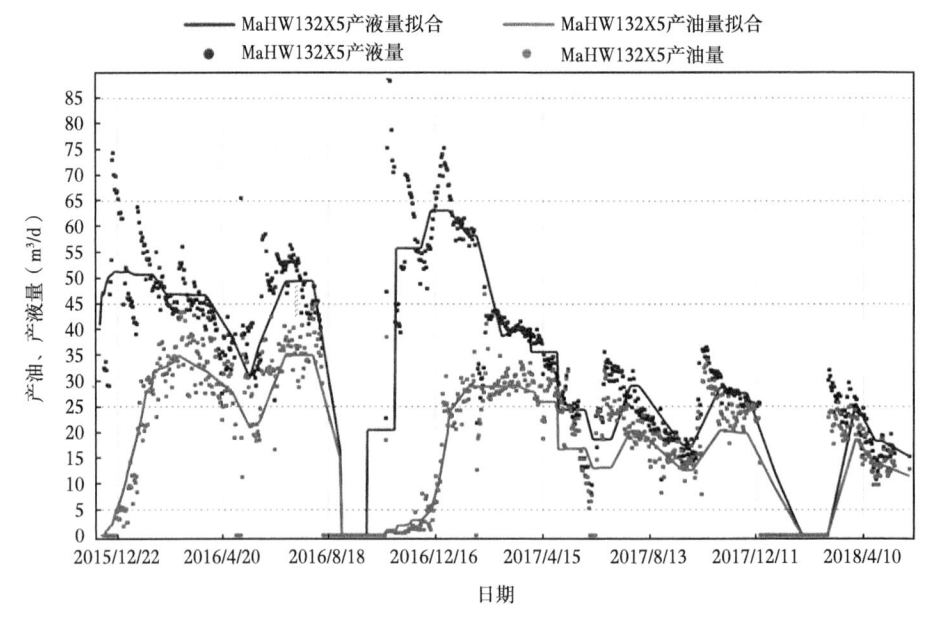

图 2 MaHW132X5 井日产液量、日产油量拟合曲线

MaHW132X0—MaHW132X5 井区域原始最小主应力在 44.4~70.3MPa 之间,平均为 52.0MPa,截至 2018 年 6 月,平均最小主应力下降至 49.0MPa。其中,Ma132_X 井、MaHW132X3 井、MaHW132X4 井、MaHW132X5 井周边最小水平主应力下降明显,由原始最小水平主应力 52.0MPa 下降至 47.0MPa,减小约 5.0MPa。MaHW132X0 井、MaHW132X1

井、MaHW132X2井附近最小水平主应力与原始值比略微减小0~2.0MPa（图3）。地应力的变化与井的生产情况相符合，Ma132_X井、MaHW132X4井、MaHW132X5井区域最小水平主应力变化较大主要是由于该区域井累计采出量远大于累计注入量，Ma132_X井注入采出差值已达到28837m³，MaHW132X3井部分储量已被Ma132_X井动用。而MaHW132X0井、MaHW132X1井、MaHW132X2井附近最小水平主应力变化不大，主要原因是由于初期的压裂液注入造成地应力增加，而在开采过程中，地应力逐步恢复至原始地应力附近。

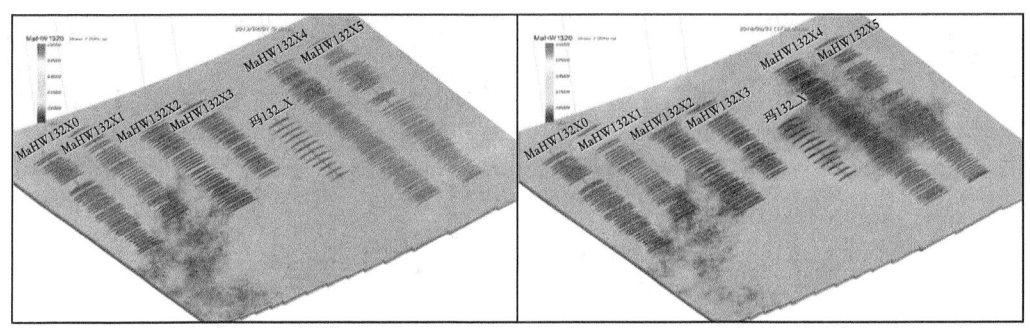

（a）初始最小水平主应力场　　　　　（b）2018年6月最小水平主应力场

图3　MaHW132X0—MaHW132X5井最小水平主应力场变化

分析该井组地应力场动态变化规律，地应力随孔隙压力变化而变化，呈现升高、恢复、降低规律。生产后期随着采出程度增加，地层孔隙压力下降，最小水平主应力随之下降，为采用石英砂替代陶粒提供了有利条件。

1.2　玛湖地区致密油人工裂缝导流能力需求

对于玛湖地区支撑剂导流能力的需求分析，提出了以阶段累计采油量或采出程度为研究目标函数来匹配地层导流能力的方法。首先建立油藏数值模拟的模型，网格参数直接从粗化后的地质模型中提取。除了常规数值模拟所需要的网格深度、孔隙度、渗透率、净毛比、饱和度、孔隙压力等参数外，还提取了地应力模拟所必需的岩石物理及地应力参数，主要包含最大水平主应力、最小水平主应力、垂向应力、杨氏模量、泊松比等参数(图4)。

利用生产资料进行产量、压力等方面的拟合计算。在模拟计算时，油井定油量生产与实际值基本上一致，只要保证计算出的井口压力与实际值一致才能保证所模拟结果的可靠性，利用历史拟合结果来计算满足人工裂缝反演要求。

利用油藏数值模拟的结果对开采不同时间段在不同导流能力下采出程度预测分析，选取不同导流能力模拟不同时间下的采出程度，如图5所示，结果表明，30D·cm的时候基本上处于临界点。导流能力继续增加，采收率增幅不大。

1.3　自喷期长，有效应力增加缓慢

加载于支撑剂上的力与应力的状态和孔隙压力有关，对于主裂缝垂直于最小水平主应力方向的情况，生产时由于裂缝内液体承担部分闭合应力，支撑剂所受有效应力小于闭合应力，即：

作用于支撑剂上的有效应力＝闭合应力（最小水平主应力）＋裂缝变形应力－井底流压

3

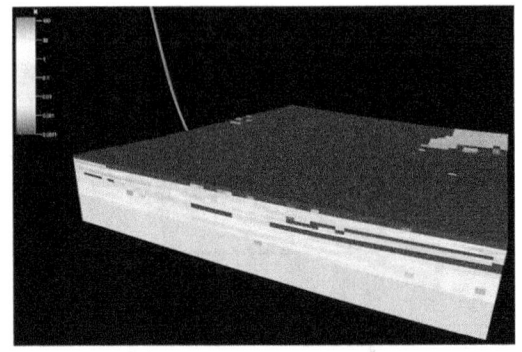

（a）三维渗透率数值模型示意图 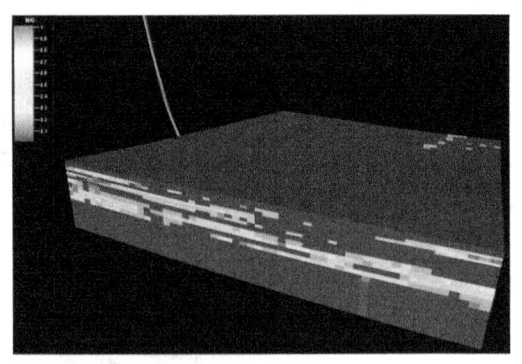　　　　（b）典型井三维净毛比数值模型示意图

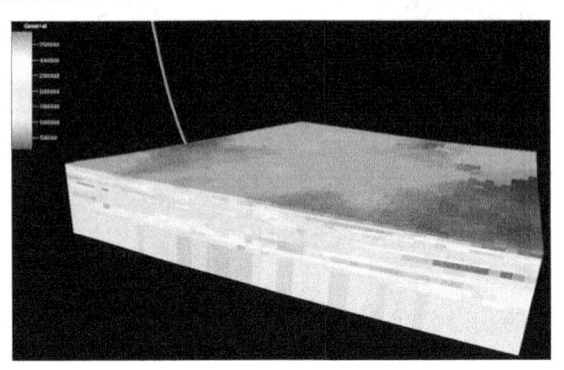

（c）三维杨氏模量数值模型示意图

图4　地质及地应力参数模型

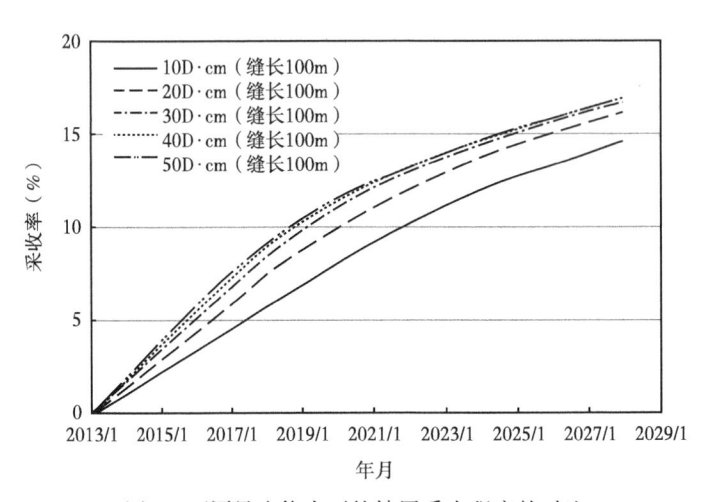

图5　不同导流能力下的储层采出程度的对比

水平井由于大液量注入，提高了地层保压能力，以Ma13X井区MaHW132X5井为例，该井累计生产1085天，累计产油20807t，目前日产油15t，井口压力5.4MPa。该井水平段垂深3275~3416m，以闭合应力56MPa，变形应力5MPa计算，目前生产期内最大有效应力为29.9MPa。水平井自喷期长、保压能力强为石英砂替代提供了条件。

2 石英砂性能测试

现场对 20/40 目、30/50 目、40/70 目石英砂取样，对其粒径分布、酸溶解度、破碎率、支撑剂导流能力进行测试。

2.1 粒径分布

称取分样品倒入配备好的已称重的组筛的顶筛，经振动筛振动 10min 后称取每个筛子和底盘重的支撑剂质量，计算每个筛子和底盘中支撑剂质量占总质量的百分比，测试结果如图 6 所示。95%以上石英砂粒径符合要求，达到 SY/T 5108—2014 中要求。

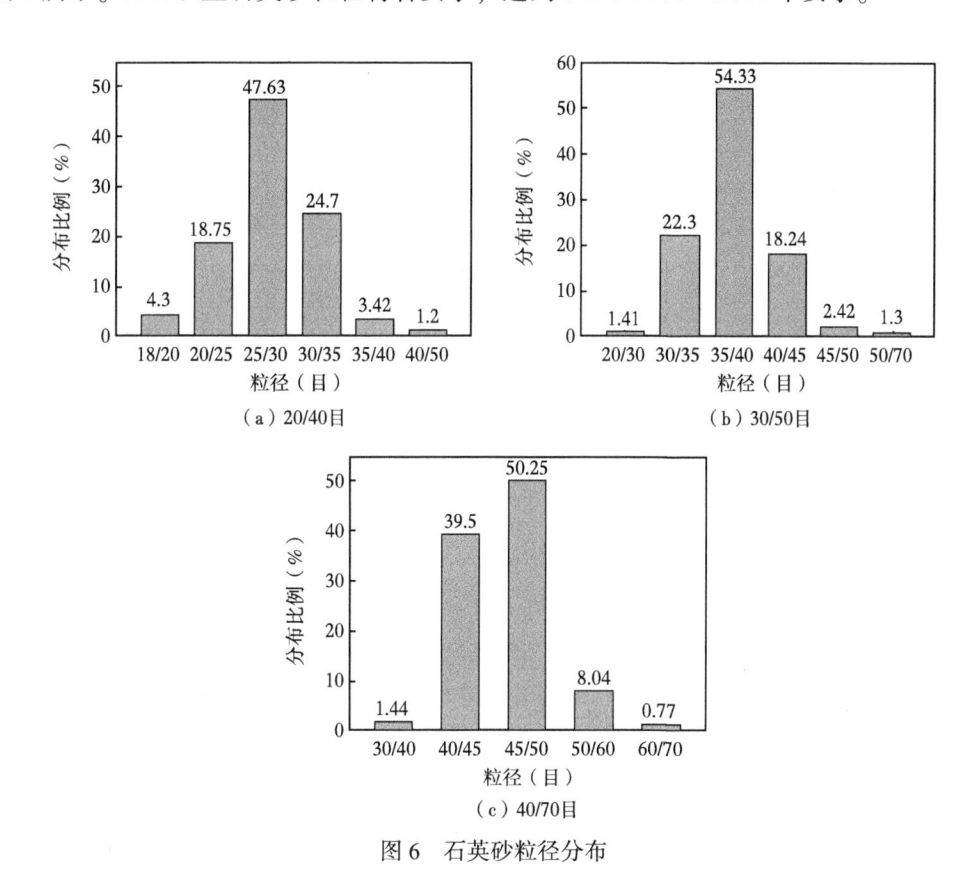

图 6 石英砂粒径分布

2.2 酸溶解度

酸溶解度目的是测定支撑剂表面碳酸盐与黏土矿物等的含量，碳酸盐与黏土是油气藏的有害杂质，其含量过高时，容易形成胶结物堵塞油层通道。

20/40 目、30/50 目、40/70 目石英砂酸溶解度为 3.4%～4.2%，符合使用标准。酸溶解后支撑剂颜色变化明显，黄色石英砂变为灰白色（图 7）。

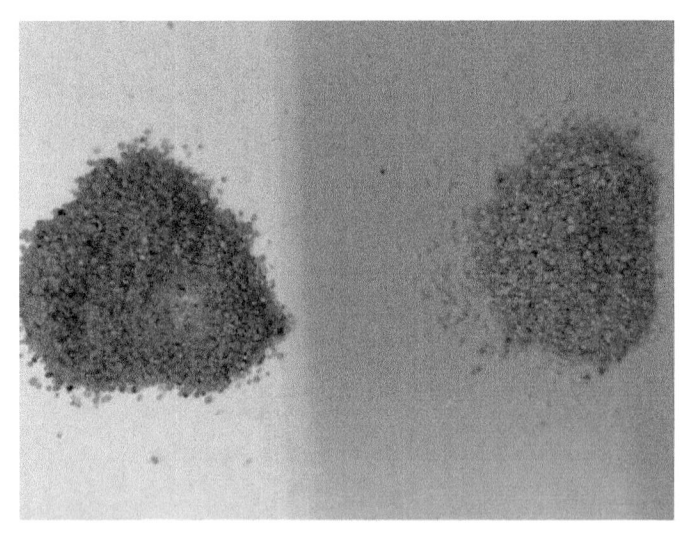

图 7 20/40 目石英砂测试前后对比

2.3 破碎率测试

闭合压力下的破碎率反映支撑剂强度，强度越高，破碎率越低，地层裂缝闭合后能保持有效裂缝宽度。实验使用液压机、破碎室进行不同压力下的破碎率测试（表1），破碎后使用振动筛测量，并进行显微镜观察支撑剂破碎前后颗粒形态。

表 1 石英砂破碎率

粒径（目）	20MPa（%）	30MPa（%）	40MPa（%）
20/40	2.1	3.6	7.8
30/50	1.7	3.1	6.9
40/70	1.4	2.8	6.2

显微观察发现石英砂破碎后形成大量粉末，压裂后粉末可能堵塞流道，降低导流能力，如图8所示。

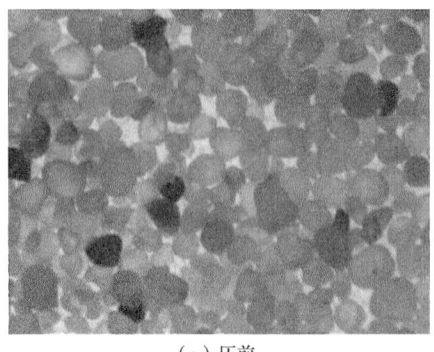

（a）压前 　　　　　　　　　　　　（b）压后

图 8 20/40 目石英砂压力测试后形态

2.4 支撑剂导流能力测试

裂缝有效导流能力是评估压裂改造成败的关键，室内实验中不同类型支撑剂、不同铺砂浓度随闭合压力增加导流能力变化。

实验中铺砂浓度为（4.5~12.5kg/m²），每组增加0.5kg/m²；实验温度模拟地层温度60℃，流体为蒸馏水，实验结果如图9所示，对于抗压28MPa的20/40目石英砂，当铺砂浓度大于7.5kg/m²时，其导流能力大于30D·cm，可满足裂缝理论导流能力需要（图9）。

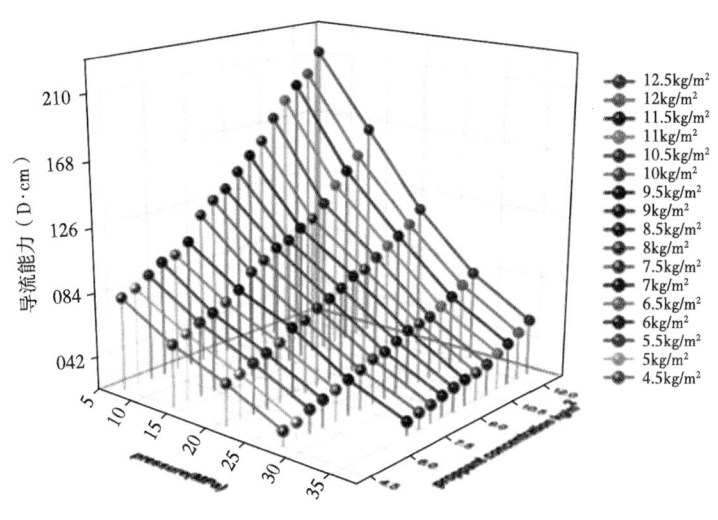

图9 不同铺砂浓度下20/40目石英砂导流能力

3 现场试验效果

2017—2018年，玛湖地区6个主力区块共计实施石英砂替代陶粒共46井次，石英砂替代量5.9×10⁴m³，节省支撑剂费用1.37亿元。

以石英砂试验井次最多的Ma13X井区为例，该区块油藏中部深度2568~3260m，地层压力系数为1.11~1.18，以井口压力下降至0.5MPa停止自喷计算，自喷期最大有效应力约为28.6MPa。该区试验井15口，统计该区块生产270天累计产油情况，采用石英砂的水平井平均5024t，采用陶粒的水平井5429.4t，平均日产相差1.5t；考虑水平段长因素，将累计产油折合至每米累计产油，采用石英砂的水平井270天平均每米产油3.28t，采用陶粒的水平井270天平均每米产油3.68t，无明显差异。

Ma13X井区T1b3层两口井MaHW12X6井、MaHW12X7井储层埋深3103~3209m，采用石英砂作为支撑剂的试验井MaHW12X6井作业水平段长1612m，油层钻遇率91.7%，孔隙度为7.52%~13.76%，平均为10.08%，渗透率为0.12~50.0mD，平均为1.85mD，含油饱和度为45.0~71.45，平均为54.81%；邻井MaHW12X7井作业水平段长1692m，油层钻遇率85.7%，孔隙度为7.52%~14.90%，平均为9.86%，渗透率为0.06~50.0mD，平均为1.489mD，含油饱和度为40.0%~73.91%，平均为53.85%，两井地质物性条件基本相当。MaHW12X6井压21段41簇，压裂液量25785m³，石英砂1814m³；MaHW12X7井压22段42簇，压裂液量24578m³，陶粒1597m³。两井除加砂强度差异之外，其余压裂参数基本相同。MaHW12X6井较MaHW12X7井晚1个月投产，目前生产590天，在受其他井压裂干扰之前，MaHW12X6与MaHW12X7两井累计产油量、压力基本相当，未表现出明显差异，如图10、图11所示。

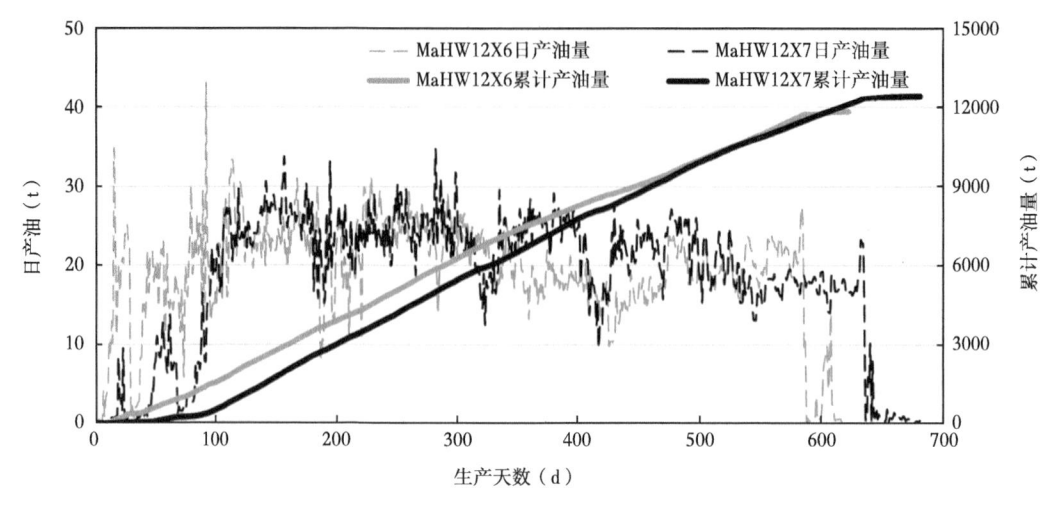

图10 MaHW12X6井、MaHW12X7井累计产油对比

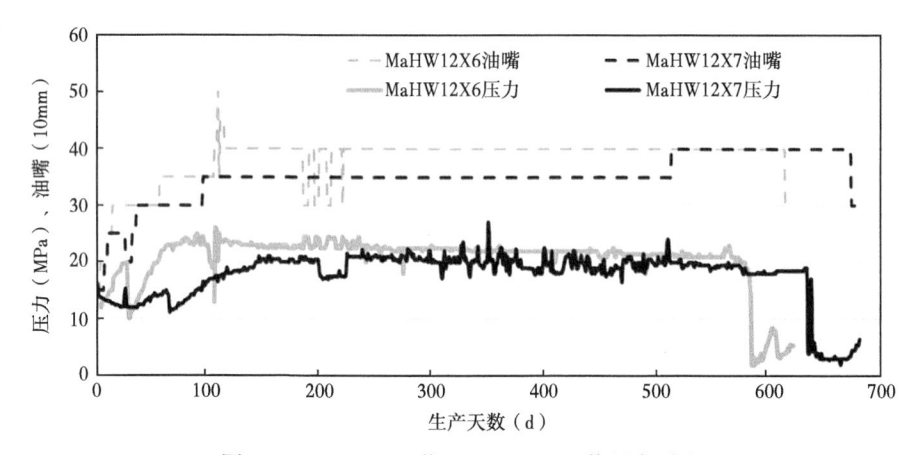

图11 MaHW12X6井、MaHW12X7井压力对比

4 结论

（1）依据目前生产情况，进行了已压裂井地应力场模拟，最小水平主应力随地层孔隙压力的变化而变化，随着采出程度增加，地层孔隙压力下降，最小水平主应力随之下降，这一变化规律为采用石英砂提供了有利条件。

（2）数值模拟表明，对于玛湖地区致密油藏，其理论需求导流能力约为30D·cm，继续增加导流能力，其采收率增速变化较小。

（3）玛湖地区水平井自喷期长，作用于支撑剂上的有效应力增加缓慢，为采用石英砂替代陶粒创造了条件。

（4）对现场所用的20/40目石英砂进行性能测试，其粒径分布、酸溶解度、破碎率均符合要求，在铺砂浓度大于 7.5kg/m² 时，其导流能力大于理论需求导流能力，可以满足油藏生产需求。

（5）由于石英砂成本低，2017—2018 年实施 46 井次石英砂替代共节约费用 1.37 亿元，对石英砂替代典型区块进行分析，目前生产未表现出明显差异。

参 考 文 献

[1] 寇双锋，陈绍宁，何乐，等．石英砂在苏里格致密砂岩气藏压裂的适应性［J］．油气藏评价与开发，2019，9（2）：65-70.

[2] 黄天坤，郝世彦，魏登峰．压裂支撑剂抗破碎能力及其数学模型研究［J/OL］．应用力学学报：1-6［2019-06-05］．http：//kns.cnki.net/kcms/detail/61.1112.O3.20190202.2032.002.html.

[3] 雷群，管保山，才博，等．储集层改造技术进展及发展方向［J］．石油勘探与开发，2019，46（3）：580-587.

[4] 高新平，彭钧亮，彭欢，等．页岩气压裂用石英砂替代陶粒导流实验研究［J］．钻采工艺，2018，41（5）：35-37，41，9.

[5] 杨立峰，田助红，朱仲义，等．石英砂用于页岩气储层压裂的经济适应性［J］．天然气工业，2018，38（5）：71-76.

[6] 纪国法，张公社，许冬进，等．页岩气体积压裂支撑裂缝长期导流能力研究现状与展望［J］．科学技术与工程，2016，16（14）：78-88.

智能防砂控水工艺在高泥质稠油油藏中的应用

王海宁 熊书权 邹信波 李 凡

李勇锋 杨 光 段 铮 黄正详

（中海石油（中国）有限公司深圳分公司）

摘要：南海东部海域 E 油田属于疏松高泥质稠油油藏，早期投产的 13 口油井。包括 12 口水平井和 1 口定向井，这些油井特点如下：生产层位分布的储层大多数为边水油藏、布井位置集中在油藏构造中高部位、储层物性为中高孔中渗、完井方式为优质筛管简易防砂。由于能量传导速率较低，早期油井普遍存在产能递减较快现象。因此，新增的第三批油井 D16H 井和 D17H 井优化了完井方式，采用充填防砂工艺在筛管与产层井壁之间建立砂桥，进而通过适度提高生产压差来释放油井产能。此外，分别采用了 AICD 和 CFS 两种不同的智能控水工艺来解决稠油油藏内含油边界部位油井含水率上升快的问题。通过充填防砂和智能控水工艺的综合应用，两口井平均日产油量增加至早期油井的 2~3 倍，并且含水率上升速率明显降低，智能防砂控水工艺在 E 油田取得显著的"降水增油"效果。

关键词：稠油油藏；AICD；CFS；充填防砂；控水增油

E 油田位于南海珠江口盆地，其所在海域水深约 90~95m。沉积相为三角洲前缘，水下分流河道与河口坝。储层岩性主要为长石石英砂岩，颗粒以石英为主（约 76.1%），泥质含量较高（12%~25%）。储层物性为中高孔中渗储层，测井解释孔隙度为 22.3%~30.6%，渗透率为 79.3~701.2mD。油田以边水油藏为主，主力生产层位 L21 层在平面上分布稳定，储层粒度较细，发育泥质夹层，砂体整体连通、局部连通性较差。L21 层属于高密度、高黏度、凝固点低、低含硫的重质稠油油藏，50℃地面原油黏度为 334~412mPa·s；地层温度下原油黏度为 110~277.77mPa·s，地层原油密度为 0.919~0.935g/cm³，地层水矿化度为 35397~40919mg/L，为 $CaCl_2$ 水型。

1 E 油田开发过程中面临问题

E 油田于 2016 年 9 月开始逐步投产，第一批共有 13 口油井，投产后开发效果未达方案预期，自然递减率高。投产初期产油量约 5000bbl/d（2017 年 2 月），2017 年 11 月产油量约为 3100bbl/d，年递减率约为 45%，产量递减明显（图 1）。

综合分析原油高压物性和储层物性，E 油田 L21 层主力油藏具有以下特点：稠油流动性较差、储层物性较差且非均质性强。由于边部水体距高部位的生产井较远，水体能量传导慢、供给不足，致使构造高部位的开发井生产初期产量递减较快，产能下降具体原因分析如下。

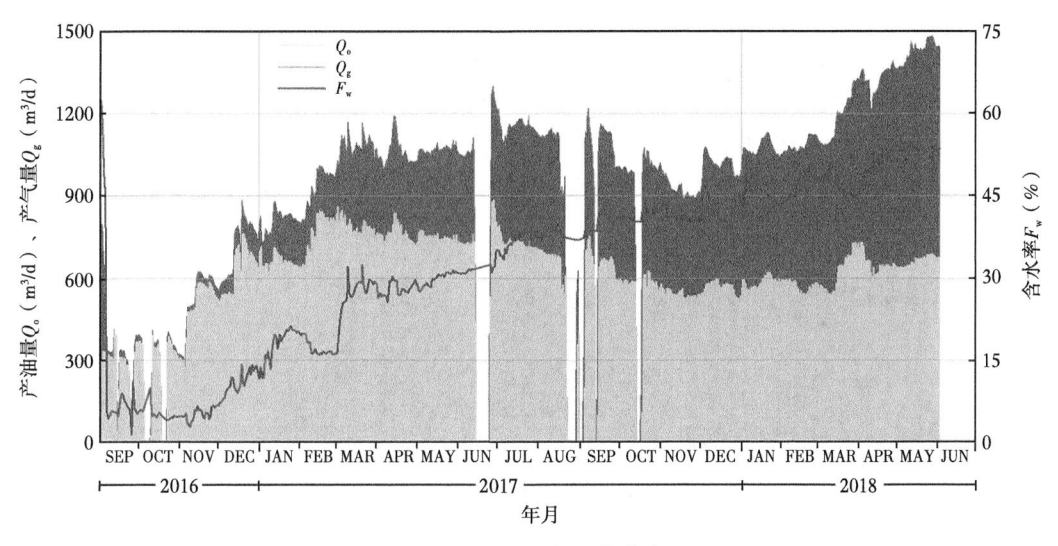

图 1　E 油田早期生产曲线

1.1　地层能量传导率低

地层能量传导率低的原因包括储层非均质性及夹层影响。2H 井、3H 井递减比其他井大，主要原因是这 2 口井钻遇多套泥质夹层，而且位于 L21 层构造高部位（图 2），影响天然能量的补充和供液速度，因此产量下降明显。

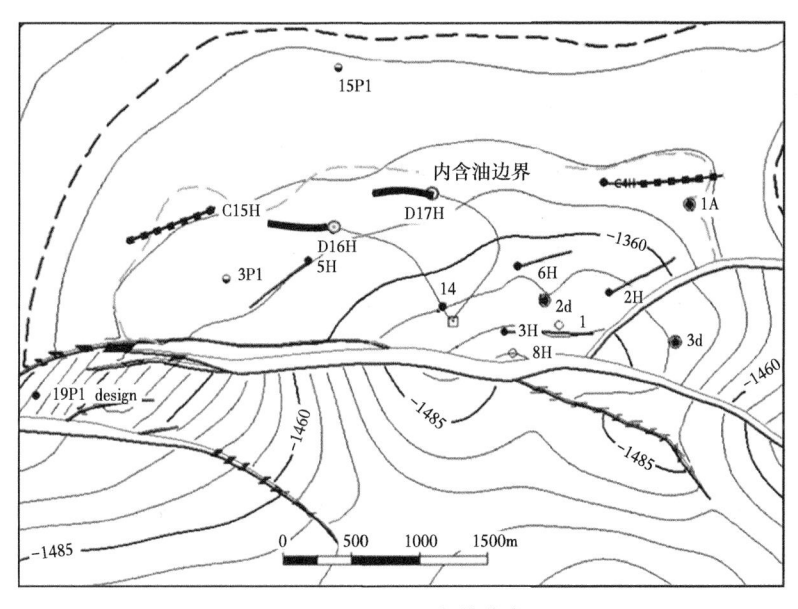

图 2　E 油田开发井分布

1.2　产层易出泥砂限制油井产能

由于产层泥质含量高，泥质、细砂掺杂有机质堵塞筛管，造成附加表皮效应，影响产液产油能力[1]。以 E 油田 1 井为例，该井于 2016 年 9 月投产，完井方式采用 5½in 优质筛

11

管，挡砂精度为149μm。初期日产液约690bbl，含水率为4.9%，随后历经5次台风停井、压井，前4次复产成功，第5次未成功复产，于2016年12月躺井。

2017年2月1井实施了连续油管冲洗复合解堵措施，施工过程中多次取到细粉砂样品，其中第六次连续油管捞泥砂作业，捞出稠油和泥砂混合物，使用有机解堵剂处理后，可以清晰地看到样品底部有细粉砂和泥质成分［图3（c）］。本次解堵作业成功复产1井，复产后该井日产液520bbl，含水率为7.5%。

（a）稠油和泥砂混合物　　（b）混合物样品加入有机解堵剂　　（c）细粉砂颗粒沉淀

图3　连续油管捞出稠油和泥砂混合物

2017年8—9月经历4次台风关停之后，于9月14日1井因无液产出再次关井。此次修井通过实施压裂砾石充填的方式，进行储层改造并变更了完井防砂方式，打捞出原井筛管并下入挡砂精度200μm的5½优质筛管，并采用16/30目陶粒进行砾石充填。对1井现场起出筛管进行拆检，拆检过程发现过滤网之间有大量砂泥堵塞物（图4）。同年12月复产后，1井日产液量最高达到850bbl，含水率为63.25%。截至2019年8月，该井未再出现砂堵不出液的现象，砾石充填完井方式可以有效防止出泥出砂。

图4　E-1井防砂筛管堵塞物

1.3　井筒温度下降导致人工举升困难

E油田属于稠油油藏，原油黏度受温度影响变化较大，井筒温度（表1）降低，自电潜泵下入深度至井口的原油黏度增加明显，井筒举升难度大幅增加。

表1　E油田投产初期油井井口温度表

井名	1	2H	3H	C4H	5H	6H	7H	8H	9H	10H	11H	12H	13H
温度（℃）	35	50	42	54	52	53	57	36	39	44	56	28	44

以2H井为例，投产初期井口温度由55℃逐渐下降至28℃，原油黏度由240mPa·s升高至1475mPa·s，根据层流沿程摩阻损失公式可知，该井井筒摩阻增大6.1倍，在此期

间该井日产液由 780bbl 逐步降至 244bbl。伴随着油田配产要求，需要对该井提液，由于井筒摩阻增大，电潜泵举升难度也加大，单井提液过程中液量提升效果微弱，但电潜泵马达温度却急剧升高（高达 140℃）：

$$Re = \frac{vd\rho}{\mu}$$

$$h_f = \frac{32\mu H_p v}{\gamma d^2} = \frac{64}{Re} \frac{H_p}{d} \frac{v^2}{2g}$$

式中，Re 为雷诺数；h_f 为油管摩阻压降，m；v 为流速，m/s；d 为油管直径，m；ρ 为密度，kg/m³；μ 为井液黏度，mPa·s；γ 为重度，N/m³；H_p 为泵挂深度，m；g 为加速度，m/s²。

通过分析 E 油田 L21 层原油黏度—温度曲线（图 5），结果表明 L21 层原油黏度对温度变化敏感，一旦油井产能下降，井筒内井液流速减小，井筒热损失加剧，导致井筒温度降低，那么井液的黏度将大幅增加，进而导致油井产量进一步下降。

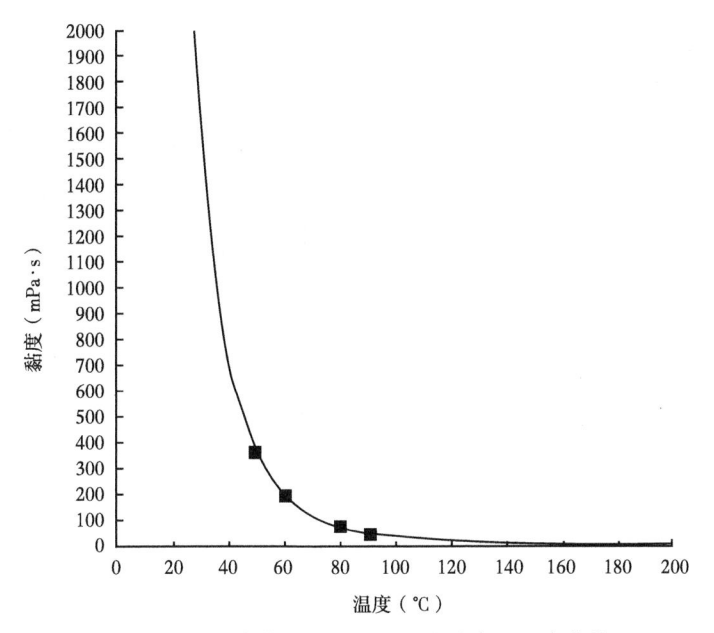

图 5 E 油田主力油层 L21 层原油黏度—温度曲线

1.4 油藏边部油井含水率上升快，油井产能受限

以 E 油田 C4H 井和 C15H 井（第二批油井）为例，这两口井均位于 L21 层油藏边部内含油边界（图 2）附近，分别位于油藏东北角和西北角。两口井投产后生产动态相似，含水率呈"厂"字形特征（图 6）上升。

通过分析 C4H 井和 C15H 井的生产动态和油藏特征，得出以下结论：由于 L21 层油藏属于边水油藏，油水边界部位天然能量充足，但是稠油油藏原油黏度较大，油水边界处的油井水平段一旦见水，容易形成优势通道，高渗井段占据优势地位，这种井段间干扰会随着产液量及含水率的上升而越加明显，这将遏制其他井段的产油能力。

(a) C4H井生产曲线

(b) C15H井生产曲线

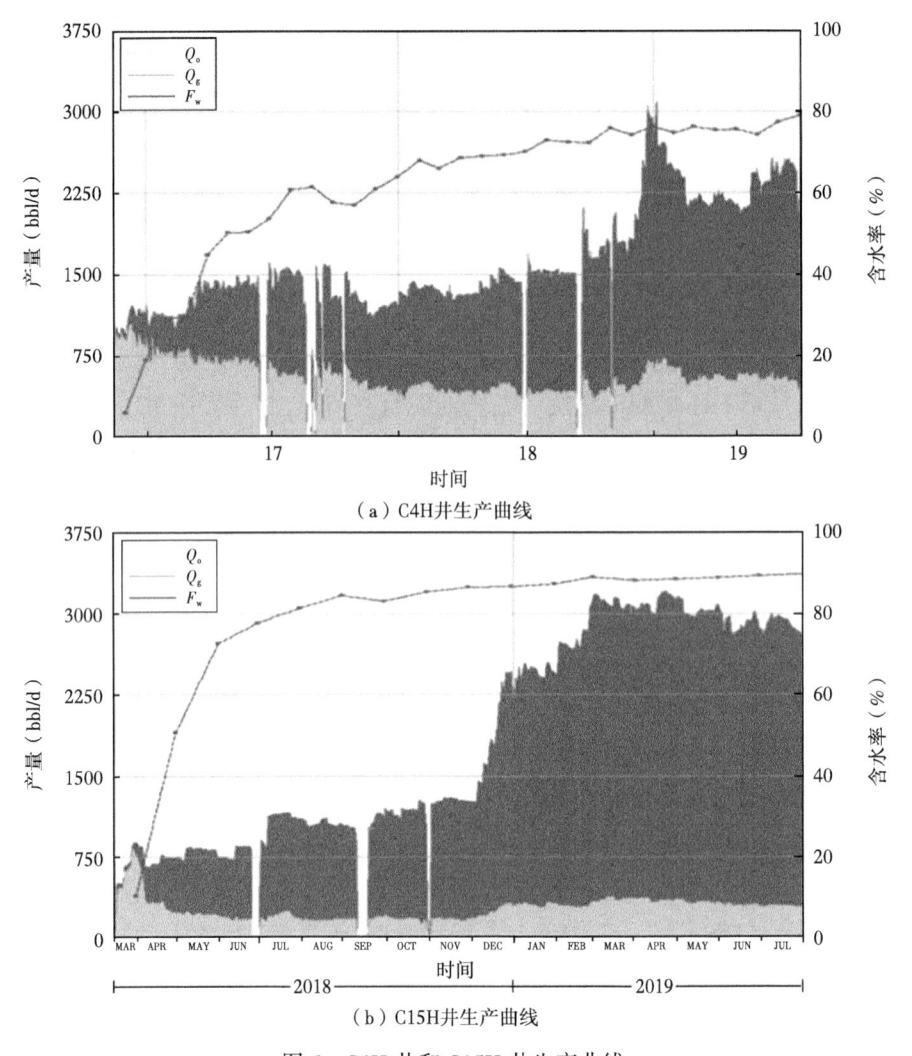

图 6　C4H 井和 C15H 井生产曲线

2　智能防砂控水技术

结合 L21 层内含油边界附近 C4H 井和 C15H 井、构造高部位油井的开发特点及 E 油田边水稠油油藏地质特征，分析了影响边水稠油油藏水平井产能的因素及含水率上升规律。结果表明：水平井到边水的距离对水平井产能的影响程度较大，水平井到边水的距离过小，边水极易突破到井底；水平井到边水的距离过大，无法充分利用边水能量，地层压力下降较快；保证水平井到边水的距离合理，水平井产能将达到最大。

针对 E 油田疏松高泥质稠油油藏的特点，第三批油井（D16H 井和 D17H 井）布井位置设计在 L21 层油水边界附近，充分利用边水能量弹性驱动，并将能量逐步引导至构造高部位。同时，稠油油藏油水黏度比大，须设计匹配的控水方式，防止边水过早突破。另外，针对泥质含量高的特点，优化完井防砂方式，避免筛管堵塞导致油井产能下降。因此，E 油田第三批油井需采用新的防砂控水完井方式。

2.1 AICD 控水技术

通过研究国内外控水技术，AICD（Autonomous Inflow Control Devices，自主式流入控制阀，图7）能够自主控水、均衡供液，提高水平井有效井段。ICD 在南海东部已经有了一定的应用，并取得了较好的效果，而 AICD 比 ICD 有更大的技术优势，具有更好的应用前景。

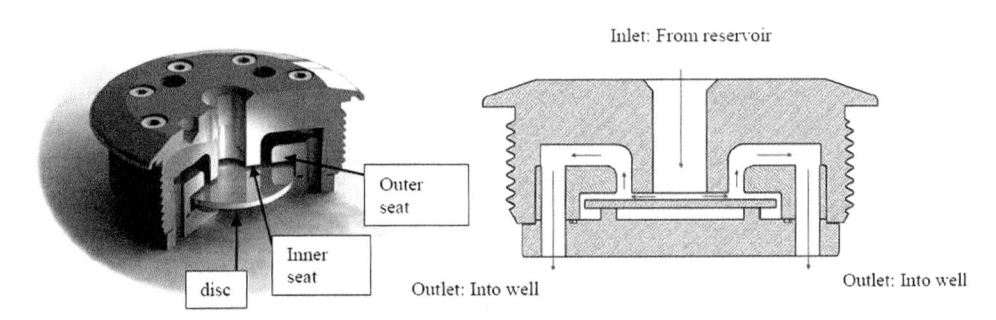

图 7 挪威石油公司 AICD 结构

2.1.1 控水机理

依据伯努利原理，通过流经阀体的不同流体黏度的变化控制阀体内碟片的开度和开关。当相对黏度较高的油流经阀体时，碟片处于开启状态［图 8（a）］，当相对黏度较低的水或气流经阀体时，碟片因黏度变化引起的压降自动"关闭"。稠油油藏原油黏度较大，油水黏度比高于稀油油藏，AICD 技术在稠油油藏的控水效果更好。

对于长水平井因储层非均质性或流体流变性差异产生的水锥与气锥现象，AICD 技术在实现 ICD 装置原有功能的基础上，着重加强了对不利流体（水或气）突破后的进一步抑制作用，实现了延缓不利流体侵入、增加水体波及系数、延长油井生产周期和提高油藏采收率的目的。

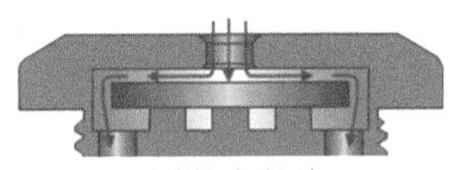

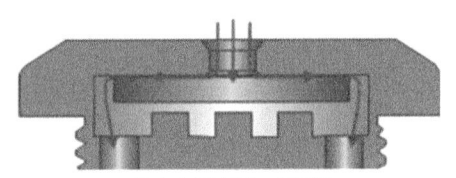

（a）油流经过—阀开启　　　　（b）水/气经过—阀关闭

图 8 不同流体流经 AICD 阀的状态

2.1.2 AICD 技术特点

（1）不需要测试找出水点就可以自主选择控水；
（2）控制全水平段的均衡产出，有效控制水平井生产过程中水锥或气锥的发生；
（3）防水、控水、控气、防砂、增油，多目标一次完成；
（4）针对性强，依据水平井的具体油藏参数和产量预期进行单独设计；
（5）基管全通径，便于修井和其他作业。

2.2 CFS 防砂控水技术

CFS（Continuous Filling Seal，连续封隔体）防砂控水技术是有效防止水平井局部水突破后导致含水率高的一项完井技术。该技术是在水平井井壁与装有ICD阀的筛管之间密实充填连续封隔体颗粒（图9），实现控水和防砂的效果。

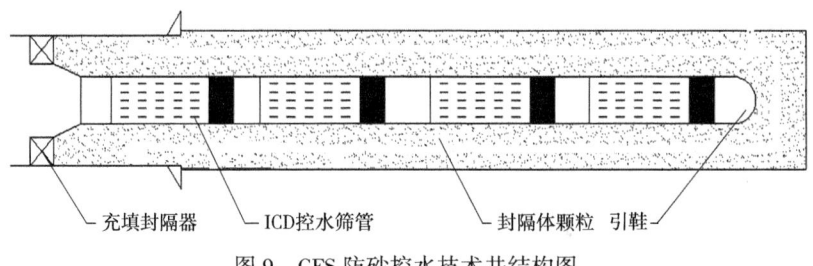

图9 CFS防砂控水技术井结构图

2.2.1 控水机理

通过筛管上ICD节流阀挡住对应出水段的高水量，封隔体颗粒阻挡水轴向窜流，保障出油段不受水窜的影响，可以保持高压差生产，从而实现水平段产液调剖、降水增油的目标。控水机理（图10）如下：

（1）ICD增加附加压差，限制高渗段产量，均衡流入剖面；增加高含水段阻力，减少产水量；

（2）封隔体形成"人工均质环空"，实现轴向封堵，有效限制井筒内轴向窜流，与ICD结合平衡水平段压力分布，达到增产的目的。

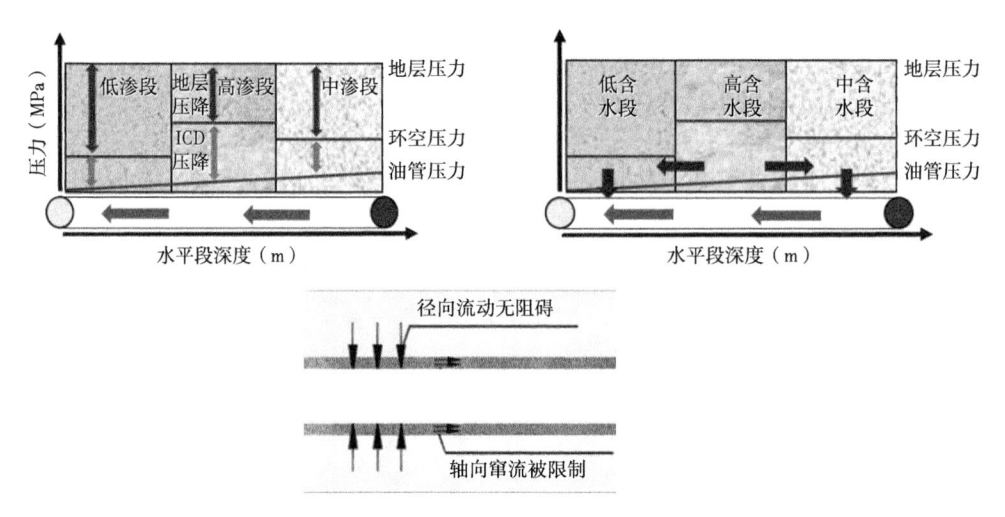

图10 ICD阀和连续封隔体颗粒控水机理示意图

2.2.2 防砂机理

CFS技术防砂机理（图11）主要有以下两方面：

（1）控水筛管上的过滤套具有防砂功能，与优质筛管的防砂功能相同；

（2）封隔体颗粒环等同于砾石充填环，具有防砂功能。

2.2.3 技术优势

CFS防砂控水技术的特点包括：

（1）无须找水，水平井全井段自适应性堵水，解决了管外窜流问题；

（2）一次堵水，规避了后期出水点额外增加的风险，控水效果长期有效；

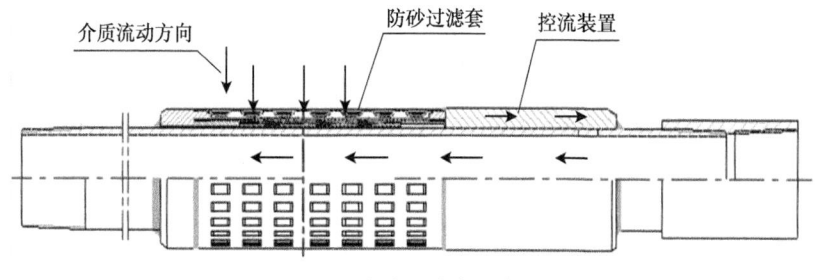

图 11 防砂过滤套示意图

(3) 对于出砂井,CFS 颗粒充填可起到砾石充填防砂作用;
(4) 后期根据作业需要,可返排出封隔体,取出控水筛管管柱;
(5) 无化学药剂,绿色环保。

3 矿场实践及完井设计

E 油田第三批油井（D16H 井和 D17H 井,见图 2）设计在 L21 油藏北部内含油边界以内,在动用油藏边部储量的同时充分利用边部水体能量,加快边部水体能量向中部传导的速度,缓解油藏中部及构造高部位能量亏空,提高主力油藏采收率。

为有效控制边部水突破速度,将 AICD、砾石充填和 CFS 三种技术结合,为这两口井设计了两种不同的控水防砂完井方式,分别是 AICD+砾石充填和 CFS 控水防砂。

3.1 D16H 井控水防砂方案设计

D16H 井开发 L21 储层,设计完钻井深 2443.6m,水平井段长 400m,完井方式为裸眼 AICD 控水筛管和砾石充填防砂。方案设计依据数值模拟,水平段有 3 个遇液膨胀封隔器（封隔器位置：2120~2125m、2260~2265m、2356~2361m）,分四段生产。20 个 5mm 型 AICD 阀,其中：2030~2120m 平均分布 3 个阀,2125~2260m 平均分布 7 个阀,2265~2356m 平均分布 6 个阀,2361~2450m 平均分布 4 个阀（图 12）,采用 $2\frac{7}{8}$in 油管配长。鉴于 L21 层原油黏度高携带能力强、泥质含量相对较高,综合考虑出砂模拟实验结果、前两批开发井防砂经验,并考虑适当放大防砂精度来增加产能,选择 16/30 目轻质颗粒进行砾

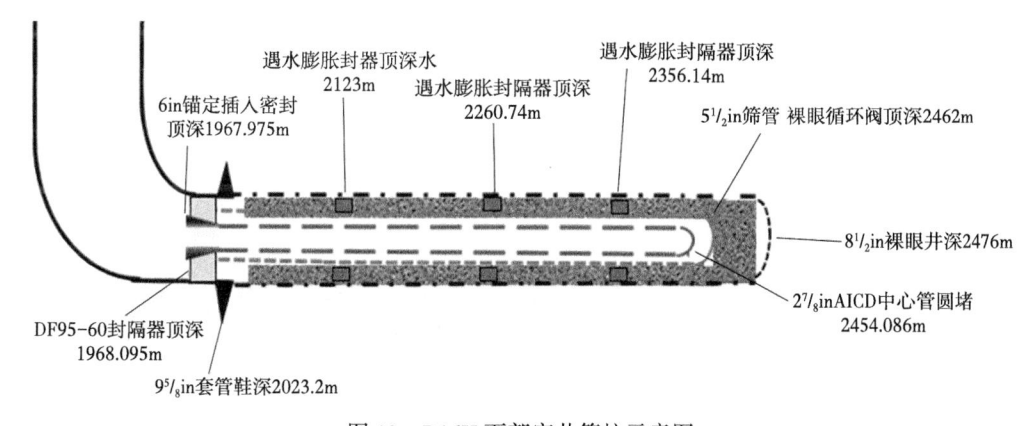

图 12 D16H 下部完井管柱示意图

17

石充填防砂。

该方案适用高液量，中高含水工况下的防砂控水、稳油的应用。该方案可满足早期低含水率下的最大的产液和产油的需求，如果前期出现水锥的问题，也可以在保证产液量的前提下，有效地实现控水稳油的目的。

3.2 D17H 井 CFS 控水防砂完井设计

D17 井开发 L21 储层，设计完钻井深 2636.49m，水平井段长 400m，组合 ICD 筛管和 CFS 技术实现防砂控水的双重功能。模拟预测在含水 95%条件下，HA 型 ICD 压降在 50% 左右，表 2。

表 2 ICD 压降模拟

日产液 (m^3)	含水率 (%)	生产压差 (MPa)	ICD 上压降 (MPa)	ICD 上压降占比 (%)
159	50	1.4	0.11	8
270	70	1.72	0.26	15
413	80	2	0.42	21
795	90	2.8	0.92	33
1335	95	3.8	2.05	54

CFS 充填设计：充填排量最高 800L/min，泵注压力最高 6MPa，设计充填封隔体颗粒 8.5m^3，理论环空容积 7.5m^3，充填过程中由于充填压力作用于地层，会使裸眼段出现一定的扩径，或由于本身裸眼段井眼不规则，使实际充填量大于理论的井筒容积。

作业步骤简介：钻井结束后，起出钻井管柱，用完井液替出钻井液，下入充填筛管和充填工具、顶部封隔器，充填管柱坐封后，正注携有封隔体颗粒的过滤液通过转换接头将封隔体泵入控水筛管环空和地层裂缝，滤液经筛管、转换接头从油套环空返出井口（图 13），而封隔体则留在筛管外环空，层层堆积实现全井段饱和充填，最后下泵投产。

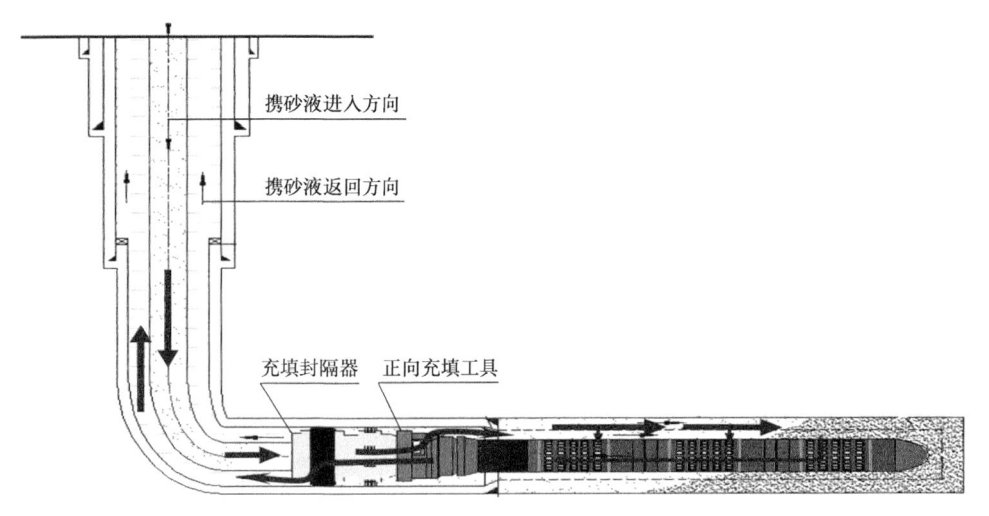

图 13 CFS 充填流程示意图

4 应用效果

采用了不同的智能防砂控水工艺的 D16H 井和 D17H 井,有效控制了含水率上升速度(完井方式和含水率对比见表3)。投产 7 个月后与未采用智能防砂控水工艺的 C4H 井和 C15H 井相比,平均含水率下降 60%,平均日产油量增加 364bbl,实现较长时间的无水采油期,有效保障了稠油生产井产能的释放。

表 3 油藏边部内含油水边界位置 4 口油井基本信息

井号	层位	油藏类型	油层厚度(m)	渗透率(mD)	水平段长度(m)	内含油边界距离(m)	完井方式	投产时间	初产产油量(bbl/d)	初产含水率(%)	投产7个月产油量(bbl/d)	投产7个月含水率(%)
C4H	L21	边水	7	483	660	0	ICD优质筛管	2016/11/13	931	7.5	704	56.38
C15H			4	316	580	0	砾石充填	2018/3/8	638	7.6	229	86
D16H			4	836	448	100	AICD+砾石充填	2018/12/27	640	0.7	734	7.75
D17H			4	861	448	150	ICD+CFS	2018/12/18	787	8.1	926	14.48

4.1 D16H 井生产情况

通过 E 油田 D16H 井投产 7 个月的生产数据分析,该井前三个月基本处于无水采油,产油量逐步提升,新完井方式控水增油效果明显,说明 AICD 和砾石充填智能控水防砂完井方式适用于该井。

4.2 D17H 井生产情况

通过 E 油田 D17H 井投产 7 个月的生产数据分析,该井含水率稳定控制在 17% 左右,产油量逐步提升,新完井方式控水增油效果明显,表明 CFS 智能控水防砂完井方式适用于该井。

4.3 综合对比

综合对比 C4H、C15H 与 D16H、D17H 四口油井含水率随累计产油增加的变化趋势可以看出,采用了新型智能完井控水防砂完井技术的油井含水率上升得到了有效控制,从单井效果来比较,控水效果最好的是 D16H 井,其次是 D17H 井。

5 结论

(1)E 油田主力油层 L21 属于边水稠油油藏,由于油水黏度比较大、边水能量充足,在油藏含油边界布井时须选择合适的控水完井方式,控制含水率上升速度,保障油井的产量,有效提高 E 油田的采收率。

(2)疏松高泥质稠油油藏在生产过程中产层容易出泥出砂,筛管易被油泥混合物堵塞,导致油井产能大幅下降,此类油井完井方式须根据储层物性设计合适的充填防砂方式。

（3）设计的 AICD 和砾石充填组合完井技术、CFS 技术在 E 油田可以实现有效地防砂控水，对类似疏松高泥质稠油油藏的开发具有指导和借鉴意义。

参 考 文 献

［1］张俊斌，邢洪宪．南海东部疏松砂岩稠油油田开发井增产工艺设计［J］．中国石油和化工标准与质量，2019（14）．

［2］邹信波，许庆华．珠江口盆地（东部）海相砂岩油藏在生产井改造技术及其实施效果［J］．中国海上油气，2014，26（3）．

［3］顾文欢，刘月田．边水稠油油藏水平井产能影响因素敏感性分析［J］．石油钻探技术，2011，39（1）．

［4］Vidar Mathiesen, Haavard Aakre, et al. The Autonomous RCP Valve-New Technology for the Inflow Control in Horizontal Wells［C］．SPE145737，2011．

［5］Martin Halvorsen, Geir Eeseth, et al. Incresaed oil production at Troll by autonomous inflow control with RCP valves［C］．SPE159364，2012．

［6］王敉邦．国外 AICD 技术应用与启示［J］．中外能源，2016，21（4）．

［7］李林，罗东红．番禺油田薄层边底水稠油油藏水平井含水率上升特征［J］．油气地质与采收率，2016，23（3）．

礁灰岩油藏微粒过饱和充填完井技术作用机理研究及创新应用

杨 勇 谢日彬 李 锋 邹信波
吴意明 李小东 孙常伟 刘远志

（中国石油（中国）有限公司深圳分公司）

摘要：南海东部地区 L 油田的 J 油藏为礁灰岩油藏，发育微裂缝且不确定性分布，油井含水上升速度快，历年各项增产技术均无明显效果。该油田在"连续封隔体"技术环空充填的基础上，在业内首次创造性提出并尝试了"连续封隔体过饱和充填"技术，已实施的 2 口井均取得明显效果，在保证产能的同时，含水率比邻井低 30%以上，且含水上升慢，预计最终累计增油比设计多 $5\times10^4\text{m}^3$ 左右。但由于礁灰岩油藏地质油藏条件的复杂性，该技术应用的作用机理多有争论。因此，综合裂缝特征、渗流力学、油藏工程、完井工艺、数值模拟等研究，进行了礁灰岩油藏"连续封隔体过饱和充填+ICD"连续封隔体的作用机理研究，认为起到"控水、堵缝、储层改造"三重作用，早期以储层改造为主、一定程度起到堵缝作用，相对高压充填微颗粒对近井储层起到扩张微裂缝、沟通更多基质储层、增大波及范围，后期以控水为主。该研究将指导本油田对连续封隔体的后续应用，以及对其他裂缝性礁灰岩油田或者底水砂岩油田的堵水增产具有较强的指导意义。

关键词：礁灰岩油田；ICD；连续封隔体；过饱和充填；控堵水；储层改造

1 研究背景

1.1 连续封隔体+ICD 技术简介

连续封隔体+ICD 技术是利用可渗透的连续封隔体加 ICD 控流管柱，来实现控水增油的技术。创新点在于突破常规的封隔器对井筒分段的局限，控流管柱外充填封隔体颗粒替代封隔器。全井段都有封隔体颗粒，限制水轴向窜流，对生产流动单元的划分比封隔器更细，控水效果更好（图1）。该技术具有以下特点：（1）自适应控水：无须找水，可同时治理多点出水，未来的出水点也在控水范围内。（2）适用于各种复杂井况：如已有普通筛管的老井，已有打孔管的老井，射孔套管外有窜槽的油井，井眼扩径严重的新井等。(3) 可从井筒中取出，使修井不受影响。

1.2 早期应用情况

南海东部地区 L 油田的 J 油藏为基岩隆起上发育起来的生物礁灰岩油藏，储层孔隙度中值分布范围为 14.9%~30.3%，渗透率中值分布范围为 21.5~233.1mD，储层孔隙类型以次生孔隙为主，包括粒间溶孔、粒内溶孔、井间溶孔、铸模孔等；其次为原生孔隙包括原生粒间孔和生物体腔孔等；另外局部发育较多溶洞，并有少量裂缝；储层非均质性和孔

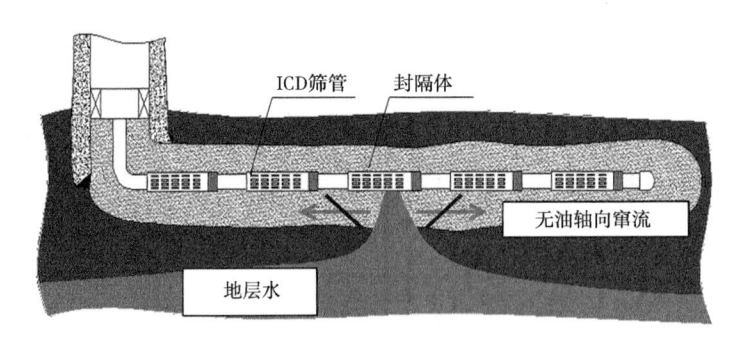

图 1 连续封隔体+ICD 技术示意图

隙结构等非常复杂。

J 油藏的 A44H 井水平段物性差异大，非均质性强。并且 A44H 井产油量低、含水率高达 99.5%，且采液指数远高于临井，产能无法释放。而且 A44H 井裸眼完井，措施实施难度低，因此在 A44H 井尝试使用连续封隔体控水。

A44H 井连续封隔体实际的充填率为 108%，考虑到扩径，基本上只对井筒内部进行了充填。A44H 措施前后对比见表 1，含水率降低 1%，日产油增加 147bbl/d，采液指数明显降低，由 140bbl/(d·psi) 降低到 18bbl/(d·psi)，说明起到了一定的控液效果。

表 1　A44H 井措施前后对比

井名	日期	措施前 产液量(bbl/d)	产油量(bbl/d)	含水率(%)	采液指数[bbl/(d·psi)]	频率(Hz)	措施后 产液量(bbl/d)	产油量(bbl/d)	含水率(%)	采液指数[bbl/(d·psi)]	频率(Hz)	措施效果评价 增油量(bbl/d)	含水率变化(%)
A44H	2017-01	12427	71	99.5	140	39	12869	218	98.5	18	60	147	-1

由于 A44H 井增产效果不是特别明显，因此对 L 油田第二口实施连续封隔体的井 A45H 井尝试采用过饱和充填，即采用高压充填的方式，使注入的连续封隔体不仅仅充填井筒，也要进入地层。

该井投产后，通过和邻井对比（位置如图 2），发现初始含水远低于邻井，具有明显的控水增油的效果（表 2、图 3）。

表 2　各井生产测试结果对比

井号	投产时间	水平段长度(m)	控水方式	投产第 1 个月最后一次测试 油量(bbl/d)	含水(%)	压差(psi)	产能[bbl/(d·psi)]	投产第 6 个月最后一次测试 油量(bbl/d)	含水(%)	压差(psi)	产能[bbl/(d·psi)]
A45H	2018-08	740	连续封隔体	1374	13.8	488	3.6	869	79.4	550	8.0
C21H	2004-02	1000	裸眼	3158	63.2	359	26	986	92.7	241	56.3
C22H	2005-12	900	裸眼	2174	51	888	5.0	1817	66.7	888	6.1
C23H	2013-05	740	裸眼	1428	71.6	734	6.9	663	94.1	560	20.4

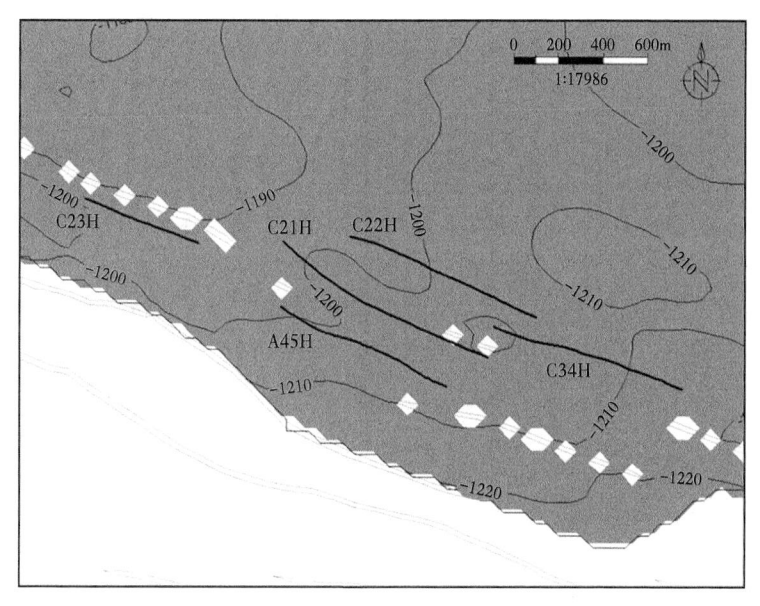

图 2　井位图

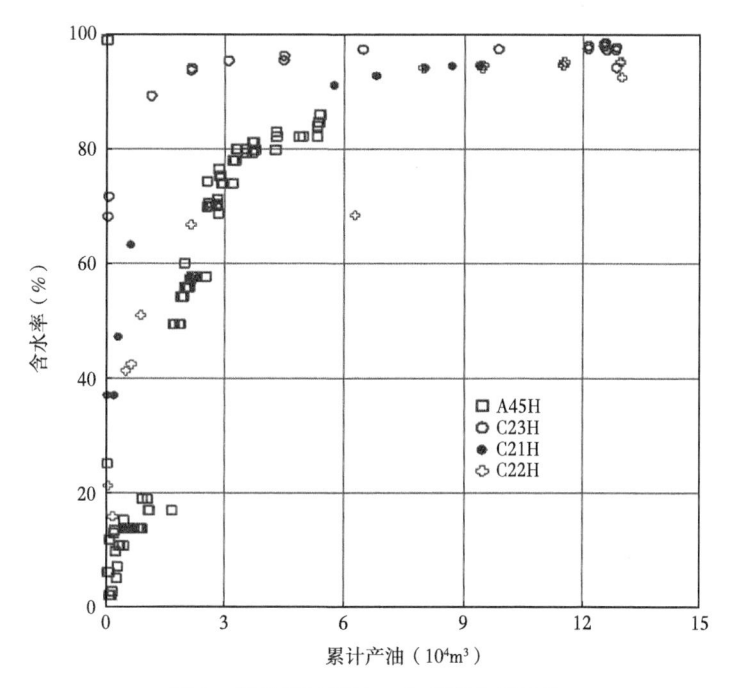

图 3　各井累计产油—含水率曲线对比

由实际生产动态来看，过饱和充填的效果明显得到了改善。下文将对连续封隔体+ICD具体的作用机理进行研究。

2 作用机理研究

2.1 三重机理

2.1.1 控水

流入控制阀（ICD，Inflow Control Device）控水工艺技术作为油气田开发的一项先进技术，已应用于大多数类型的油气藏。该技术通过延缓和控制底水锥进来实现提高最终采收率的目的，并在油田开采中取得了良好的效果。一般情况下，通过使用封隔器，将油井分成相对独立的若干段。每段中下入不同数量的ICD，每节ICD上有若干个小孔，通过孔径设定流量上限来抑制高渗段、控制液量，起到均衡供液的作用（图4）。

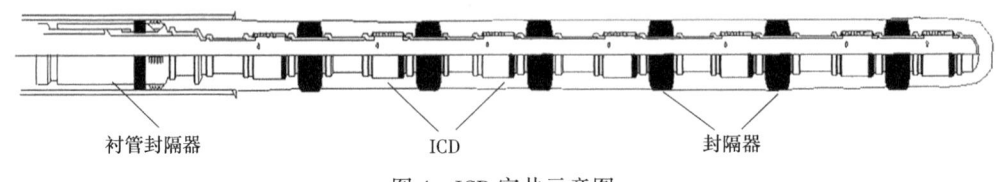

图4 ICD完井示意图

为改善高含水期老油田的开发效果，南海东部海域自2008年开始应用ICD控水，目前已实施超过50井次，效果较为明显。图5为X油田不同完井方式的单井累计产油—含水率曲线对比，可以看到，采用了ICD控水的井含水上升速度明显减慢。

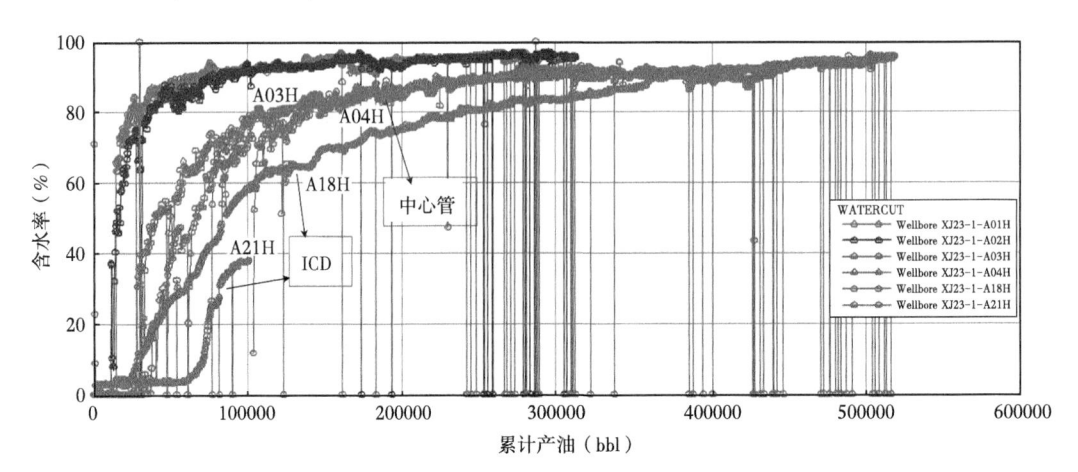

图5 不同完井方式的单井累计产油—含水率曲线对比

将A44H井和A45H井的井筒注入连续封隔体颗粒来替代常规的封隔器，进行环空充填，限制水轴向窜流，对生产流动单元的划分比常规的封隔器更细，控水效果更好。通过上文中的A44H井措施前后对比，采液指数明显降低，由147bbl/(d·psi)降低到18bbl/(d·psi)，说明起到了明显的控液效果。

2.1.2 储层改造

2.1.2.1 充填过程分析

如图6所示，A45H井全井段裂缝主要集中在A层发育（17条），主力层B1层裂缝发育较少（20条），主要发育部分孤立缝和溶蚀缝，裂缝走向为北西—南东向，裂缝角度为中—高角度，集中在28°~87°之间。钻井过程中井筒几乎无漏失。

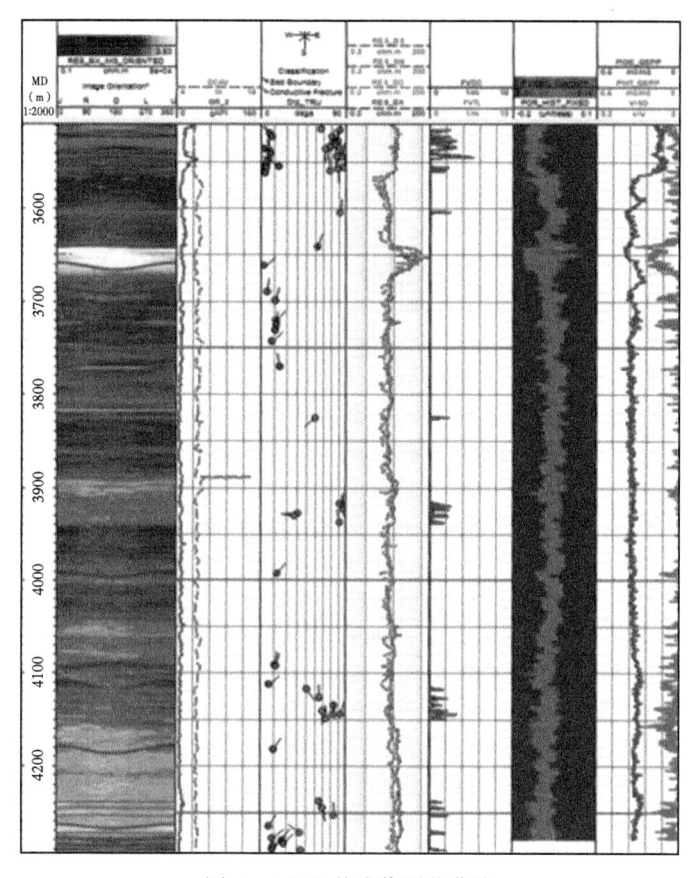

图6 A45H井成像测井曲线

A45H井环空容积$9.67m^3$（考虑扩径），实际充填$22.6m^3$，多充填$13m^3$颗粒，充填率达到233%。如图7所示，在注入连续封隔体过程中，第③段压力和回流量突然下掉，后逐步恢复，推测裂缝突然扩张或地层出现新压裂现象；第④至第⑦段 降泵压起压幅度

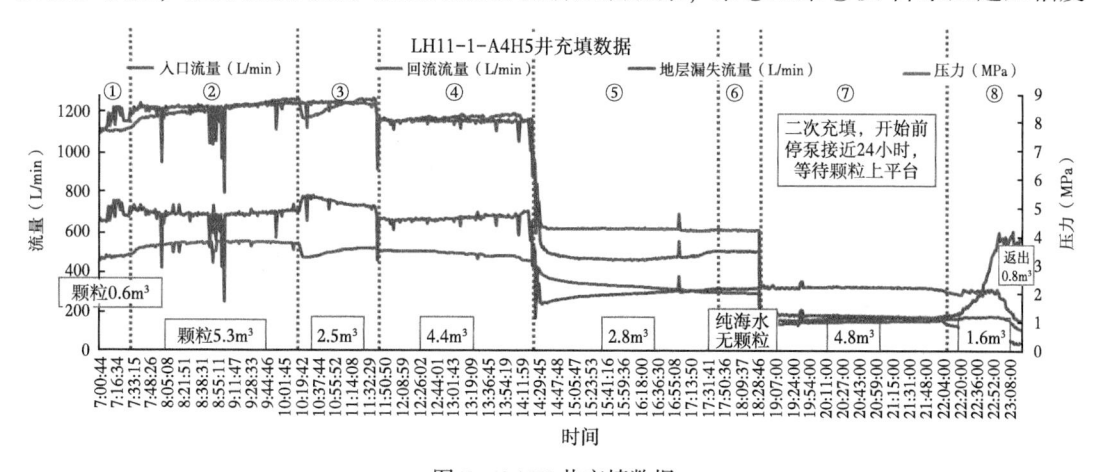

图7 A45H井充填数据

很小，说明裂缝扩张或地层压开。

说明采用连续封隔体对裂缝进行过饱和充填后，即当充填压力高于裂缝开启临界压力时，天然缝扩张（图8），扩张后可以显著提高基质的动用程度，改善开发效果。

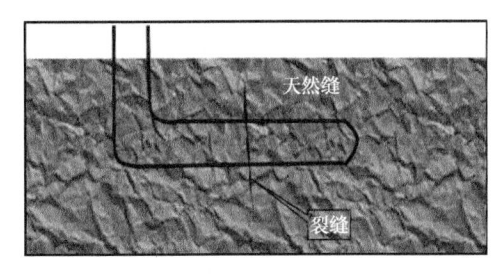

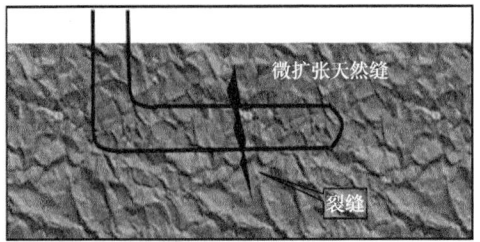

图8　天然缝微扩张示意图

2.1.2.2　压裂分析

另外，利用压裂施工摩阻计算软件（图9），计算A45H井钻杆内沿程摩阻为1.5～3.5MPa，井底压力超过最小水平主应力（闭合压力），但是低于破裂压力，因此，A45H井主要产生微裂缝扩张作用。

图9　压裂施工管柱摩阻计算

2.1.2.3　采液指数分析

通过对比不同井的采液指数（图10），A44H井采用只充填井筒的方式，连续封隔体充填后采液指数约为充填前的1/7～1/5，降幅明显。A45H井和C34H井采用过饱和充填的方法，控水后采液指数为控水前的1/3～1/2。说明进行过饱和充填后，采液指数高于仅充填井筒的方式。也证明了通过过饱和充填，裂缝被压开，采液指数增加。

2.1.3　堵缝

J油藏礁灰岩储层裂缝形态多样，尺度差异大。通过扫描电镜实验、铸体薄片实验、CT实验，可观察到不同尺度下的裂缝：微裂缝（宽度小于0.15mm）、中等裂缝（0.15～2mm）、大裂缝（大于2mm），如图11所示。裂缝形态包括直线/曲线形、平行/斜交形、

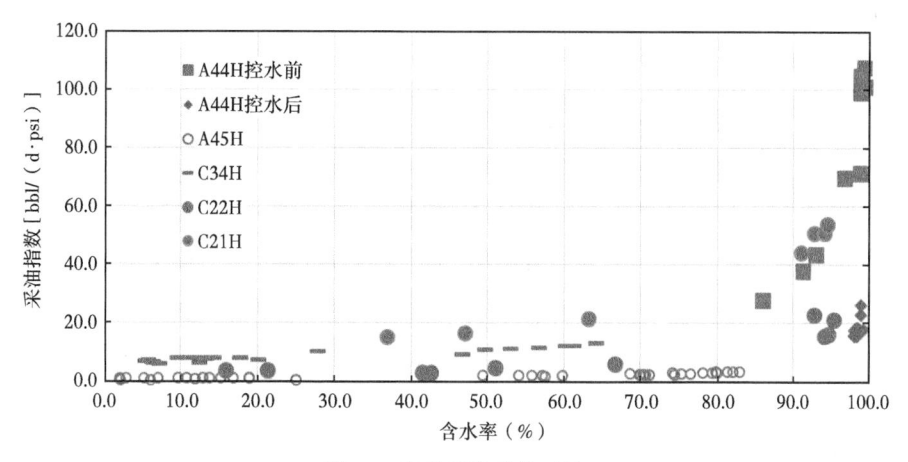

图10 各井采液指数对比

复杂网状形，CT实验主要观察到的裂缝类型为张性缝、剪切缝及混合缝。通过岩心观察，发现储层局部发育较多溶洞，并有少量裂缝；储层非均质性和孔隙结构等非常复杂。

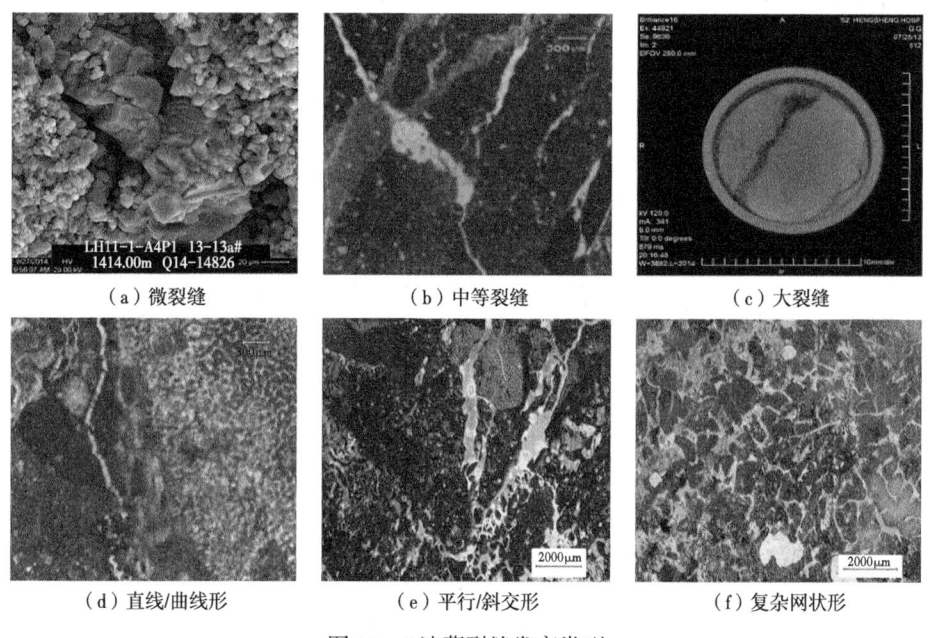

(a) 微裂缝　　　　(b) 中等裂缝　　　　(c) 大裂缝

(d) 直线/曲线形　　(e) 平行/斜交形　　(f) 复杂网状形

图11　J油藏裂缝发育类型

目前采用的连续封隔体颗粒粒径为0.2~0.4mm（40~70目），通过高压充填，将颗粒挤入裂缝，可以对中等裂缝和大裂缝进行封堵，堵塞水窜通道，降低裂缝导流能力。

但是，通过对比L油田和其他类似油田的产能情况，认为L油田的产能较低，沟通底水的大裂缝较少。因此，封隔体对于裂缝的作用，应该还是以扩张微裂缝、扩大基质产能为主。

2.2 数模研究

针对三种机理，采用数值模拟方法进行研究。由于数模中并无相应的方法，因此需要寻求等效拟合方法。

（1）井筒中ICD+连续封隔体。采用Petrel RE软件，模拟ICD，并在每两个ICD之间加封隔器，来模型连续封隔体的"连续"封隔作用，阻挡轴向窜流。

（2）堵水作用。颗粒充填一定程度进入近井地带天然裂缝，起到一定程度的堵水作用。对模型中近井地带的裂缝渗透率进行适当降低，降低幅度参考实际生产井的拟合情况。

（3）储层改造作用。高压扩张微裂缝，产生"树根效应"，沟通更多基质。模型中对近井地带用多条高渗带来等效裂缝扩张，即扩大渗透率，来增大基质贡献。由于裂缝尺寸远小于网格尺寸，需要对井周围网格进行LGR（局部网格加密）来精细模拟裂缝。

3 过饱和充填应用情况

结合上述理论研究的基础，LH油田实施的2口调整井A45H井和C34H井均采用连续封隔体过饱和充填+ICD作业。通过和临井对比（表3），同期的含水率明显低于临井。由累计产油与含水率关系图（图3）看出，这口井的含水率上升速度明显慢于临井，说明该完井方式取得了明显的控水增产效果。

表3 各井生产动态测试结果对比

井号	投产时间	水平段长度(m)	控水方式	投产第1个月最后一次测试 油量(bbl/d)	含水(%)	压差(psi)	产能[bbl/(d·psi)]	投产第6个月最后一次测试 油量(bbl/d)	含水(%)	压差(psi)	产能[bbl/(d·psi)]
A45H	2018-08	740	连续封隔体	1374	13.8	488	3.6	869	79.4	550	8.0
C34H	2019-01	802	连续封隔体	2319	11.2	300	8.7				
C21H	2004-02	1000	裸眼	3158	63.2	359	26	986	92.7	241	56.3
C22H	2005-12	900	裸眼	2174	51	888	5.0	1817	66.7	888	6.1
C23H	2013-05	740	裸眼	1428	71.6	734	6.9	663	94.1	560	20.4

4 结论

（1）本文综合裂缝特征、渗流力学、油藏工程、完井工艺、数值模拟等研究，进行了礁灰岩油藏"连续封隔体过饱和充填+ICD"连续封隔体的作用机理研究，认为起到"控水、堵缝、储层改造"三重作用，早期以储层改造为主、一定程度起到堵缝作用，相对高压充填微颗粒对近井储层起到扩张微裂缝、沟通更多基质储层、增大波及范围，后期以控水为主。

（2）用该理论指导后期的A45H井和C34H井，取得了良好的效果。另外，该理论将指导本油田对连续封隔体的后续应用，以及对其他裂缝性礁灰岩油田或者底水砂岩油田的堵水增产具有较强的指导意义。

参 考 文 献

[1] 谢日彬,李海涛,杨勇,等.礁灰岩油田水平井微粒充填ICD均衡控水技术 [J].石油钻采工艺,2019,41(2):160-164.

[2] 宁玉萍,陈维华,等.底水油藏水平井中心管、ICD完井工艺技术 [J].中外能源,2014,19(2):40-43.

[3] 罗启源,代玲,陈维华,等.ICD控水工艺技术在南海礁灰岩油田的应用与思考 [J].长江大学学报(自然科学版),2016,13(32):68-73.

ϕ177.8mm 套管一次多层压裂充填工具的研制及工业化应用

车争安[1]　修海媚[2]　巩永刚[2]　贺占国[1]

(1. 中海油能源发展股份有限公司工程技术分公司；
2. 中海石油（中国）有限公司蓬勃作业公司)

摘要：受到 ϕ177.8mm 套管内通径的限制，一次多层充填防砂服务管柱的双层内管的尺寸较小，小环空截面积仅为 11.87cm²，允许的排量小，无法满足压裂充填高排量的要求，反循环摩阻大压耗高，容易造成砂卡等复杂情况。渤海油田 ϕ177.8mm 生产套管井只能进行逐层射孔逐层压裂充填，完井时效低，工期费用高，防砂管柱内通径小，不能下入分采管柱。为了解决上述问题，针对性地分析了传统 ϕ177.8mm 套管充填防砂工具的技术特点及应用中存在的问题，提出了 3 条 ϕ177.8mm 套管一次多层压裂充填工具的国产化研制方向。通过增大冲管尺寸的方法，研制出了新型的国产化 ϕ177.8mm 套管一次多层压裂充填工具。该套工具将防砂管柱的内通径由 76.2mm 提高至 98.55mm，服务管柱冲管尺寸由 ϕ73.0mm 提高至 ϕ88.9mm，小环空截面积达 16.77cm²，过流面积较大，摩阻较小，反循环压力可以控制在 20.69MPa 以内，不仅可以实现一次多层压裂充填，还可以下入分采管柱。该套工具截至 2019 年 8 月 8 日在渤海油田现场应用 47 口井，取得了较好的经济效益，正在渤海油田大规模推广应用，具有较强的推广应用价值。

关键词：ϕ177.8mm 套管；压裂充填；一次多层；大通径；分采

压裂充填防砂的表皮系数通常只有 2~5，不仅有防砂的作用，还可替代增产作业措施。2014 年在蓬莱油田进行了高速水与压裂充填防砂的现场应用试验，现场应用表明，压裂充填防砂井初期产油量更高，米采油指数更高，月递减率更低[2]，具有更好的防砂和增产效果[3]。截至 2018 年 10 月，蓬莱油田已经压裂充填作业的生产井约为 281 口，生产效果良好，产生了很好的经济效益。压裂充填防砂现在逐步成为渤海油田包括自营油田在内的绝大部分油田生产井的主推完井方式，应用前景广泛。

侧钻井是老油田最有效的增产和稳产措施，渤海油田的大部分侧钻井的生产套管为 ϕ177.8mm 套管。鉴于压裂充填防砂应用在疏松砂岩地层有更好的经济效益和防砂效果，且能提高油井生产寿命[4]，要求能实现 ϕ177.8mm 套管压裂充填完井。

1 压裂充填的工具的应用现状及存在的问题

2018 年前 ϕ177.8mm 套管充填工具主要是哈里伯顿公司的系列化产品，本文主要以哈里伯顿公司的 ϕ177.8mm 套管充填工具系列为例，对各工具的技术参数进行分析对比，见表 1。

表1 哈里伯顿公司 φ177.8mm 套管充填工具技术参数

充填工具参数	φ177.8mm StackPack	φ177.8mm DTMZ	φ177.8mm STMZ	φ177.8mm ESTMZ
每层最高累计砂量（t）	131.54	—		308.45
每套工具最高累计砂量（t）	131.54	—	13.61	362.88
试验支撑剂	20/40 砂	—	20/40 卡博陶粒	20/40 卡博陶粒
冲管外径（mm）	73	73&48.26	73&48.26	60.33
最高测试排量（m³）	3.18	1.27	1.27	3.97
最高测试砂比（kg/m³）	997.8	99.78	99.78	>997.8
工具最小内径（mm）	76.2	82.55	82.55	69.85
最大井斜角（渤海应用）（°）	70.98	74	68.77	60
层间距要求（最小）（m）	—	15	13.72	13.72t
最大服务工具总成长度（m）	200	小环空：225	—	747
服务工具小环空截面积（cm²）	—	11.87	11.87	16.13/13.55
可否压裂	是	否	否	是
可否分采	否	否	否	是
缺点	时效低	时效一般	优势不明显	价格昂贵

2018 年前蓬莱油田主要采用的是哈里伯顿公司的充填工具 Halliburton φ177.8mm Stack Pack System 和 Halliburton φ177.8mm DTMZ System，前者为逐层充填服务工具，后者为两趟多层充填服务工具。另外哈里伯顿公司还有另外两种比较成熟的充填工具：Halliburton φ177.8mm STMZ System 和 Halliburton φ177.8mm ESTMZ System，前者为一次多层充填工具，后者是增强型（双基管）一次多层充填工具。以哈里伯顿公司的产品为例，φ177.8mm 套管充填工具目前存在的问题如下：

（1）Halliburton φ177.8mm Stack Pack System 可以实现压裂充填，但是由于采取逐层射孔和逐层压裂充填的作业模式，该工艺作业时效及效率均较低，极大地增加了完井工期和费用，采用该完井方式的完井工期和费用甚至超过了钻井的工期费用。该工艺是最早得以应用的 φ177.8mm 套管充填工具，工具安全稳定可靠，至今在蓬莱油田已应用了约 167口井。

（2）Halliburton φ177.8mm DTMZ System 可以实现两趟多层充填防砂，节省完井工期和费用，但是由于该工艺采用的冲管尺寸较小，为 φ73mm 和 φ48.26mm。在极端情况下，由于提前脱砂后无法建立反循环，而出现砂卡管柱的风险。

（3）Halliburton φ177.8mm DTMZ & STMZ System 的最高测试排量仅为 1.27m³/min，无法满足疏松砂岩地层压裂充填作业的高排量的要求（通常不低于 1.59m³/min）。由于该工艺的局限性，只在 2014 年试验应用了 9 口井。

（4）Halliburton φ177.8mm ESTMZ System 可以实现层间有效封隔和压裂充填作业，但是需要使用特制的双基管筛管，充填服务工具及筛管均需要采用进口器材，采办周期长，费用昂贵，目前还未引进到国内，在常规井中使用无优势。

2 一次多层压裂充填工具的国产化研制

2.1 研制思路

受到φ177.8mm套管尺寸小的限制，其内径有限，传统的φ177.8mm套管充填工具主要存在如下三个方面的问题：

（1）能进行压裂充填的工具只能采取一层冲管的设计，从而只能进行逐层压裂充填，该类型充填工具的典型代表为Halliburton φ177.8mm Stack Pack System。

（2）能实现多层充填的工具均需要小环空，要求采用两层冲管设计，服务工具的小环空截面积较小，限制了施工排量且反循环摩阻高，极端情况下，极易造成砂卡，因此无法满足压裂充填作业的高排量和高砂比要求。该类型充填工具的典型代表为Halliburton φ177.8mm DTMZ & STMZ System。

（3）传统的φ177.8mm套管充填工具内径均较小，无法实现分采。

基于以上问题，对传统的φ177.8mm套管压裂充填工具进行改进，有三个方向：（1）增大冲管尺寸；（2）增大井眼（生产套管）尺寸；（3）将小环空移至筛管上，采用双层基管筛管，见图1。前两个方向目前国产化研制均有尝试，但只有第一个方向研制出成熟产品，且得到现场应用。φ177.8mm套管增强型（双层基管筛管）一次多层压裂充填工具目前还未进行国产化研究，该项技术优势明显，应用前景广阔，值得在后期的研究中予以重点关注。

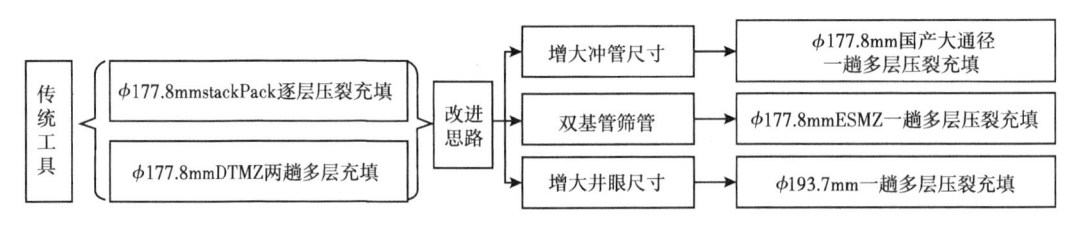

图1 一次多层压裂充填服务工具国产化研制思路

2.2 管柱结构

φ177.8mm套管一次多层压裂充填防砂工具主要包括外层防砂管柱和配套的充填服务工具，见图2，与其配套的φ88.9mm充填服务管柱见图2。研制了专用的DGB顶部防砂封隔器总成、DIP隔离封隔器总成、DSP沉砂封隔器总成，与传统的工具相比，最大的进步是增大了整个防砂管柱的内通径，国产φ177.8mm套管一次多层压裂充填防砂工具的内通径由76.2mm提高到98.55mm，提高了29.3%。防砂服务管柱由φ88.9mm冲管+φ60.33mm HYDril511 P110中心管组成，小环空截面积达到16.77cm^2，比传统φ177.8mm套管两趟多层充填服务管柱的小环空截面积提高了41.3%。φ177.8mm套管两趟多层充填服务工具采用φ73mm冲管+φ48.26mm中心管组成，小环空的截面积只有11.87cm^2。

图2 φ88.9mm 充填服务管柱

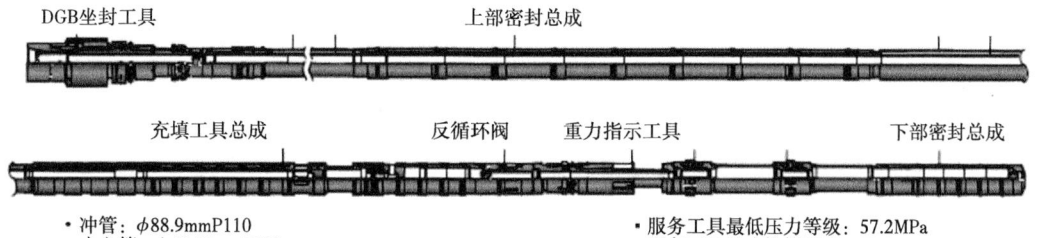

- 冲管：φ88.9mmP110
- 中心管：φ60.33mmP110
- 冲筛比：0.877
- 服务工具最低压力等级：57.2MPa
- 服务工具最小抗拉强度：79tf
- 服务工具温度等级：135℃

2.3 工艺步骤

国产 φ177.8mm 套管一次多层压裂充填工具的最高测试排量达到 2.86m³/min，满足压裂充填防砂施工排量不低于 1.59m³/min 的要求，因此该工艺可以实现压裂充填，以三层防砂为例，其作业步骤如下：

(1) 刮管洗井，SBT 测井测固井质量；
(2) 下入 φ114.3mm TCP 射孔枪对第一、第二、第三层进行平衡射孔作业；
(3) 再次刮管洗井作业；
(4) 钻杆/电缆下入并坐封沉砂封隔器；
(5) 下入第一、第二、第三层一趟多层防砂管柱及服务工具；
(6) 进行第一、第二、第三层压裂充填/高速水充填作业；
(7) 下入普通合采电泵生产管柱；
(8) 拆防喷器；安装井口，交井。

2.4 技术指标

国产 φ177.8mm 套管一次多层压裂充填工具与传统工艺的对比，其最大的特点有：作业时效高、作业成本低、供货周期短、管柱通径大、可实现分采，见表2。

表2 国产 φ177.8mm 套管一次多层压裂充填系统与传统工艺的对比

服务工具类型	哈里伯顿公司			国产 φ177.8mm 套管一次多层压裂充填工具
	φ177.8mm StackPack	φ177.8mm DTMZ	φ177.8mm ESTMZ	
冲管尺寸（mm）	73	73&48.26	60.33	88.9、60.33
最高测试排量（m³/min）	3.18	1.27	3.97	2.86
最高测试砂比（kg/m³）	997.8	99.78	>99.78	798.24
系统最小内径（通径）（mm）	76.2	82.55	69.85	98.55
服务工具小环空截面积（cm³）	0	11.87	16.13/13.55	16.77
适用套管磅级（kg/m）	10.43~13.15	10.43~13.15	13.15~14.52	11.79~13.15
作业时效	低	较高	高	高
作业成本	高	高	高	较低
防砂方式	压裂/高速水充填	高速水充填	压裂/高速水充填	压裂/高速水充填

续表

服务工具类型	哈里伯顿公司			国产 ϕ177.8mm 套管一次多层压裂充填工具
	ϕ177.8mm StackPack	ϕ177.8mm DTMZ	ϕ177.8mm ESTMZ	
实现分采	否	是	是	是
供货周期（d）	140	140	至少183	30
蓬莱油田应用情况	大规模应用	2014年应用9口井	费用较高未引进	2018年应用24口井

2.5 技术特点

（1）全井筒98.55mm通径。内径由常规82.55mm增至98.55mm，可实现单井的分采分注要求，并可为后续增产增注措施的实现提供通道。

（2）满足压裂要求。充填工具内部配有耐冲蚀合金衬套，保护充填工具本体。最高测试压裂排量2.86m³/min，最高测试过砂量90.72t。

（3）独特的服务管柱。采用ϕ88.9mm冲管+ϕ60.33mm HYDril511 P110中心管的服务管柱；小环空截面积为16.77cm²，过流面积较大，摩阻较小，反循环压力可以控制在20.69MPa以内；设计备用反循环位置，防止已压裂地层漏失大导致返砂困难。

（4）服务管柱防窜功能。负重显示器设计，找位置方便准确；下压20tf进行压裂，避免管柱上窜。

（5）时效高、成本低。减少起下钻次数，减少等天气时间，使用普通筛管，费用低，供货周期短。

（6）复杂情况处理能力强。自动灌浆，下入时可循环压井；采用ϕ88.9mmP110冲管，最小抗拉强度达到78.9tf，比Halliburton ϕ177.8mm DTMZ & Stack Pack System服务工具的最小抗拉强度提高1.39倍，提高了处理砂卡等复杂情况的过提服务管柱的余量。

3 现场应用

该工具于2018年1月首次在蓬莱19-3油田D36ST02井中开始试用[5]。截至2019年8月8日共作业47口井，应用效果良好，正在大规模推广应用。

3.1 在合作油田的应用

2018年国产ϕ177.8mm套管一次多层压裂防砂技术已在蓬莱油田成功应用17口井，共计完成86层压裂充填作业，压裂充填砂比598.7~798.2kg/m³，压裂充填泵入排量1.91~2.86m³/min，平均充填系数为1428kg/m，最大充填系数为2461kg/m，压裂防砂效果良好。17口井的初期日产油量基本超过油藏配产，实际平均日产油量134m³，油藏配产日产油量95m³，投产初期实际的平均日产油量超过油藏平均配产的40.86%，现场应用效果良好。

3.2 在渤海自营油田的应用

截至2018年12月31日，国产ϕ177.8mm一次多层压裂防砂技术在渤海自营油田已应用7口井，平均井深2367.3m，平均防砂段数3.4段，完井方式均为ϕ177.8mm尾管射孔+φ114.3mm 优质筛管压裂充填，平均完井工期为 11.72 天，比传统作业模式大幅度提高完井效率，节省了完井工期。7 口井均实现了分采生产管柱的下入，解决了传统作业模式无法下入分采管柱的弊端。

4 结论

（1）在对 φ177.8mm 套管一次多层压裂充填工具进行国产化研制之前，φ177.8mm 套管压裂充填只能采用时效较低的逐层压裂的作业模式，急需进行国产化研制；对传统的 φ177.8mm 套管压裂充填工具的改进，有三个方向：①增大冲管尺寸；②增大井眼（生产套管）尺寸；③将小环空移至筛管上，采用双层基管筛管。通过增大冲管尺寸的方法成功研制出了国产 φ177.8mm 套管大通径一次多层压裂充填工具。

（2）国产 φ177.8mm 套管一次多层压裂充填工具，不仅满足高速水充填防砂，也能满足压裂充填防砂作业需求，并满足油水井分采分注的需求；国产 φ177.8mm 套管一次多层压裂充填工具应用提效 25%，节约单井成本 500 万元左右。

（3）国产 φ177.8mm 套管一次多层压裂充填工具，截至 2019 年 8 月 8 日已作业 47 口井，应用效果良好，提效降本明显，正在大规模推广应用。

参 考 文 献

[1] 范白涛，邓建明．海上油田完井技术和理念［J］．石油钻采工艺，2004，26（3）：23-26.
[2] 车争安，修海媚，孟召兰，等．压裂及高速水充填防砂在蓬莱油田侧钻井中的应用［J］．重庆科技学院学报（自然科学版），2016，18（3）：86-89.
[3] 张浩，刘洪杰，王佩文，等．蓬莱油田压裂充填井产液量递减成因及控制因素分析［J］．非常规油气，2017，4（6）：64-69.
[4] 车争安，修海媚，孟召兰，等．渤海蓬莱油田防砂历程及机理研究［J］．钻采工艺，2016，39（1）：56-59.
[5] 巩永刚，修海媚，陈增海，等．新型一次多层防砂工艺在海上油田的首次应用［J］．石油化工应用，2018，37（5）：101-104.

薄互层低渗透油藏大规模组合压裂配套技术研究与应用

于法珍 杨广雷 陈 斌 王营营

(中国石化胜利油田分公司纯梁采油厂)

摘要：纯梁油田低渗透油藏分布广泛，地质动用储量约 $2×10^8$ t，占全厂总储量的 58.4%。由于薄互层低渗透油藏单井投产自然产能低，压裂开发技术成为此类油藏改造必不可少的一项重要工艺措施。但因纯梁油田薄互层低渗透储层砂体发育零散、砂泥交互、纵向层数多、厚度薄，压裂裂缝形态复杂、难以控制，给压裂工艺带来了诸多难点。重点围绕薄互层低渗透油藏特征、开发难点，论述了压裂工艺技术的发展与优化，着重阐述了滩坝砂、浊积岩、裂缝性等大规模压裂整体配套技术。针对储层改造难点，提出了压裂整体配套组合工艺模式改造技术。针对不同类型的油藏特征优化压裂配套技术，从压裂方式、裂缝形态、加砂规模、施工排量等因素进行了分析，通过技术人员的不断优化，取得了较好的压裂效果。

关键词：薄互层油藏；滩坝砂；浊积岩；压裂；高导流

1 纯梁油田低渗透油藏概况

1.1 地质概况

纯梁油田地处东营凹陷的边缘，主力生产层系沙三中和沙四段，具有油藏类型多、岩性复杂、储层物性差等特征。多年勘探结果表明发现的储量、产能建设动用的储量，都是以低渗透为主，而未动用的石油地质储量中，低渗透油田储量占的比例更大（表1）。如何尽快使未动用的低渗透油田的储量得到高效投入开发，这对于采油厂每年的原油上产稳产工作具有十分重要的意义。

表1 2015—2017年勘探、产能建设、未动用储量

年份	勘探（10^4 t）			产能建设（10^4 t）			未动用储量（10^4 t）		
	低渗透	其他	合计	低渗透	其他	合计	低渗透	其他	合计
2015	461	41	502	425	0	425	496	52	548
2016	189		189	125	0	125	496	52	548
2017	2199	400	2599	833	400	1076	1862	52	1914
合计	3349	441	3790	1383	400	1626	2854	156	3010
	低渗透占 88.4%			低渗透占 85.1%			低渗透占 94.8%		

近年来，纯梁采油厂投入开发的低渗透油藏，主要集中高89块、樊144块、梁8块、梁4块、纯化油田纯4-5组等区块，都属于低孔低渗的薄互层油藏，其中高89块、樊144块属

于低品位油藏。这些区块的油井,大部分原始自然产能低,有的甚至没有自然产能,常规压裂改造效果不理想。为此,针对不同区块特点、压裂改造开发的难点,有针对性地对大规模压裂工艺技术进行了优化和配套,逐步形成了适合于纯梁低渗透油藏特点的大规模压裂整体配套技术,提高了低渗透和特低渗透油藏的整体开发效果,为纯梁采油厂新区产能建设做出了巨大的贡献,同时,也为下一步低渗透油藏的有效开发提供了有力的技术支撑。

1.2 储层改造难点

国内外一般称渗透率低于50mD的储层为低渗透油层。随着我国投入开发的低渗透油田越来越多,根据这些油田储层特征及开发动用情况,又进一步细分:10~50mD的储层为低渗透,1~10mD的储层为特低渗透,小于1mD的储层为微渗透。纯梁采油厂产能建设的几个主力区块(梁112块、高89-1块、高891块、梁108块、纯107块),油层埋藏深度在2670~3400m之间,平均渗透率在0.38~5.8mD之间,平均孔隙度在8.9%~16%之间,原始地层压力在35.8~41.8MPa之间。油层埋藏深,渗透率低,孔隙度低,原始地层压力高,属于常温高压低孔特低渗透油藏。由于这些低渗透油藏原始自然产能低,有的甚至没有自然产能,不进行压裂改造无法得到有效开发,见表2。

表2 纯梁采油厂新区储层物性对比表

区块	主要含油层系	油藏埋深（m）	含油面积（km²）	孔隙度平均值（%）	平均渗透率（mD）	泥质含量（%）	原始地层压力（MPa）	油藏类型
梁112块	Es$_4$	2670~2850	5.8	16	2.5	8.4	38.87	特低渗透构造岩性油藏
高89-1块	Es$_4$	2810~3100	3.15	10.9	0.38	—	41.8	特低渗透砂岩油藏
高891块	Es$_4$	2700~2900	4.4	8.9	4.7	—	40.85	低孔超低渗透油藏
纯107块	Es$_4$	2850~3100	3.7	14.2	5.8	7.8	35.8	低渗透层状构造油藏
梁108块	Es$_4$	2880	1.1	15.2	2	7.8	42.5	特低渗透构造岩性油藏

纯梁油田薄互层低渗透油藏压裂改造难点有四个方面:

(1)多层、薄层发育,砂泥岩交互层,平均单层厚度仅为1.1m,平均小层数在10个以上,储层和隔层应力差小,缝高不易控制。常规压裂技术改造,由于缝高失控,造成储层内的有效铺砂浓度低,有效裂缝长度短,压裂改造后产量递减快,经济效益差,典型区块有高89块、纯4-5组。

(2)压裂施工规模难以提高。低渗透油田低孔、低渗,非均质性强,需要形成一条长缝提高产能。而老油田注水强度大,高、低含水层分布复杂;新油田裂缝发育,易形成多条小裂缝,难以实现造长缝的目标。

(3)储层类型为裂缝、孔隙双重介质,特低渗透率储层,裂缝垂向延伸严重,高度难以控制。压裂层物性差,隔层薄,层间非均质性严重,有效控制裂缝高度难度大。典型区块有花古102块。

(4)地层敏感性强,油层改造和油层保护之间矛盾突出。由于孔喉较小,对于层内黏土膨胀,反应沉淀物及进地层液体所携带的机械残渣物的堵塞伤害比较敏感,在油层改造的同时,如何做好油层保护工作,将二次伤害程度降到最低非常关键。

2 浊积岩油藏裸眼多级分段压裂工艺优化

浊积岩油藏典型区块为樊154块。该块主力生产层位为沙三中2砂组,平均油藏埋深2800m。储层特点表现为:单层厚度大,主力小层21小层砂体厚度达到10m以上;物性差,平均孔隙度14.9%,平均渗透率为1.1mD,为低孔特低渗透储层。

由于储层特低渗透,注水难度大,因此樊154块为弹性开发单元,为进一步释放储层产能,该块采用裸眼多级分段压裂工艺。

2.1 优化完井管柱段数和封隔位置

利用油藏数值模拟技术,计算樊154块极限供油半径为54.5m,分段压裂水平井两条裂缝间距为109m,因此根据水平井段长度优化分段,每段间隔100m,如樊154-平1井水平段长度为1200m,需要压裂12段。

同时选择井眼质量好的位置卡封封隔器,选择储层物性好的部位放置滑套,达到有效封隔、有效改造的目的(表3)。

表3 樊154-平1井分段压裂段数及分段间隔表

序号	1	2	3	4	5	6	7	8	9	10	11	12
滑套设计位置(m)	2895	3002	3110	3225	3333	3435	3502	3627	3725	3815	3915	4010
滑套间距(m)	—	107	108	115	108	102	67	125	98	90	100	95
封隔器设计位置(m)	2855	2960	3075	3175	3275	3360	3473	3555	3675	3775	3860	3960	4066
封隔器间距(m)	—	105	115	100	100	85	113	82	120	100	85	100	106

2.2 缝高控制优化

为了有效控制缝高下延,避免压穿下部2号砂体,利用樊154-7井的测井资料计算了垂向应力剖面,开展了压裂参数的优化。例如:距顶4m储层压裂优化,模拟显示裂缝向下延伸,为避免压开底部15m厚的水层,优化加砂29t,缝高控制39.57t,达到了在控制缝高的前提下,尽量加大加砂量,确保了缝长的足够延伸(图1)。

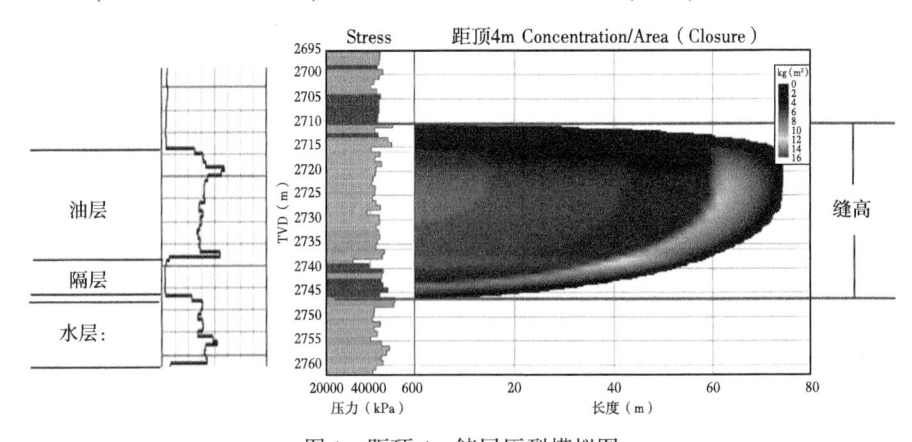

图1 距顶4m储层压裂模拟图

2.3 前置液优化

樊154平1井小型压裂采用阶梯排量升和阶梯排量降测试技术,共泵注 Viking D 压裂液 106m³,加 Carbolite 陶粒 1.9m³,泵注排量 0.5~3.8m³/min,停泵测压降 106min,至裂缝闭合。通过采用 G 函数和平方根分析,确定闭合压力 44.4MPa,压裂液效率 22%。从小型压裂测试结果来看,压裂液效率偏低,反映裸眼储层滤失大,加砂压裂时适当增加前置液比例,由 46% 提高至 60%。

2.4 施工排量优化

结合分段压裂工具的球与球座具体尺寸,要求投球能顺利通过以上各部,并且在保证工具性能前提下,主要考虑各级球座的推荐最大排量,樊154-平1井各段施工排量优化控制在 3.8~4.9m³/min 之间(表4)。

表4 樊154-平1井各级球座及最大施工排量设计表

球座内径 (in)	球座内径 (mm)	推荐最大泵注排量 (m³/min)
1.15	29.21	3.82
1.275	32.39	3.98
1.4	35.56	3.98
1.525	38.74	4.13
1.65	41.91	4.13
1.775	45.09	4.29
1.9	48.26	4.45
2.025	51.44	4.45
2.15	54.61	4.61
2.275	57.79	4.77
2.4	60.96	4.93

2.5 应用效果

2.5.1 优化结果

通过压裂尺寸计算、小型压裂测试及工具性能要求三个方面,优化的各段排量 3.8~4.9m³/min,各段加砂规模 9.4~34.7m³,砂比 6.5%~38.7%,压裂液 2770.8m³,Carbolite 30/50 支撑剂 240.3m³。具体各段参数优化情况见表5。

表5 樊154-平1井各段压裂参数设计优化表

序号	井段 (m)	跨度 (m)	排量 (m³/min)	压裂液用量 (m³)	加砂规模 (m³)	砂比 (%)	模拟缝长 (m)	模拟缝高 (m)
MiniFrac	3959.21~4065	105.79	3.8	97	2	6.5~10		
1	3959.21~4065	105.79	3.8	128.6	9.4	6.5~38.7	61.8	29.3
2	3861.40~3958.03	96.63	4	126.1	11.3	6.5~38.7	71.2	27.3
3	3776.38~3860.22	83.84	4.1	149.4	13.1	6.5~38.7	78.9	26.9

续表

序号	井段(m)	跨度(m)	排量(m³/min)	压裂液用量(m³)	加砂规模(m³)	砂比(%)	模拟缝长(m)	模拟缝高(m)
4	3674.68~3775.20	100.52	4.1	162.9	14.1	6.5~38.7	85.8	29.7
5	3561.21~3673.50	112.29	4.1	190.9	16.9	6.5~38.7	81.8	29.3
6	3479.32~3560.03	80.71	4.3	165.7	15	6.5~38.7	78.9	28.6
7	3367.01~3478.14	111.13	4.4	225.5	20.6	6.5~38.7	78.7	33.8
8	3276.83~3365.83	89	4.4	272.5	24.4	6.5~38.7	86	33
9	3178.02~3275.65	97.63	4.6	271.8	24.4	6.5~38.7	93.8	31
10	3076.34~3176.84	100.5	4.7	298.6	27.2	6.5~38.7	94	32.2
11	2963.94~3075.16	111.22	4.7	297.9	27.2	6.5~38.7	95	32
12	2861.94~2962.76	100.82	4.9	383.9	34.7	6.5~38.7	101	36
合计				2770.8	240.3			

2.5.2 实施效果

共计实施10口井，初期平均单井日产油24.2t，阶段末平均单井日产油3.3t，区块累计产油15×10⁴t。

与周围邻井相比，水平井自喷期产能是相邻直井的7~10倍（表6）。

表6 与周围邻井效果对比表

序号	井号	初期 产液量(m³)	初期 日产油(m³)	初期 含水(%)	目前 产液量(m³)	目前 日产油(m³)	目前 含水(%)	累计产油(10⁴t)
1	樊154平1	179	76	57	11	4.4	60.3	2.35
2	樊154平2	94.5	40.6	57	9.6	3.7	61.4	2.4
3	樊154平3	57.7	17.7	70.4	3.7	2	46.5	1.3
4	樊154平4	76.5	33	56.8	9.1	5.1	43.7	1.79
5	樊154平5	31.3	16	49	11.5	6.4	44.6	1.8
6	樊154平6	11.7	3.6	69.2	4.4	2.5	43.3	1.1
7	樊154平7	12.3	4.7	62	2.5	1.4	42.5	0.74
8	樊154平8	52.8	16	69.7	3.2	1.8	43.5	0.98
9	樊154平9	27.5	14	49	4.5	2.6	42.4	1.1
10	樊154平10	49.9	20.5	59	4.5	2.6	43	1.3
平均			24.2			3.3		1.5

3 滩坝砂油藏直井大规模机械分层压裂工艺优化

典型区块高892块，主力生产层位为沙四上，平均油藏埋深3000~3200m，平均渗透率0.3~1.0mD，平均孔隙度7.6%~8.0%（表7、表8）。储层特点表现为：（1）层多，小层个数普遍10个以上；（2）层薄，平均厚度1~1.6m；（3）岩性不纯，泥质含量高，最高可达到50%以上；（4）压裂层段跨度大，大于50m。由于以上特点对于压裂井的缝高控制、大规模加砂都带来了一定的难度，2010年曾尝试过水平井压裂工艺，因为在纵向上难以沟通各小层，导致压裂效果不好；2011—2012年开始尝试直井大规模笼统压裂工艺，初期平均单井日产油6.5t，见到了一定的压裂效果；2012后期开始应用机械分层压裂工艺，每层压裂规模相对较小，平均单层加砂20m³左右，实施后初期平均单井日产油7t。但随着开发储层品质越来越差，单一一种压裂工艺无法大幅度提高单井产能。为进一步改造储层，2017年开始推广优化了直井大规模机械分层压裂工艺，该项工艺技术是大规模压裂与机械分层压裂的组合压裂工艺。

表7 高892-1井取心物性分析表

井段（m）	距顶（m）	孔隙度（%）	水平渗透率（mD）	备注
3022.00~3026.40	1.07	11	0.044	泥岩
3062.50~3069.60	0.22	9.6	1.41	
3062.50~3069.60	2.45	7	1.39	
3062.50~3069.60	3.42	6.7	0.06	泥岩
3062.50~3069.60	4	6.6	0.272	
3062.50~3069.60	5.4	2.8	0.067	泥岩

表8 高892-3井取心物性分析表

井段（m）	距顶（m）	孔隙度（%）	水平渗透率（mD）	备注
3155~3163	0.25	6.6	0.126	干层
3163~3170.5	4.6	7.9	0.318	干层
3163~3170.5	6.46	3.5	0.066	泥岩
3225~3229.1	0.27	8.3	0.237	干层
3229.13~3234.2	4.75	3.2	0.066	泥岩

3.1 解决如何分层问题

3.1.1 依据测井资料分压裂层段

依据测井图上显示压裂段跨度大小；自然伽马、声波等曲线判断砂岩纯度，分析每一层的压裂起缝难度；微电极、微电位判断物性好坏。对于储层跨度大、物性差异大、造缝难度不同的井段采用分层压裂工艺，可分为2段、3段、4段等压裂工艺，如高892斜11井分2段压裂。

3.1.2 依据地应力分析确定分层段数

应用gohfer软件模拟地层应力，分析隔层遮挡应力差值，选择地应力高的区域作为隔层，如梁755井根据地应力分析，将该井分为3段压裂。另外，对于遮挡性差的储层优化射孔，力求做到抓住主要层段，减少射孔簇数，控制多条裂缝同时起裂和延伸，必要时放弃一些层段，确保分层合理性和改造的效果。

3.2 加砂规模优化

高892块为特低渗油藏，储层致密，主要压裂思路以造长缝来提高单井产能。因此，该块主要以大规模压裂方式为主。做了不同加砂规模下支撑缝长与支撑缝高的变化曲线，得出最佳改造缝长（即随着加砂量继续增加，缝长增长变缓，对产能贡献率变差），从而确定最佳加砂量，确保效益最大化。

高892斜12井做了5套加砂规模程序，通过绘制该井缝长与缝高变化曲线，发现加砂规模达到40m³以后，裂缝长度不再增加，缝高增加速度明显加快，不利于储层的有效加砂与缝高控制，为此，最后确定下层加砂规模不大于40m³，缝长可达到160m。

3.3 缝高控制优化

缝高控制是分层压裂的关键技术，施工排量是影响缝高的关键参数。由于该块主要执行大规模压裂工艺，需要一定的施工排量来支撑缝宽，为控制缝高，该块主要实行变排量施工。例如：高892斜4井机械分层压裂井第一段施工排量的优化，做了两种排量计算，排量3.0m³/min缝高控制较好，为最佳起泵排量。

3.4 层间暂堵压裂技术优化

针对分段后，每段各小层间还存在压裂改造差异大的现象，分段压裂时部分储层未压开问题，推广应用了层间暂堵压裂工艺，目的是使每段内各小层压裂更精细、重新造缝，实现储层均匀改造，如高946、高892斜11等井（图2）。

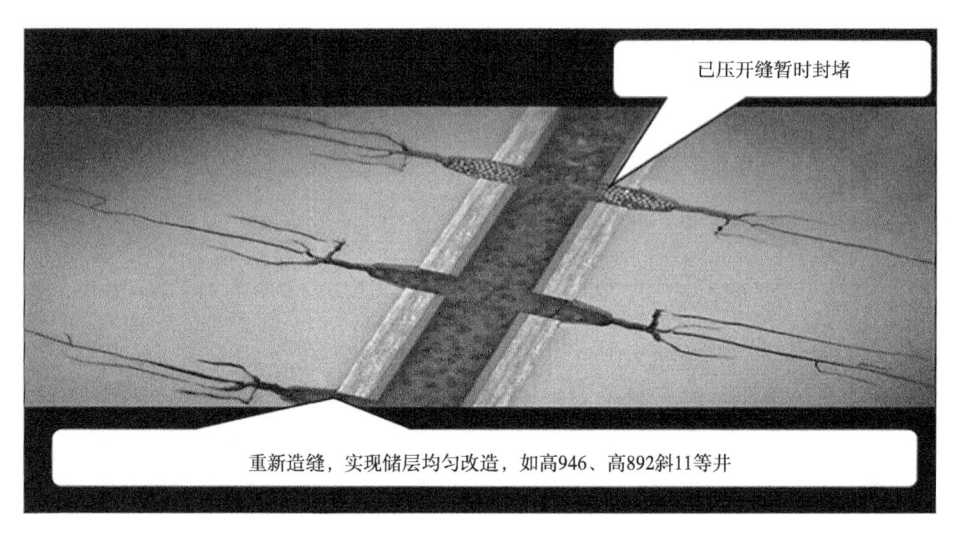

图2 暂堵压裂裂缝模拟图

3.5 应用效果

典型区块G89地区，2017—2018年实施大规模机械分层压裂井5口，初期平均单井日产油19.3t，目前平均单井日产油8.2t，与前期压裂井日产油7t相比，初期日产油增加12.3t，取得了很好的压裂效果（表9）。

表9　2017—2018年压裂效果统计表

序号	井号	初期产量			目前			累计产油(t)
		日产液(t)	日产油(t)	含水(%)	日产液(t)	日产油(t)	含水(%)	
1	G946	40	32	20	11.5	11	4	12605
2	GX949	13	10	23	7.2	6.3	13	1168
3	G892X11	36	31.3	13	13.7	13.3	3	2802
4	G892X16	18.5	17	8	6.1	6	2.4	3958
5	G892X18	8	6.3	21	4.8	4.6	4.5	2672
平均			19.3			8.24		4641

4　致密裂缝油藏"体积+高导流"组合压裂工艺优化

典型区块花古102块，主力含油层段为上古生界二叠系上石盒子组奎山段，平均油藏埋深2300~2400m，平均渗透率0.28mD，平均孔隙度7.56%，属于低孔、特低渗油藏（表10）。

表10　花古102井岩心分析物性表

序号	井段(m)	地质院		测井公司（核磁共振）		对比	
		孔隙度(%)	渗透率(mD)	孔隙度(%)	渗透率(mD)	孔隙度(%)	渗透率(mD)
1	2370.00~2378.20	7.13	0.17	5.67	0.09	-1.46	-0.08
2	2378.20~2386.30	8	0.4				
平均		7.56	0.28				

储层特点表现为：(1) 裂缝发育，缝宽1~3mm，偶见孔洞，裂缝面附近见棕黄色油迹、油斑，含油不均匀，该块属于裂缝—孔隙型双重介质储层；(2) 储层致密，花古102井取心显示上部灰白色石英砂岩，致密，无显示；下部见紫红色泥岩；(3) 储层厚度大且横向连通性好，单层厚度大于5m以上。

针对该块油藏致密性、裂缝性的特点，推广应用了"体积+高导流"组合压裂工艺，主要目的是在目的层造体积缝、长缝来沟通储层裂缝，从而释放储层产能。

4.1　体积缝压裂工艺优化

4.1.1　体积压裂可行性评价

应用体积压裂评价方法，开展了脆性指数分析，计算了可压指数，如花古102井计算可压指数0.60，接近体积可压裂级别Ⅰ类，体积可压裂性评价为中等偏上（表11）。

43

表 11 体积压裂评价方法

可压裂级别	脆性指数	脆性矿物指数	应力各向异性	天然裂缝	可压指数	可压裂性评价	储层压裂液选择
Ⅲ	0.1~0.3	0.20~0.30	1.5	不发育	0.18~0.32	低	交联液
Ⅱ	0.3~0.6	0.30~0.50	1.3	中等发育	0.36~0.58	中等	滑溜水/线性胶+交联液
Ⅰ	0.6~0.8	0.50~0.80	1.1	发育	0.62~0.82	高	滑溜水+交联液
花古102井	0.48	0.87	1.1	发育	0.60	中等偏上	线性胶+交联液

4.1.2 施工排量优化

常规压裂裂缝为线性裂缝，垂直于最小水平应力方向；体积压裂裂缝为网状缝，即在原有的裂缝基础上，再建立一组垂直于最大水平应力方向的裂缝。这就需要克服最大水平主应力、最小水平主应力差值，当地层附加的净压力大于最大水平主应力、最小水平主应力差时就会在产生一组垂直于最大水平主应力方向的裂缝。花古101-斜2井最大水平主应力、最小水平主应力差为2~11MPa。依据花古101斜2井最大水平主应力、最小水平主应力差分析结果，施工排量优化为9m³/min，产生附加净压力8MPa，满足了建体积缝要求。

4.1.3 改造体积优化

依据地质构造井网要求，尽可能提高改造体积。模拟了花古102井40m³、60m³、80m³条件下体积裂缝参数，改造体积分别为0.45×10⁶m³、0.95×10⁶m³、1.2×10⁶m³（图3至图5）。虽然加砂80m³，改造体积增大，但由于缝高控制难以控制，向上突破严重，不利于压裂后增产，为此优化加砂60m³。

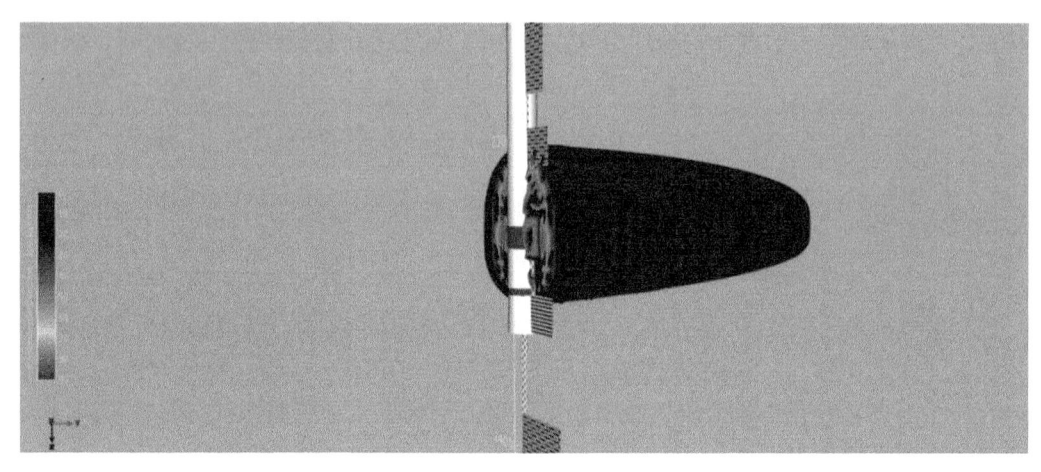

图3 花古102井40m³条件下三维模拟图

4.2 高导流压裂工艺优化

4.2.1 高导流压裂可行性评价

开展了储层力学参数计算，获得了岩石力学参数，建立了力学数学模型，评价了储层高导流压裂的可压性。计算了花古102井储层的破裂压力、最大水平主应力、最小水平主应力、泊松比和杨氏模量等力学参数，得出高导流通道适应性指数介于14~18。因此通过计算，该井主裂缝设计适合采用高导流通道压裂技术，以提高裂缝导流能力。

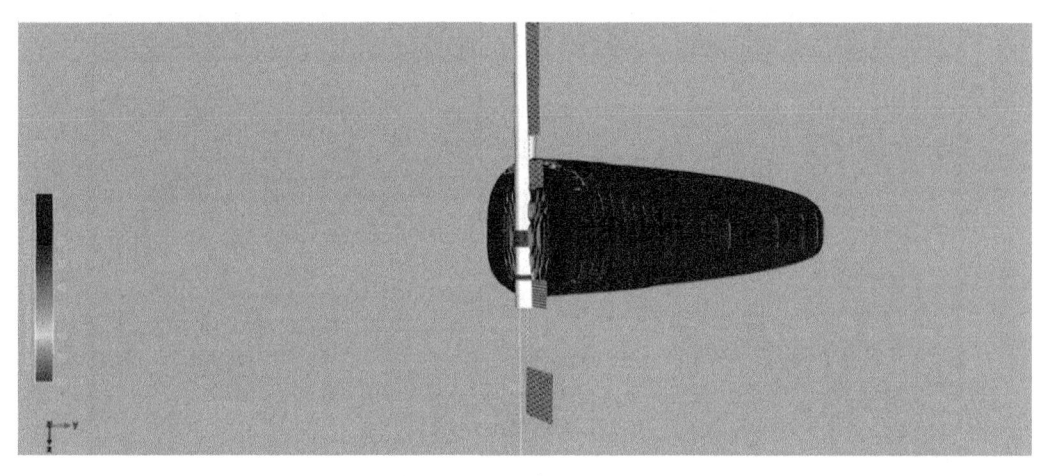

图4 花古102井60m³条件下三维模拟图

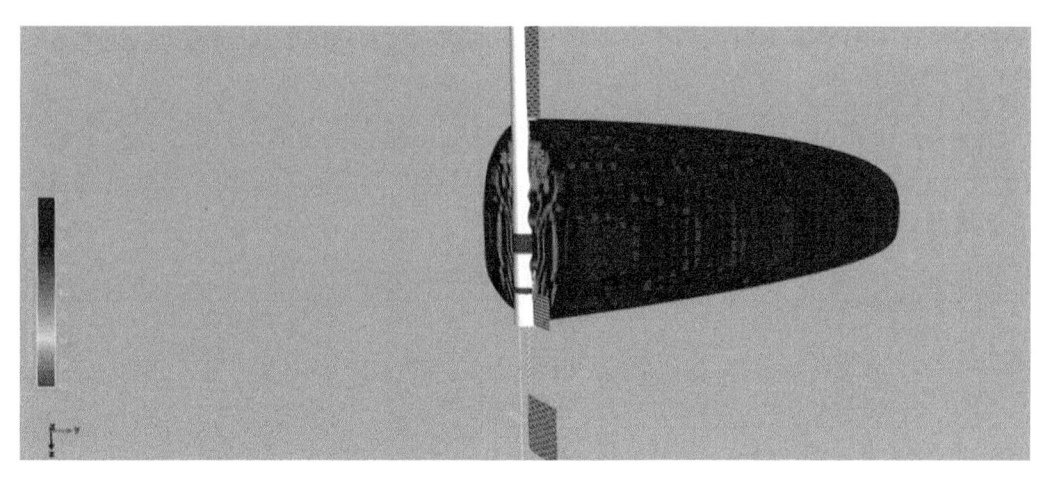

图5 花古102井80m³条件下三维模拟图

4.2.2 加砂规模优化

依据地质构造井网半缝长要求，优化加砂规模。模拟了花古101斜2井40m³、55m³、70m³条件下高导流裂缝参数，支撑半缝长分别为151m、181m、202m。依据井网半缝长180m的要求，优选加砂规模55m³。

4.2.3 泵注程序优化

图6显示常规加砂裂缝内支撑为"点"支撑，导流通道在各砂粒之间，而高导流加砂裂缝内支撑为"柱"支撑，导流通道在各砂团之间。每个砂团之间的导流能力是无限大远远高于砂粒之间的导流能力，有利于致密储层产能的提高。

要实现压裂后的高导流，就要进行压裂泵注程序优化。一是通过脉冲加砂方式（支撑剂段塞注入），即在泵注液体不停的情况下，加砂与停砂交替进行。通过计算，在体积缝的情况下，施工排量8m³/min的条件下，每停砂1min，各砂团可达到5mm以上，极大提高了裂缝导流能力；二是加砂时伴注纤维，促使砂粒成团，进一步实现高导流加砂。

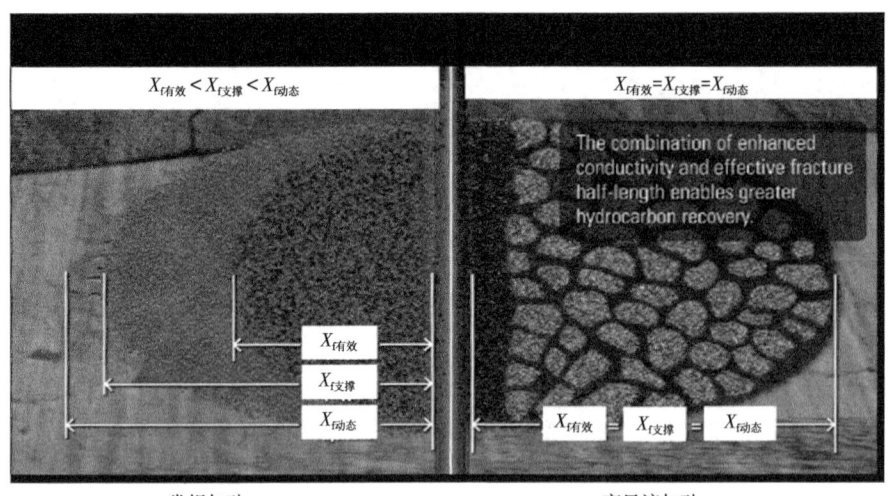

图 6　高导流加砂与常规加砂模拟形态图

4.3　应用效果

2016—2018 年在花古 102 块实施"体积+高导流"组合压裂工艺井 3 口井，平均单井初期日产油 12.7t，目前平均单井日产油 4.7t，累计产油 1.77×10⁴t，使原来难以开发的花古 102 块得到有效开发（表 12）。

表 12　花古 102 块压裂效果统计表

序号	井号	压裂工艺	初期产量 日产液（t）	初期产量 日产油（t）	初期产量 含水（%）	目前产量 日产液（t）	目前产量 日产油（t）	目前产量 含水（%）	累计产油（10⁴t）
1	花古 102	体积+高导流	21.6	19	12	6	5.6	7	1.1
2	花古 101X4	体积+高导流	14	11	21.5	3.8	2.9	23	0.24
3	花古 6	体积+高导流	11.2	8.2	27	19.8	5.7	71	0.43
	合计		46.8	38.2		29.6	14.2		1.77
	平均		15.6	12.7		9.8	4.7		

5　结论与认识

纯梁采油厂低渗透储层区块多，其地质条件不尽相同，从 20 世纪 90 年代就开始推广优化压裂工艺。改造初期，优选区块的储层特征主要表现为储层厚度大，砂岩岩性纯，地层能量充足。优选压裂工艺以小规模压裂开发为主。随着储层条件的变差，地层能量下降，储层改造难度越来越大，因此需要不断优化工艺来满足不同的地质条件需要。经过科研人员的不断优化，先后经历了水平井压裂、连续油管压裂、裸眼多级分段压裂、直井机械分层压裂、高导流压裂、体积压裂等多项工艺技术创新。

（1）纯梁采油厂低渗透储层地质条件复杂，经过 20 多年的压裂工艺发展，技术人员针对储层的不同特征采取了多样化的压裂工艺，取得了很好的压裂效果。

（2）规模越来越"大"。随着区块的逐渐开发，储层品质以及地层能量都越来越低，想要获得同样的产能，改造规模越来越"大"。

（3）配套工艺越来越"精"。配套技术从笼统—投球暂堵—机械分层—裸眼封隔器—泵送桥塞—高导流—体积压裂，压裂工艺呈现多样化现象，对储层的改造越来越"精"。

参 考 文 献

[1] 孙海成，胥云，蒋建方，等．支撑剂嵌入对水力压裂裂缝导流能力的影响［J］．油气井测试，2009，18（3）：8-10.

[2] 曲占庆，周丽萍，曲冠政，等．高速通道压裂支撑剂裂缝导流能力实验评价［J］．油气地质与采收率，2015，22（1）：122-126.

[3] 王香增．特低渗油藏采油工艺技术［M］．北京：石油工业出版社，2013.

[4] 蒋建方，陆红军，等．羧甲基羟丙基瓜尔胶压裂液的高温性能评价［J］．油田化学，2011（3）．

[5] 唐汝众，温庆志，苏建，等．水平井分段压裂产能影响因素研究［J］，2010，38（2）：80-83.

[6] 郑云川，陶建林，等．苏里格气田裸眼水平井分段压裂工艺技术及其应用［J］．天然气工业，2010（12）．

[7] 张英芝，杨铁军，王文昌．特低渗透油藏开发技术研究［M］．北京：石油工业出版社，2004.

[8] 朱维耀，鞠岩，赵明，等．低渗透裂缝性砂岩油藏多孔介质渗吸机理研究［J］．石油学报，2002，23（6）：56-59.

[9] 祝春生，程林松，阳忠华，等．特低渗透砂岩油藏渗流特征性研究［J］．油气地质与采收率，2008.

[10] 温庆志，张士诚，王雷，等．支撑剂嵌入对裂缝长期导流能力的影响研究［J］．天然气工业，2005，25（5）：65-68.

页岩气水平井产气剖面测试新方法
——混合温度法的研究与应用

樊丽丽

(中国石化江汉油田分公司石油工程技术研究院)

摘要：页岩气井多采用多级分段压裂方式完井，气藏开发与管理者迫切需要了解水平井各层段的产出情况，产气剖面测试是最直接有效的方法。提出一种基于焦耳—汤姆逊节流效应引起井筒流体局部温度变化分析的产气剖面测试新方法。该方法考虑了生产过程中水平段射孔位置温度变化和地层传热情况，建立了射孔簇间井筒内流体（气液两相）的温度压力耦合的管流模型，结合射孔簇位置和井筒的能量守恒方程求解确定各射孔簇流量分布，编制了水平井产气剖面定量解释软件。提出的测试方法提供了低成本、高效率的产气剖面测试解决方案，温度解释模型和方法的研究填补了国内空白。

关键词：页岩气；产气剖面；多簇射流；温度分布

近年来伴随着油气开发的北美模式取得的巨大成功，非常规油气开采日趋成为全球的热点，水平井技术也日趋完善，水平井钻井、完井以及配套技术在国内外都渐进成熟，而水平井分段压裂后生产动态监测、评价等技术相对匮乏，特别是对于页岩气分段压裂井的产气剖面测试技术还存在很多不足。目前，常规直井产液剖面测试技术已经成熟地应用于各大油田，其测试仪器能够依靠自身重力下至各个射孔井段完成测试。对于水平气井，使用常规的电缆测井方式无法进行水平井段的测量，同时水平段气液流动状态也不同于直井，给页岩气水平井的产出剖面测试及资料解释带来了很大困难，而目前针对水平气井的测试技术及资料解释方法相对匮乏，同时还面临的低油价下高成本的问题[1-3]。这一问题的解决对指导开发方案的编制、现场压裂施工参数优化设计、生产制度调整等有着积极的意义。

1 气井产出剖面测试新方法原理

在气井生产过程中，利用气井的温差曲线，可以修正气井的地质剖面，确定产气层位，估计每一生产层的产气量，确定岩层及地下气体的某些物理性质和形成水合物井段的深度。从理论上讲，温差曲线应该反映出影响井身中上升气流温度的全部主要因素，主要包括气体和岩层的热交换、焦耳—汤姆逊节流效应、上升气流的位能和动能的变化、重烃凝析的热效应及热交换的稳定问题等[4-8]。

对于页岩气水平井一般都是采用多段射孔进行生产，地层流体在地层压力和井筒压差的作用下向低压井筒渗流，在分段压裂施工中形成的人工裂缝导流作用下通过射孔孔眼进入井筒，从水平井的指端流向跟端。在整个流动过程中，气流的温度在某一时刻会发生明显的异常变化，即进入井筒时的焦耳—汤姆逊节流效应过程，使气流温度在射孔簇位置处突降，而气流温度的降低幅度是由该射孔簇位置处的出气量大小所决定的[9-11]。气井生产时，利用连续油管+高精度温度压力测试仪在水平井段进行连续拖动，监测射孔簇孔眼附近温度的变化来进行水平井产气剖面定量解释。

2 水平井筒流体温度影响因素及实验分析

尽管已有众多学者对利用井筒内温度分布解释产气量的方法进行了深入的研究，但是现有的研究多数往往是基于理论推导或数值模拟方法来建立解释模型[12-13]。因此搭建了水平井气液两相流（多簇射流模拟）试验台，实验平台如图1所示，对水平井筒内的温度分布规律的影响因素进行了研究。

图1 多簇射流水平井试验装置

图2是在不同射孔簇开孔数目下，即分别为（1，1，1）、（2，2，2）、（3，3，3）、（4，4，4）时温度采集点9处的温度随着气量变化时的变化规律曲线。由拟合曲线斜率的变化趋势可以看出，随着开孔数目的增大，流量—温度曲线变得越来越平缓，这表明对于相等的流量变化量，节流情况越严重，导致的温度变化越明显。由此可见，射流孔数目（射流流通面积）对温度—流量理论模型有重要的影响。在建立温度剖面—流量的解释模型时，需要充分考虑井筒的射孔结构及射孔段（簇）的布置情况。

同时还研究了不同进气/进液量、射孔簇开孔方式、井筒倾角及重力场等因素对井筒温度分布的影响规律，如图3至图5所示。

通过搭建的实验台，在实验室内对多簇射流水平井内井筒温度分布的影响因素及影响规律进行了研究，为温度法定量解释模型的建立提供了实验依据，确定了定量解释模型主要影响因素。在建立温度法水平井产气剖面解释模型时，需综合考虑焦耳—汤姆逊节流效应、地形起伏、流体加速及液体摩擦生热影响系数。

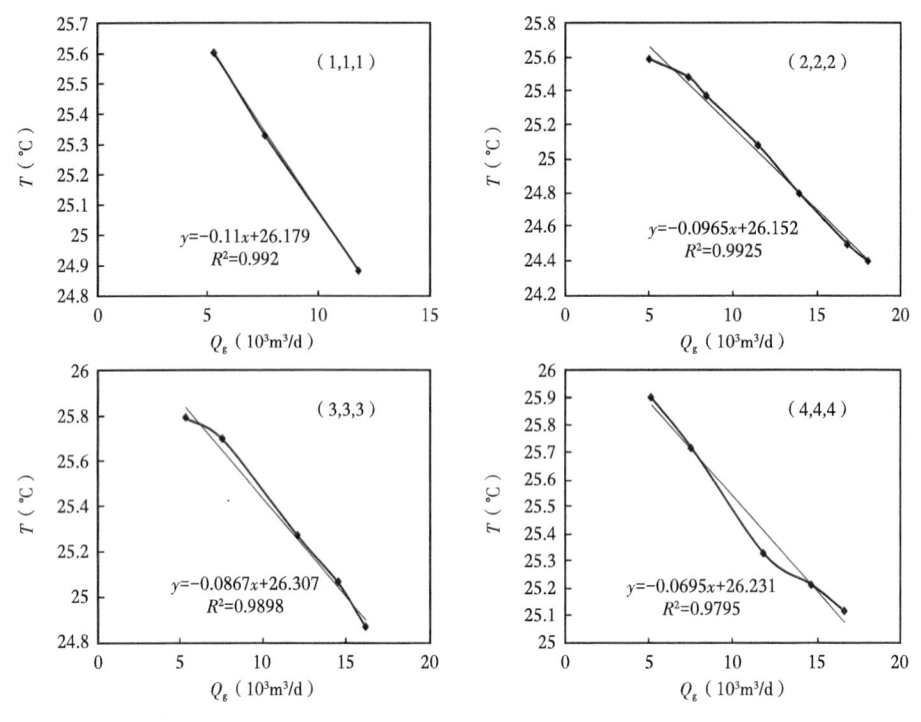

图 2 不同开孔方式下，温度采集点 9 处的温度随着气量的变化规律

图 3 不同液量下井筒内的温度分布

图 4 变密度射孔时井筒内的温度分布

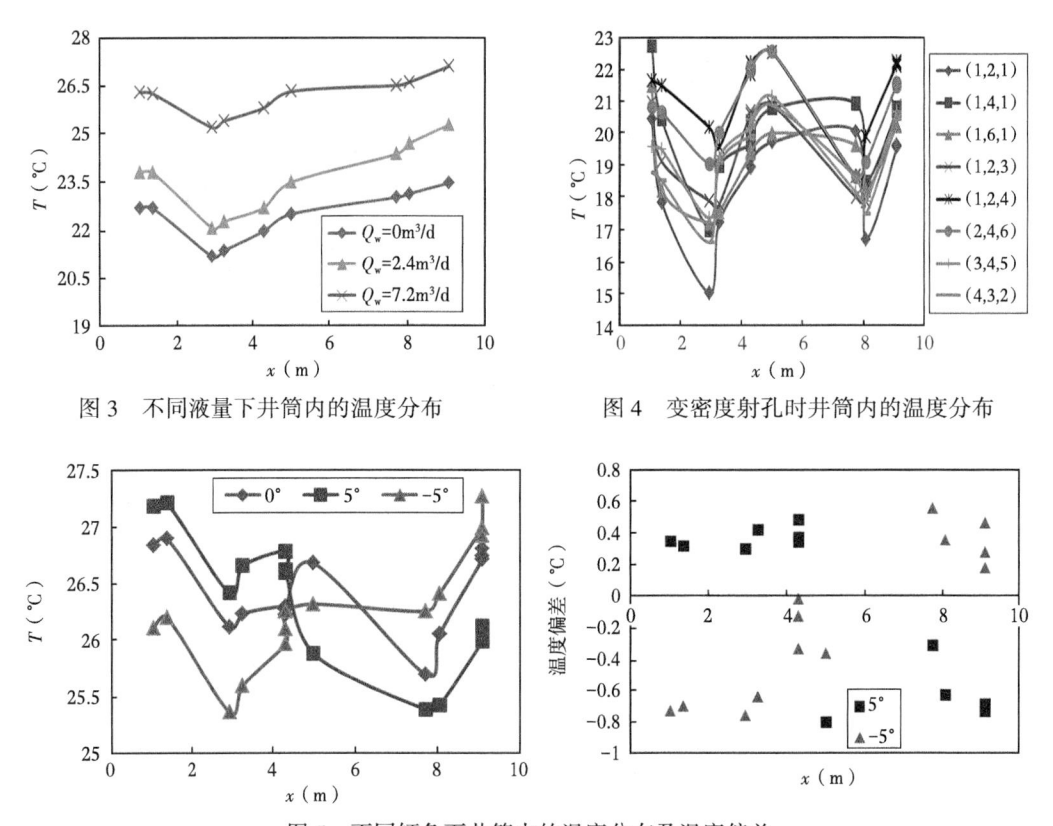

图 5 不同倾角下井筒内的温度分布及温度偏差

3 水平井产气剖面测试新方法

3.1 多簇射孔水平井物理模型

页岩气井在大规模分段压裂后投产，地层流体经射孔簇进入井筒，与井筒流体混合后向水平段根部流动，形成水平段温压流动场。页岩气在水平井筒的整个流动过程中，气流的温度在发生节流时会发生明显的异常变化，这就是焦耳—汤姆逊节流效应过程，使气流温度在射孔簇位置处突降[14,15]，据此温度变化机理建立水平气井井筒内流体流动的物理模型。

通过温度、压力等测量数据确定井筒内的流量分布，技术分析流程如图6所示。

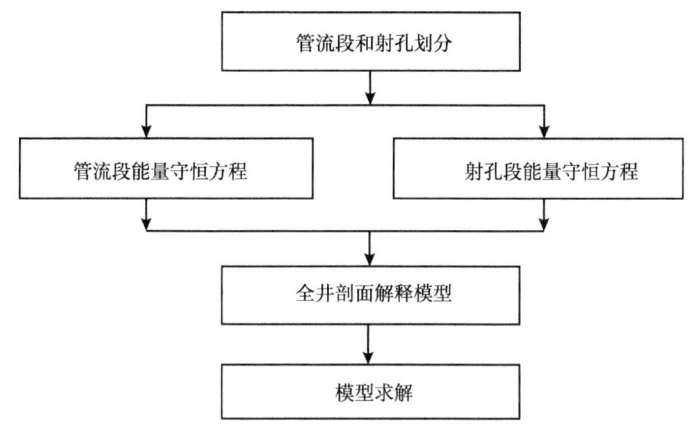

图6 解释方法分析流程图

3.2 管流段和射孔段划分

对于生产稳定的水平井，水平段可以划分为两个射孔簇之间的管流段以及射孔簇位置的射孔，应用时可参考温度变化趋势进行改进。然后分别建立水平井稳态时的气液两相管流能量守恒方程、地层流体流入射孔时的能量守恒方程。

3.3 管流能量守恒模型建立

流体在管道中流动时，不断地与周围介质进行热交换。流体的温度变化与势能变化、动能变化、热交换和焦耳—汤姆逊节流效应等有关。主要假设条件：混合物在管道中的流动状态是一维稳定流动的，不计流体的径向温度梯度；井筒内传热为稳定传热，地层传热为不稳定传热，且服从Remay推荐的无因次时间函数[16-18]；管道的横截面积A不变；假设两相之间没有温度滑移，计算控制体内，气液相具有相同的温度；不考虑相变热[19]。

取管段dx为研究对象，根据能量守恒定律，对于控制体内混合流体存在的热力学关系[19]：

环境传入控制体热量=流出控制体能量−流入控制体能量+控制体内能量的积累

则气液两相的稳态管流的能量方程：

$$\frac{d}{dx}\left[\rho_g w_g H_g A\left(h_g + \frac{w_g^2}{2} + gS\right) + \rho_L w_L H_L A\left(h_L + \frac{w_L^2}{2} + gS\right)\right] = -\frac{dQ}{dx} \quad (1)$$

式中，x 是流体流动方向的水平井长度，m；ρ 是流体的密度，kg/m³；w 是流体的流速，m/s；H 是截面含率；h 是流体的焓，J/kg；g 是重力加速度，m/s²；S 是高程，m；A 是截面积，m²；Q 是井筒向地层的传热量，J；下标 g 代表气体；下标 L 代表液体。

其中：
$$H_g + H_L = 1$$

混合流体质量流量为：
$$G_m = G_g + G_L = \rho_g w_g H_g A + \rho_L w_L H_L A \quad (2)$$

式中，G 是流体的质量流量，kg/s。

对于气体：
$$\frac{dh_g}{dx} = c_{pg}\frac{dT}{dx} - c_{pg}\alpha_{JTg}\frac{dp}{dx} \quad (3)$$

对于液体：
$$\frac{dh_L}{dx} = c_{pL}\frac{dT}{dx} + \frac{1}{\rho_L}\frac{dp}{dx} \quad (4)$$

式中，c_{pL} 是流体的定压比热容，J/(kg·K)；T 为流体温度，K；p 为流体压力，Pa；α_{JTg} 是气体的焦耳—汤姆逊节流效应系数，K/Pa。

井筒流体向周围地层岩石传热，首先要克服油管、油套环空流体、套管、水泥环产生的热阻，光套管生产时，井眼径向传热见图7。

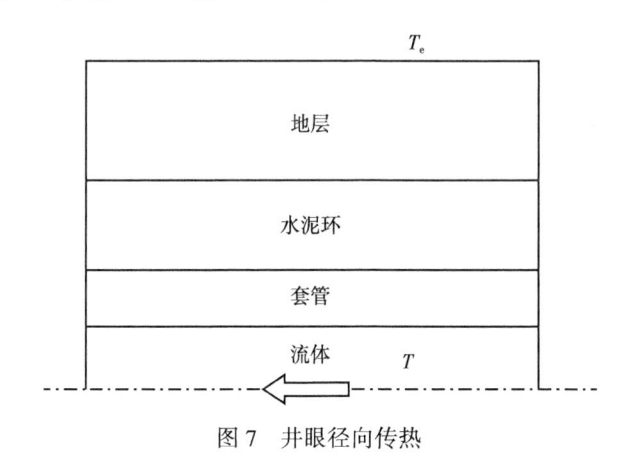

图 7 井眼径向传热

从流体到固井水泥/岩面界面，单位井段从流体到固井水泥/岩面界面的传热过程为径向稳定传热，从水泥环/岩石界面到地层内传热为二维非稳定问题，应用 Ramey 推荐的无量纲时间函数简化为一维问题，最后可得流体与地层之间的径向热传递是热流梯度方程[15]：

$$\frac{dQ}{dx} = \frac{2\pi r_{to} U_{to} k_e}{r_{to} U_{to} f(t_D) + k_e}(T - T_e) \quad (5)$$

式中，r_{to} 是井眼半径，m；U_{to} 是井眼的传热系数，W/(m²·K)；k_e 是地层的导热系数，W/(m·K)；T 是温度，K；下标 e 代表地层；$f(t_D)$ 是地层的瞬时导热函数，即 Ramey

无量纲时间函数,可用哈桑—卡皮尔 1991 年提出的公式计算;t_D 是无量纲时间;其余同前。

式(2)至式(5)代入式(1)得到管流方程:

$$G_g \frac{dh_g}{dx} + G_L \frac{dh_L}{dx} + G_g w_g \frac{dw_g}{dx} + G_L w_L \frac{dw_L}{dx} + G_m g \frac{dS}{dx} = -\frac{2\pi r_{to} U_{to} k_e}{r_{to} U_{to} f(t_D) + k_e}(T - T_e) \quad (6)$$

3.4 射孔簇能量守恒模型建立

对于气液两相的情况,射孔处的地层-井筒能量守恒的物理模型见图 8。

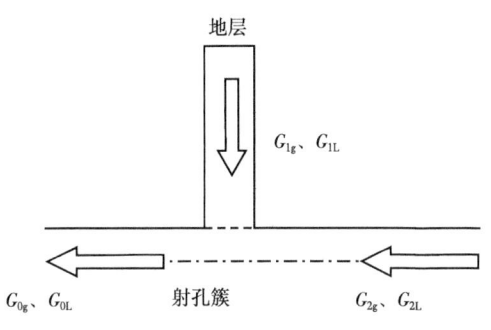

图 8 气液两相地层-井筒能量守恒模型示意图

对于水平井,一簇射孔处的总长度为 1~1.5m,所以不考虑势能以及动能的变化,则对射孔处的井筒和地层的能量守恒为:

进入井筒的流体携带的能量—流出井筒的流体携带的能量+从射孔处流入井筒的流体携带的能量+地层向井筒导热的径向热传递 = 0

则射孔簇气液两相地层—井筒能量守恒方程为:

$$\sum_{i=L,g} G_{2i} h_{2i} + \sum_{i=L,g} G_{1i} h_{ei} - \sum_{i=L,g} G_{0i} h_{0i} + \frac{2\pi r_{to} U_{to} K_e}{r_{to} U_{to} f(t_D) + K_e}(\widetilde{T}_{02} - T_e) = 0 \quad (7)$$

式中,下标 2 代表射孔簇上游流入的流体;下标 1 代表地层流入射孔簇的流体;下标 0 代表射孔簇流出的流体;$\widetilde{T}_{02}$ 是射孔簇的流体温度,为下游、上游的平均温度,K。

根据质量守恒:

$$G_{2g} = G_{0g} - G_{1g} \quad (8)$$

$$G_{2L} = G_{0L} - G_{1L} \quad (9)$$

式(8)、式(9)代入式(7),则能量守恒方程为

$$\sum_{i=L,g} G_{0i}(h_{2i} - h_{0i}) + \sum_{i=L,g} G_{1i}(h_{ei} - h_{2i}) + \frac{2\pi r_{to} U_{to} K_e}{r_{to} U_{to} f(t_D) + K_e}(\widetilde{T}_{02} - T_e) = 0 \quad (10)$$

其中,焓差可以根据式(3)、式(4)求得。

4 全井温度剖面解释模型及求解方法

4.1 全井剖面解释模型

在全井所有的管流段、射孔段，见图9，分别应用管流方程（6）、流体流入能量守恒方程（7），从而建立全井的产出剖面的解释模型：

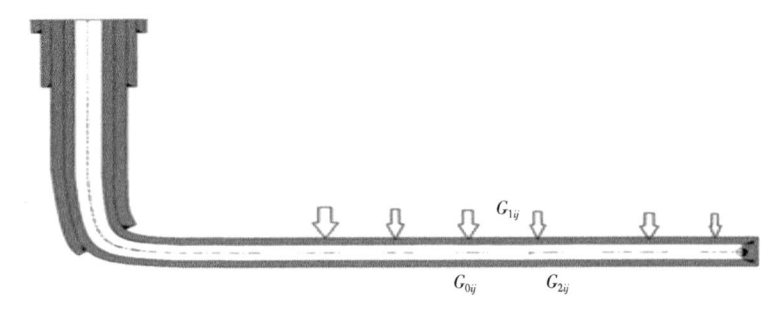

图 9　全井剖面模型图

$$\sum_{i=L,g} G_{2ij}\frac{dh_{2ij}}{dx} + \sum_{i=L,g} G_{2ij}\frac{\frac{1}{2}d(G_{2ij}/(AH_{ij}\rho_{ij}))^2}{dx} + \sum_{i=L,g} gG_{2ij}\frac{dS_j}{dx} + \frac{2\pi r_{to}U_{to}K_e}{r_{to}U_{to}f(t_D)+K_e}(T-T_{ej}) = 0 \tag{11}$$

$$\sum_{i=L,g} G_{0ij}(h_{2ij}-h_{0ij}) + \sum_{i=L,g} G_{1ij}(h_{eij}-h_{2ij}) + \frac{2\pi r_{to}U_{to}K_e}{r_{to}U_{to}f(t_D)+k_e}(\widetilde{T}_{02j}-T_{ej}) = 0 \tag{12}$$

式中，下标 j 为射孔簇编号，$j=1$，2，3，…，$N-1$；N 为射孔簇的总数。

其中：$G_{2gj}=G_{0,gi}-G_{1gj}$，$G_{2gi}=G_{0gj}-G_{1gj}$

由于质量流量是守恒的，则分别对各段管流段方程（11）进行积分，得第 j 个射孔簇的上游管流方程积分形式为：

$$\sum_{i=L,g} G_{2ij}\int_j \frac{dh_{2ij}}{dx}dx + \frac{1}{2}\sum_{i=L,g} G_{2ij}^3 \int_j \frac{d(1/(AH_{ij}\rho_{ij}))^2}{dx}dx + \\ \sum_{i=L,g} gG_{2ij}\int_j \frac{dS_j}{dx} + \frac{2\pi r_{to}U_{to}K_e}{r_{to}U_{to}f(t_D)+K_e}\int_j (T-T_{ej})dx = 0 \tag{13}$$

根据质量守恒：

$$\sum_j^N G_{1gj} = G_{gtotal} \tag{14}$$

$$\sum_j^N G_{1Lj} = G_{Ltotal} \tag{15}$$

全井的产出剖面上 N 个射孔数，各射孔簇产气量、产水量未知，总共 $2N$ 个未知量。模型中，式（12）至式（15）中，管流方程有 $N-1$ 个，射孔能量守恒方程有 $N-1$ 个，质量守恒方程2个，总共有 $2N$ 个方程，形成封闭方程组。其中，温度、压力、持气率采用连续油管测试。各个积分段，可以根据沿水平段所测温度、压力、持气率数据，选择相应的地质参数、井眼轨迹，进行数值积分。通过调用 Matlab 的 lsqnonlin 函数，可以求解该方程组，实现水平井产出剖面流量的定量计算。

4.2 求解方法

Matlab 的 lsqnonlin 函数的目标问题模型：

$$\min_x \|f(x)\|_2^2 = \min_x [f_1(x)^2 + f_2(x)^2 + \cdots + f_n(x)^2] \tag{16}$$

其中：

$$f(x) = \begin{bmatrix} f_1(x) \\ f_2(x) \\ \vdots \\ f_n(x) \end{bmatrix} \tag{17}$$

调用该函数可以求解上述 2N 个方程组。

从井口开始往井底计算出每个射孔簇的产气产水量，最终形成了全井各段簇产气剖面定量计算方法，如图 10 所示，并在此基础上，开发了水平井产出剖面资料解释软件。

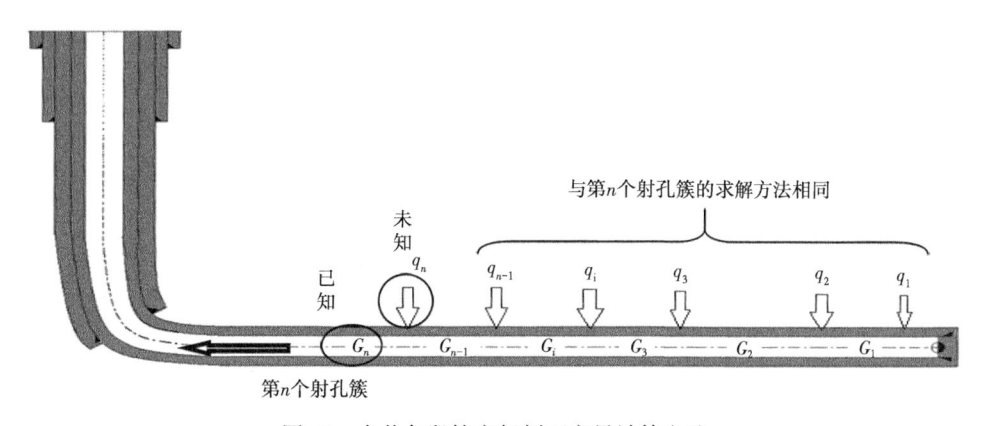

图 10 全井各段簇产气剖面定量计算方法

该解释方法适用于水平井射孔完井的情况，适用范围较广。流体的温度、压力等的测量较容易、精确，应用该方法确定水平井中各射孔簇流量时较为实用。

5 新方法的现场应用

焦页 X-1HF 井射孔井段 2606~4074.5m，共分 17 段，48 簇；水平段测试至井底；井口套压 22MPa，产气 $11.6×10^4 m^3/d$，产水 $0.9 m^3/d$。采用连续油管+高精度温压测试装置进行拖动测试，仪器取出后整理其温度压力曲线如图 11 所示。

利用模型软件，应用混合温度法进行定性解释，得出分簇产气剖面如图 12 所示。

各射孔簇的混合前的温度 T_2n 是温度曲线的局部最高点，从图 12 中可以看出，部分射孔簇对应的混合前温度和混合后温度并不一定刚好在射孔位置处，而是在射孔位置附

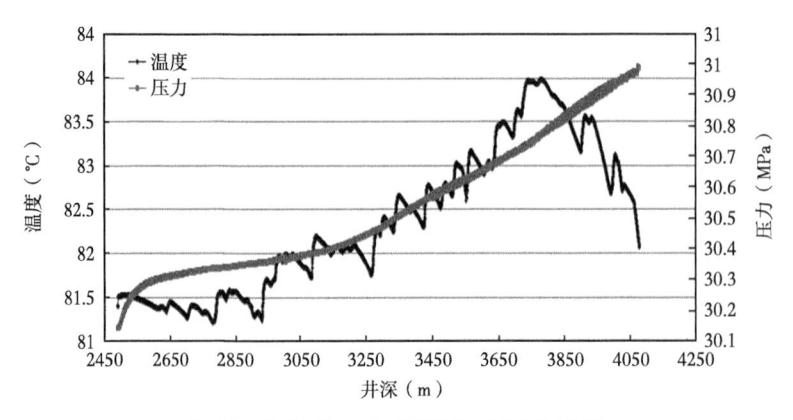

图 11 焦页 X-1HF 井温度、压力曲线图

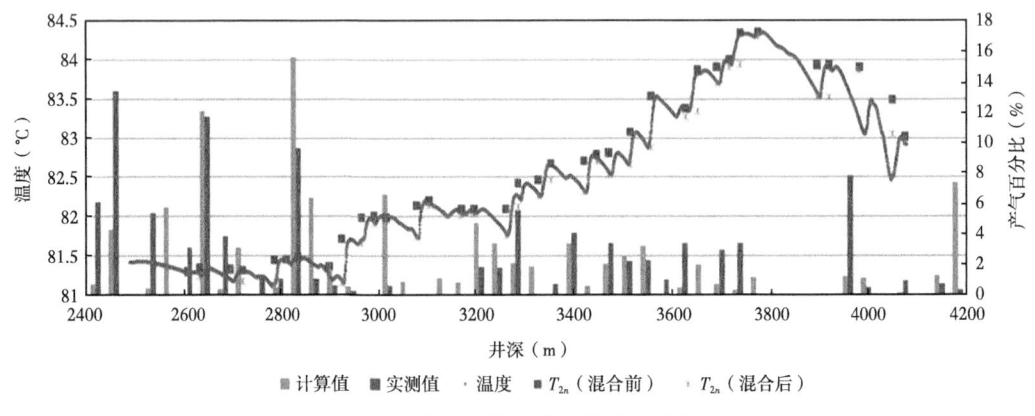

图 12 分簇产出百分比分布对比图

近，即温度曲线上的井深位置和射孔簇的井深位置可能需要校正，或者由于温度测量仪器运动速度变化影响而温度曲线的位置是否需要校正。

如图 12 所示，产气分布同样是进井口水平段端为主要产气段，第 47 簇、第 42 簇、第 37 簇为主要产气簇，自第 27 簇至第 13 簇为次要产气井段，整体水平井段产气情况从进井口端至井底呈现产气逐渐减少趋势。

对比两种测试方式的解释结果，温度法得出的产气剖面初步解释结果与多参数阵列式流量测试仪测试结果整体趋势相同，主产气簇吻合率较高。

6 结论

（1）建立了一种考虑水平井段分段压裂后生产特点及流态分布的分布式温度压力产气剖面测量方法。对于生产稳定的水平井，其井筒流动物理模型根据几何形式划分为两个射孔簇之间的管流段和射孔簇位置的孔眼节流段，同时考虑流体在管道中流动时其温度变化与势能变化、动能变化、热交换和焦耳—汤姆逊节流效应等。

（2）将气藏渗流和水平气井井筒流动作为分析对象进行温度场传热规律研究，建立了基于温度压力测试的页岩气产气剖面解释模型及方法。结合管流方程、地层—井筒的能量守恒方程，结合质量守恒方程，建立全井的产出剖面解释模型，开发出一套能够应用于水平气井的产气剖面解释软件。

（3）室内水平井气液两相流实验平台可以模拟水平井气液两相混合流态，为页岩气水平井产剖测试工艺（测试仪器在水平井段测试拖动速度及方式）选择提供基础数据，同时为完善页岩气井温压剖面测试解释模型和方法研究提供试验数据及依据。

（4）通过现场多口井的解释结果与涡轮流量计测量结果显示产气剖面分布基本一致。与目前主流方法对比，该测试方法作业成本低、不需要关井、测试时间短、解释结果误差较小。其解释产气剖面测试结果可以指导开发方案的编制、为现场压裂施工参数优化设计、生产制度调整提供有效的参考依据。

本文提出的测试方法提供了低成本、高效率的产气剖面测试解决方案，累计完成了涪陵页岩气田50余井次产气剖面测试，温度解释模型的研究填补了国内空白，整体提升了页岩气开发动态监测技术水平，因此具有重要的工程应用价值和学术意义。

参 考 文 献

[1] 李继庆，梁榜，曾勇，等．产气剖面井资料在涪陵焦石坝页岩气田开发的应用［J］．长江大学学报（自然科学版），2017，14（11）：75-81，8.

[2] 黄浩．金属降阻剂在页岩气井产气剖面测试中的应用［J］．江汉石油职工大学学报，2017，30（3）：44-46.

[3] 刘龙伟．气藏水平井产气剖面实验装置及测试方案［D］．成都：西南石油大学，2017.

[4] 周虎，熊文祥，吴俊杰．超声波流量计测井技术在吐哈油田的应用［J］．化工管理，2017（11）：3~5.

[5] 徐帮才．连续油管光纤产气剖面测试技术应用试验［J］．江汉石油职工大学学报，2016，29（1）：26-29.

[6] 刘茂果，晏宁平，吕利刚，等．靖边气田下古分层产量贡献率影响因素分析［J］．石油化工应用，2015，34（7）：47-52+63.

[7] 郭洪志．WY地区页岩气藏测井精细评价［D］．成都：西南石油大学，2014.

[8] 封莉，梁艳，刘建斌，姚欣欣．产气剖面测试在苏里格气田东区的应用［J］．石油化工应用，2014，33（8）：24-26.

[9] 李江涛，张绍辉，杨莉，等．涩北气田气层动用程度研究［J］．油气井测试，2014，23（1）：30-32，76.

[10] 周治岳，单永乐，高勤峰，等．不同生产压差下产气剖面测井的应用［J］．中国石油和化工标准与质量，2013，34（4）：83.

[11] 张予生，夏元剑，王成荣，等．柴达木盆地涩北气田出水井产气剖面曲线特征［J］．吐哈油气，2008，13（4）：378-380.

[12] K Yoshioka. Detection of Water or Gas Entry into Horizontal Wells by Using Permanent Downhole Monitoring System（PhD thesis）［D］. Texas：Texas A&M University, College Station, 2007.

[13] R Sagar, D R Doty, Z Schmidt. Predicting temperature profiles in a flowing well［J］. Society of Petroleum Engineers, 1991, 6（4）：441-448.

[13] 谭增驹，王成荣，宋君，等．注产气剖面高压密闭测试技术在塔里木油田的应用［J］．测井技术，2003（5）：423-426，445.

[14] 施培华，王成荣，刘志敏，等．青海涩北气田产气剖面解释方法研究［J］．测井技术，2005（3）：216-219，243-283.

[15] 刘武,陈才林,吴小红,等.多相管流流体温度分布计算公式的推导与应用[J].西南石油学院学报,2003,25(6):93-95.

[16] Ramey H J. Wellbore heat transmission [J]. J P T, 1962, 14 (4): 427-435.

[17] Shiu K C, Beggs H D. Predicting temperature in flowing oil wells [J]. Journal of Energy Resources Technology, Transactions of the ASME, 1980, 102 (1): 2-11.

[18] Alves I N, Alhanati F J S, Shoham O. A unified model for predicting flowing temperature distribution in wellbores and pipelines [J]. SPE Production Engineering, 1992, 7 (4): 363-367.

[19] 李士伦,等.天然气工程[M].北京:石油工业出版社,2000.

松辽盆地古隆起基岩缝控储量体积改造技术探索

朱兴旺 吕玲玲 邓大伟 王海涛 尚立涛 魏 旭

(大庆油田有限责任公司采油工程研究院)

摘要：介绍了大庆松辽盆地北部古中央隆起致密基岩储层第一口水平井缝控储量体积改造的成功实例。古中央隆起带总面积约为2400km^2，是目前中国石油风险勘探的重点领域，以往常规压裂改造工艺适应性针对性差，压后效果差，无法实现基岩储层的有效动用。2018年钻入基岩储层首口水平井，完钻井深4523m，水平段长度1623m，首次探索非常规油气藏缝控储量体积改造模式：按照地质工程一体化选层原则，采用密集切割，精准布缝，针对天然裂缝发育特征，优选逆混合压裂工艺，提高排量、增大液量规模，增大加砂强度，增加缝长，提高工艺成功率，同时应用多级复合暂堵，促进裂缝复杂化，优选配套压裂液体系及多粒径组合支撑剂，实现裂缝有效支撑。同时采用液氮伴注及发泡增能措施，补充地层能量与提高返排效率。通过现场实时决策方案二次优化等施工控制措施，最终实现该口水平井顺利完成施工。压后试气日产量11.5×10^{4}m^3，其中簇间距、加砂强度、用液强度等多项技术指标刷新中国石油纪录。

关键词：古隆起；基岩；水平井；缝控储量；体积改造

体积改造现为国内外非常规油气勘探开发关键手段之一[1-4]，并取得明显增产效果。国内于2009年正式提出"体积改造"技术理念并展开大面积推广应用，理念重点阐述三个方面内涵：裂缝于基质的接触面积最大、储层流体从基质到裂缝的渗流距离最短、基质流体向裂缝渗流所需驱动压差最小。目标就是打碎储层，形成裂缝网络，实现"人造"渗透率，最终提高单井压后产量及采收率，使储量动用最大化。

近年来，非常规储层改造工艺技术理念发生深刻变革，整体发展方向为水平段更长、井间距更小、簇间距更短、加砂强度更高[5]。北美地区水平井压裂簇间距由25m缩短至6m左右，甚至更小；井间距由400m缩短至60m左右；加砂强度由0.9~1.2t/m增至2.5~2.7t/m，部分井高于3.0t/m。其中，美国Utica页岩党的Purple Hayes 1H井，水平段长5652m，压裂段124段，平均簇间距9.1m；2018年马塞勒斯页岩气开发水平井水平段长普遍为3000~4000m。新疆玛湖地区缝间距由20~30m缩短至10~12m，单段簇数由2~4簇增至5~6簇。国内外体积改造设计理念的内涵得到深化，具体表现为：由以往追求储层的波及体积最大化向追求体积内裂缝密度、裂缝比表面积最大化转变，由区块内单井控藏向储层内缝控基质单元转变，强调裂缝系统改造的最大化，实现单井生命周期内最大EUR为目标。

松辽盆地北部古中央隆起带基岩裂缝型储层是接替火山岩储层的重要领域，是目前中国石油风险勘探的重点领域，是勘探发现和突破的主战场之一。古中央隆起带为一个长期继承性发育的古隆起，形成了6个内幕复杂的凸起带，为气藏的形成奠定了良好的构造背景，总面积约为2400km²，勘探领域大，多口井见显示，是风险勘探重点领域。"十三五"以来，针对松辽盆地深层致密气储层已经形成一套以复杂缝网为主题思路的压裂工艺技术体系，通过采用滑溜水+冻胶的复合压裂、不同支撑剂组合加砂、大排量大规模等工艺措施，基本满足松辽盆地深层致密气改造需求。但古中央隆起基岩储层条件更为致密复杂、储层埋藏较深，岩性复杂多样，压力系数低，以往常规改造效果差。为了提高松辽盆地古中央隆起基岩勘探井的压后产量，在借鉴国内外非常规油气改造理念和总结松辽盆地深层致密气压裂效果的基础上，探索实践了适用于古中央隆起的以"缝控储量体积改造"为理念的压裂技术，应用效果显著。所取得的压裂思路及工艺技术可以为同类基岩裂缝型储层的压裂改造提供借鉴。

1 古中央隆起基岩储层特征

古中央隆起带岩性复杂，北部以沉积变质岩类为主，南部以花岗岩类为主，沿着徐西断裂发育糜棱岩带，变质砾岩和花岗岩为成藏的优势岩性。通过20口岩心观察、115块薄片鉴定、钻遇基岩43口井录井、测井等资料，研究区基底发育沉积变质岩、糜棱岩和花岗岩3大类7种岩性。基岩风化壳储集空间主要为溶蚀孔，其次为裂缝。其中花岗岩淋滤型风化壳、变质砾岩淋滤型风化壳物性最好，孔隙度最大达5.5%~5.3%，油气层数多，显示级别高，试油获较高产量；千枚岩、糜棱岩风化壳物性差，孔隙度最大为1.9%，显示级别低。基底储层天然裂缝普遍发育，观察8口井岩心裂缝成组出现，相互切割，裂缝线密度主要为10~30条/m，铸体薄片也可见显微裂缝发育。

2 压裂技术对策

2.1 地质工程一体化密集切割精准布缝

松辽盆地古中央隆起地质工程一体化精准布缝指地质"甜点"与压裂工程"甜点"的结合。通过室内全直径岩心物理模拟实验，古中央隆起天然裂缝、层理弱面的发育程度是影响压裂缝网复杂程度的关键因素。古中央隆起地区整体裂缝较发育，天然裂缝、层理缝等弱面在裂缝净压力的作用下易产生张性、剪性扩展，为压裂改造形成复杂缝网提供了有利条件。在选层切割，精准布缝方面，综合选择地质"甜点"指数高（表1），压裂工程"甜点"（应力低部位、脆性高、水平应力差较小）的部位进行布缝，结合多段分簇个性化针对性优化设计，提升压裂改造效果。

表1 LP1井地质"甜点"分类示意图

分类	压裂段	基质"甜点"指数	裂缝"甜点"指数
I	15、16	68.64	4.299067286
I	7、8	109.57	4.780745017
I	4、5、6	212.4	6.367482787
I	3	84.17	4.169431013

续表

分类	压裂段	基质"甜点"指数	裂缝"甜点"指数
Ⅱ	17	56.01	2.484486194
Ⅱ	10、11	53.46	1.835466021
Ⅱ	9	43.96	2.428706116
Ⅱ	2	74.72	2.276195125
Ⅲ	14	19.63	0.153441994
Ⅲ	13	21.96	0.374612308
Ⅲ	12	34.1	0.62840933

2.2 "前置酸+胶液+滑溜水+胶液"逆混合压裂工艺

古中央隆起LT1井、LT2井在前几段压裂中采用了以往深层致密气储层的缝网压裂模式和工艺技术，但出现了施工泵压接近限压，加砂极为困难的情况。究其原因，古中央隆起基岩储层天然裂缝发育导致压裂液滤失严重，压裂液效率低，裂缝缝长扩展受限。同时，由于基岩储层岩性致密、地应力梯度高，在压裂设备及管柱限压条件下，人工裂缝缝内净压力小、缝宽窄、缝内砂堵无法加砂、现场施工控制难度极大等问题相继出现。为此，通过增加前置酸化降破压、胶液前置、滑溜水中置等措施，在后续施工井中施工控制较好，改进形成了"前置酸+胶液+滑溜水+胶液"逆混合压裂工艺（表2）

表2 "前置酸+胶液+滑溜水+胶液"逆混合压裂工艺阶段划分表

阶段名称	作用	效果
前置酸	解除钻井滤饼、射孔压实伤害、降低破裂压力	破裂压力降低7MPa以上
前置胶液	降低滤失、扩大缝宽、延伸缝高，保证近井主缝完整性	有多次破裂特征
滑溜水段塞	打磨近井摩阻、沟通并支撑远端天然裂缝、促进裂缝远端复杂性	延伸压力降低3~5MPa
胶液连续加砂	充填主裂缝，提高砂比，提高近井主裂缝导流能力	提高砂比至25%以上

2.3 不同支撑剂多粒径组合全尺度支撑工艺

为使裂缝系统的导流能力在高闭合压力条件下长期保持不变，针对深层致密气通常采用高强度陶粒作支撑剂，其密度相对较高。当采用滑溜水携带沟通支撑裂缝网络时，则陶粒易在近井裂缝地带沉降，难以运移至裂缝远端深度区域。并且古中央隆起基岩储层天然裂缝较为发育，液体在地层滤失较为严重，进一步增大了携砂的难度，使得在压裂施工过程中表现出随着加砂量及砂比的提高，泵压逐级升高。因此为进一步提高砂比且改善铺砂剖面，保证全尺度支撑效果，结合松北古中央隆起天然裂缝发育特征，优化优选40/70目超轻支撑剂（体密度1.025g/cm³）、70/140目粉陶、40/70目及30/50目低密度陶粒（体密度1.26g/cm³）等多种支撑剂不同粒径组合与液性组合方式的全尺度支撑工艺（表3）。

表3 古中央隆起基岩储层不同支撑剂多粒径组合全尺度支撑工艺

支撑剂类型	携砂液体	目的
70/140目粉陶、40/70目超轻支撑剂	胶液、滑溜水	滑溜水、前置液阶段处理打磨裂缝壁面、填充微缝裂缝系统
40/70目低密度支撑剂	胶液	不同砂比复杂裂缝系统全剖面支撑
30/50目低密度支撑剂	胶液	中高砂比提高近井地带导流能力

2.4 控近扩远+多级复合暂堵转向促复杂工艺

深层致密气在压裂早期为追求高净压、大排量的压裂目标，常常在接近设备限压值的情况下施工。至施工中后期，受砂比增加、地层滤失等因素影响，泵压迅速上涨，只能通过降排量及胶液中置扫砂等措施确保完成施工。虽然降低施工排量能有效降低施工泵压，但对于远端裂缝复杂性不利，且针对古中央隆起水平应力过高条件下复杂缝网的形成更为不易。为此，改进形成了全程逐步提排量泵注程序。在压裂前期胶液阶段，采用较低排量、阶级提排量的方式，可防止过早打开天然裂缝而影响主裂缝的完整性；在压裂中后期，采用大排量压裂液增大缝内净压力，更有利于开启沟通远井天然裂缝从而形成复杂裂缝系统，扩大改造体积，同时大排量也有利于滑溜水段塞及胶液中后期高砂比支撑剂的输送。同时针对段内多簇应力差异情况及天然裂缝与人工裂缝角度形态，优化设计层间及缝内暂堵转向工艺，前者保证段内各簇有效开启，实现高密度布缝的充分改造，后者确保实现裂缝系统复杂化目标，配合全尺度支撑工艺，实现多级裂缝系统的有效支撑，提高改造效果。

2.5 发泡增能剂+液氮伴注增能助排工艺

由于松辽盆地古中央隆起基岩储层属于常压系统，压力系数为0.9~1.1，大规模改造返排效率低。为有效增加返排速度、提高返排能力，进而降低储层二次伤害，采用发泡增能剂+液氮伴注组合工艺，补充地层能量，加速返排。其中发泡增能剂在滑溜水及胶液前端分两次注入，在主施工全程采用液氮伴注，形成均匀泡沫冻胶，用来撑开地层，并且在压裂后，靠释放出氮气反推破胶水化液排出地层，提高压裂液的返排率，加快返排速度，减少压裂液对地层的伤害，提高压裂效果。该工艺具有保护油层、降滤失、助排的作用。同时辅以"过硫酸钾+胶囊破胶剂"双元复合破胶体系，既可以保证储层破胶彻底，又可以有效降低高砂比阶段过硫酸钾的加入量增多可能导致的胶液携砂性能下降造成的施工风险。

3 应用效果

位于古中央隆起肇州凸起的LT2井是风险勘探的重点探井，完钻井深3370m，基岩储层岩性以花岗岩为主，天然裂缝较发育。优选19个小层分5段压裂，共用液10607.3m^3，其中滑溜水4987m^3、基液5620.3m^3、总加砂654.5m^3，其中粉陶40m^3、低密度陶粒614.5m^3，整体施工排量11~13m^3/min，施工泵压65~75MPa。第一段为地质综合解释裂缝层，入井液量1064.1m^3，加砂量仅为31.5m^3，施工泵压71~76MPa，排量8.0~4.5m^3/min，停泵压力异常高 67.2MPa，前期滑溜水在地层滤失过大、造缝效率低，且地层对砂比的变化极为敏感，砂比 5% 的粉陶加入后，泵压激增 4MPa，胶液连续加砂受缝宽有限影响，最高砂比只能提至 13%（图1、图2）。后期采用"胶液+滑溜水+胶液"混合压裂工艺，其余各段顺利完成压裂施工，LT2 井压裂后测试，试气产量 $2.4×10^4 m^3/d$。

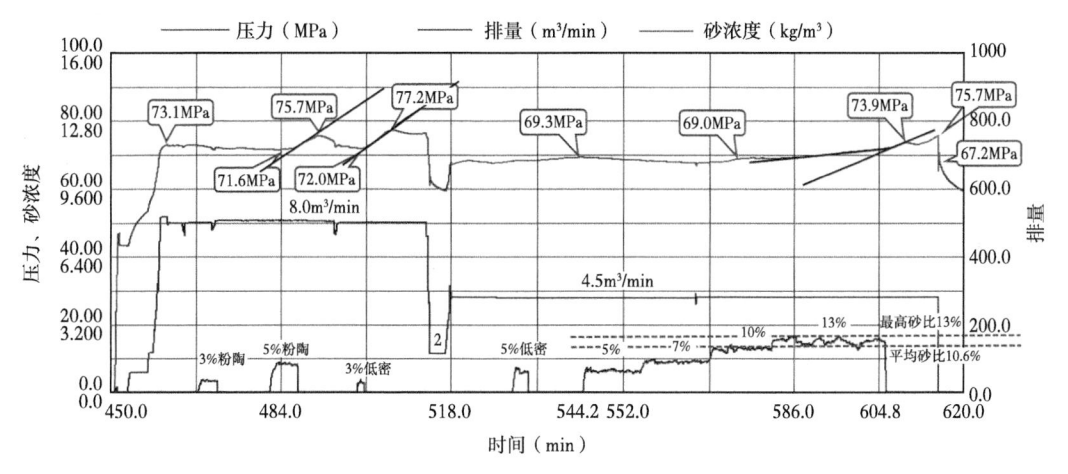

图1 LT2井第一段施工曲线

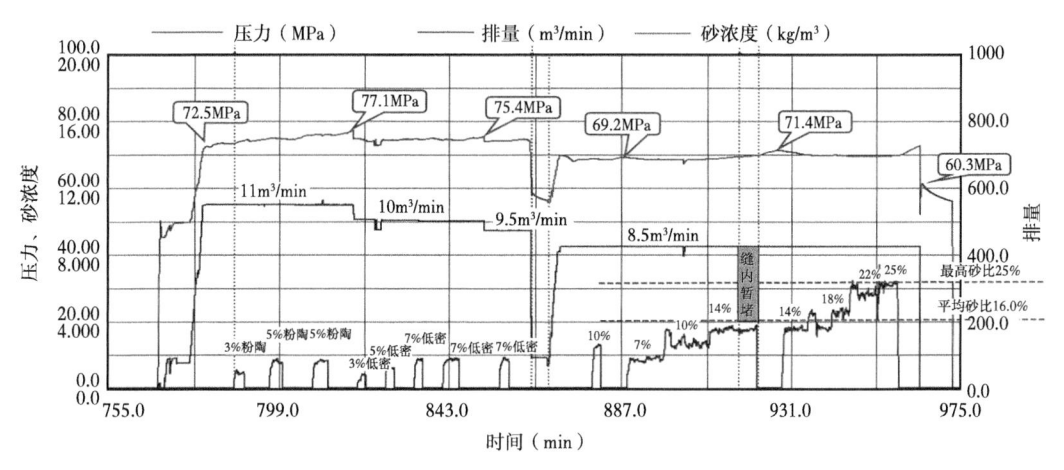

图2 LT2井典型段施工曲线

4 结论

（1）松辽盆地北部古中央隆起基岩采用缝控储量改造模式可以明显提高单井压裂改造效果及可动用储量。并且基岩储层天然裂缝发育，为缝控储量改造模式形成复杂缝网提供了有利条件。地质工程一体化密集切割、精准布缝模式工程实施性高。

（2）基于缝控储量理念，逐步改进形成了"前置酸+胶液+滑溜水+胶液"逆混合压裂工艺，采用前置胶液携段塞造主缝保证裂缝完整性，中期大排量滑溜水段塞式提高远井改造体积并有效支撑多级裂缝系统，后期胶液连续加砂保证加砂强度，"控近扩远+多级复合暂堵转向"压裂工艺能提高裂缝系统复杂程度，最大限度地提高改造体积及有效支撑体积。

（3）此压裂工艺模式应用于古中央隆起基岩储层现场3口重点井的储层改造后，增产效果显著，为松北古中央隆起风险勘探取得重大突破提供了有力的技术支撑基础。

参 考 文 献

[1] 邹才能，丁云宏，卢拥军，等．"人工油气藏"理论、技术及实践［J］．石油勘探与开发，2017，44（1）：144-154．

[2] 吴奇，胥云，刘玉章，等．美国页岩气体积改造技术现状及对我国的启示［J］．石油钻采工艺，2011，33（2）：1-7．

[3] 吴奇，胥云，王晓泉，等．非常规油气藏体积改造技术：内涵、优化设计与实现［J］．石油勘探与开发，2012，39（3）：352-358．

[4] 吴奇，胥云，张守良，等．非常规油气藏体积改造技术核心理论与优化设计关键［J］．石油学报，2014，35（4）：706-714．

[5] 吴奇，胥云，王腾飞，等．增产改造理念的重大变革：提及改造技术概述［J］．天然气工业，2011，31（4）：7-12．

[6] 卢冲，等．基岩风化壳储层压裂改造工艺技术先导性试验［J］．内蒙古石油化工，2013，39（9）．

[7] 金成志，张玉广，尚立涛，等．致密气藏复杂裂缝压裂技术［J］．大庆石油地质与开发，2018，37（1）．

[8] 吴百烈，周建良，等．致密气水平井分段多簇压裂关键参数优选［J］．特种油气藏，2016，23（4）．

[9] chen Z. Finite element modelling of viscosity—dominated hydraulic fractures［J］. Journal of Petroleum Science and Engineering，2012：88-89．

[10] 李海涛，胡永全，等．确定分段多簇压裂最优裂缝间距新方法［J］．大庆石油地质与开发，2014，33（3）．

[11] 赵金洲，李勇明，王松，等．天然裂缝影响下的复杂压裂裂缝网络模拟［J］．天然气工业，2014，34（1）．

[12] 潘林华，等．页岩储层体积压裂复杂裂缝支撑剂的运移与展布规律［J］．天然气工业，2018，38（5）．

非常规油气开发光纤微地震监测技术研究与应用

谢 斌[1]　潘 勇[1]　王宁博[1]　张 敏[2]
潘树林[3]　刘 飞[2,4]　汪 志[1]

(1. 中国石油新疆油田工程技术研究院；2. 北京大学；
3. 西南石油大学；4. 中国地质科学院)

摘要：水力压裂技术是部分非常规油气田，如致密油气、页岩气、稠油等实现增产的有效技术。为了评估压裂效果，优化施工方案，需要相应的微地震监测技术。但目前国内缺少拥有自主知识产权的微地震监测仪器和设备，导致监测成本较高。为此，历经5年攻关研究和现场试验，成功研制了一套10级光纤微地震监测设备，该设备频带范围3~1000Hz，动态范围高于120dB，等效噪声加速度低至$56ng/\sqrt{Hz}$，性能指标接近国外同类产品，不同于传统电子式监测设备，光纤检波器为无源传感器，经测试可在120℃、40MPa环境下正常运行，满足绝大多数水力压裂井微地震监测的应用需求。截至2018年底，该套设备顺利完成了多井次的现场试验，采集到了大量的有效微地震信号，对压裂过程中的裂缝方位、发生时间进行了合理的解释，为下一步施工调整提供了依据。

关键词：微地震监测；非常规油气；光纤检波器；压裂

水力压裂技术是开采非常规油气资源的重要技术手段[1]，微地震监测是评价压裂效果、优化压裂设计及施工作业的重要方法[2]。微地震监测方法对水力压裂中的岩石破裂声发射现象进行实时监测，用所获得的数据对震源进行反演和成像，从而获得震源位置、震动时刻以及震源强度等信息，监控、指导整个施工过程[3]。从20世纪80年代起，Terrascience、OYO Geospace等国际知名油田服务公司相继开展了多次微地震监测试验，同时完善了相关理论、监测设备和施工工艺，逐渐将此项技术推向商业化应用[3]，如Schlumberger公司的StimAPLive系统、Halliburton公司的FracTrac系统以及Baker Hughes公司的IntelliFrac系统等。近20年来，国内在长庆油田、松辽油田等地开展了多次微地震试验，取得了良好的效果[4]。然而，在国内的监测试验多由国外公司进行，或是使用国外的监测系统，尚无有自主知识产权的相关监测系统的报道。

目前微地震监测技术在应用中遇到一些问题：微地震信号能量较弱，频率范围较宽，要求检波器带宽大、灵敏度高[5,6]；井下环境恶劣，空间狭小、高温、高压、高腐蚀性，要求检波器及连接件、信号传输线等具备耐高温、高压和耐腐蚀的性能[7]；为了降低震源的定位误差，要求监测系统携带尽可能多的检波器[8]。作为一种新兴的传感技术，光纤检波器具备体积小、灵敏度高、井下绝缘等优势，在光纤数量有限时可通过复用方式最大限度地增加检波器的数量，同时采用光纤传感技术构建微地震监测系统也可以避开国外传统的动圈式或MEMS检波器的专利壁垒，有利于打造具备自主知识产权的微地震监测系统。

本文介绍了一套自主研制开发的光纤微地震监测系统，包含 10 级三分量微地震检波器单元。在现场试验中，成功地利用该设备监测到水力压裂过程中的微地震信号，并由此反演出了微地震信号的强度和位置，得到了裂隙方位和走势，验证了该系统的可行性。

1 光纤微地震监测系统

1.1 仪器组成

光纤微地震监测系统耐温 120℃、耐压 40MPa，适用于 5½in 套管，井深小于 4500m，主要由地面仪器、光纤承荷探测电缆（简称"测井电缆"）和井下仪器三部分构成，结构如图 1 所示。

地面仪器包括解调设备和推靠装置的控制部分。测井电缆一端连接地面仪器，另一端连接井下仪器部分，即多级检波器单元。

地面解调系统多采样率可选，采用 SEG-Y 标准数据格式，可实时采集、解调和传输井下多级检波器阵列的监测信号，具有信噪比高、多级实时解调、响应频带宽的性能。

测井电缆长 4.5km，抗拉强度大于 80kN，为光电复合缆，包括 6 根电线和 4 根耐高温光纤，电线控制推靠，光纤传输光信号。

检波器单元外径 85mm，长 1039mm，由三个不同方向的光纤微地震检波器和推靠装置构成，如图 2 所示。光纤微地震检波器通过传感光纤将监测到的振动信号转化为光信号；推靠装置采用逐级推靠，逐级收回方式。

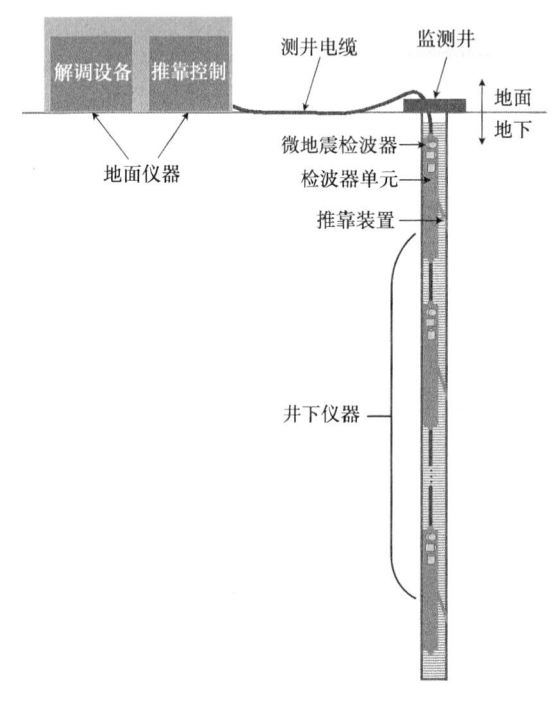

图 1 光纤微地震监测系统结构图

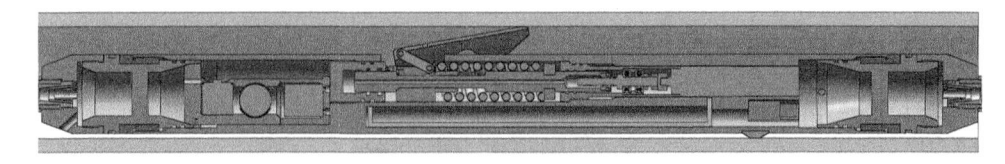

图 2 检波器单元结构图

1.2 工作原理

光纤微地震监测系统测量微地震信号的核心传感器是检波器单元中三个不同方向的光纤微地震检波器，采用质量—弹簧结构，如图 3 所示，由探头基座、弹性筒、质量块、O

形圈、光纤一分二耦合器、法拉第旋镜和传感光纤组成。该传感器是基于 Michelson 干涉仪光学结构，当振动信号传递到检波器时，质量块由于惯性会施加给弹性筒一个轴向力，引起弹性筒径向形变，带动缠绕在弹性筒上的传感光纤，从而导致干涉光相位发生变化，通过差分延时外差解调系统对其干涉信号进行解调，就能得出光相位信息，测量出外界振动信号的加速度大小[9,10]。

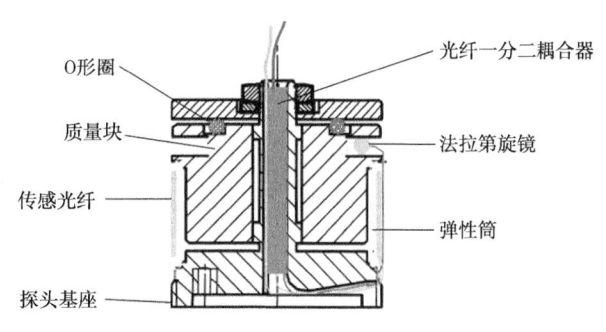

图 3 光纤微地震检波器结构示意图

1.3 实验室测试

光纤微地震检波器的频率响应范围为 3~1000Hz，灵敏度为 100rad/g [40dB（ref rad/g）]，动态范围大于 110dB，系统耐温 120℃，耐压 40MPa。在实验室条件下检验光纤微地震监测系统主要技术参数如下。

使用振动台测试光纤微地震检波器。光纤检波器 3dB 带宽为 20~1000Hz（振动台最低频率 20Hz），灵敏度范围 45~50dB（ref rad/g）；所能测到的最小振动信号幅度为 56ng$\sqrt{Hz}$，优于 Weatherford 公司产品的指标[10]，所有频率点处的动态范围均高于 120dB（其中在 50Hz 附近由于噪声本底受工频干扰较大，导致动态范围下降）；不同加速度下光纤微地震检波器线性度曲线大于 0.999，性能一致性较好。

高温高压模拟井中测试系统耐温耐压性能。在温度 120℃、压力 40MPa 环境范围下，光纤微地震检波器灵敏度不变，监测结果与电子检波器一致，振动信号响应清晰正常。

2 微地震信号处理解释软件开发

光纤微地震检波器是加速度型传感器，常规电子检波器是速度型传感器。比较两种检波器，光纤微地震检波器灵敏度更高，采集的光信号分辨率高，有效信号主频较高。同时，由于灵敏度过高，采集信号的信噪比变低，有效信号淹没在噪声中，需要开发配套的处理解释软件进行去噪和识别有效信号。

针对光纤微地震监测系统的信号特点，开发了微地震信号处理解释软件，可以实现人工干预处理解释和实时自动处理解释功能。

（1）采用高阶矩弱信号自动识别技术，通过有效信号的相关性，以能量大小和延续时间判定是否出现有效微地震信号，模糊识别可疑信号，保留大数据量下的有效数据段，提高分析速度。

（2）采用自相关法结合高阶矩方法联合去噪，有效抑制数据中的随机干扰和线性干扰。

（3）由于信噪比低，数据中难以同时拾取纵波和横波到达时刻，常用的纵横波联合定位方法难以进行准确定位。采用三分量检波器单波定位方法，保证了在三分量检波器只接收到纵波或者横波时，仍然能够进行准确的定位处理。

单井观测的条件下，由于所有观测点的水平坐标都相同，只能确定震源点到观测井的水平距离和深度，需通过偏振分析确定震源的方位，即通过纵波或者横波在三分量检波器中由于传播方位造成的振幅差异来进行分析，如图4所示。

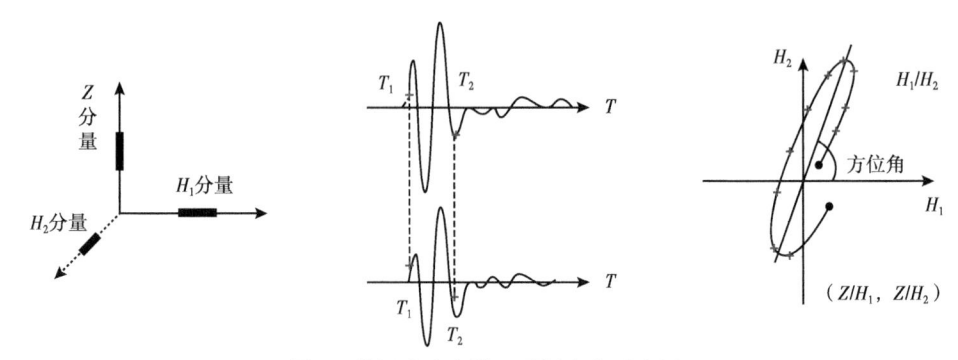

图4 偏振法确定微地震源方位示意图

3 现场试验

3.1 直井压裂监测

以2017年8月进行的一口直井水力压裂过程光纤微地震裂缝监测现场试验为例，压裂井和监测井均为直井。压裂井措施井段射厚15.0m，跨度23.5m，施工排量3.0m³/min，砂量12m³，压裂井与监测井井口井距147m，井下检波器下入位置距射孔段距离172m，下入深度1520~1740m，如图5所示。

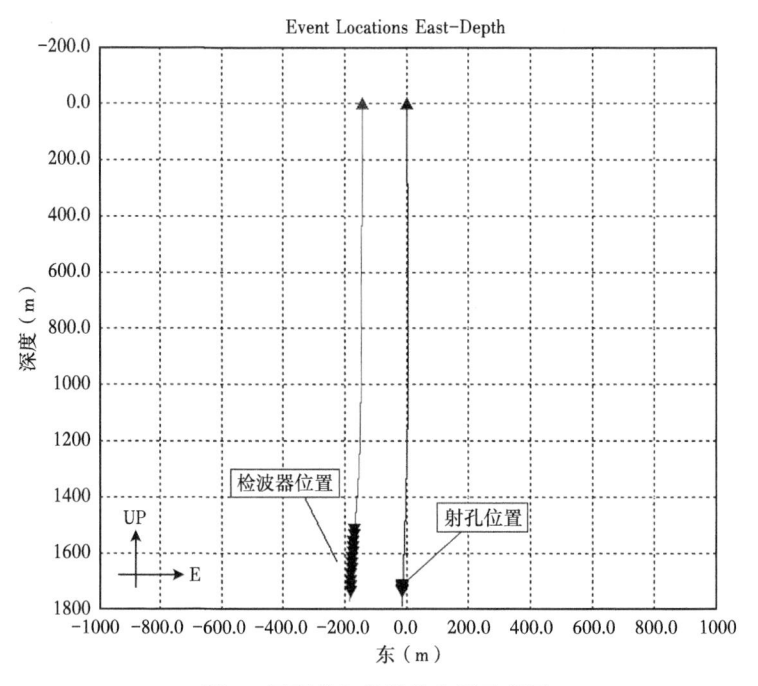

图5 压裂井与监测井位置示意图

射孔信号正常接收，满足检波器方向校正要求。压裂过程信号存在大量高频噪声干扰，识别出部分有效微地震事件。

通过微地震信号的处理解释，共得到约 100 个微地震信号。统计微地震信号的数量、能量与现场施工曲线相对比，如图 6 所示，微地震事件数量分布和能量曲线与施工曲线，特别是加砂曲线吻合度较高。压裂过程中，每一次加砂都会对应到一次微地震数量和能量的峰值，当停泵、停止加砂后，微地震事件数量和能量急剧下降。

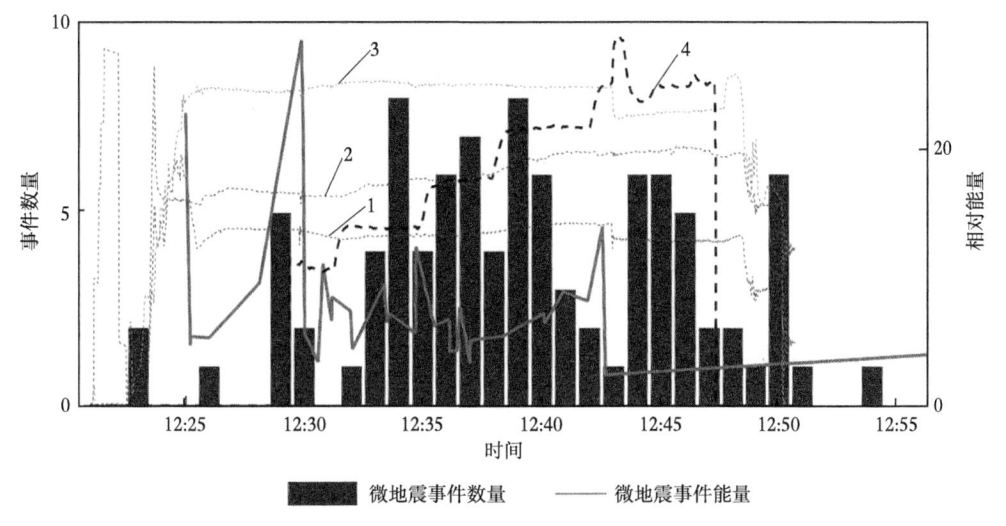

图 6 微地震事件数量和能量分布与现场施工曲线对比
1—油压；2—套压；3—排出流量；4—砂浓度

采用同型波 Geiger 定位方法，分析得到可定位事件 34 个，其空间俯视图如图 7 所示，得到了初步解释结果：压裂形成了裂缝，裂缝长度为 94.1m，宽度为 26.7m，高度为 30m，方位为 NE17.3°。

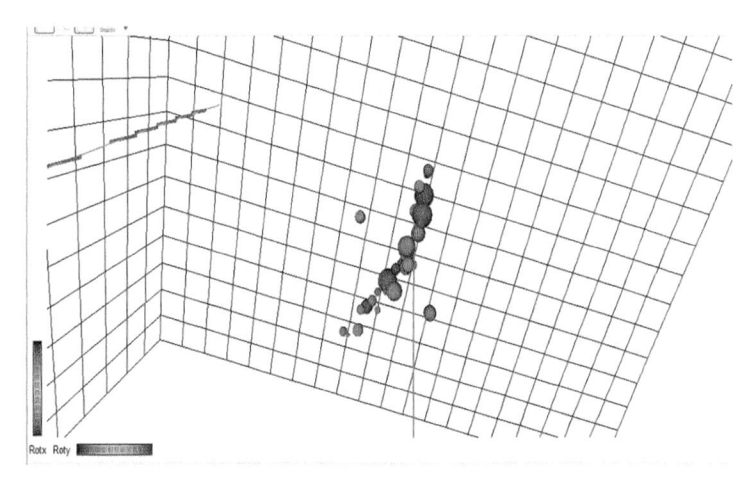

图 7 压裂过程监测信号定位结果俯视图

在 2017 年的实验中，取得的射孔信号中还存在部分震荡、拖尾等现象，各级检波器的微地震信号一致性也较差。经过一年的改进之后，使用新的光纤微地震监测系统继续进行了若干口井的实验（2018 年 11 月），其中某次实验的监测井、射孔井和压裂井的空间位置示意图如图 8 所示。接收到的射孔信号如图 9 所示，射孔信号能量较强，信噪比较高，最大走时差在50ms左右，可以使用自动算法准确识别出初至。利用射孔资料对该井进行PSO速度反演，反演后的层速度与声波测井速度较为吻合，为后续压裂定位提供良好的速度模型。利用反演后的速度与射孔资料进行定位。射孔点定位结果与实际位置相差不大，其中X方向的误差为4.9m；Y方向的误差为1.1m；Z方向的误差为0.0m，再一次验证了速度反演的准确性。

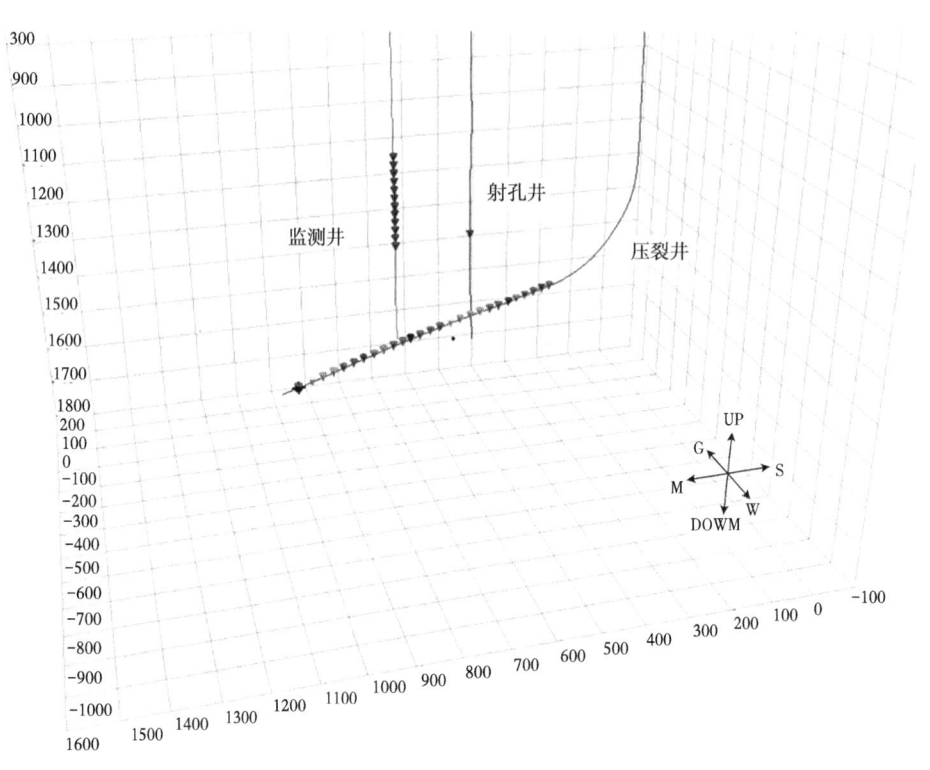

图8 2018年现场试验中压裂井、射孔井与监测井位置示意图

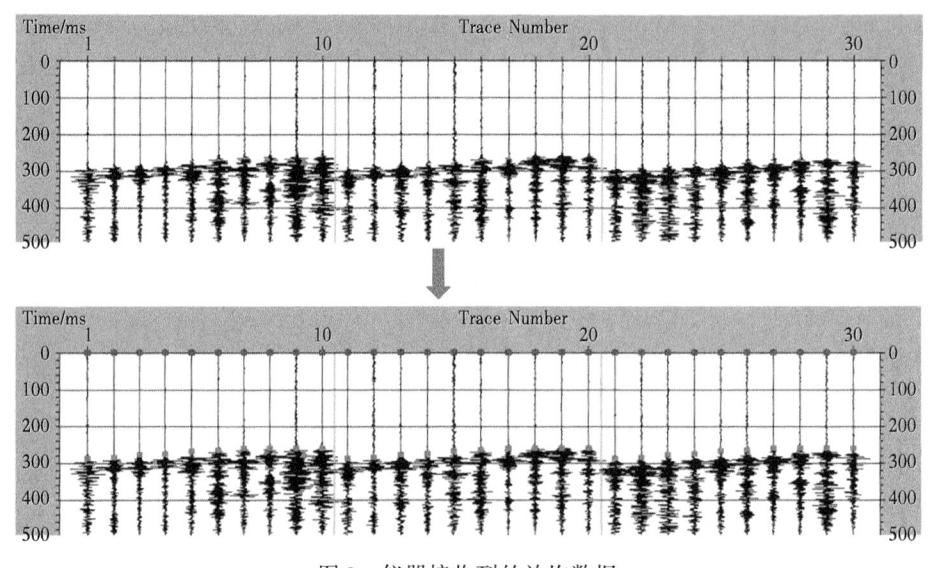

图9 仪器接收到的放炮数据

3.2 水平井压裂监测

以2018年12月进行的水平井水力压裂过程光纤微地震裂缝监测现场试验为例。直井内下入光纤检波器，先对另一直井进行放炮定位监测，之后对水平井进行压裂裂缝监测。压裂井为27级连续油管拖动水力喷砂压裂，因天气原因，现场仅完成了第一级压裂监测。

压裂井第一级喷射点：2482m，液量511m³，砂量12m³，连续油管射孔时排量0.65~0.7m³/min，环空压裂排量4~6m³/min。检波器下入位置为1010~1230m，监测井距定位井井口距离285.59m，距压裂井井口787.51m，检波器距压裂段距离为434.36~550.13m，井间位置关系如图8所示。

受限于天气原因，本次压裂仅进行了一段，也就是离井口最远的一段，其与第12级检波器距离约441m，与第1级检波器约549m。监测得到的微地震信号如图10所示，接收到的压裂微震信号能量较强，各级检波器能量分布均匀。纵横波明显，可以准确识别出初至。以32号检波器为例（第12级Z方向），对比了该微地震信号和噪声的频谱，可以看出，该信号的信噪比达到约50dB，微地震信号也呈现出明显的宽谱特性（10~800Hz），不存在明显的峰值（图11）。同时，也能看出系统的噪声本底达到约-100dB，这也是国际上同类产品的最好水平。作为对比，一个典型的那个动圈式微地震信号的信噪比大约为40dB。由此对比可以看出，光纤检波器接收到达微地震信噪比比动圈式高约10dB。

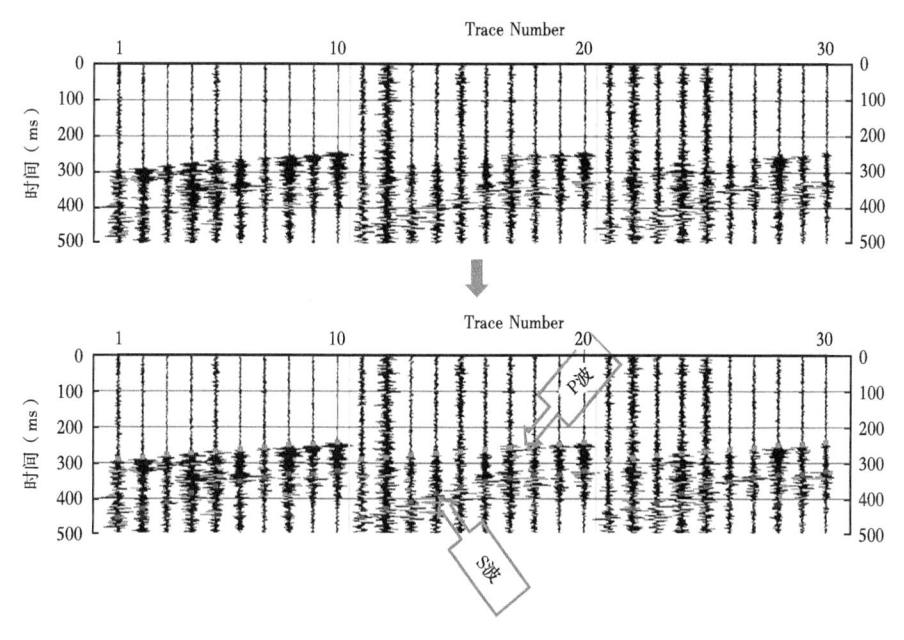

图10 2018年现场试验中的微地震信号

在本段压裂中，这样的微地震事件共识别出12个（由于作业砂量较低且距离较远，微地震事件数量较正常状况较少）。定位结果基本在第1段压裂段附近，初步解释结果为：压裂产生的裂缝方位为：NE43.3°，裂缝长度为161.1m，高20.5m，基于此得出其压裂储层体积SRV为8987.88m³，压裂储层前缘SRF为1467.28m²。需要指出的是：（1）由于本次施工环境限制，排量较小，导致监测到的微震有效事件较少；（2）未从压裂信号中发现喷砂射孔信号，怀疑与压力较小有关。

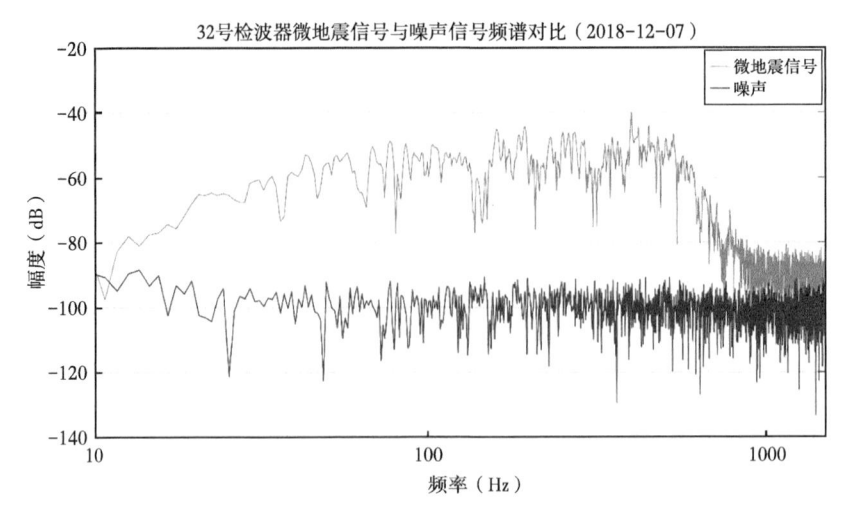

图 11 微地震信号与噪声信号频谱对比

4 结论

（1）通过实验室及现场试验测试，光纤微地震监测系统频率响应范围 3~1000Hz，动态范围大于 120dB，灵敏度为 45~50dB ref rad/g，技术指标达到设计要求，振动信号响应清晰正常，表明光纤微地震压裂裂缝监测技术原理可行。

（2）与常规电子检波器相比，光纤检波器具有灵敏度高、频带响应宽、数据采集快的特点，价格低，约为电子式进口设备的 1/2。

（3）光纤微地震系统仪器噪声水平低，动态范围大，采集到的微地震信号信噪比完全可以达到传统电子式的仪器。

（4）现场试验成功监测到微地震信号，其微地震事件数量与能量分布与现场施工曲线相符，并得到震源方位和裂隙空间分布等初步解释结果，证明了该系统的可行性。

（5）现场作业方案需要进一步优化，以节约入井时间，降低施工成本，同时设备的稳定性和可靠性需要进一步加强。

参 考 文 献

[1] 唐颖，等．页岩气开发水力压裂技术综述［J］．地质通报，2011．31（2）：393-399．
[2] 王爱国．微地震监测与模拟技术在裂缝研究中的应用［D］．青岛：中国石油大学（华东），2008．
[3] 梁兵，朱广生．油气田勘探开发中的微震监测方法［M］．北京：石油工业出版社，2004．
[4] 徐刚．井中压裂微地震监测技术方法研究［D］．青岛：中国石油大学（华东），2013．
[5] Sorrells G G, C C Mulcahy. Advances in the microseismic method of hydraulic fracture azimuth estimation [J]. Society of Petroleum Engineers, 1986.
[6] Sarda J P, J P Deflandre. Acoustic emission interpretation for estimating hydraulic fracture extent [J]. Society of Petroleum Engineers, 1988.
[7] 张发祥，等．光纤激光微地震检波器研究及应用展望［J］．地球物理学进展，2014（5）：2456-2460．

[8] ZHANG Xiangfa, et al. Research and application prospect of fiber laser micro-seismometer [J]. Progress in Geophysics, 2014 (5): 2456-2460.
[9] Kirkendall C K, A Dandridge. Overview of high performance fibre-optic sensing [J]. Journal of Physics D: Applied Physics, 2004, 37 (18): 197-216.
[10] Pechstedt R D, D A Jackson. Design of a compliant-cylinder-type fiber-optic accelerometer: theory and experiment [J]. Applied optics, 1995, 34 (16): 3009-3017.
[11] Knudsen S. High Resolution Fiber-Optic 3-C Seismic Sensor System for In-Well Imaging and Monitoring Applications [J]. Optical Fiber Sensors, 2006.

南堡油田多元热流体多轮次吞吐后转蒸汽驱可行性研究

王秋霞 邹 剑 刘 昊 韩玉贵 张 华

(中海石油（中国）有限公司天津分公司)

摘要：南堡油田南区6井区多元热流体吞吐后油藏存气量大，气窜严重，影响开发效果，迫切需要转换开发方式来进一步提高采出程度。应用油藏数值模拟，研究了目前地下气体的赋存状态，对比了6井区衰竭式开发（冷采）、过热蒸汽驱、化学辅助过热蒸汽驱等不同开发方式的开采效果，优选出了适合6井区的最佳开发方式，优化了关键的注采参数。采用多元热流体吞吐后转（化学辅助）蒸汽驱，可以提高采出程度14.6%。

关键词：多元热流体；汽窜；蒸汽驱；过热蒸汽驱

南堡油田于2005年9月投产，南区稠油常规开发产能低、含水上升快、产量递减快，截至2008年8月，共开井23口，采出程度0.72%，冷采效果差；提出基于主力砂体的水平井多元热流体热采开发思路可以提高开发效果。

综合开采曲线表明，通过热采调整实施，采油速度明显提高。截至2019年6月底，平台累计产油 $170×10^4m^3$（热采井累计产油 $67.8×10^4m^3$），采出程度5.9%。

热采试验区存在气窜影响热采周期开发效果、技术增效潜力小、地层能量下降快、经济性不支持继续热采等问题，需要探索多元热流体吞吐后进一步提高采收率技术。

对标陆地相似油田，多轮吞吐后转驱能进一步提高采收率10个百分点以上，转驱是热采吞吐后提高采收率的最主要方式之一。

1 气窜情况及治理效果

1.1 目标井区气窜情况

截至2017年底，多元热流体吞吐试验累计实施27井次，第一轮吞吐实施16井次，周期累计产油 $16.43×10^4m^3$，增油量 $5.49×10^4m^3$，气窜4井次；第二轮吞吐实施6井次，周期累计产油 $4×10^4m^3$，增油量 $1.22×10^4m^3$，气窜5井次；第三轮吞吐实施5井次，周期累计产油 $1×10^4m^3$，增油量 $0.30×10^4m^3$，均发生气窜。总结分析先导试验区气窜产生的原因如下。

（1）先导试验区地层属于高孔高渗油藏类型，平面的非均质性强。南区开发井普遍钻遇主力砂体是 NmO5、NmO9、Nm I 1+2 三个主力砂体。南区明下段储层具有高孔高渗特征，平均孔隙度为35.0%，平均渗透率4564.0mD。

（2）油藏采出程度不等且压力分布不均。截至2017年底，多元热流体先导试验区累计产液 $35×10^4m^3$，累计产油 $21.64×10^4m^3$，采出程度10.6%，热采井的采出程度在

1.8%~6.7%之间,不同井间的采出程度差异较大。

(3)井网不规则。由于先导试验区平面非均质性强,布井采用非规则井网方式,在单井吞吐期间,邻井开井生产,地层形成注采压力不均衡,注入流体易向生产井窜流。

(4)地层存气量大。多元热流体吞吐第一周期,热采井平均回采气率约为34%,第二周期平均回采气率约为26%。截至2017年底,南堡油田南区存气量约$1877×10^4 Nm^3$。注热过程中,由于受注热井的压力传递和推动作用,气体的滑脱效应,地下赋存的气体易窜至邻井,影响油井的正常生产。

(5)注入强度偏高。注入压力偏高、注入速度过快进一步加剧了非凝析气体向周围邻井的窜流速度和窜流程度,导致邻井因产气量过大而手动停泵,影响其正常生产。

1.2 气窜治理及实施效果

南堡油田南区多元热流体吞吐先导试验区开展了"两井同注+温敏可逆凝胶调堵+防乳增效"的气窜综合治理技术现场实践。注热前注入保护段塞、调堵段塞的注入,注热中进行了增效剂的伴注,并顺利完成了面积注热施工,效果良好。

B1井、B2井注热期间,邻井的生产系统未受影响,整个注热期间正常生产,井间窜流现象得到明显缓解。与措施前相比,B1井、B2井日产油量分别由措施前的28.77m^3、23.68m^3增加到38.87m^3和35.71m^3,且热采操作费较单井注热降低40%。但有效期相对较短,未达到措施的预期效果。

2 目标区块面临的主要问题

6井区常规冷采采油速度低,前期多元热流体吞吐采油速度快、增产效果好,但是多轮吞吐后气窜严重,造成多元热流体技术无法实施。

6井区目前采出程度仅18.5%,地层还有大量剩余油,需要探索蒸汽驱、过热蒸汽驱、化学辅助蒸汽驱等接替开采技术。

井间动用差异大、井网不完善和地层存气量大是影响后续开发效果的主要因素。个性化设计及注采井调堵是提高接替技术开采效果的关键。

3 目标区块转蒸汽驱的可行性分析

基于现有油藏地质模型和数值模拟成果,采用CMG油藏数值模拟器,根据油田实际产量、流压等生产数据进行油田生产历史拟合,包括全油藏的生产历史拟合和单井生产历史拟合。通过历史拟合,得到南堡油田6井区多轮次多元热流体吞吐后油藏流体、温度和压力分布情况,给出了6井区多轮次多元热流体吞吐后油藏含油饱和度、含水饱和度、温度、压力、含气饱和度等的场图。

3.1 目标区块"三场分布"

3.1.1 气体分布

6井区多轮次多元热流体吞吐后地层气体饱和度小于30%,最大值为29.5%,平均含气饱和度为2.75%。气体分布不均匀,油藏低压区和高部位气体饱和度高。

3.1.2 含油饱和度场

6井区多轮次多元热流体吞吐后油藏平均含油饱和度较高（66.1%），但油藏动用不均匀，B36M井、B29H2井和B42H井间的低压区油藏动用程度高，含油饱和度为40%~50%，含气饱和度为15%~30%，含水饱和度为30%左右，地层压力低（3~4MPa）。

3.1.3 含水饱和度场

6井区多轮次多元热流体吞吐后，目前油藏平均含水饱和度31.1%，B36m井、B29H2井和B42H1井间动用程度高，油藏底部存水量大，影响蒸汽驱加热效率，蒸汽驱时地层压力升高先排水、采油井含水上升。

3.1.4 压力分布

6井区平均地层压力在5.19MPa（3.154~7.64MPa）左右，具备蒸汽驱和蒸汽吞吐开采条件。B36M井、B29H2井和B42H井间油藏动用程度高、地层压力低，平面压力分布差异大，注蒸汽或气体时易沿低压区窜流。

3.1.5 温度分布

水平井开采后不同部位温度有差异，表明多元热流体吞吐多轮开采后存在沿水平段油藏不均问题。井间地层温度仅比原始地层温度高10℃左右，且高温区位于低压区，容易造成水（汽）窜。

3.2 数值模拟研究

蒸汽驱是热力吞吐后进一步提高采收率的主要方式之一。

基于实际油藏模型或概念油藏模型，开展南堡油田油藏数值模拟，评价多元热流体吞吐后进行蒸汽驱、过热蒸汽驱、化学剂辅助蒸汽驱三种不同开采方式的开采效果。

利用南堡油田油藏模型，在生产历史拟合基础上，开展多元热流体吞吐后蒸汽驱、过热蒸汽驱、化学剂辅助蒸汽驱三种不同开采方式的油藏数值模拟。

3.2.1 注采关键参数优化

（1）注入速度。

累计产油量随着注入速度增加而增加。当注入速度大于350m³/d后，增油量幅度减少，因此油藏方案建议注入速度为350m³/d。

（2）采注比。

采注比对开发效果影响大，在注入速度为350m³/d的情况下，采注比为1.2时，累计产油量最大（图1）。

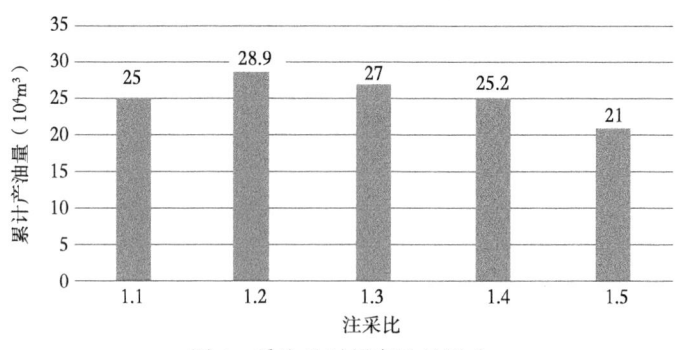

图1 采注比对累产油的影响

（3）井底干度。

累计产油量随着干度的增加而增加，但增幅变缓。根据模拟结果推荐井底干度为0.8。

3.2.2 最佳开采方式优选

通过对比冷采、蒸汽驱、过热蒸汽驱、化学辅助蒸汽驱等方式。综合考虑阶段采出程度和累计油汽比两个指标，化学辅助（氮气泡沫调剖）蒸汽驱是6井区的最佳开采方式，具有阶段采出程度高、油汽比适中等优点。

3.3 采油工艺方案优选

根据先导试验区油藏方案的技术需求，配套了采油工艺技术，具体技术优选见表1。

表1 采油工艺技术优选

类别	单井注入（B36m）
注热装备及流程	过热锅炉：干度100%，过热度50℃，额定排量23t/h； 水处理流程：二级反渗透、EDI除硬除盐、膜除氧； 燃料油处理流程：含水<3%、排量>36m³/d
注汽参数	B36m注汽速度：350t/d； 井口：蒸汽干度100%，过热度20~30℃； 井底：蒸汽干度大于80%
井口装置选型	性能参数：21MPa（370℃）、34.5MPa（82℃）
注汽管柱方案	井筒安全控制：高温封隔器、排气阀、高温安全阀井筒高效隔热，气凝胶隔热油管+高真空隔热接箍； 水平段均匀注汽：配注阀； 全井筒温度监测：高温光纤测试技术
化学调堵增效方案	高温氮气泡沫剂，药剂使用浓度及段塞数量根据现场情况调整

4 结论与认识

（1）通过对标蒸汽驱油藏筛选标准，从静态参数、目前地层压力和剩余油饱和度等主要指标可以得出：南堡35-2油田6井区Nm0-7+8+9油层具备转蒸汽驱条件。

（2）蒸汽驱推荐注采参数为：蒸汽驱注入速度350m³/d，采注比1.2，井底干度大于0.8。

（3）截至2030年，计算蒸汽驱（化学辅助）预计累计产油量106.9×10⁴m³，采出程度40.5%，采收率相对冷采提高14.6%，其中2020—2030年，累计产油量51.1×10⁴m³，累计增油量38.5×10⁴m³。

参 考 文 献

[1] 周守为．海上油田高效开发技术探索与实践［J］．中国工程科学，2009，11（10）：55-60.
[2] 唐晓旭，马跃，孙永涛．海上稠油多元热流体吞吐工艺研究及现场试验［J］．中国海上油气，2011（3）：9.

[3] 王通,孙永涛,邹剑,等.海上多元热流体高效注入管柱关键工具研究[J].石油钻探技术,2015,43(6):93-97.
[4] 刘小鸿,张风义,黄凯.南堡35-2海上稠油油田热采初探[J].油气藏评价与开发,2011,1(1):61-63.
[5] 薛婷,檀朝东,孙永涛.多元热流体注入井筒的热力计算[J].石油钻采工艺,2012,34(5):61-64.
[6] 王秋霞,曹嫣镔,等.氮气泡沫技术治理高含水水平井的研究[J].精细石油化工进展,2004,5(1):22-25.
[7] 何德文,刘喜林,暴富昌.热采井高温调剖技术的研究与应用[J].特种油气藏,1996,3(3):36-38.
[8] 姚凯,王志刚.蒸汽泡沫调剖技术在稠油开采中的试验研究及其应用[J].特种油气藏,1996,3(3):44-47.
[9] 张勇,孙玉环,孙旭东.杜84断块超稠油蒸汽吞吐汽窜激励分析及防窜措施初探[J].特种油气藏,2002,9(6):45-48.

深层页岩气高效压裂关键工艺技术

段 华

(中国石化勘探分公司)

摘要：四川盆地五峰组—龙马溪组深层页岩气具有良好勘探前景，是中国页岩气下一步勘探的重要方向。深层页岩力学特性复杂，现有的体积压裂工艺技术难以复制。针对深层页岩气的特点及难点，中国石化优选丁山—东溪地区五峰组—龙马溪组深层页岩气作为工程技术攻关对象，开展了 4 口井压裂现场试验及应用，各井均获得了较高页岩气产量，基本探索出适合该地区深层页岩气特点的高效压裂工艺技术体系。研究及实践表明：解决深层页岩压裂技术难题的关键是提高缝内净压力，攻关目标是提高缝网复杂程度和改造增产效果；密切割分段分簇优化设计、滑溜水+胶液混合压裂、超高压压裂、高黏滑溜水压裂、控近扩远压裂等是实现深层页岩气缝网压裂及大幅增产的有效工艺技术方法。

关键词：深层页岩气；五峰组—龙马溪组；水平井；水力压裂；缝网压裂；工艺技术

页岩气作为新型清洁能源，改变了全球能源格局。经过前几年的探索，我国在四川盆地页岩气埋深 3500 以浅领域取得重大突破，相继发现了涪陵、长宁、威远等页岩气田，使我国成为北美地区之外第一个实现规模化开发页岩气的国家。但对于我国页岩气勘探的重要方向——深层页岩气（3500m 以深）却一直未取得商业发现。经过借鉴北美地区页岩气成功开发的经验，结合四川盆地复杂构造带页岩气的特点，我国页岩气压裂理论、方法与技术均取得了长足进展[1-14]，基本解决了 3500m 以浅中浅层页岩气的压裂工艺技术难题。深层页岩气压裂难度大，中浅层已形成的压裂工艺技术已不能完全满足深层页岩气压裂改造的需要。2013 年以来，中国石化勘探分公司优选川东南丁山—东溪地区五峰组—龙马溪组深层页岩气作为勘探技术攻关对象，基本探索形成了适合于深层页岩气储层特点的高效压裂工艺技术体系。

1 主要难点及需求分析

丁山—东溪地区五峰组—龙马溪组深层页岩与焦石坝地区同层位的中浅层页岩具有较好相似性，同属深水陆棚沉积相带，页岩品质及保存条件良好[15-16]，但随着埋深增减，岩石力学特征复杂，可压性变差，压裂施工难度加大，压后产量递减快、稳定产量低，实现经济开发难度大。具体分析如下。

（1）储层塑性增强，复杂缝网形成受限。

根据前人研究成果[17-19]，深层岩石力学性质在高围压、高温度和高孔隙压力状态下，已完全不同于浅部地层，它可能从弹脆性转变成黏塑性。研究区深层页岩具有明显非线性破裂特征（图1），随着埋深增加，页岩塑性随着围压及温度的增加而增加。笔者采用Rickman方法[20]，计算丁山—东溪地区五峰组—龙马溪组脆性值为46%～56%。总体认为深层页岩脆性指数偏低，复杂缝网形成难度较大。

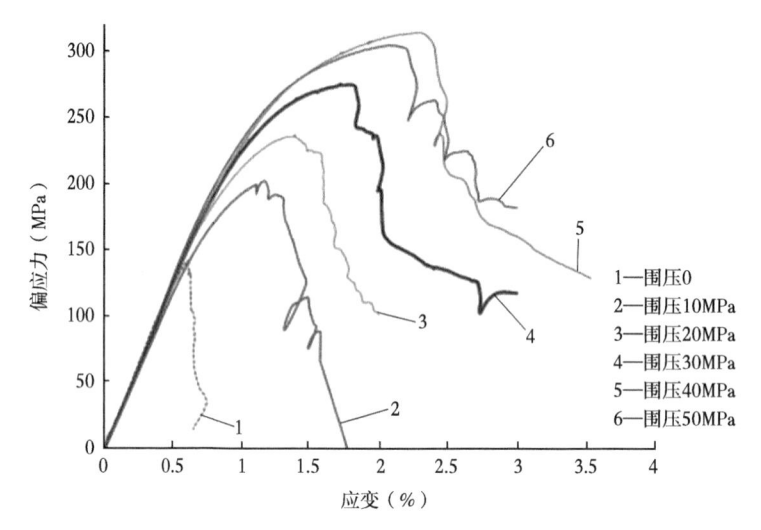

图1 随着围压的增加，页岩由脆性向塑性转化（DY2井）

（2）地应力高、两向应力差异大，压裂裂缝转向难度大。

深层页岩气地应力梯度较高，涪陵气田主体区中浅层页岩最小主应力梯度在0.020～0.022MPa/m之间，而丁山—东溪地区的深层页岩最小主应力梯度普遍高于0.024MPa/m，由于构造更加复杂导致两向应力差异更大，随埋深增加两向应力差值增加，三向地应力关系为$\sigma_H>\sigma_v>\sigma_h$，地应力特征极为复杂。统计丁山—东溪地区埋深4000～4500m页岩气井水平两向应力差值为12～18MPa，实现压裂裂缝转向的难度大，对施工净压力的需求高。

（3）储层滤失严重、压裂裂缝缝宽窄，加砂难度大

大量研究表明，裂缝（层理缝）的发育不仅是页岩气富集高产的主控因素[21-23]，也是实现有效压裂改造的必要条件[6,8-12]，是评价深层页岩可压性的关键指标。丁山—东溪地区由于优质深层页岩裂缝普遍较为发育，导致压裂过程地层滤失严重，缝宽较窄、主缝难以形成，影响加砂甚至导致无法加砂。

（4）闭合压力高，长期导流能力难以保持。

由于深层页岩气闭合压力高，对支撑剂抗压强度要求高，增加了支撑剂优选难度。同时，在高闭合压力、高温高压条件下以及铺砂浓度有限等因素的影响下，深层页岩气井压后裂缝难以保持较长期导流能力，导致产量迅速递减。

（5）破裂压力高、延伸压力高、泵送压力高，压裂施工难度大。

丁山—东溪地区破裂压力及裂缝延伸梯度均高于0.028MPa/m，直接导致压裂施工期间泵压高、排量难以进一步提升、高压施工时间长，对压裂装备要求极高；井深也导致压裂液沿程总摩阻增加，施工排量受限，造缝能力减弱。

2 关键压裂工艺技术

2.1 密切割分段分簇优化设计技术

数值模拟结果显示，两向应力差越大，转向距离越短。通常压裂施工时，井底能够附加的净压力（诱导应力）不会超过20MPa，在水平应力差为12MPa的情况下，压裂裂缝的转向半径在20m左右。根据DYS1井高两向应力差的实际情况，该井将簇距常规的25m左右缩短到10m左右（图2）。实际效果表明，通过采用"密切割"分段分簇设计方案，减小簇间距，提高裂缝的干扰及复杂性，增大有效改造体积，实现了该井较高页岩气产量水平（图3）。

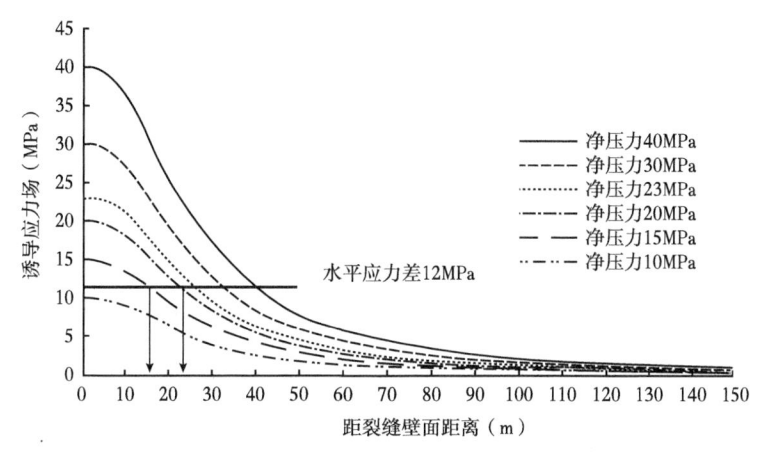

图2 诱导应力与距裂缝壁面距离模拟计算图

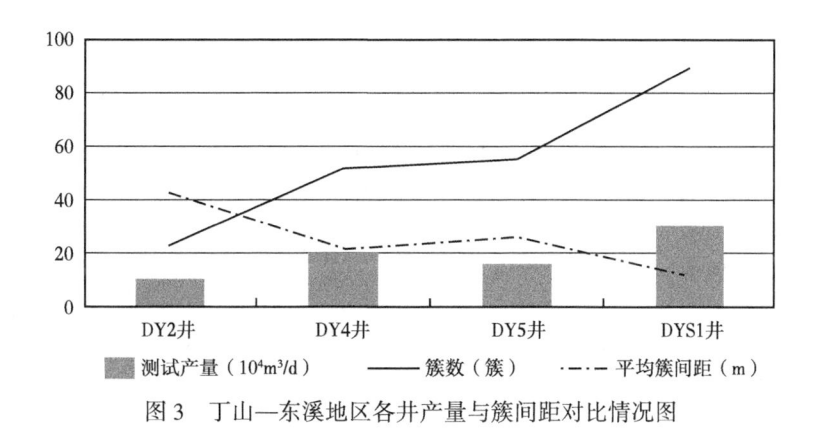

图3 丁山—东溪地区各井产量与簇间距对比情况图

2.2 滑溜水+胶液混合压裂工艺技术

DY2井在前三段沿用中浅层的压裂模式，施工泵压接近限压值，加砂极为困难。究其原因，由于储层裂缝发育导致压裂液滤失严重，加之地应力异常高，使用限压95MPa压裂装备无法提供所需的施工净压力，压裂缝宽窄、缝内砂堵甚至无法加砂。后期通过增加胶液前置、胶液中置等措施，顺利完成了全井压裂施工。由于胶液黏度比滑溜水大，较难进入微裂缝，控滤失效果相对较好，前置胶液可以增加主裂缝造缝能力，中置胶液可实现扩缝和扫砂，提高加砂强度，确保施工的顺利完成。通过该井施工也探索形成了适合深层页岩气的"前置酸+胶液+滑溜水+胶液"混合压裂模式（表1）

表1 "前置酸+胶液+滑溜水+胶液"混合压裂模式

序号	名称	作用	效果
1	前置酸	解除孔眼伤害，降低施工压力	破裂压力降低5MPa以上
2	前置胶液	降低滤失，扩大缝宽，延伸缝高	有多次破裂特征
3	滑溜水携粉砂	打磨近井摩阻，降低滤失	延伸压力降低5~10MPa
4	中置胶液	扩缝和扫砂	降低后期加砂风险
5	滑溜水携中砂	充填主裂缝，提高砂比	提高砂比至12%以上
6	胶液携中砂、粗砂	提高近井主裂缝导流能力	提高砂比至12%以上

2.3 超高压压裂工艺技术

丁山—东溪地区深层页岩埋藏深、地应力异常高，常规压裂装备限压为95MPa，压裂液排量难以进一步提升，压力窗口窄，有效改造难度大。提高缝内净压力是提高裂缝复杂程度和改造效果的有效手段，净压力越大，则诱导应力越大，可通过提高缝内净压力来增加裂缝复杂程度。为提升改造效果，有必要配套140MPa压裂装备。实践证明，超高压压裂工艺进一步增大了压裂施工排量，解决了深层页岩滤失严重及高净压、高砂比需求的工程问题，有效扩大了改造体积且提高了砂比，是深层页岩有效压裂的必要手段。现场最多使用了20台3000型压裂车进行压裂（图4），为高效安全压裂施工提供了保障。

图4 超高压压裂施工现场照片

2.4 高黏滑溜水压裂工艺技术

为使裂缝的导流能力在高闭合压力条件下长期保持不变，针对深层页岩通常选用高强度陶粒作支撑剂，其密度相对较高，若采用低黏滑溜水，则陶粒易在近井裂缝地带沉降，难以运移至裂缝远端。深层优质页岩裂缝较为发育，液体在地层滤失非常严重，进一步增大了携砂的难度，使得在压裂施工过程中表现出随着加砂量及砂比的增加泵压逐步攀升的现象。采用高黏滑溜水大排量施工，利用其高流速和高黏度所产生的高剪切力增强滑溜水的携砂能力，可以改善铺砂效果及提高液体效率。高黏滑溜水性能指标见表2。

表 2 高黏滑溜水性能指标表

序号	项目	指标
1	溶解时间（s）	100~120
2	pH 值	7.0±1.0
3	表观黏度 μ（25℃，170s^{-1}）（mPa·s）	12~18
4	表面张力（mN/m）	26.3
5	实验和现场减阻率（%）	≥65，≥75

2.5 控近扩远压裂工艺技术

深层页岩气井在压裂早期为追求高净压、大排量的压裂目标，常在接近限压值的情况下施工，但至施工中后期，受砂比增加、地层滤失等因素影响，泵压快速上涨，只能通过降排量确保完成施工。虽然降低压裂液排量能有效降低施工泵压，但不利于远端复杂缝网的形成，且在高水平应力差条件下复杂缝网的形成更不易。全程采用逐步提排量泵注程序（图5），在压裂前期，采取较低排量、阶梯提排量的方式，可防止过早打开天然裂缝而影响主裂缝的扩展。在压裂中后期，采用大排量压裂液增大缝内净压力，以利于开启中、远井地带天然裂缝及层理缝而扩大改造体积，同时大排量也有利于后期高砂比支撑剂的输送。因此，全程采用阶梯提排量压裂工艺，加上胶液前置、胶液中置等措施的应用，实现了深层页岩"控近扩远"的压裂效果，保障主裂缝的持续扩展及远井地带复杂缝网的形成，有利于提高改造体积。

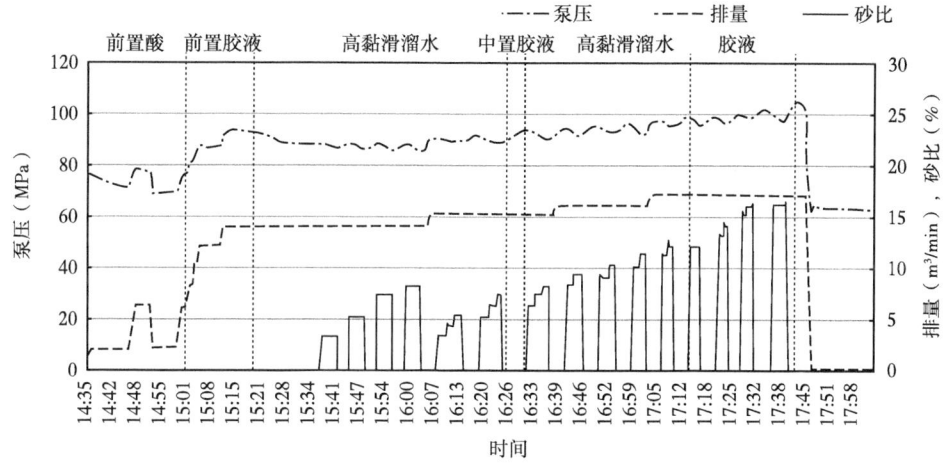

图 5 "控近扩远"压裂模式典型段施工曲线

3 现场应用效果

2013—2018 年期间，中国石化在丁山—东溪地区共部署了 4 口深层页岩气井（表3）。DY2 井是中国石化第一口深层页岩气井，该井压裂施工总体表现出泵压高（接近95MPa

限压施工)、停泵压力高、砂比敏感等特点，前三段加砂极为困难，后期采用"前置酸+胶液+滑溜水+胶液"混合压裂模式，顺利完成全井施工。总结DY2井的经验教训，DY4井配套了140 MPa压裂装备并提高了高滑溜水黏度，全井施工高效完成，压裂增产效果显著提高。在DY4井的基础上，DY5井进一步成功探索了"控近扩远"压裂技术模式，实现了该井较好压裂效果。为进一步提高页岩气井产量，在总结和深化研究的基础上，DYS1井采用了"密切割"分段分簇方案，保留了前期成功压裂工艺，从而实现了该井压后较高的页岩气产量。

表3 丁山—东溪地区4口深层页岩气井压裂实施效果表

井号	水平段长（m）	水平段垂深（m）	分段数（段）	压后测试气量（$10^4 m^3/d$）	主要配套压裂工艺
DY2	1 034.23	4 417.36	12	10.50	前置酸+胶液+滑溜水+胶液
DY4	1 234.00	4 095.46	17	20.56	前置酸+胶液+滑溜水+胶液，超高压，高黏滑溜水
DY5	1 520.00	4 145.41	20	16.33	前置酸+胶液+滑溜水+胶液，超高压，高黏滑溜水，控近扩远
DYS1	1452.00	4248.07	26	31.18	密切割分段分簇，前置酸+胶液+滑溜水+胶液，超高压，高黏滑溜水，控近扩远

4 结论与认识

（1）丁山—东溪地区深层页岩具有储层塑性增强、地应力及应力差异大、储层滤失严重、压裂裂缝缝宽窄、破裂压力高、延伸压力高、闭合压力高、泵送压力高等特征，复杂缝网形成难度大、加砂难度大，长期导流能力难以保持，解决问题的关键是提高缝内净压力，目标是提高缝网复杂程度和改造增产效果。

（2）针对深层页岩气的特点及难点，研究并探索出了密切割分段分簇优化设计、"滑溜水+胶液"混合压裂、超高压压裂、高黏滑溜水压裂、"控近扩远"压裂工艺等工艺技术方法，试验应用的4口井压裂增产效果显著，为该地区深层页岩气勘探取得重大突破提供了有力技术支撑。

（3）深层页岩气钻完井及压裂施工费用高，勘探开发降本难度较大，通过采用地质工程一体化解决方案，优选地质工程双"甜点"目标，实现更高压后产量水平，有望能够在目前工艺技术条件下商业勘探开发。

参 考 文 献

[1] 周德华，焦方正，贾长贵，等．JY1HF页岩气水平井大型分段压裂技术［J］．石油钻探技术，2014，42（1）：75-80.

[2] 郭旭升．涪陵页岩气田焦石坝区块形成富集机理与勘探技术［M］．北京：科学技术出版社，2014.

[3] 蒋廷学，贾长贵，王海涛，孙海成．页岩气网络压裂设计方法研究［J］．石油钻探技术，2011，39（3）：36-40.

[4] 王志刚．涪陵焦石坝地区页岩气水平井压裂改造实践与认识［J］．石油与天然气地质，2014，35（3）：425-430.

[5] 李文锦，段华，代俊清．网络压裂技术在川东南涪陵地区页岩储层改造中的应用［J］．天然气地球科学，2016，27（3）：554-560．

[6] 吴奇，胥云，等．增产改造理念的重大变革：体积改造技术概论［J］．天然气工业，2011，31（4）：7-12．

[7] 吴奇，胥云，张守良，等．非常规油气藏体积改造技术核心理论与优化设计关键［J］．石油学报，2014，35（4）：706-714．

[8] 陈勉．页岩气储层水力裂缝转向扩展机制［J］．中国石油大学学报（自然科学版），2013，37（5）：88-94．

[9] 郭建春，尹建，赵志红．裂缝干扰下页岩储层压裂形成复杂裂缝可行性［J］．岩石力学与工程学报，2014，33（8）：1589-1596．

[10] 胡永全，贾锁刚，赵金洲．缝网压裂控制条件研究［J］．西南石油大学学报，2017，35（4）：126-132．

[11] 衡帅，杨春和，郭印同，等．层理对页岩水力裂缝扩展的影响研究［J］．岩石力学与工程学报，2015，34（2）：228-237．

[12] 周健，蒋廷学．四川页岩压裂裂缝扩展实验及力学特性研究［J］．中国科学：物理学 力学 天文学，2017，47（11）：1-8．

[13] 赵金洲，任岚，沈骋，等．页岩气储层缝网压裂理论与技术研究新进展［J］．天然气工业，2018，38（3）：1-14．

[14] 胥云，雷群，陈铭，等．体积改造技术理论研究进展与发展方向［J］．石油勘探与开发，2018，45（5）：874-887．

[15] 魏祥峰，赵正宝，王庆波，等．川东南綦江丁山地区上奥陶统五峰组—下志留统龙马溪组页岩气地质条件综合评价［J］．地质论评，2017，63（1）：153-164．

[16] 钟城，秦启荣，胡东风，等．川东南丁山地区五峰组—龙马溪组页岩气藏"六性"特征［J］．油气地质与采收率，2019，26（2）：14-23+31．

[17] 葛洪奎，黄荣樽．三轴应力下饱和水砂岩动静态弹性参数的实验研究［J］．石油大学学报，1994，18（3）：41-47．

[18] 陈勉．我国深层岩石力学研究及在石油工程中的应用［J］．岩石力学与工程学报，2011，23（14）：2455-2462．

[19] 曾义金，陈作，卞晓冰．川东南深层页岩气分段压裂技术的突破与认识［J］．天然气工业，2016，36（1）：61-67．

[20] Rickman R，Mullen M，Petre E，et al. A Practical use of shale Petrophysics for Stimulation Design optimization：All shale Plays are Not Clones of the Barnett shale［C］.SPE115258，2010．

[21] 郭旭升，胡东风，文治东，等．四川盆地及周缘下古生界海相页岩气富集高产主控因素——以焦石坝地区五峰组—龙马溪组为例［J］．中国地质，2014，41（3）：893-901．

[22] 郭旭升，胡东风，魏祥峰，等．四川盆地焦石坝地区页岩裂缝发育主控因素及对产能的影响［J］．石油与天然气地质，2016，37（6）：799-808．

[23] 金之钧，胡宗全，高波，等．川东南地区五峰组—龙马溪组页岩气富集与高产控制因素［J］．地学前缘，2016，23（1）：1-10．

页岩气电动泵压裂配套工艺及应用

龚明峰

(中国石化华东油气分公司采油气工程服务中心)

摘要：长水平井分段压裂改造技术作为目前页岩气开发的关键技术，决定着页岩气藏能否成功高效开发。中国石化华东油气分公司近几年在南川地区平桥区块页岩气开发取得了商业突破。从常规柴油动力压裂车地面配套工艺、存在问题等方面进行了分析，通过电动泵及电动混砂、自动输砂等新型设备的结构和技术参数、存在的优势、控制系统、电力供应方面对电动压裂的配套设备进行了应用评价。主要论述了各电动设备的工作原理和优缺点，以及相互之间的配套使用，并对如何实现全电动设备压裂进行了分析。通过对柴油消耗、噪声污染、CO_2 减排的对比，评价了电动压裂泵的经济性、环保性，为页岩气低成本开发提供了思路，具有很好的推广前景。

关键词：电动泵；电动混砂；环保；减排

页岩气储层属于非常规储层，与常规储层相比，具有储层渗透率低、气体赋存状态多样等特点，采用常规压裂形成单一裂缝的增产改造技术不能适应页岩气藏的改造。长水平井分段压裂改造技术作为目前页岩气开发的关键技术，决定着页岩气藏能否成功高效开发。作为华东油气分公司页岩气产建的核心阵地，南川地区龙马溪组页岩气勘探开发潜力巨大，压裂试气初步取得了良好效果。

1 页岩气水平井分段压裂技术简介

页岩气水平井压裂常需采用多级压裂技术，也称为分段压裂。每一个压裂段又含有多个射孔簇，在理想条件下，每个射孔簇产生的多条裂缝将在离井筒不远处汇聚成一条裂缝，因此这种工艺一般称为水平井分段多簇压裂。水平井分段多簇压裂是利用封隔器或其他化学材料对井筒进行分隔，在水平井筒内一次压裂一个井段，然后逐段压裂，最终压开足够多的裂缝。最初水平井的压裂分段一般采用单段或2段，目前，可以达到20~30段或更多。据相关报道，页岩气水平井的水平段越来越长，已经达到1200~2200m；施工规模越来越大，每段滑溜水使用量达到1800~2200m³，支撑剂使用量150~200t。

水平井压裂与直井压裂的区别：射孔及裂缝起裂不同、利用诱导应力机理不同、支撑剂运移方式不同、多缝同步破胶不同、顶替量不同。从常规的储层改造发展到"打碎"油气藏，从单一裂缝发展到复杂裂缝及网络裂缝模型，从常规瓜尔胶发展到滑溜水大型压裂，从常规射孔发展到簇射孔，从单井压裂发展到"井工厂"压裂模式，水平井压裂技术发展突飞猛进。

2 目前压裂设备存在问题及解决方案

压裂设备主要有压裂车和压裂管汇组成。压裂车的作用是向井内注入高压、大排量压裂液,并将地层压开,把支撑剂挤入裂缝。压裂车是施工过程中的主要动力设备,而页岩气井压裂规模较大且施工排量有不断增大的趋势。国内主要的压裂车是2500型和3000型柴油车机组。由于压裂规模决定了现场配备的压裂车数量至少在14~18台。国内页岩气井场多坐落在山区、丘陵地带,井场和道路修建都需要付出极大工作量。页岩气井由于地层的特殊性,必须进行大规模体积压裂,而目前一般采用传统柴油车组,排量小、数量多、摆放困难、能耗高、噪声大等问题日益突出。随着页岩气压裂的大规模进行,传统压裂设备已经不能满足现有的页岩气压裂需求。根据平桥南页岩气井压裂模式,单段压裂需要"大排量、大液量、大砂量",从单井压裂到井工厂压裂模式,压裂设备升级势在必行,以保障页岩气井大规模体积改造的顺利进行。

传统的柴油车压裂车组主要存在如下问题:

(1) 单机功率小,占地面积大。国内外柴油压裂车组功率一般为2500~3000hp,施工排量一般为1.2~$1.5m^3/min$。页岩气井场一般需要14~18台压裂车,占地面积大,导致地面设备摆放存在困难。

(2) 污染大、噪声高。传统的柴油机组,在工作时单台压裂车的噪声可达115dB,随着转速升高,负荷加大而噪声增大,加速和不正常燃烧时噪声增大。并且在施工中排放出二氧化碳、二氧化硫、烟尘等有害物质,对大气造成一定的污染。

(3) 油耗高、施工不连续。传统柴油压裂车组油箱容量一般在1400L,而在正常工作时,每小时耗油量为400~500L。每工作2~3小时,都需要停机,等待补充油料,工作才能得以继续开展。大量的柴油消耗以及设备、人员的等待时间,导致压裂施工降本、提效困难。燃料费用和设备停待费造成压裂成本居高不下,施工成本高也是制约目前页岩气大规模开发的主要因素。

拟解决问题方案:

(1) 在前期电动技术配套的基础上,扩大电动泵的使用规模,由车电混动向纯电动发展。

(2) 研究自动输砂、软体罐等技术,解决井场占地面积的问题。

(3) 解决电动混砂橇的现场配套问题,替代目前的传统混砂车。

(4) 研究各电动设备的现场配套技术,解决连续压裂的问题。

3 电动配套技术的应用

电泵压裂技术在华东油气分公司平桥南区块实现国内首次的规模化应用。相应的配套技术尚不完善,如电动混砂的现场应用可靠性有待验证,电动供液技术尚属空白。

2018年完成页岩气压裂:21井次/342段次压裂施工工作量。电动技术特别是电动压裂泵技术获得了实质性的发展,2017年在焦页195-1HF井进行了首口井矿场试验,从最初的一台电泵参与到隆页2HF井8台电泵主导,排量最高达$13m^3/min$,液量贡献达76.5%。在平桥南区块东翼埋深较深的焦页201-1HF井、焦页199-5HF井,电动泵最高施工压力达115MPa。2018年10月，电动混砂技术在焦页196-4HF成功应用。

3.1 电动泵规模化应用研究

研究拓展电泵的使用规模，进一步扩大联合作业模式下电泵的液量贡献比例，最终达到纯电泵施工。电动压裂泵系统的结构分为供电、变配电、变频、撬装式压裂泵执行件构成。由供电系统提供电源，经过变配电系统把前端电源变成变频系统所需要的电源等级并提供保护。变频系统经过变压器降压后再接入变频器，变频器通过直接转矩控制驱动压裂电机实现压裂泵控制。撬装式压裂泵由电动机转子小齿轮轴配套的单级传动结构连接动力端曲柄连杆系统，电动机转动转变为轴向往复性间隙运动，从而驱动柱塞泵液力端完成做功。

（1）电动压裂泵系统具有如下特点：

①单机功率大、排量大，1台6000hp电泵可替代2台常规2500hp压裂车。

②交流变频控制，控制精准、响应快、调速范围宽，流量压力无级调节。

③电动机直驱传动，省去了常规压裂车的柴油机、变速箱和底盘车的维护工作。

④能耗费用较常规压裂泵节约50%左右，维护工作小、人力成本大幅度降低。

⑤撬装化安装，泵组振动小，简化管汇结构，减少安装工作量。

⑥电动压裂泵组主要部件全部国产化，制造成本低。

目前存在的问题：①部分井场的电网压力不满足要求；②高压页岩气井，功率系数偏低，排量优势不明显；③电泵的故障率偏高。

（2）采取的具体技术方案。

①通过110kV变电站架设35kV专线，为电动压裂提供电源。

②结合前期电动泵的应用情况，电泵最大功率4500kW，实际使用功率在3100kW以下，尤其在高压页岩气井，电泵的功率系数在48%以下，说明功率利用仍有一定空间。进一步优化结构，改良性能，争取单泵为$2.0\sim2.5m^3/min$排量下满足各种工况和压力级别施工，增强电泵功率3000kW以上稳定工作。

③前期电泵故障率偏高，主要问题集中在密封件寿命短、润滑能力差、维护工作量大，目前还有待优化改善相关组件性能。

3.2 电动混砂撬的研究与应用

3.2.1 主要研究内容及技术难点分析

2018年10月，电动混砂撬在焦页196-4HF井获得了首次应用，该混砂撬是液电混动型，没有实现全电动。通过升级改造，研究全电动混砂撬，并对吸入端、排出端、绞笼、搅拌等方面连续施工的可靠性进行现场验证。

3.2.2 采取的具体技术方案

根据现场使用中出现的问题，制定针对性整改措施，对机械、电器、软件等方面进行优化，满足页岩气压裂排量要求；满足连续施工的稳定性要求。

3.2.3 达到的技术目标

供液能力$20m^3/min$；进行现场的矿场试验，实现连续稳定工作；形成相应的操作规范。

3.3 自动供砂技术的应用研究

3.3.1 主要研究内容及技术难点分析
研究自动输砂装置,解决目前人工供砂效率低,不满足连续压裂的问题。目前没有成熟的技术,没有经验可循。

3.3.2 采取的具体技术方案
与相关厂家进行了技术合作,已经确定了设计方案,利用90kW的风机输送支撑剂至砂罐内,无须人员在罐顶操作。

3.3.3 达到的技术目标
(1) 设计输砂量 0.7m³/min,四仓室容量 120m³（40m³+20m³+20m³+40m³）。
(2) 实现遥控自动吊装（运输车-输砂撬）单人挂袋遥控操作。
(3) 输砂撬自动破袋、风送输砂至罐内。
(4) 实现砂罐放砂—远程遥控控制闸门开关和切换。

3.4 软体罐技术研究

3.4.1 主要研究内容及技术难点分析
井场面积受限制,液罐无足够的空间摆放,导致罐容不足。

3.4.2 拟采取的具体技术方案
通过前期的调研,拟引进可叠放的大容量软体罐。目前市面上有相应的产品,可根据页岩气井场的特性进行针对性设计,实现容量大、占地少、性能可靠、安装、运输方便等功能。

3.4.3 预期达到的技术目标
相同罐容的情况下,相比常规罐,占地面积节约1/3；液面可远程监控,自动灌注,提高效率；现场安装、运输较为方便。

4 现场应用

2019年焦页202平台采用压裂车+电动泵+电动混砂的设备组合,现场验证了电动混砂连续施工的能力。初步探索实践了页岩气24h连续压裂施工,并首次实现了5段/d的效率。

焦页211平台,采用电动泵+电动混砂技术,首次实现了全电动泵压裂,共计注入 $5.5×10^4m^3$ 液量,平均施工压力82MPa,平均施工排量13m³/h。

5 效益分析

5.1 经济效益分析

对于页岩气压裂施工,按照传统压裂车和电动压裂泵排量各占50%的施工模式,单井可节约150万元施工成本。2020年内在焦页211平台实现全电动泵压裂,分32段压裂施工,电费合计79万元,如按柴油车算,消耗油料440t,费用在275万元左右,单井节约能耗费用 196 万元。

5.2 社会效益分析

（1）电动泵技术性能优势明显。

排量优势明显，单套电动泵 4.5in 柱塞工作排量 2.5m³/min，4in 柱塞工作排量 1.6~2.0m³/min，可达到 2 台 2500 型压裂泵车工作能力。

（2）规模化应用贡献能力强。

推广应用电动泵参与压裂施工，排量和液量贡献比均已达到 60%以上，尤其平台井集中压裂，更利于发挥功能优势。

5.3 电动泵环保性能优势明显

（1）绿色环保，电动压裂泵采用电力驱动，碳排放为零。传统压裂车 CO_2 排放标准 2.28tCO_2/t，单井按 300t 油耗，排放 CO_2 约 650t。

（2）施工现场噪声从 115dB 下降到 85dB，员工职业伤害明显降低。

6 结论与建议

（1）电动压裂配套技术符合创建绿色、智能企业的方针。
（2）降本优势明显，为页岩气大规模压裂提供了条件。
（3）施工连续性好，可以实现不停机连续压裂，能实现平台井 6~8 段/d 的施工效率。
（4）电动配液、自动液罐等技术目前尚属空白，需进一步研究，以实现压裂设备的电动化、自动化。
（5）目前各油田都在向电动化压裂发展，在行业内具有很好的推广前景。

参 考 文 献

[1] 蒋廷学，卞晓冰，袁凯，等．页岩气水平井分段压裂优化设计新方法［J］，石油钻探技术，2014（2）：1-6.
[2] 樊开赟，荣双，周劲，等．电动压裂泵在页岩气压裂中的应用［J］．钻采机械，2017（5）.
[3] 刘广峰，王文举，等．页岩气压裂技术现状及发展方向［J］．断块油气田，2016，23（2）.

长庆油田定位球座系列体积压裂工具研发与应用

郭思文[1,2]　刘晓瑞[1,2]　张家志[3]　贾姗姗[4]
江智强[1,2]　胡相君[1,2]

(1. 低渗透油气田勘探开发国家工程实验室；2. 中国石油长庆油田分公司油气工艺研究院；
3. 中国石油长庆油田分公司第四采气厂；4. 中国石油长庆油田分公司第二采油厂)

摘要：针对长庆油田致密油藏长水平段水平井密切割体积压裂技术提出的大排量、多段压裂、压后大通径的工艺要求，研发了定位球座系列体积压裂工具，包括弹性定位球座和可溶定位球座。现场开展了20口井200余段试验，具有封隔可靠，压后免井筒处理、大通径、综合成本低等优势。

关键词：桥射联作；弹性定位球座；可溶定位球座；免井筒处理

鄂尔多斯盆地致密油气资源丰富，是长庆油田 $5000×10^4$ t稳产的重要资源基础。然而该类资源有效动用难度大，常规技术手段难以效益开发。该类油气藏的主体改造技术为密切割体积压裂，即"多簇射孔+大排量+大液量+低黏液"体积压裂模式，能够实现裂缝对储层的全覆盖[1-3]，大幅度提高单井产量。

前期体积压裂工具采用进口可溶桥塞和快钻桥塞，通过桥塞—射孔联作，完成射孔和段间封隔。然而这两种工具在长水平段中遇到如下问题：一是随着可溶桥塞桥塞数量的增加，可溶桥塞橡胶件溶解慢的影响越来越大，易形成残留物堵塞井筒通道；二是由于在长水平段中钻压难以施加，快钻桥塞钻磨效率低[1-3]。为了解决这些问题，长庆油田依托中国石油天然气股份有限公司"水平井分段压裂体积改造技术重大攻关专项"，研发以"金属密封、快溶免钻"为核心的可溶压裂工具，形成一种满足水平井"分段封隔、套管压裂、多簇起裂、压后免钻"的高效快捷分段压裂改造技术。

2014年至今，先后成功研制出弹性套管定位球座和可溶套管定位球座，完全满足现有桥射工艺要求，实现了无限级、大排量、大通径、压后清扫的水平井体积压裂技术目标。本文主要介绍长庆油田自2014年以来定位球座系列体积压裂工具的攻关、应用情况以及形成的工具系列，重点介绍弹性定位球座和可溶定位球座的应用情况。

1　弹性套管定位球座[4]

自2014年底以来，长庆油田围绕可溶桥塞和可钻桥塞压后井筒处理难度大的问题，开展了套管定位球座技术研究，首先创新研发了弹性定位球座及配套工具，能够满足无限级大排量体积压裂、压后免钻实现大通径、后期可进行重复作业等要求，见图1。

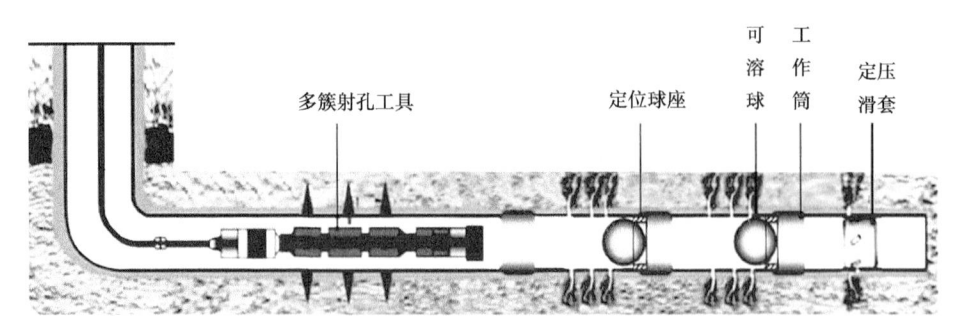

图1 套管球座压裂技术示意图

1.1 技术思路

（1）预置工作筒与套管一起下入井内，固井完井。
（2）第一段采用油管传输射孔、水力喷射射孔或定压滑套沟通地层后，进行光套管压裂。
（3）电缆配合水力泵送下入定位球座到预定工作筒位置，点火坐封球座，上提实施第二段多簇射孔。
（4）起出射孔工具，投可溶解球封隔第一段，光套管压裂第二段。
（5）重复（3）、（4）步骤依次完成各段压裂改造。
（6）所有可溶解球溶解（或返排出井筒），投入生产。

1.2 关键工具研发

1.2.1 套管球座工具设计思路

要实现无限级与大排量压裂，套管球座必须逐级形成，且球座内通径要尽可能大。其中最主要的瓶颈问题有三个：（1）球座如何逐级形成以满足无限级压裂需要；（2）球座如何锚定在套管上以满足承压70MPa的要求；（3）在井筒尺寸限定的情况下，球座如何实现大通径以满足作业工具管柱后期入井需要。围绕以上瓶颈，提出了具体解决思路：（1）球座机构设计方面尽量简化，不能有太复杂的机构设计以免影响内通径；（2）采用微缩径预置工作筒支撑球座，避免卡瓦等复杂机构的出现；（3）球座采用后期逐级投入方法形成，由于需要通过多级工作筒，球座必须具备变形能力，即通过工作筒是外径较小，当到达预定位置时，球座外径变大，锚定在工作筒缩径处，并于工作筒形成金属密封。

1.2.2 套管球座结构及工作原理

套管球座是一个具有弹性的"C"形薄壁圆筒，圆筒右端留有若干矩形切槽，见图2。

下井时，将球座卷曲在投放工具内（图3），以便通过各级工作筒。到达井内预定位置时，投放工具将球座丢手到工作筒上方，球座依靠弹性扩张恢复为自由状态。泵送可溶球到井内，当球与球座相遇时，由于流体的节流效应，会推动球与球座进入工作筒密封位置，球座"C"形缺口闭合。

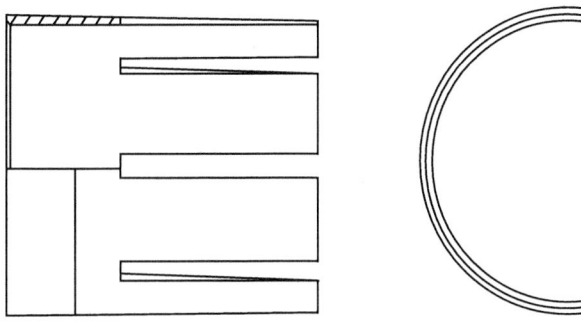

图2 自由状态下球座结构图

1.3 弹性定位球座关键技术参数

承压：70MPa；
耐温：120℃；
压后井筒通径：112.5mm。

1.4 室内评价测试

围绕球座卷曲、回弹、承压、密封等性能，开展室内评价测试100余组，室内评价结果表明，球座可反复卷曲回弹3次以上，球座承压及密封能力达到70MPa，见图4。

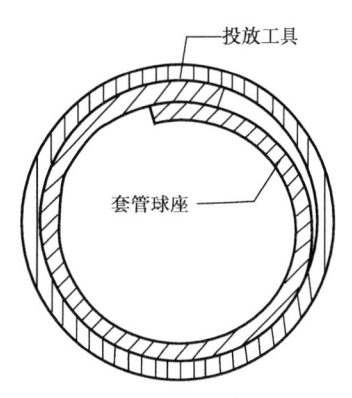

图3 下井过程中球座状态示意图

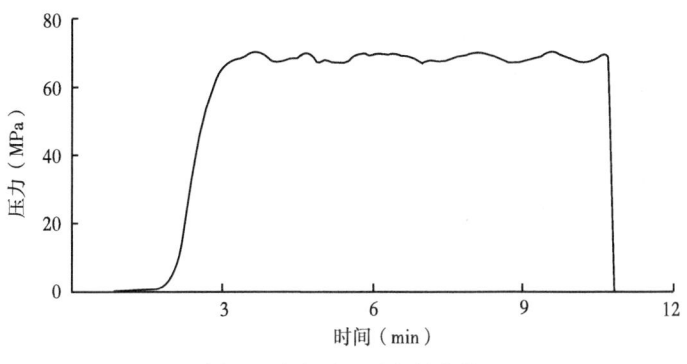

图4 球座承压及密封曲线

1.5 现场试验

现场应用了13口井99段，施工排量4～12m³/min，水平段最长1500m，最大砂量1824m³，最高液量14400m³，施工成功率100%。其中M1井为国内首次采用套管球座压裂工具进行现场压裂试验，采用140mm套管固井完井，设计改造2段。施工过程中，球座丢手顺利、承压封隔稳定，施工曲线见图5。压后下冲砂管柱，顺利通过套管球座，无遇阻遇卡现象。

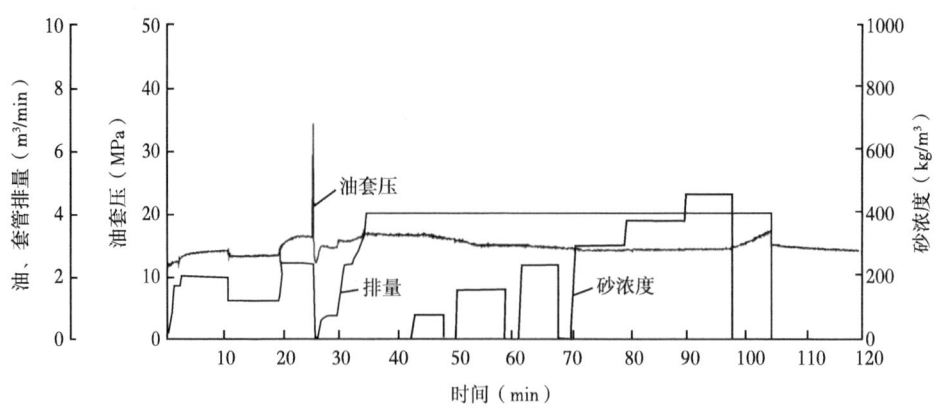

图 5 X1 井上层压裂施工曲线

2 可溶套管定位球座

为了继续提高压裂改造后井筒的完整性，研制了可溶套管定位球座，通过可溶球座、承接器和可溶球之间的金属密封实现段间封隔，压裂技术示意图如图 6 所示。

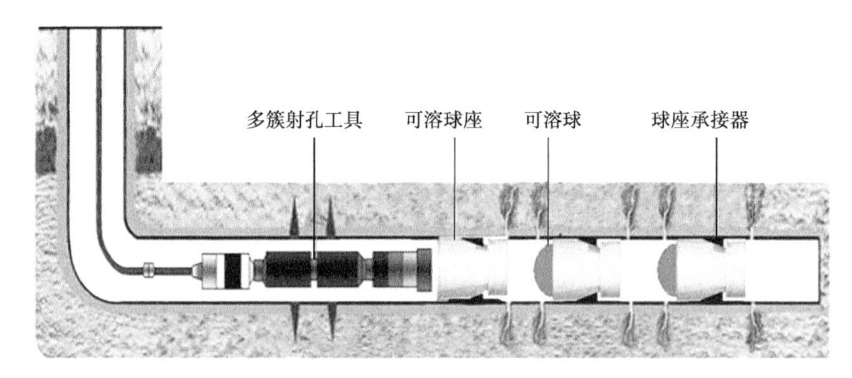

图 6 可溶套管定位球座压裂技术示意图

2.1 技术思路

（1）球座承接器与套管连接，入井后固井完井。
（2）第一段采用油管传输射孔打开地层，进行光套管压裂。
（3）水力泵送球座—射孔联作工具串到球座承接器上方，点火坐封球座并丢手，上提进行多簇射孔。
（4）起出工具串，投可溶球，推动球座至承接器处，封隔上一段，光套管压裂第二段。
（5）重复步骤（3）、步骤（4）依次完成各段压裂改造。
（6）可溶球与可溶球座全部溶解，井筒恢复全通径，投产。

2.2 关键工具研制

可溶套管定位球座关键工具包括全可溶分瓣式变径球座、投放工具、球座承接器、大尺寸可溶球。

2.2.1 全可溶分瓣式变径球座

球座材料为全可溶金属，由两个上瓣、两个下瓣、底座构成。上下瓣侧面设计有燕尾槽式导轨，上下瓣通过导轨连接，导轨与轴线成一定夹角，因此上下瓣沿导轨运动能够实现扩径，扩径后球座外径122mm，扩径率8%以上，球座所需的闭合行程90mm，常用火药坐封工具可以满足球座闭合行程要求，当上下瓣完全闭合后，与底座锁定在一起。

可溶变径球座设计的难点在于：（1）由于球座承压高，需要提高可溶材料强度。（2）为保证金属密封效果，需要可溶材料有一定的塑性。然而提高可溶材料强度与塑性存在矛盾，为了解决该矛盾从两方面入手：（1）优化球座密封机构，使其主要承受正压力，避免承受过大的剪切力，可降低球座对材料强度的要求。（2）调整可溶材料配方、热处理参数，使可溶材料的强度和塑性达到平衡点[5]。

2.2.2 投放工具

投放工具用于实现球座坐封及丢手。投放工具的芯杆通过丢手剪钉与下瓣相连，锥筒与上瓣相连。通过芯杆与锥筒的相对运动可以实现上下瓣的相对运动，完成球座坐封。球座坐封后剪断丢手剪钉，完成工具丢手。为防止中途坐封，锥筒与芯杆之间设计有坐封启动剪钉。投放工具结构如图7所示。

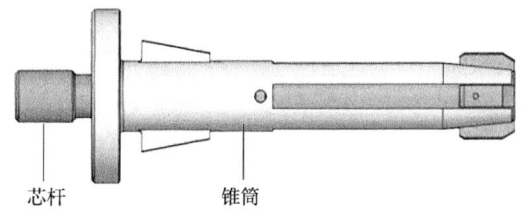

图7 投放工具结构图

2.2.3 承接器

承接器外径153.6mm，与套管接箍一致，可保证下钻安全性，内部设计有锥形台阶密封面，能够承接扩径后的可溶球座，承接器与球座、可溶球形成金属密封，实现压裂过程的段间封隔。压后球座全部溶解，形成大的排液和生产通道，不影响后期井下作业。承接器结构及密封原理如图8所示。

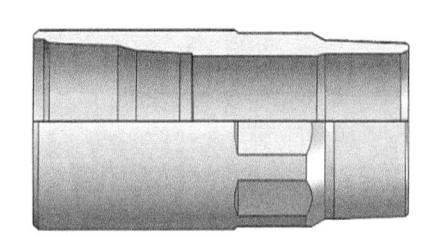

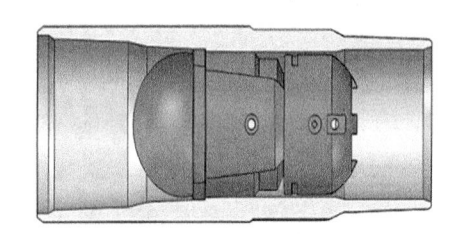

图8 承接器结构示意图

2.2.4 大尺寸可溶球

球座配备115mm大尺寸可溶球。由于大尺寸可溶球在铸造过程中存在偏析现象，即合金元素分布不均匀导致溶解不彻底，因此创新提出双层铸造工艺，解决了偏析问题，能够实现压后可溶球的彻底溶解。

2.3 可溶球座关键技术指标

关键工具技术指标见表1。

表1 可溶球座关键技术指标

工具	外径（mm）	内径（mm）	承压（MPa）	溶解温度（℃）	溶解时间（h）
可溶球	115	—	70	50	90
可溶球座	122	—	70	50	120
承接器	153.6	117	70	—	—

2.4 室内试验与评价

2.4.1 坐封、丢手性能测试

由于火药工具受相关法规管控较多，不便于室内测试，因此设计了专用的液压坐封工具，用于检验可溶变径球座坐封和丢手性能，测试结果表明：导轨机构运动灵活，开始坐封的启动力2tf，丢手力5.6tf，满足设计要求。试验工装如图9所示。

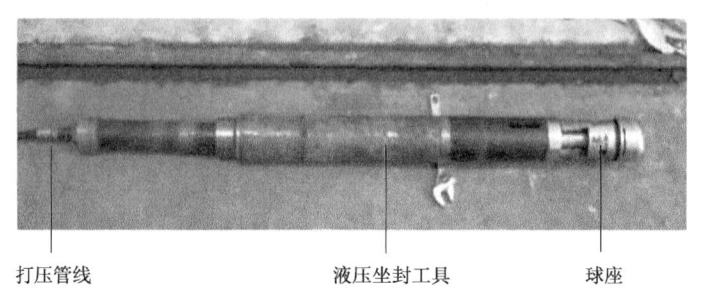

图9 可溶球座坐封、丢手测试工装

2.4.2 承压性能测试

将可溶球座、可溶球依次放入承接器内，承接器上端连接打压接头，承压性能测试结果表明：可溶球座承压70MPa，如图10所示。

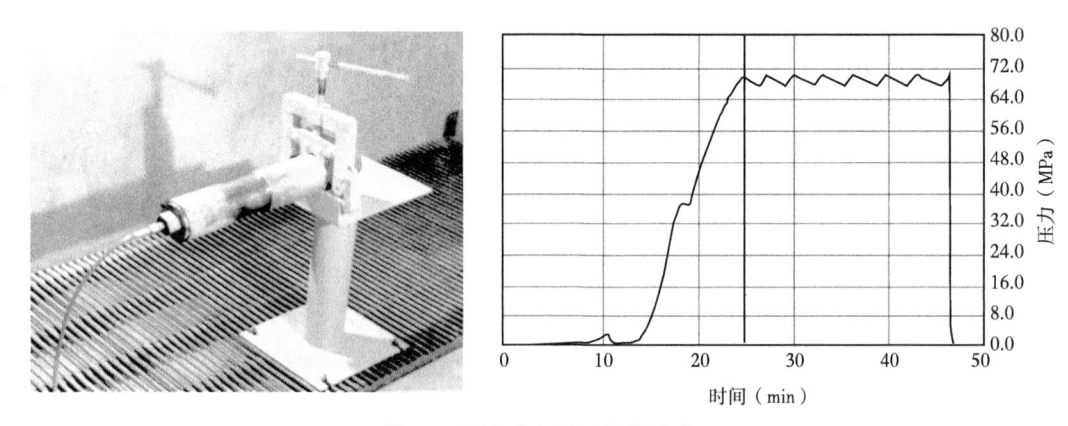

图10 可溶球座承压性能试验

2.4.3 溶解性能测试

模拟返排环境，设计了恒温溶解装置，将闭合后的可溶球座置于承接器中，一起放入50℃的EM30返排液中，120h后球座全部溶解，满足体积压裂返排制度要求。

2.5 现场应用

开展了5口井60段的可溶套管定位球座现场试验,最长水平段1600m,现场最大改造段数18段,施工排量10~14m³/min,单段最大液量1400m³,施工过程中封隔可靠,能够满足体积压裂需求。压后下冲砂管柱,顺利通过,球座全部溶解。

3 两种工具特点分析

弹性定位球座和可溶定位球座均可和现有桥射工艺匹配,便于现场推广应用。为了解决可溶桥塞和快钻桥塞压后井筒处理的问题,均采用了金属密封结构,工具结构更为简单可靠,成本大幅降低,具有很好的应用前景。两种工具特点分析见表2。

表2 弹性套管定位球座与可溶套管定位球座特点分析

工具类型	特点
弹性套管定位球座	(1) 金属密封; (2) 与可溶桥塞相比,工具成本降低了80%; (3) 压后4天内可溶部件全部溶解,井筒内径112.5mm
可溶套管定位球座	(1) 金属密封; (2) 与可溶桥塞相比,工具成本降低了55%; (3) 压后6天内可溶部件全部溶解压后井筒内径117mm

4 结论

(1) 定位球座系列工具能够与桥塞射孔联作工艺匹配,便于推广应用,可以实现无限级压裂,施工排量8~14m³/min,能够满足长庆油田体积压裂需求。

(2) 弹性定位球座和可溶球座采用金属密封代替了橡胶密封,结构更加简单,成本低,工具与可溶桥塞相比降低50%以上,

(2) 压裂后免井筒处理,综合成本节约30%以上,井筒保持大通径不影响后期排液及生产。

参 考 文 献

[1] 齐银,白晓虎,等.超低渗透油藏水平井压裂优化及应用[J].断块油气田,2014,21(4):483-491.

[2] 李进步,白建文,等.苏里格气田致密砂岩气藏体积压裂技术与实践[J].天然气工业,2013,33(9):65-69.

[3] 凌云,李宪文,等.苏里格气田致密砂岩气藏压裂技术新进展[J].天然气工业,2014,34(11):66-72.

[4] 任国富,郭思文,等.套管球座压裂工具研制与试验[J].钻采工艺,2017,40(5):76-80.

[5] 郭思文,邵媛,等.锌含量对铝基可降解合金降解速率的影响[J].材料导报,2018,32(3):947-950.

碳纤维连续杆深抽举升工艺在非常规油藏开发后期的应用

孙洪舟　任小磊　李大伟　韩吉顺　胡　营

（中国石化胜利油田河口采油厂）

摘要： 河口采油厂非常规油气藏主要为致密砂岩油藏，油层埋藏深，为中低孔、特低渗透储层，开采举升难度大。随着开发后期地层能量变弱、动液面加深、出现了供液不足等情况。油井举升泵挂深度受限，机采负荷重、能耗大，及低产、低液、泵效低、开发速度变慢，目前的举升工艺已无法完全适应现有井况。提出碳纤维连续杆深抽工艺，解决油井举升难题，实现加深泵挂的目的，从而达到放大生产压差、提高油井产量。同等泵挂深度杆柱载荷减轻，该工艺不仅可以有效解决有杆泵深井、超深井的举升难题，大大降低了悬点载荷，而且起到了很好的节电降耗效果，提高机采效率。主要介绍了碳纤维连续杆深抽工艺在非常规油藏举升方面的应用，效果明显，保障了非常规油气藏的高效开发。

关键词： 非常规油气藏；举升；碳杆深抽；减载

1　油藏概况

义123-1块为深层致密砂岩非常规油藏，地理位置位于渤南油田八区，南邻渤南油田三区。目的含油层系为沙三下9砂组，含油面积4.6km²，估算石油地质储量237.4×10⁴t。埋深3384~3757m，地层厚度为35~45m，义123-1块沙三下9砂组砂体沉积类型为深湖相油页岩中发育的浊积扇体，物源来自东南部的孤岛凸起。该块位于浊积扇体的北部，以中扇亚相的辫状水道微相和水道间微相为主。孔隙度分布范围为5.4%~20.1%，平均孔隙度为15.1%，渗透率分布范围为0.1~3.05mD，平均渗透率为1.1mD，为中低孔、特低渗透储层。该块采用天然能量开发，常规开发存在井距大、储量控制程度低、油井基本无自然产能、常规压裂后产量递减快、采出程度低、注水注不进等矛盾，一直以来未有效的动用。

1.1　岩石学特征

岩心观察及粒度分析表明，储层多以含粉砂细砂岩为主，砂岩粒径一般为0.11~0.28mm，粒度中值平均为0.16mm，C值平均为0.43mm。岩石类型以含泥质不等粒岩屑长石砂岩为主，碎屑成分中石英含量占35.7%、长石含量为37.2%、岩屑含量为27.0%，成分成熟度低。砂岩分选差，磨圆度为次棱状，线接触，孔隙式胶结。填隙物含量为20%，主要是泥质杂基和碳酸盐岩胶结物。胶结物以铁方解石和铁白云石为主，呈微晶—细晶结构，局部出现连晶为胶结碎屑颗粒。据义34-100井全岩矿物X射线衍射分析，沙三下9砂组3、4小层砂体黏土矿物总含量为11.1%，其中伊利石居多，含量分别占93%（表1）。

表1 义34-100井沙三段9砂组X射线衍射黏土矿物分析表

小层号	样品数块	黏土矿物总量（%）	伊/蒙混层（%）	伊利石（%）	高岭石（%）	绿泥石（%）	伊/蒙混层比(%)
9³	7	11.1		100			
9⁴	5	11	10.8	86	1.6	1.6	20
平均	12	11.1	5.4	93	0.8	0.8	20

1.2 储层物性特征

义123-1块共有4口取心井（义2-7-20井、义34-100井、义173井、义123井），其中义123井没有取到目的层。据义2-7-20井和义34-100井岩心分析资料统计（表2）：孔隙度范围为3.4%~19.4%，9^{1+2}小层孔隙度平均为14.6%，9^{3+4}小层孔隙度平均为13.6%，9砂组平均孔隙度为14.2%；渗透率范围为0.06-26.37mD，9^{1+2}小层渗透率平均为2.4mD，9^{3+4}小层渗透率平均为0.6mD，9砂组平均渗透率0.91mD，该块属低孔超低渗储层。

表2 义123-1块沙三段9砂组岩心分析物性参数统计表

井号	层位	孔隙度（%）平均	样品块数	水平渗透率（mD）平均	样品块数	饱和度（%）含油	含水	样品块数	碳酸盐含量（%）平均	样品块数
义2-7-20	9¹	12	19	3.5	18	32.9	17.9	3	16.6	3
	9²	17.1	20	1.1	15	28.9	29.5	7	6.4	3
	9^{3+4}	14.1	130	0.7	129	16.3	33.2	31	7	24
义34-100	9³	11.8	17	0.3	17	26.3	54.3	17	16.8	1
	9⁴	11.7	10	0.3	10	36.3	35.7	10	13.7	2
小计	9^{1+2}	14.6	39	2.4	33	30.1	26.0	10	11.5	6
	9^{3+4}	13.6	157	0.6	156	22.7	39.8	58	79	27
	9砂组	14.2	196	0.91	189	23.8	37.8	68	8.6	33

1.3 储层微观特征

储层储集空间主要有原生孔隙、次生孔隙和微孔隙三种类型。通过电镜分析，粒间孔喉分布不均，微孔隙发育，孔隙中充填丝片状的伊利石及少量的自生铁白云石和自生石英（表3）。

表3 义34-100井沙三下9砂组孔隙特征表

井号	层位	样品数块	孔喉特征 粒间孔（μm）	喉道（μm）	微孔（μm）
义34-100	9³	7	7~40		<5
	9⁴	5	7~37		<5
平均		12	7~39		<5

根据2块样品毛管压力试验分析（表4），最大孔喉半径为0.4968μm，孔喉半径平均值为0.1528μm，孔喉均质系数为0.299，变异系数为0.708，退汞效率为34.78%。表现为微观非均质性较强，孔喉分选性差。

表4 义34-100井沙三下9砂组压汞法孔隙参数表

井号	层位	样品号	最大孔喉半径（μm）	孔喉半径平均值（μm）	汞饱和度50% 压力（MPa）	汞饱和度50% 孔喉半径（μm）	均质系数	变异系数	退汞效率（%）
义34-100	9³	1	0.496	0.1513	20.6143	0.0357	0.2976	0.7363	37.702
	9⁴	1	0.496	0.1542	10.2777	0.0716	0.3009	0.6791	31.857
平均		2	0.496	0.1528	15.446	0.0537	0.2993	0.7077	34.780

2015年以前河口采油厂深抽工艺主要有钢制连续杆深抽、减载深抽、小实心柱塞泵深抽三种，均可以实现加深泵挂的目的，从而达到放大生产压差、提高油井产量的目的，但仍然具有一定局限性。

2 目前现状

非常规油气藏采用压裂投产方式，压裂过程中油层保护技术研究、压后放喷制度的建立，形成一整套致密砂岩非常规油藏水平井油层保护技术配套工艺，促进致密砂岩油藏高效开发。初期能够自喷生产，然后下泵投产，随着生产时间的延长，地层供液能力逐渐变差，油井存在动液面深、单井产量低是目前低渗透油藏现状，而现有的举升模式无法满足正常生产及效益开发。

（1）常规举升工艺受地面设备制约，下泵深度受到限制。

目前在低渗透油藏主要采用38mm、44mm管式泵，地面配套最大载荷为120kN的700型高原机或12型游梁机。根据《有杆泵抽油系统设计、施工推荐作法》确定下泵深度，最大泵深2200m。但低渗透油藏能量低、供液差，动液面深，常规举升表现为供液不足，泵效低，加剧了杆管偏磨，缩短了检泵周期。

（2）小排量电泵举升耗电量大、故障率高。

在富台潜山对于部分动液面深的油井，采用小排量电泵生产，但存在耗电量大、易发生故障。据统计，富台油田电泵井平均日耗电1057kW·h，相比有杆泵举升耗能较高。对于能量较差的油井，供液不足会导致电泵机组烧毁，缩短电泵井检泵周期，平均检泵周期仅有180天。对于超深井，电泵采用耐高温电潜泵，下泵深度3000m。检电泵作业费用60万元左右，造成电泵井开采成本高。

（3）减载深抽工艺复杂。

减载深抽工艺从2012年开始在富台油田投入试验应用，很好地解决了常规有杆泵举升下泵深度，增加了泵的沉没度，提高了泵效及机采效率。减载器的应用，降低了抽油机悬点载荷，在不改变地面设备的情况下，加深了泵挂深度，下泵深度可达2500m。但减载深抽工艺存在工艺复杂，对加载器性能要求高，施工工序烦琐等问题。在生产过程中发现脱节器易脱开，容易造成二次返工，影响油井开井时率。

部分油井出现液面深、泵效低、开发速度慢、机采能耗大的现象，而现有有杆泵举升方式受杆管强度等影响，下泵深度受到限制，难以满足油田开发的需要。

3 碳纤维连续杆深抽工艺特点

油井深抽技术是动用深井油气资源的有效手段之一，可以实现加深泵挂的目的，从而达到放大生产压差、提高油井产量的目的。

3.1 钢制抽油杆特性

钢制抽油杆是油田现阶段油井举升主要手段，但应用具有局限性：自身密度大（7.85g/cm³），抽油泵下深受限。在选定12型抽油机的情况下：抽油泵的最大下井深度与金属抽油杆的抗拉强度、最大载荷（抽油杆+液柱）有关。

单井钢杆重量6~7t（2000m），占举升载荷60%以上，需配12型抽油机、37kW电机，成本大，能耗高。

3.2 碳纤维抽油杆特性

碳纤维抽油杆是用一定体积的碳纤维和树脂复合材料制成的连续抽油杆。采用高强型聚丙烯腈基碳纤维长丝为增强材料，以环氧树脂或乙烯基酯树脂为基体材料，通过拉挤成型工艺制备而成。

碳纤维抽油杆特点：强度高，抗拉强度达1800MPa，耐疲劳，循环次数为1000万次以上，质量轻，每千米重量仅为200kg，耐腐蚀，抗各种强酸和强碱腐蚀（如H_2S、CO_2等化学介质），连续性好，可根据井况制成任意长度，接头少，降低活塞效应。

与传统钢制抽油杆相比：碳纤维连续抽油杆具有密度小、耐腐蚀、疲劳寿命长等特点，用于油井举升具有以下优势。

（1）节能显著：碳纤维抽油杆密度小（1.6g/cm³），是钢制抽油杆的20%。同泵挂深度杆柱载荷减轻50%，大大降低悬点载荷和减速器扭矩，抽油机机型降低1~2个规格，减少设备投资，节电效果显著。

（2）重量轻、强度高：解决了有杆泵深井、超深井的举升难题。

（3）耐腐蚀：适用于高含水、高矿化度腐蚀性的油井。

统计分析低液低含水区块油井举升配套情况，近60%油井泵挂达到钢杆模式的工艺极限；碳纤维抽油杆技术能够满足油井放大生产压差需求。

3.3 碳纤维抽油杆配套及改进

在实际应用过程中，为实现碳纤维连续杆在油井举升过程中的应用，研制了起下装置、快速接头及专用吊卡。

通过应用碳纤维连续抽油杆深抽工艺，不仅可以有效解决有杆泵深井、超深井的举升难题，大大降低了悬点载荷，而且起到了很好的节电降耗效果。

碳纤维连续杆自2015年起开始进入河口采油厂应用，先后经历三个阶段，分别为试验阶段、技术改进阶段、推广应用阶段。

2015—2016年，河口采油厂先后实施碳纤维连续杆深抽工艺3井次进行试验：义901井、车古201-26井、渤深6-12井。

效果一：放大生产压差，液量增加。

效果二：实测示功图显示，最大载荷由70kN（44mm泵1800m）降到56kN（44mm泵2800m）。

效果三：节能降耗，电机电流有所下降，由17/19A降到11/13A。

前期虽然解决了加深泵挂，达到深抽的目的，但仍存在一些问题，例如：活动接头疲劳断裂，19mm碳纤维杆本体断。

针对上述情况，2016—2017年，通过对前期试验阶段碳纤维暴露的问题进行分析总结，针对主要存在的问题进行了改进。

（1）重新设计活动接头，将活动接头改为正反扣接头，增加耐疲劳、抗拉强度。

快速接头：实现碳纤维抽油杆与上端光杆、下端加重杆、抽油泵等金属件的连接。但现场应用过程中发现，旋转接头易疲劳断裂，粘连接头断脱。

通过改进，研制了正反扣接头，提高接头连接的耐疲劳性及抗拉强度，方便抽油杆下井连接。

（2）加长粘连接头，增加碳杆与接头的接触面积，提高粘接的强度；

通过加长粘连接头，增加碳杆与接头钢制部分接触面积，提高粘接的拉伸强度和抗疲劳强度。通过上述改进，提高了碳纤维连续杆在油井上应用性。

（3）优选22mm的碳纤维连续杆，提高杆体抗拉断力。

（4）应用碳纤维防磨接箍，解决下部钢杆失稳接箍偏磨问题。

产品由内层钢件接箍和外层特种工程材料复合而成，内层钢件材料：40Cr，结构：特殊螺纹；外层材料：碳纤维增强聚苯硫醚，材料特性：高强度、高模量、低密度、高耐磨、良好耐腐蚀性。

由于碳纤维连续杆质量较轻，需底部加重，应用钢制抽油杆起到底部加重作用。但随着泵挂加深，易造成底部钢杆失稳，在偏磨治理方面采用在底部钢杆加碳纤维抗磨接箍，延缓因失稳造成的底部钢杆快速磨损。

4 应用情况

目前河口采油厂在用40井次，设计碳纤维连续杆5.23×10^4m，平均泵挂深度2350m，平均增加泵挂深度350m，提高油井沉没度，放大生产压差，有效提高油井单井产量及油井泵效，日产油122.5t，平均日增油3.1t，抽油机最大载荷平均下降33.4%，平均泵效提高29.8%，取得良好的效果。

主要应用模式：

（1）减载。

以车古201-11为例，该井泵挂深、动液面低，开展碳纤维杆减载深抽试验。

车古201-11井是富台油田的一口减载深抽井，泵挂深度2500m。由于油井管漏检泵作业，通过河口采油厂专家及工艺技术人员论证，采用碳纤维连续杆深抽工艺，优化泵径、并在底部钢杆配套碳纤维接箍，降载同时治理油井偏磨。

通过方案设计、优化杆柱组合，上部采用19mm碳纤维连续杆，下部采用22mm钢制抽油杆，底部钢杆使碳杆始终处于拉伸状态，碳杆及钢杆组合比例设计：ϕ19mm×1610m+ϕ22mm×890m。确保杆柱顺利下行，油井正常生产。

车古 201-11 井措施前最大载荷 89.74kN，日耗电 246.2kW·h，措施后最大载荷 41.5kN，日耗电 180.5kW·h。在油井泵挂深度不变的情况下，悬点载荷下降 53.7%，日耗电下降 26.6%，节能降耗效果明显。

（2）义 123 块深抽。

河口采油厂义 123-1 块沙三下 9 砂组的沉积类型为深水浊积扇。设计井目的层储层主要以粉—细砂岩为主，岩性相对细，岩屑相对含量较高，分选较好，孔隙式胶结，填隙物主要为泥质。平均孔隙度为 15.1%，平均渗透率为 1.1mD，为中低孔、特低渗透储层，油藏埋深 3384~3757m。该井 114.3mm 小套管位置 2696.71~5178.0m，上部为 177.8mm 套管完井。常规开发效果差，难以实现该块储量的有效动用。通常采用压裂投产，投产后期出现供液不足，平均动液面 2200m。该区块投产 9 口，正常生产 3 口，间开或停井 6 口，目前通过深抽恢复 5 口。采油后期平均泵挂深度由原来的 2000m 增加到 2500m，恢复非常规区块后期油井生产 5 口。

义 123 块通过深抽工艺，加深泵挂、提高油井沉没度，恢复区块油井产能，平均日增液 8m³，单井日增油 3.28t，取得良好效果。

（3）长停井恢复。

河口采油厂低渗透油藏部分油井动液面低，泵深受限导致油井间开或停产，通过碳纤维连续杆深抽，恢复部分有潜力的长停井，重新恢复控制该区块的储量动用。

通过对低渗透区块单井深抽、长停井恢复，平均日增液 6.65m³，单井日增油 2.5t，取得良好效果。

5 结论及认识

碳纤维连续抽油杆深抽工艺实用于非常规油气藏开采后期，通过增加了泵挂深度、放大生产压差，提高油井产量及泵效，取得较好的应用效益。利用碳纤维连续杆深抽优势，恢复部分有效益的长停井，重新恢复控制该区块的储量动用。

应用碳纤维连续杆深抽工艺，较好地解决了低渗透油藏举升难题，形成以下三种认识：

（1）深抽提液：不改变地面设备实现抽油泵最大限度下深，提高产量，拓展了"抽油机+抽油杆+抽油泵"这种采油方式的应用空间。

（2）延长检泵周期：耐疲劳、耐腐蚀、无接箍、质量轻，可明显改善杆柱受力状况、降低断杆（腐蚀）概率，延长生产周期。

（3）降载节能：杆柱载荷下降 50% 以上，抽油机及电机选型可下调，减少设备一次性投资、提高传动效率。

参 考 文 献

[1] 万仁溥.采油工程手册 [M].北京：石油工业出版社，2000.
[2] 杨献平，沈江，李伟.钢结构连续抽油杆技术特点及应用 [J].石油机械，2000（10）：27-29.
[3] 吴则中，田丰，张海宴，等.碳纤维复合材料连续抽油杆的特点及应用前景 [J].石油机械，2002（2）：53-56.

川西须家河组 DY1 井复合改造工艺技术

杨衍东　刘　林　王兴文　王智君

(中国石化西南油气分公司工程技术研究院)

摘要：川西大邑构造须三段气层是一个低孔、低渗、非均质性极强，裂缝发育的致密砂体储层，实现顺利施工、有效改造的难度较大。因此，研究了"酸+滑溜水+胶液加砂"的复合改造工艺，前置酸解除钻完井过程中对裂缝系统的伤害，降低加砂施工难度，降阻水力争沟通远端天然裂缝，扩大改造体积，后续胶液加砂在储层中形成较高导流能力的人工裂缝；该复合改造工艺技术在川西须家河组 DY1 井先导应用效果良好，施工过程未出现砂堵等复杂情况，压后在油压、套压分别为 8.5MPa、11.5MPa 下获产 $3.2010×10^4m^3/d$，投产 300 天稳产指数高达 $459×10^4m^3/MPa$。DY1 井对于该区块同类型气藏有效增产改造具有推广借鉴意义。

关键词：大邑；须三段；裂缝性；复合改造；稳产

1 DY1 井工程地质特征

1.1 岩性特征

大邑构造须三段储层砂体主要为浅灰色、灰白色中粒岩屑石英砂岩。砂岩成分成熟度普遍较高，石英含量最高可达 89%，长石含量极少；胶结物以硅质为主，白云石、方解石少量，胶结类型主要为压结式、孔隙—压结式，岩屑薄片中见少量溶孔。

1.2 物性特征

据 DY1 井须三段 71 块岩心物性分析，孔隙度最高 3.66%，最低 1.44%，平均 2.78%，孔隙度峰值在 2%~3% 之间；渗透率最高 0.029mD，最低 0.002mD，平均 0.009mD，渗透率峰值在 0.01~0.02mD 之间，为典型的低孔、低渗致密储层。

1.3 裂缝发育情况

从三个方面体现出 DY1 井须三段裂缝较发育：一是井段（4632.70~4632.87m）漏失钻井液 $30.2m^3$；二是取心井段（4633~4652m）见裂缝 31 条（岩心缝密度 1.72 条/m），岩心照片如图 1 所示；三是成像测井（4629~4775m）见天然裂缝 84 条（成像缝密度 0.57 条/m）。

2 DY1井改造工艺优选

2.1 分层分段的优化

地应力计算结果表明，DY1井须三段层位三个射孔段（4632~4647m、4667~4679m、4712~4736m）的最小水平主应力差异较大，分别为45.2MPa、37.8MPa、46.2MPa。如果笼统改造，则中间改造段可能为最大进液段；第三射孔段（4632~4647m）和第一射孔段（4712~4736m）如1.3所述裂缝较发育、均为裂缝—孔隙型气层，为对上、下裂缝性储层充分改造，设计下入封隔器分两大段进行改造，即第一大段（4712~4736m）、第二大段（4632~4647m、4667~4679m）。

2.2 改造工艺的优化

裂缝性气藏主要以造长缝、沟通远端天然裂缝、扩大改造体积的思路[1]，前置酸+滑溜水+胶液携砂的复合改造工艺具有较好的针对性，前置酸解除钻完井过程中对裂缝系统的伤害，降低加砂难度；滑溜水在形成主裂缝的同时提升缝内净压力，当主裂缝内中的液体压力p大于天然裂缝中主应力δ_f时，使得天然裂缝张开（图1）[2]，从而扩大改造体积，后续胶液加砂在储层中形成较高导流能力的人工裂缝[3]。

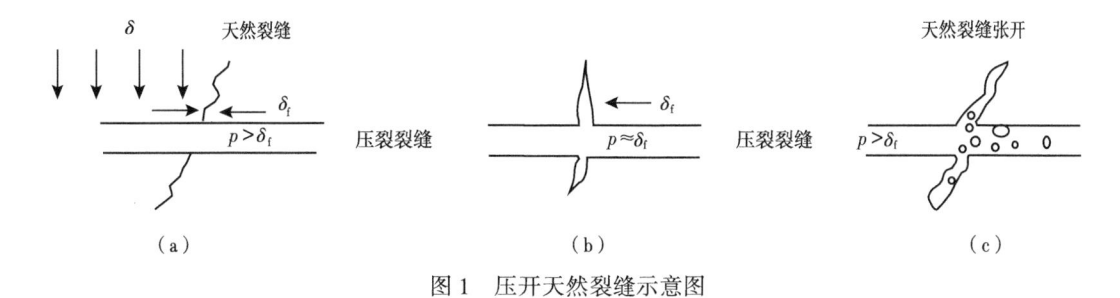

图1 压开天然裂缝示意图

2.3 液体的优化

目的层地层温度在115℃左右，因此，优选适合于该区块储层抗剪切、携砂性好、破胶彻底、滤失低、返排性能好、对地层伤害小的压裂液体系[4]，以满足本井的压裂施工要求。

3 施工情况及应用效果

DY1井须三段第一大段（4712~4736m）、第二大段（4632~4647m、4667~4679m）均按设计顺利完成施工，克服了深层裂缝性气藏施工压力高、滤失大、加砂易砂堵等工程难题。

复合工艺改造后，液体返排率为65.7%。在油压8.5MPa、套压11.5MPa下天然气产量为$3.2010×10^4 m^3/d$，后期440天累计产量达$1239.1774×10^4 m^3$，稳产指数高达$375×10^4 m^3/MPa$，稳产能力明显优于同区块同层位邻井，后期生产曲线如图2所示，稳产能力对比见表1。

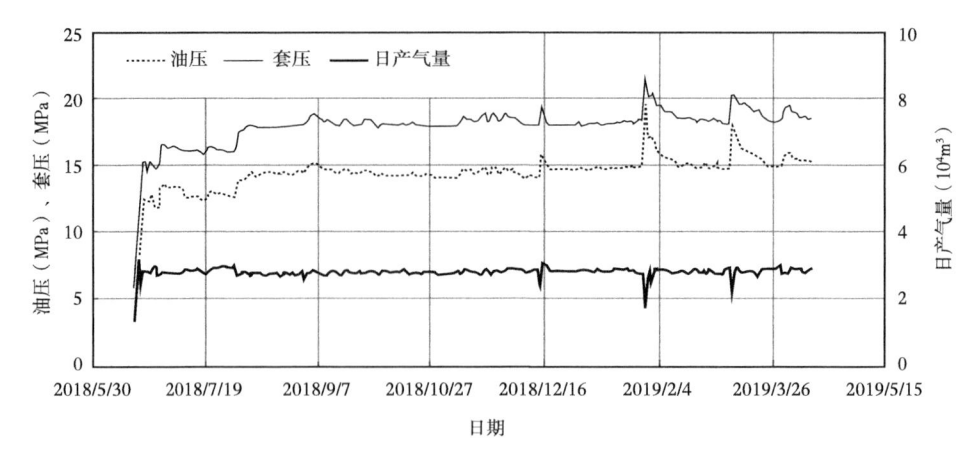

图2 DY1井须三段生产曲线

表1 DY1井累计产量及稳产能力对比

井号	层位	改造工艺	测试产量 （10⁴m³/d）	440天累计产量 （10⁴m³）	稳产指数 （10⁴m³/MPa）
DY103井	须三	150m³ 酸化	1.5	652.5986	244
DY2-侧1	须三	50m³ 加砂压裂	0.1602	未投产	—
DY7井	须三	60m³ 酸化	0.6665	未投产	—
DY3井	须三	32m³ 加砂压裂（设计50m³）	4.2058	443.8376	168
DY1井	须三	28m³ 复合改造	3.2010	1239.1774	375

4 结论

（1）DY1井须三段属低孔、低渗致密砂岩储层，但天然裂缝较发育。

（2）结合地应力、储层类型、漏失钻井液等典型工程特征的分层分段优化技术，前置酸+滑溜水+胶液携砂的复合改造工艺在DY1井施工顺利，克服了深层裂缝性气藏施工压力高、滤失大、加砂易砂堵等工程难题。

（3）改造后，从初期测试产量、440天累计产量及稳产指数等各项参数衡量，DY1井均优于同区块同层位大多数邻井。

（4）前置酸+滑溜水+胶液携砂的复合改造工艺经川西须家河组DY1井现场应用，初步获得了好的效果，建议在该气藏推广应用。

参 考 文 献

[1] 吴均，刘彝，罗成，等．冀东裂缝性火山岩气藏复杂缝网构建的可行性研究［J］．中国矿业，2018，27（增刊2）：238-240.

[2] 米卡尔 J．埃克诺米德斯，肯尼斯 G．诺尔特，著．油藏增产措施．三版［M］．张保平，蒋阗，刘立

云,等译. 北京:石油工业出版社,2002.
[3] 叶成林,王国勇. 体积压裂技术在苏里格气田水平井开发中的应用——以苏53区块为例[J]. 石油与天然气化工,2013,42(4):382-386.
[4] 刘友权,唐永帆,石晓松,等. CT低伤害压裂液在广安须家河储层加砂压裂的应用[J]. 石油与天然气化工,2008,37(5):416-418.

川南页岩气压裂用可溶桥塞技术现状与发展趋势

付玉坤 喻成刚 喻 冰 尹 强 李 明 邓 悟

(中国石油西南油气田分公司工程技术研究院)

摘要：相对北美地区页岩气田，四川盆地南部地区地质条件复杂、地面条件较差，页岩气勘探开发技术要求更高。川南地区作为四川盆地页岩气勘探开发的重点区域，已实现大规模工业化开采，形成了以可溶桥塞为主的页岩气体积压裂关键技术，大幅缩短了页岩气井压裂后投产时间。随着页岩气勘探开发进程的持续推进，可溶桥塞需求数量逐渐增大，涉及的可溶桥塞厂家、种类、型号及性能参数日益繁多。为此，依据川南页岩气现场施工要求，针对性地制定了可溶桥塞室内测试方案，开展了工具丢手、高温承压、高温溶解等各项性能室内测试，调研了不同类型可溶桥塞现场应用情况，分析了遇阻坐封后无法丢手和溶解效果不充分堵塞井筒等异常工况，优化了送入管串结构、施工工艺和排液制度，建立了可溶桥塞室内测试、现场应用数据库，指出全金属可溶桥塞为页岩气分段压裂关键工具发展方向。

关键词：川南页岩气；可溶桥塞；测试数据库；全金属可溶桥塞；发展趋势

页岩气作为典型的非常规油气藏资源，具有低孔隙度、极低基质渗透率等特征，实施水平井分段压裂改造已成为实现页岩气藏高效开发的关键技术[1-4]。目前，北美地区页岩气开发已实现商业化，逐渐形成了一系列以实现"体积改造"为目的的页岩气压裂技术及配套工具[5-9]。四川盆地作为我国页岩气开发的主战场，其页岩气资源分布和地质特征与美国存在很大差异；川南地区作为四川盆地页岩气勘探开发的重点区域，已全面展开页岩气的勘探开发，形成了以可溶桥塞为关键分段工具的体积压裂关键技术[10-13]。可溶桥塞为压裂提供稳定的层间封隔，施工完成后无须钻磨，一定时间内仅依靠井筒内液体温度及盐度即可实现完全溶解，保证井筒全通径，为后期生产测井及重复压裂等作业提供有利条件，有效避免了后期井筒干预作业带来的施工风险，同时大幅缩短了页岩气井压裂后投产时间。随着川南页岩气勘探开发进程的持续推进，可溶桥塞需求数量逐渐增大。面对日益繁多的可溶桥塞厂家、种类、型号及性能参数，现场施工时表现出了不同的应用效果[14-15]，导致现场出现的问题复杂多样，影响了页岩气藏的高效开发。

为此，充分调研及优选了满足川南页岩气现场施工要求的可溶桥塞型号，有针对性地制定了室内试验方案并开展高温承压、高温溶解等性能测试，同时跟踪与对比分析不同类型可溶桥塞现场应用情况及效果，建立室内测试、现场应用数据库，以期为我国页岩气藏规模效益开发提供技术指导。

1 压裂可溶桥塞技术现状

可溶桥塞主要由可溶性材料加工、制作而成。可溶性材料是一种在特定环境中，通过物理化学反应或生物同化作用在一定时间内可实现自行降解、甚至完全消失的多相复合材料[16-17]，主要包括可溶性金属材料和可溶性高分子材料两类[18]，其溶解速率受盐度和温度影响较大[19-20]。

1.1 镁基合金可溶桥塞

镁基合金可溶桥塞主体由可溶性金属材料制成，溶解时通过局部电化学腐蚀实现可溶，其溶解速率主要与温度、盐度有关。目前，镁基合金可溶桥塞主要由桥塞本体、密封胶筒、卡瓦基座及卡瓦牙组成，其中哈里伯顿、贝克休斯、四川威沃敦等公司产品在川南页岩气现场进行了推广应用。

1.1.1 哈里伯顿公司 Illusion 可溶桥塞

该桥塞结构图及参数见图1、表1。

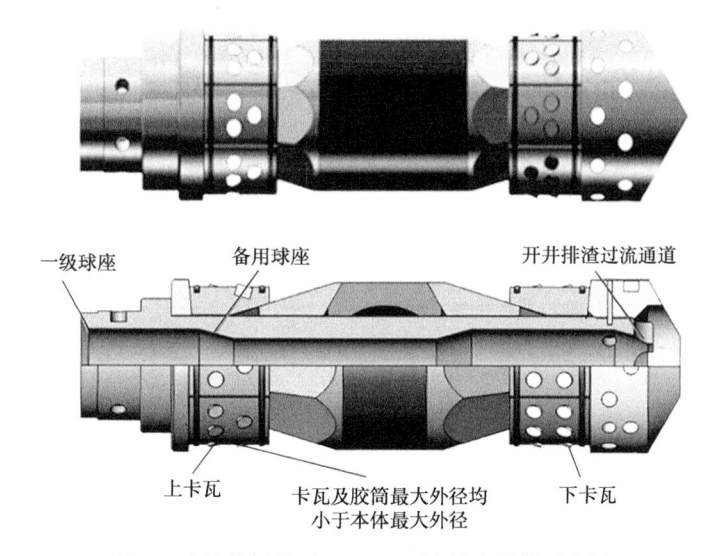

图1 哈里伯顿公司 Illusion 可溶桥塞结构示意图

表1 哈里伯顿公司 Illusion 可溶桥塞主要技术参数

产品型号	适用套管内径（mm）	桥塞外径（mm）	桥塞通径（mm）	压力等级（MPa）	温度等级（℃）	卡瓦类型
ILLUSION DM4.15	114.3	105.4	33.02	70	150	卡瓦镶嵌陶瓷颗粒

技术特点：
（1）胶筒、卡瓦最大外径小于本体最大外径，具有预防桥塞提前坐封的功能。
（2）设计了上下卡瓦，可有效防止返排时桥塞被冲出。
（3）中心管设有一级球座及备用球座，在应急情况下备备用球压裂作业。
（4）底部设计了过流通道凹槽，保证桥塞坐封后开井排液具有过流通道。
（5）溶解后单粒柱状陶瓷体积小，易于返排，不会对后续生产造成影响。

1.1.2 贝克休斯公司 SPECTRE 可溶桥塞

该桥塞结构图及参数见图2、表2。

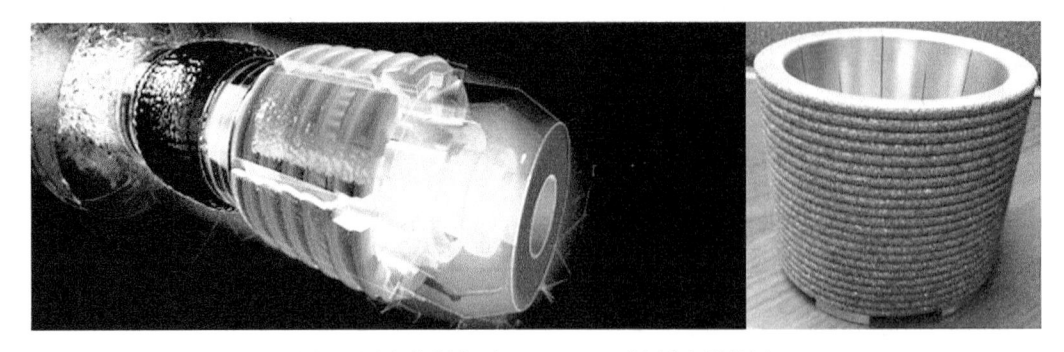

图 2　贝克休斯公司 SPECTRE 可溶桥塞结构图

表 2　SPECTRE 可溶桥塞主要技术参数

产品型号	适合套管内径（mm）	桥塞外径（mm）	桥塞内径（mm）	压力等级（MPa）	温度等级（℃）	卡瓦类型
SPECTRE 360	114.3	91	38.1	70	150	卡瓦表面镍基合金涂层
SPECTRE 368		93				
SPECTRE 368 LS		93				
		93				
SPECTRE 396		101				
SPECTRE 410		104				

技术特点：
（1）设计防提前坐封机构，可实现可靠的防提前坐封功能。
（2）采用一体式上下双向卡瓦，表面镀镍基合金涂层，依靠摩擦力实现双向锚定。
（3）采用双球座设计，中芯轴上设计有主球座和备用球座，确保正常封堵。
（4）在椎体以及下接头处设计有过流通道，可减小或消除返排时可能出现的通道堵塞现象。
（5）溶解后剩余细小碎片，易于返排，不会对后续生产造成影响。

1.1.3　威沃敦公司 ALADDIN 可溶桥塞

该桥塞结构图及参数见图 3、表 3。

图 3　威沃敦公司 ALADDIN 可溶桥塞结构图

表3 威沃敦公司 ALADDIN 可溶桥塞主要技术参数

产品型号	适用套管内径（mm）	桥塞外径（mm）	桥塞通径（mm）	压力等级（MPa）	温度等级（℃）	卡瓦类型
ALADDIN-103	114.3	103	35	70	120	卡瓦镶嵌陶瓷颗粒
ALADDIN-98		98	35			
ALADDIN-95		95	30			
ALADDIN-92		92	30			
ALADDIN-88		88	32	50		
ALADDIN-85		85	20			
ALADDIN-83		83	20			

技术特点：
（1）结构简单，入井后稳定可靠。
（2）设有防提前坐封机构，防止下井时提前坐封。
（3）多种外径的桥塞，适用于现场施工中套管变形的各种复杂情况。
（4）溶解后单粒柱状陶瓷体积小，易于返排，不会对后续生产造成影响。

1.2 高分子可溶桥塞

高分子材料主要由可溶解塑料制成，由于材料单位体积内含有大量可水解的酯基，在水环境下表现出较高的降解性，其溶解速率主要与温度有关。目前，高分子可溶桥塞主要由桥塞基体、密封胶筒和锚定机构组成，由于高分子可溶桥塞整体技术相对不成熟，仅有Magnum公司、吴羽株式会社生产的高分子可溶桥塞在川南页岩气现场进行了现场试验，表现出了不同特点。

1.2.1 Magnum 公司 MVP 可溶桥塞

该桥塞主要由桥塞基体、锚定机构及密封胶筒组成（图4），整体材质主要包含高分子和镁基合金材料。技术参数见表4。

图4 Magnum 公司 MVP 可溶桥塞实物图

表4 Magnum 公司 MVP 可溶桥塞主要技术参数

产品型号	适用套管内径（mm）	桥塞外径（mm）	桥塞通径（mm）	压力等级（MPa）	温度等级（℃）	卡瓦类型
MVP	114.3	104.8	22.4	70	100	卡瓦镶嵌陶瓷颗粒

技术特点：

（1）上接头、上椎体和下接头材质为高分子材料，其溶解速率与环境温度有关。

（2）下锥体、卡瓦载体、上挡环材质为镁基合金，溶解速率与环境温度、浸泡流体含盐浓度有关。

（3）密封胶筒为可溶橡胶，溶解后经液体冲击呈碎粒状，易返排。

（4）卡瓦牙材质为铸铁，载体溶解后卡瓦牙需用强磁工具捞出。

1.2.2 吴羽株式会社高分子可溶桥塞

该桥塞本体材料为高分子高强度的可溶性材料，胶筒材料为可溶性橡胶；卡瓦材料分为两部分（图5），其中卡瓦牙材料为铸铁，其余内部材料为与本体相同的可溶性材料。技术参数见表5。

图 5　吴羽株式会社可溶桥塞实物图

表 5　吴羽株式会社可溶桥塞主要技术参数

产品型号	适用套管内径（mm）	桥塞外径（mm）	桥塞通径（mm）	压力等级（MPa）	温度等级（℃）	卡瓦类型
KUREHA	114.3	103.2	20	70	150	铸铁卡瓦块

技术特点：

（1）卡瓦由8块板牙组成，每块板牙有5片卡瓦牙，溶解后外部的卡瓦牙散成块状。

（2）桥塞本体、胶筒及卡瓦在入井后8个小时内溶解速率相对缓慢，便于现场压裂施工。

（3）桥塞整体溶解时间约10天。

（4）溶解后残留的卡瓦块需通过连续油管进行井筒清洁作业。

2 可溶桥塞室内测试与评价

目前，川南页岩气压裂用可溶桥塞厂家、型号种类繁多，施工时存在桥塞丢手异常、承压性能不可靠、后期溶解不充分等多种问题，影响了压裂施工进度。因此，对现场普遍采用的可溶桥塞进行针对性、系统性的室内测试，检测桥塞丢手值、承压能力及溶解性能等关键数据，评价可溶桥塞整体性能，以充分掌握各生产厂家产品特性，为现场作业及复杂情况处理提供依据。

2.1 测试桥塞基本参数

优选了现场应用较多的9个厂家、10种型号的可溶桥塞进行室内测试，基础参数见表6。

表6 测试用可溶桥塞基础参数

厂家编号	最大外径（mm）	最小内径（mm）	整体长度（mm）	整体重量（kg）	卡瓦类型
1	103	35	567	6.21	镶陶瓷粒，双卡瓦
1	110	35	570	7.32	镶陶瓷粒，双卡瓦
2	105	33	560	6.23	镶陶瓷粒，双卡瓦
3	101	35	505	5.11	镶硬质合金粒，双卡瓦
3	99.8	35	461	5.27	镶硬质合金粒，双卡瓦
4	104.8	22.4	437	3.895	镶陶瓷粒，双卡瓦
5	104	38	550	3.51	整体全可溶，下卡瓦
6	105	33.3	368	4.84	镶陶瓷粒，双卡瓦
7	104.8	30.4	500	5.17	镶铸铁粒，双卡瓦
8	109	35	437	6.435	镶硬质合金粒，双卡瓦
9	99.2	35	455	7.5	镶硬质合金粒

2.2 桥塞室内测试装置

可溶桥塞室内测试包括可溶桥塞坐封丢手试验、高温承压试验及高温溶解试验，需要智能水压试验系统、高温加热装置、高温溶解装置的协同作业。

（1）套管短节（表7）。

表7 ϕ139.7mm 套管短节参数表

外径（mm）	壁厚（mm）	内径（mm）	长度（mm）	钢级	扣型	抗内压（MPa）	抗外挤（MPa）
139.7	12.7	114.3	1000	BG125V	T135×3	137.2	156.7

（2）试验设备及配套工具（表8）

表8 试验设备及配套工具性能参数表

序号	名称	数量	型号	用途
1	液压坐封工具	1	贝克20#	桥塞坐封
2	智能水压试验系统	1	140MPa	坐封、承压
3	高温加热装置	1	200℃	桥塞承压
4	套管试压接头	2	T135×3	桥塞承压
5	管线试压接头	1	G1/4	桥塞承压
6	管钳	3	24in、36in、48in	配合试验
7	扳手	2	12in、15in	配合试验
8	榔头	1	8lb	配合试验
9	高温溶解装置	1	200℃	桥塞溶解

2.3 测试桥塞试验步骤

（1）桥塞坐封试验：要求 10tf<丢手值<20tf，液压坐封工具为贝克20#。
（2）常温承压试验：试验介质为清水，要求至少承压50MPa，稳压15min。
（3）高温承压试验：试验温度为93℃，试验介质为清水，承压50MPa，稳压24h，最后升压至 70MPa，稳压 15min。

（4）高温溶解试验：水浴温度为 93℃，采用 1.5%~3.7% 浓度的 KCl 溶液，每 24h 更换溶解液并进行桥塞称重。

2.4 测试桥塞试验结果

可溶桥塞室内试验主要检验可溶桥塞坐封参数（坐封力）、常温承压参数（承压压力、承压时间、压力降）、高温承压参数（保压压力、保压时间、承压能力、承压时间）、高温溶解参数（本体溶解时间、胶筒溶解时间、不溶物重量、不溶物比例）等关键数据。测试结果见表 9 至表 12。

表 9 可溶桥塞坐封测试数据

厂家编号	丢手方式	销钉数	坐封力 (MPa)	坐封力 (tf)	检测结果
1	销钉	10	14.8	18.6	合格
		9	14.4	18.1	合格
2	销钉	—	12.5	15.73	合格
3	销钉	6	9.9	12.5	合格
			14.7	18.4	合格
4	剪切环	—	11.5	14.5	合格
5	剪切环	—	13.1	16.6	合格
6	销钉	5	9.8	12.4	合格
7	剪切环	—	12.6	15.9	合格
8	销钉	6	12.2	15.3	合格
9	销钉	/	9.9	12.5	合格

表 10 可溶桥塞常温承压测试数据

厂家编号	承压压力（MPa）	承压时间（min）	压力降幅（MPa）	检测结果
1	12	0	泄漏	不合格
	69.8	15	1.5	合格
2	70	15	0.9	合格
3	25	0	泄漏	不合格
	50	15	1.1	合格
	70	15	5.9	合格
4	—	—	—	不合格
5	50	1	0	合格
	60	1	10	合格
6	70	15	4.2	合格
7	50	0.5	0.3	合格
8	70	15	0.8	合格
9	泄漏	—	—	不合格

表 11 可溶桥塞高温承压测试数据

厂家编号	保压压力（MPa）	保压时间（min）	承压温度（℃）	承压压力（MPa）	承压时间（min）	压力降幅（MPa）	检测结果
1	50	1379	93	69.4	15	1.3	合格
2	50	1208	93	70	15	1.7	合格
3	50	1446	93	60	1	1.3	合格
	38.3	泄漏	93	中止	—	—	不合格
	50	2160	93	69.9	15	1.4	合格
4	50	435	90	60	180	突降	不合格
5	50	1440	93	70	15	1.2	合格
6	50	1440	93	70	15	3.6	合格
7	50	722	90	突降	—	—	不合格
8	50	1399	93	70.2	15	1.6	合格

表 12 可溶桥塞高温溶解测试数据

厂家编号	Cl⁻浓度（%）	温度（℃）	溶解时间 本体（h）	溶解时间 胶筒（h）	不溶物 重量（kg）	不溶物 比例（%）	检测结果
1	1.5	93	120	48	0.13	2.09	合格
2	1.5	93	96	192	0.16	2.57	合格
3	1.5	93	96	216	0.33	6.26	合格
4	0	90	180	180	0.14	3.59	合格
5	3.7	93	312	312	0.09	1.74	合格
6	1.5~3.7	93	552	未溶	0.56	8.69	不合格

2.5 测试桥塞结果分析

（1）测试用可溶桥塞坐封丢手值范围在 12.5~18.6tf 之间，均在坐封工具安全脱手能力范围内。

（2）常温承压测试范围在 50~70MPa 之间，主要验证可溶桥塞设计参数是否满足要求，4 种型号桥塞测试结果为不合格。

（3）高温测试压力为 50MPa，主要验证可溶桥塞能否满足现场实际使用需求，试验中出现泄漏、压力突降情况较多，其中高分子可溶桥塞承压时长在 8~12h 之间，镁基合金可溶桥塞承压时长大于 24h。

（4）测试用可溶桥塞整体溶解时间范围在 5~15 天之间，其中本体溶解速率大于密封胶筒溶解速率，溶解后的不溶物占比 1.74%~8.69%，最大不溶物（铸铁块）尺寸：20mm×14mm×6mm。

（5）通过对 2017—2019 年送检可溶桥塞室内试验结果对比分析可知，可溶桥塞室内测试淘汰率高达 35%，主要以承压失败（高温 16%、低温 7%）、溶解失败（6%）的情况居多。

可溶桥塞室内测试按照现场应用井况条件和施工要求进行模拟，确保了室内测试方案的可行性及试验结果的可靠性，有效指导了可溶桥塞现场施工，降低可溶桥塞现场应用风险。

3 可溶桥塞现场应用跟踪及评价

3.1 施工作业情况统计

随着川南页岩气勘探开发的不断进行，可溶桥塞分段压裂工艺已成为主体技术。据不完全统计，2015—2018年，川南页岩气现场累计下入可溶桥塞2300余支，主要包含进口、国产高分子可溶桥塞和镁铝合金可溶桥塞，施工过程中多次出现了以下复杂情况：

（1）高分子材料溶解后粘接在套管内壁上，致使套管内通径变小，后续作业无法顺利开展。

（2）镁基合金可溶桥塞坐封后无法正常脱手，经试拉解卡、泡酸解卡等措施后未快速见效。

（3）桥塞室内测试数据与现场真实溶解情况相差较大，镁铝合金可溶桥塞溶解性能不稳定。

3.2 现场异常情况分析

（1）长宁A井桥塞遇阻坐封后无法丢手。

①问题描述。

桥塞设计坐封深度3707m，在3638m深度遇阻，多次尝试上提电缆解卡失败，决定就地坐封桥塞尝试解卡，桥塞点火成功依然无法解卡。

②处理措施。

被迫将电缆拉断，上连续油管打捞落鱼，最终工具串打捞成功。

③原因分析。

可溶桥塞中心杆丢手环螺纹明显，贝克20#坐封工具225mm行程走完，证明桥塞丢手并坐封；坐封筒外表面有明显刮痕，判断遇阻位置为坐封筒本体。

（2）长宁B井桥塞溶解后堵塞井筒。

①问题描述。

与邻井对比发现，长宁B井初期排液时套压下降快，初步确认井筒出现堵塞。

②处理措施。

采用连续油管进行通井、打捞，最大下探井深4750m（人工井底），总共捞获卡瓦块约81片，累计重量约0.9kg，同时井口返出大量的未溶解的本体。

③原因分析。

可溶桥塞未完全溶解的残块、砂、地层碎屑等堆积在上翘井附近，最终导致井筒堵塞。

4 可溶桥塞技术优化及发展趋势

4.1 送入管串结构优化

现场施工时，为保证泵送过程中可溶桥塞本体安全，送入工具串最大外径尺寸位于坐封筒处，泵送遇卡形式表现为坐封筒与套管内壁接触，摩擦力大，导致后期解卡较为困难。为此，通过充分调研与分析现有可溶桥塞结构及特点，在保证可溶桥塞安全的前提下，将送入工具串最大外径尺寸设计在可溶桥塞处，桥塞最大尺寸略大于坐封筒外径1mm，泵送遇卡形式表现为可溶金属与套管内壁接触，摩擦力相对较小，可采用上提或就地坐封桥塞等方式实现解卡，后期通过注入氯离子溶液、连续油管钻磨等措施保证井筒通畅。该项改进方式在长宁页岩气区块进行了推广应用，取得良好效果。

4.2 现场施工工艺优化

可溶桥塞溶解后的残留物附着在桥塞周围，初期井筒内氯离子浓度较低，导致可溶桥塞溶解缓慢，严重时将堵塞井筒。因此，在每段压裂完成后，注入一定量缓蚀助溶调理剂，增加初期井筒内的氯离子浓度，有助于可溶桥塞充分溶解。长宁C平台采用注入缓蚀助溶调理剂的方式，后期通井平均时长约17min/支，与未使用平台相比平均通井时间减少一半，效果明显。

4.3 现场排液制度优化

现行排液制度主要包含焖井、油嘴控制、逐级放大、调整稳定等程序，关井时间较长（几天甚至数周），初期多采用ϕ3mm直径油嘴控制排液，初期返排速度较低。据不完全统计，长宁页岩气区块93%页岩气井返排率低于30%，其中返排率低于15%的井占58.1%。

通过统计分析，返排液矿化度及离子含量随返排时间延长而增加，可溶桥塞焖井时间与测试产量存在一定相关性。因此，在满足地质要求焖井时间条件下，应尽快进行开井排液，让地层里的氯离子液体进入井筒，加快可溶桥塞的溶解，使井筒尽快达到通畅，为后期排液生产提供有利条件。

4.4 可溶桥塞发展趋势

目前，可溶桥塞可溶材料包含可溶金属/高分子材料和可溶橡胶，相同环境下的溶解时间、溶解速率不同，难以准确判定可溶桥塞整体溶解时间；同时锚定机构由可溶金属和不溶颗粒组成，溶解后井筒内残留卡瓦块、卡瓦牙块等未溶解残留物，后期需要连续油管进行井筒清洁作业，影响了现场施工进度。因此，研制一种全金属可溶桥塞，减少或者取消胶筒密封结构，整体材质为同一种可溶金属材质，在相同环境条件下保持相同溶解速率，便于后期返排和快速投产。

5 结论

（1）依据可溶桥塞室内测试评价企业标准，针对性地制定了桥塞室内测试方案，并进行抽样测试评价，控制可溶桥塞整体质量，达到降低可溶桥塞现场应施工风险的目的。

（2）针对现场应用中出现的可溶桥塞坐封后无法解卡、溶解缓慢、溶解残留物多等问题，优化了送入管串结构、施工工艺和排液制度，并在长宁页岩气区块进行了推广应用，取得良好效果。

（3）全金属可溶桥塞整体材质为同一种可溶金属材料，后期可实现完全溶解，取消了井筒清洁作业，提高了施工效率，达到了降本增效的目的。

参 考 文 献

[1] 薛承瑾. 页岩气压裂技术现状及发展建议[J]. 石油钻探技术, 2011, 39（3）: 24-29.

［2］郭娜娜，黄进军．水平井分段压裂工艺发展现状［J］．石油机械，2013，32（11）：1-3.

［3］THEMIG D. Advances in OH multistage fracturing systems-areturn to good frac-treatment practices［J］. Journal of Petroleum Technology, 2010, 62（5）：26-29.

［4］THEMIG D. New technologies enhance efficiency of horizontal, multistage fracturing［J］. Journal of Petroleum Technology, 2011, 63（4）：26-31.

［5］付玉坤，喻成刚，尹强，等．国内外页岩气水平井分段压裂工具发展现状与趋势［J］．石油钻采工艺，2017，39（4）：514-520.

［6］王林，张世林，平恩顺，等．分段压裂用可降解桥塞研制及其性能评价［J］．科学技术与工程，2017（24）：233-237.

［7］杨小城，李俊，邹刚．可溶桥塞试验研究及现场应用［J］．石油机械，2018（7）．

［8］Zachary Walton, Jesse Porter, Michael Fripp, et al. Cost and Value of a Dissolvable Frac Plug［C］. SPE 184793, 2017.

［9］刘辉，严俊涛，张诗通，等．可溶性桥塞技术应用现状及发展趋势［J］．石油矿场机械，2018，47（5）．

［10］Ming Li, Lin Chen, Ran Wei, et al. The Application of Fully Dissolvable Frac Plug Technique in Weiyuan Gasfield［J］. SPE 192422, 2018.

［11］郭思文，桂捷，薛晓伟，等．可溶金属材料在长庆致密砂岩气藏改造中的应用［C］．全国天然气学术年会论文集，2017.

［12］Michael Fripp, Zachary Walton. Wellbore Cool Down Simplifies Using Dissolvable Materials［J］. OTC 28875, 2018.

［13］刘辉，邓千里，尹强，等．可溶桥塞技术在页岩气井套管测漏中的应用［J］．石油机械，2018（4）：65-68.

［14］Michael Fripp, Zachary Walton. Degradable Metal for Use in a Fully Dissolvable Frac Plug［J］. 2016, OTC 27187.

［15］尹强，刘辉，喻成刚，等．可溶材料在井下工具中的应用现状与发展前景［J］．钻采工艺，2018，41（5）：84-87.

［16］Shinya Takahashi, Aki Shitsukawa1, Masayuki Okura. Degradation Study on Materials for Dissolvable Frac Plugs［J］. URTeC：2901283, 2018.

［17］Ningjing Jin, Qijun Zeng. Dissolvable Tools in Multistage Stimulation［C］. SPE 186184, 2017.

［18］Zachary Walton, Michael Fripp, Matt Merron. Dissolvable Metal vs. Dissolvable Plastic in Downhole Hydraulic Fracturing Applications［J］. OTC 27149, 2016.

［19］Tyler Norman, Zachary Walton, Michael Fripp. Full Dissolvable Frac Plug for High-Temperature Wellbores［J］. OTC 28939, 2018.

［20］Michael Fripp, Zachary Walton, Tyler Norman. Fully Dissolvable Fracturing Plug for Low-Temperature Wellbores［C］. SPE 187335, 2017.

煤系天然气同井筒合采理论与技术展望

孟尚志

(中联煤层气有限责任公司)

摘要：煤系蕴藏着丰富的能源矿产资源，其中煤层气、煤系页岩气和煤系致密气在国内外多个盆地中同时赋存，分别实现了勘探开发，但是多层/多种非常规天然气同井筒开发却仍未系统实施。同井筒合采的顾虑在于储层压力、厚度、渗透率、供液能力和煤层/页岩解吸附性产生的干扰不明。理论研究和开发实践表明，当前排采工艺下，多数储层物性参数差异形成的干扰并不明显，储层压差过大会在初期造成干扰，但会很快达到生产平衡，且各层最终采收率与单采差别不大。后续地质研究的核心是地质+工程"甜点"优选，查明煤系沉积体系—储层成岩演化—生烃运距过程—气水赋存状态动态耦合过程；实现开发的技术序列是地质选区评价—钻完井与储层保护—增产改造及配套工艺—合采排采制度及产能预测。根据不同地区含煤岩系多层非常规天然气的共生特点，选择合适的技术实现同井筒合采，将大大降低开发成本，提高经济效益和资源动用率。

关键词：煤系气；煤系三气；合采；产层组合；共采兼容性

1 引言

煤系，又称含煤岩系、含煤地层、含煤建造，是一套含有煤层并有成因联系的沉积岩系（GB/T15663.1—2008）。煤系气泛指赋存在煤系储集体中的各类天然气，以非常规天然气为主，如煤层气、煤系页岩气和煤系致密砂岩气，也包括煤系碳酸盐岩气、天然气水合物等[1]。当前国内外煤系气的研究对象主要是煤层气、致密气和过渡相/陆相页岩气（又称煤系三气），同时煤系气勘查开发概念的提出也是立足于煤层气勘探开发向煤系内多种非常规天然气共探合采转型。为区别与煤系天然气（不包括常规圈闭型煤系天然气）[2]，本文以煤系非常规天然气为术语开展论述，以涵盖煤系非常天然气合采的渊薮、主体内容和研究实质。

煤系蕴藏着丰富的天然气[3-4]，煤层气藏中的气体仅占煤化作用生成气体总量的很少一部分，大部分煤成气运移到了其他岩层[5-7]。中国煤系砂岩气资源丰富，初步估算资源量可达 $30.95×10^{12} m^3$，约占全国天然气总资源量的 60%[8]。煤系页岩气资源也很丰富，仅沁水盆地石炭系—二叠系暗色泥页岩潜在资源量达 $6.15×10^{12} m^3$[9]。对煤层气而言，目前国内开采层位一般在1200m以浅，而埋藏1200m以深的煤层气资源量约占总资源量的50%以上，且多与致密砂岩气叠合共生，是近年煤层气和致密气合采的主要目标区和研究层位，并在鄂尔多斯盆地东北缘临兴地区进行了开发试验。

近年来，国内能源界进一步关注到煤系非常规天然气资源潜力及开发价值，推动煤层气单独开发向煤系气共探合采转型，启动了三气合采国家科技重大专项，开展煤系非常规天然气共生成藏、共探合采技术的基础研究和示范基地的建设[11-17]。煤系非常规天然气单一储层产气量低，实现同井筒合采可以将难动用或不可动用资源变为可动用，提高资源利用效率和产气效果，对提高煤层气单井产能，实现国内天然气跨越发展提供有力支撑[18]。本文系统论述煤系非常规天然气资源评价、多层含气系统、室内实验和室外开发试验方面的进展，以期为后续科学、有针对性地开发煤系非常规天然气提供支持。

2 合采层间干扰

国内对多层合采的顾虑主要在于多层同时开发中是否存在层间干扰，以及何种条件下可以进行多层、多相气体的合采[18]。对于多层合采，影响产能的地质因素既包括各煤层间的储层压力差、临界解吸压力差、煤层埋深差、供液能力、压力梯度及煤储层渗透率等。在具体的模拟计算中，是否产生影响还要考虑是采用定压还是定产的开发模式，如果采用定产则毫无疑问将存在干扰，因为必定会有某一层位的产能受限[18]。采用限定井底流压，则干扰到底是如何影响作用的，特别是在实际生产中采用井底下抽油机的方式，可以保证最大限度地排水采气，则多层之间的干扰如何发生？还有一种讨论就是多层合采中对于隔夹层较薄的储层会出现一定的地层干扰。由于夹层分布不稳定，在远井区域，上下致密储层相联通，而不同的层位的近井带压降不同，因此在远井带会出现储层的压力干扰。与此同时干扰的讨论还包括，煤层气—致密气储层的合采也会出现一定的逸散问题以及储量转移的问题、气体在井筒内部的干扰问题等。

2.1 渗透率

渗透率差异较大的气层进行合采时，不同时期气层的产气贡献率不同[19-20]，渗透率高的层向外产气快。渗透率越大，煤储层排水降压越容易，压降传递速度越快，压降漏斗传播距离较远，煤层气有效解吸面积越大，产气量越高。对多煤层合采，如各层煤渗透率相差较大，高渗透率的煤层产水量高，低渗煤层产水量会相对较低。当各层补给能力相同时，产水量小的分层，压降范围有限，导致大量吸附气体不能降压解吸，进而影响低渗层对单井产能的贡献率。孟尚志等（2018）提出煤层气排采过程中所有层位的气、水都流动到井筒，不同层位的流动差异并不会影响其他层位。针对多层合采实验研究思路可以借鉴致密气多层合采的并联实验设置，如图1所示。

2.2 储层压力

储层压力直接影响单层气藏的开发潜力，开发效果受控于储层压力和井底流压的差值[21]。储层压力一直被当作产生层间矛盾和差异的主要影响因素，顾虑有三点：（1）当储层压力梯度相差较大时，高压层会抑制低压层产水甚至倒灌流入低压层，造成低压层排采降压时间增大，影响压力传递，可能造成低压层水锁，使得合采效果不佳，但这种现象一般产生在井筒内压力动态调整期，如停井修井或者排采初期[18]；（2）为保证排采稳定性，在排采中后期会保持一定的井底压力，当储层压差较大时，高压层和低压层的供液能力相差明显，低压层产水量有限，储层压降速度较慢，而高压煤层可能由于产水量过快，会造成煤层吐砂吐粉，引起速敏效应，但是如果井筒或排采工具匹配相应的压力控制工具设备时，对合采效果影响有限。

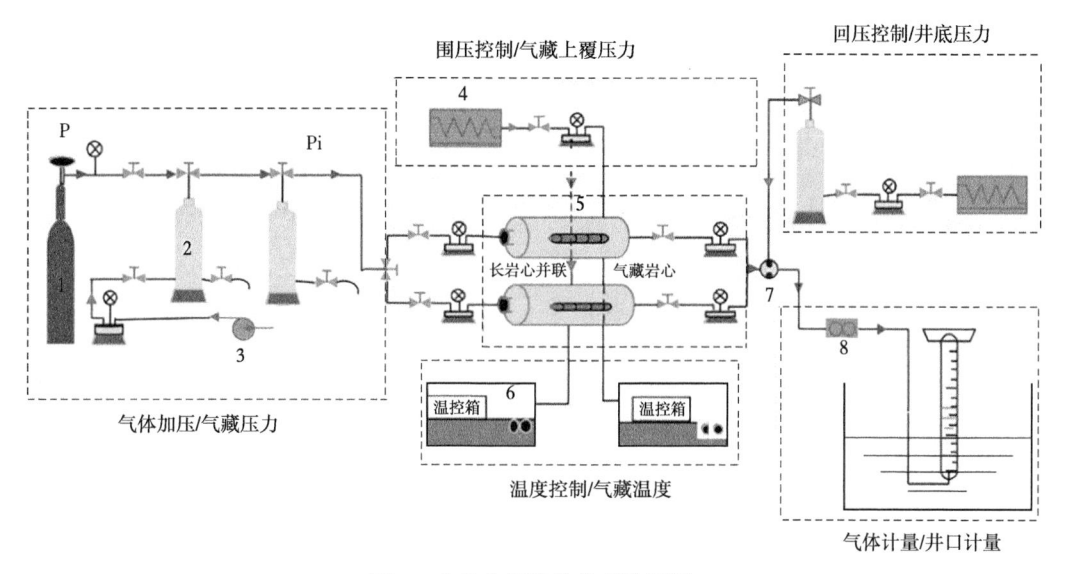

图 1 合采产能接替物理装置图

1—气瓶；2—钢瓶；3—手动泵；4—螺旋泵；5—岩心夹持器；6—温度控制箱；7—回压阀；8—流量计

2.3 地层供液能力

煤层气的开发需要排水降压，致密气的排采过程中也面临一定量地层水的产出[22]。对煤层而言，与顶底板含水层的水力联系直接关系到煤储层产水量的多少，也影响储层压力传递。当含水层与煤层水力联系密切程度较强时，由于煤层本身产水量很多来自顶底板含水层，导致压力降落漏斗主要在顶底板中扩展，煤层达到有效解吸的面积较小，影响煤层气井产能。当含水层与煤层之间存在隔水层，水力联系程度较弱时，排水降压过程中排采的液体主要来自煤层中的承压水，随着排采的进行，压力降落漏斗在煤层中不断地向远处扩展，煤层达到有效解吸的面积较大，气井产能将大大提高。对于产水量的多少，如果采用井下下抽油机的方式，每天的排水量可在 2~50m³ 自由调整，所以供液能力的大小会影响煤层或其他层位自身的产能效果，对合采的影响需要具体而论。

2.4 煤层的临储压力比

临储压力比决定了煤储层排水降压的难易程度，控制着煤层气井最终有效解吸区域的大小[13]。对多煤层合采，在各层压力梯度相等的条件下，当合采煤层临界解吸压力相差较大时，高临界解吸压力的煤层经历的排水降压阶段时间较短，受有效应力负效应作用时间较短，煤层受应力伤害较小，进入气水两相流阶段较早，煤层基质收缩效应和气体滑脱效应改善渗透率。而低临界解吸压力的煤层在早期排采阶段受应力负效应作用时间长，煤层受应力伤害严重，其渗透率将低于高临界解吸压力煤层，产水量受到限制，压降漏斗扩展范围有限。可见，如果各个煤层解吸能力差别较小时，压力传递速度相当，产气时间一致，适合合采；并且当下部煤层产气液面高度略大于上部煤层时，合采效果最佳。

2.5 多层产气量方程

对于多层复合线性渗流，利用等值渗流阻力法需要用电学里面的并联电路来处理。例如：有一个多层复合线性渗流的气藏。其每一层的厚度分别为 h_i，渗透率为 K_i，生产压差

为 Δp，每一层的产量为 q_i，供给边界到排液道距离为 L，原油的体积系数为 B，由单油层线性渗流理论，可以得到其每一层的流量公式和渗流阻力因子分别为：

$$qB = \frac{\Delta p}{\frac{\mu L}{wk_i h_i}} = \frac{\Delta p}{R_i} \tag{1}$$

$$R_1 = \frac{\mu L}{wk_1 h_1}, \ R_2 = \frac{\mu L}{wk_2 h_2}, \ \cdots, \ R_n = \frac{\mu L}{wk_n h_n}, \ i = 1, \ 2, \ \cdots, \ n \tag{2}$$

由等值渗流阻力法，并联地层总阻力为：

$$\frac{1}{R} = \frac{1}{R_1} + \frac{1}{R_2} + \cdots + \frac{1}{R_n} = \sum_{i=1}^{n} \frac{wk_i h_i}{\mu L} \tag{3}$$

则该多层复合气藏的总产量：

$$qB = \frac{\Delta p}{R} = w\frac{\Delta p}{\mu L}\sum_{i=1}^{n} k_i h_i \tag{4}$$

3 技术展望

煤系叠置气藏中的致密气多数是由煤层在热演化过程中多期充注形成，因此从煤层气通向致密气的流动通道是存在的，部分是由垂向裂缝组成[13]。生烃引起的超压会在烃源岩层内部形成一定数量的微裂缝，但是气体的准确运移或逸散通道仍有待进一步精准解释。煤系生烃过程中产生的大量气体在不同层位会再次吸附成藏，会记录在流体包裹体或反映在甲烷碳同位素上，譬如在韩城地区因构造抬升引起的甲烷解吸分馏[23]。但是当前气井产出气中很难准确界定煤层、页岩层中生成的气体，钻井过程中的岩样解吸气更难以准确定量。这些问题有待进一步的碳同位素数据分析和气体采样测试结果来分析解决。煤层气和致密气合采过程中，解吸出的煤层气会在高游离气饱和度以及浮力的作用下，向致密层流动；当煤层与致密层直接接触时，由于煤层的低压开采方式，致密气会在压差的作用下补充煤层中的游离气。上述问题是由于煤层气圈闭的特殊性而导致的，在煤系叠置气藏的合采过程中，需要给予一定的重视。

在"甜点"区预测中，需要注意煤系差异沉积环境决定了煤层、砂岩、泥页岩具有不同的层位组合类型，同时也直接影响这几种储层，特别是砂岩和泥页岩的岩矿组成和物性特征。后期的成岩演化过程中，由于煤层、泥页岩生烃过程中伴随着一定量的 CO_2 和有机酸的生成，会在很大程度上影响砂岩的孔隙结构和渗透率，进而影响后期的开发效果。与此同时，不同的地层组合影响烃类的运距过程，在最大生烃阶段，大量的气体向上部和下部地层运移、逸散，需要良好的封盖层以保证气体能被储存。在气体的运移过程中，如何有效地在圈闭中聚集或者再次吸附成藏，对后续优势地层组合的遴选具有重要意义。与此同时，气体运聚也影响地层水分布，生烃过程中会将地层水排除，但是后期随着储层压力降低，地层含水量会再次升高，这些受最大生烃位置和后期逸散速率影响。因此在煤系非常规天然气地质组合和评价过程中，需要进一步围绕煤系沉积体系—储层成岩演化—生烃运距过程和气水赋存状态开展工作，阐明多储层的优势叠合和分布规律（图2）。

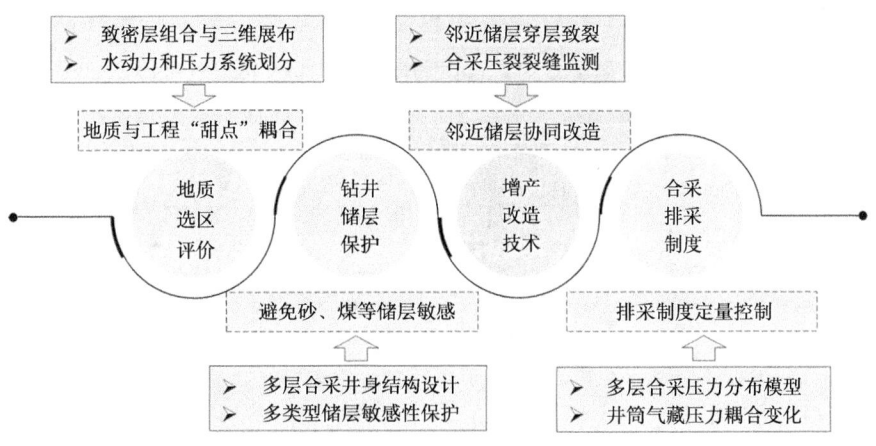

图 2　煤系非常规天然气合采技术研究序列

4　结论

国内外多个煤系盆地同时赋存两种或多种非常规天然气，资源潜力丰富。煤层和煤系泥页岩生气能力强，烃类在地质演化过程处于持续的运、聚动态平衡中，同时由于煤系层系多，旋回性强，气体呈现多层次成藏。煤系在最大生烃时期地层超压，大量的烃类向其他地层运移富集，后期构造抬升持续卸压调整，游离气含量降低。对"甜点"区和层位优选，应寻找具有优势致密气封盖条件的储层组合和连续性煤层和致密砂岩储层的叠合层位。

煤系沉积环境以海陆过渡相的三角洲—潮坪—潟湖沉积体系和陆相的河流—三角洲—湖泊沉积体系为主，两类储层均可见煤层气和致密气的产出。其中高有机碳含量、相对低黏土矿物含量的海陆过渡相潟湖泥页岩值得进一步关注，是潜在形成煤系煤层气、页岩气和致密气协同开发的潜在优势区。沉积体系决定了含气系统组合，要综合考虑独立和垂向叠置的多层含气系统，考虑包括储层、流体、水动力和封盖条件等要素。

是否存在层间干扰是决定如何开展多层合采工程实践的困扰所在。综合考虑不同储层渗透率、储层压力、供液能力、储层厚度和煤层的临储压力比等参数，认为在一定深度范围内连续分布的储层，可直接同时进行储层改造，直接开发；对于有一定距离的储层，则要关注排采初期和关井期间的压力变化，避免因压力系统差异造成的流体倒灌，造成水锁等伤害。

合采储层改造和排采制度是实现单井高产的关键因素，其中钻完井技术包括储层井身结构设计、考虑储层差异敏感性的钻完井技术和钻井液等流体体系，储层改造包括多类型储层可改造性差异、压裂裂缝的穿层致裂机理及压裂工艺和压裂裂缝的监测技术。在实际开发中，需要建立准确的井筒压力耦合变化规律模型，定量化地控制井底流压以保证合采气井稳产。煤系非常规天然气合采的技术序列包括地质选区评价技术、钻完井与储层保护技术、增产改造技术及配套工艺以及合采排采制度和产能预测。

参 考 文 献

[1] 秦勇,吴建光,申建,等.煤系气合采地质技术前缘性探索[J].煤炭学报,2018,43(6):1504-1516.

[2] 邹才能,杨智,黄士鹏,等.煤系天然气的资源类型、形成分布与发展前景[J].石油勘探与开发,2019,46(3):1-10.

[3] 戴金星.我国煤系地层含气性的初步研究[J].石油学报,1980(4):27-37.

[4] 戴金星,戚厚发.从煤成气观点评价沁水盆地含气远景[J].石油勘探与开发,1981(6):19-33.

[5] Ермиеков В. И., Скоробогатов В. А., Образоавание углеводороднщхгаэов в. углееоснщх суббугиеносвщх оорщайаа[J].Г.Неддра,1984,31(35):197-198.

[6] Law B E. Basin-centered gas systems[J]. AAPG Bulletin, 2002, 86(11): 189-191.

[7] Li Y, Tang D, Wu P, et al. Continuous unconventional natural gas accumulations of Carboniferous-Permian coal-bearing strata in the Linxing area, northeastern Ordos Basin, China[J]. Journal of Natural Gas Science and Engineering, 2016, 36, 314-327.

[8] 李五忠,孙斌,孙钦平,等.以煤系天然气开发促进中国煤层气发展的对策分析[J].煤炭学报,2016,41(1):67-71.

[9] 朱炎铭.沁水盆地深部页岩气资源调查与开发潜力评价[M].北京:科学出版社,2015.

[10] 秦勇,梁建设,申建,等.沁水盆地南部致密砂岩和页岩的气测显示与气藏类型[J].煤炭学报,2014,39(8):1559-1565.

[11] Qin Y, Moore T A, Shen, J, et al. Resources and geology of coalbed methane in China: a review[J]. International Geology Review, 2018, 60, 777-812.

[12] 欧阳永林,田文广,孙斌,等.中国煤系气成藏特征及勘探对策[J].天然气工业,2018,38(3):15-23.

[13] Li Rui, Wang Shengwei, Lyu Shuaifeng, et al. Dynamic behaviours of reservoir pressure during coalbed methane production in the southern Qinshui Basin, North China[J]. Engineering Geology, 2018, 238: 76-85.

[14] Peck C. Review of Coalbed Methane Development in the Powder River basin of Wyoming/Montana[C]. 1999.

[15] Payne D, Orteleva P. A model for lignin alteration—part II: numerical model of natural gas generation and application to the Piceance Basin, Western Colorado[J]. Organic Geochemistry, 2001, 32(9): 1087-1101.

[16] Flores R M, Rice C A, Stricker G D, et al. Methanogenic pathways of coal-bed gas in the Powder River Basin, United States: The geologic factor[J]. International Journal of Coal Geology, 2008, 76(1): 52-75.

[17] 秦勇.中国煤系气共生成藏作用研究进展[J].天然气工业,2018,38(4):26-36.

[18] Shangzhi Meng, YongLi, LeiWang, et al. A mathematical model for gas and water production from overlapping fractured coalbed methane and tight gas reservoirs[J]. Journal of Petroleum Science and Engineering 171, 2018: 959-973.

[19] 李勇,孟尚志,吴鹏,等.煤层气 成藏机理及气藏类型划分——以鄂尔多斯盆地东缘为例[J].天然气工业,2017,37(8):22-29.

[20] Beaton A, Langenberg W, Paně C. Coalbed methane resources and reservoir characteristics from the Alberta Plains, Canada[J]. International Journal of Coal Geology, 2006, 65(1-2): 93-113.

[21] Miller W R. Coalbed Methane and the Tertiary Geology of the Powder River Basin, Wyoming and Montana: 50th Annual Field Conference Guidebook[J]. Journal of Polymer Science, 1999, 34(127): 243-250.

[22] Tao Shu, Tang Dazhen, Xu, Hao, et al. Factors controlling high-yield coalbed methane vertical wells in the Fanzhuang Block, Southern Qinshui Basin[J]. International Journal of Coal Geology, 2014, 134: 38-45.

[23] Huang, Zaixing, Liu, Fangjing, Urynowicz, et al. Coal-derived compounds and their potential impact on groundwater quality during coalbed methane production[J]. Environmental Geochemistry and Health. 40: 1657-1665.

固定阀球可开启泄油式抽油泵的研究与应用

于海山

(大庆油田有限责任公司第八采油厂)

摘要：为解决常规抽油泵在检泵作业时，由于固定阀球坐封使油管及上部泵筒内原油无法泄出的问题，研制了固定阀球可开启泄油式抽油泵。该抽油泵首次应用双固定阀球的锥台式设计，分离固定阀球的生产与泄油功能。在正常生产时锥台上部的固定阀球正常开启和坐封；在检泵作业时，起出抽油杆和柱塞后，通过对油管正打压至一定压力后可开启锥台下部的固定阀球，实现抽油泵的泄油功能。该抽油泵中的双固定阀球锥台的下部固定阀球坐封泄油通道，不受井底温度、压力及添加的化学降黏药剂影响，坐封稳定、密封效果好；通过油管正打压的方式连通泄油通道，操作简单、泄油成功率高，能够使油管及泵筒内原油完全泄入井筒内，单井节约成本费用6810.6元。该抽油泵的研制与应用，从根源上实现油管及泵筒内原油完全泄入井筒内，为油田实现清洁化作业提供了可靠的技术支持。

关键词：双固定阀球；开启固定阀球泄油；抽油泵；锥台型

抽油泵是原油举升的重要井下工具，当抽油泵出现故障时需要将其从千米深的井筒中取出。此过程中，油管内存储的大量原油会带至地面，易造成环境污染和资源浪费。现场主要采用防渗布围挡和应用油污回收设备等环保施工措施，但成本投入大、效果不理想，如何实现原油不出井筒，已经成为环保作业迫切需要解决的重大技术难题[1-3]。该抽油泵已经获得国家专利，专利号ZL201821166399.0。

1 技术原理

1.1 结构组成

该抽油泵将固定阀总成部分采用双固定阀球的锥台式设计，分离进油通道与泄油通道，在起油管前通过实施油管正打压操作，开启锥台筒下部固定阀球，实现原油完全泄出，达到原油不出井筒的目的。该抽油泵如图1所示。

1.2 工作原理

锥台筒内上固定阀球控制抽油泵正常生产时的进油通道，正常开启与坐封；下固定阀球坐封井下作业时的泄油通道，在井下作业起抽油杆操作后，利用水泥车对油管正打压到一定压力后开启泄油。销钉的剪断压力为25MPa，当水泥车打压压力加上油管与油套环空压力差达到25MPa时，销钉剪断，下固定阀座、下固定阀球、下固定阀球压帽落到空心丝堵上，连通油套环空，油管内原油通过锥台筒泄油通道、空心丝堵中心通道泄入井筒内。

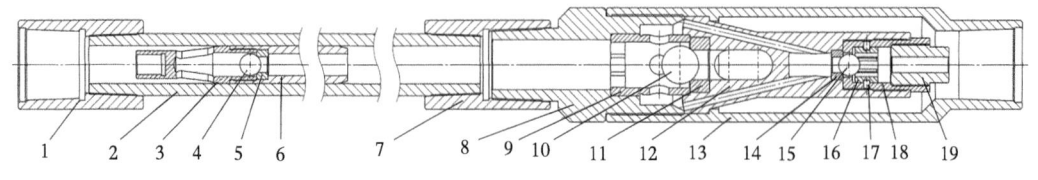

图 1 双固定阀球锥台型可泄油抽油泵结构示意图

1—上接头；2—泵筒；3—上固定阀罩；4—上阀球；5—上阀球座；6—柱塞；7—下接头；8—固定阀上接头；9—固定阀罩；10—上固定阀球；11—上固定阀座；12—锥台筒；13—固定阀外筒；14—下固定阀座；15—下固定阀球；16—下固定阀球压帽；17—销钉；18—下固定阀罩；19—空心丝堵

1.3 技术特点

针对井下作业过程中，起油管原油带出地面问题，设计可泄油抽油泵，将原油泄入井筒内不带出井筒；针对现场试验应用的井下泄油器无法完全泄油及泄油孔密封不严的问题，从固定阀球坐封的根源出发，设计了固定阀球可开启泄油式抽油泵，解决无法泄油问题；创新设计了双固定阀球锥台型结构，通过开启抽油泵下固定阀球实现完全泄油，并减少了添加井下泄油工具所带来的成本问题。

固定阀球可开启泄油式抽油泵与常规抽油泵相比，最突出的特点是通过开启固定阀球泄油的双固定阀球锥台型结构，通过固定阀球坐封泄油通道，利用油管正打压的方式开启下部固定阀球实现完全泄油。主要技术效果：抽油泵下部固定阀球在正常生产时，严密坐封锥台筒泄油通道；井下作业时，锥台筒内的销钉在压力达到25MPa压力后，瞬间剪断；原油完全泄出油管及泵筒，不残留。

2 室内试验

固定阀球可开启泄油式抽油泵经室内打压试验，锥台筒内的销钉在压力达到25MPa压力后，瞬间剪断实现泄油。

3 现场试验及应用

固定阀球可开启泄油式抽油泵室内试验通过后，现场试验2口井，应用后该抽油泵运行情况稳定。运行1个月后，对其中1口井进行了开启固定阀球泄油试验。该井试验前示功图正常，动液面1103m，沉没度351m。试验过程中，在该井起出抽油杆及柱塞后，对油管正打压19MPa后，坐封泄油通道的固定阀球开启泄油，起油管过程中无油污带出，起抽油泵时泵内无油污，实现了油污完全泄入井筒的目的。对油管正打压19MPa才开启下部坐封泄油通道的固定阀球，说明在停井过程中动液面有所上升。第二口井运行1年后，进行开启试验，运行期间泵况稳定，试验时正打压20MPa，坐封泄油通道的固定阀球开启泄油，起抽油泵仍无油污带出，试验效果达到预期目标。试验成功后，已陆续应用该型抽油泵35套，运行情况良好。

现场试验效果反映出，该型号抽油泵能够实现原油完全泄入井筒内的预期效果，平均单井少产生油污4.7m³，节约罐车1台班，节约作业时间5.5h，节约防渗布760元，节约处理费用 3750.60 元，节约费用总计 6810.60 元（表 1），具有环保施工、节约能源、降低劳动强度的意义。

表 1　试验井应用效果统计表

项目	少产生油污（m³）	节约罐车费用（元）	节约防渗布费用（元）	节约处理费用（元）	节约费用总计（元）	节约作业时间（h）
效果	4.7	2300.00	760.00	3750.60	6810.60	5.5

4　几点认识

（1）该型号抽油泵通过双固定阀设计，成功实现泵身不开孔完全泄油，从根源上解决了油污带至地面的问题，大幅降低井下作业安全环保风险，同时降低了增加井下泄油工具带来的开采成本投入，进一步节约资源，为油田清洁化作业提供了强有力的技术支持。

（2）该型号抽油泵可在全油田范围内推广应用，对油田生产进一步实现降本增效、安全环保具有重要意义。

参 考 文 献

[1] 于海山，王庆太. 杆、管在线清洗环保作业技术研究与应用 [J]. 石油石化节能，2018，8（8）：67-69.
[2] 于海山，郭晓娟. 油田环保作业技术研究 [J]. 石油石化节能，2018，8（7）：38-40.
[3] 于海山. 提升井下作业管理质量的探索 [J]. 石油工业技术监督，2018，34（7）：13-17.

低渗透油田低产水平井治理技术研究与实践

张炜[1]　常莉静[2,3]　朱洪征[2,3]　李大建[2,3]

(1. 中国石油长庆油田分公司第一采气厂；2. 中国石油长庆油田分公司油气工艺研究院；3. 低渗透油气田勘探开发国家工程实验室)

摘要：水平井在开发低品位油藏中发挥了重要作用，已成为低渗透—超低渗油田提高储量动用率、油田采收率和单井产能的有效手段，应用规模逐年扩大，产能占比不断攀升。生产过程中由于低渗透油藏储层微裂缝发育，且受多段压裂改造及注水开发影响，水平井高含水/低液量造成的低产井占比高，严重影响水平井开发效果，急需开展有针对性的治理技术研究，提高油藏储量动用程度及实现水平井高效开发。通过对低产井原因分析，并针对生产中存在的突出问题，结合油田水平井特点开展了低产井综合治理技术研究，提出了"高含水水平井控水稳油，低液量低产井解堵提液"的治理对策，研究形成了低液量水平井分段找堵水技术，试验了"连续油管+氮气泡沫冲砂+定点酸化"及重复压裂新工艺。现场累计应用166井次，有效率85.5%，井均日增油2.44t，累计增油7.77×10⁴t，累计降水16.67×10⁴m³，已成为长庆油田目前低产井治理的主要技术手段。

关键词：低渗透；水平井；找堵水；冲砂；酸化；重复压裂

近年来，水平井作为低渗透—超低渗油藏提高单井产量的利器，应用规模逐渐扩大。低渗透油田水平井通过压裂改造提高储层导油能力、注水补充能量开发，但由于储层物性差，非均质性强，渗透率低，地层压力系数低，微裂缝发育，天然缝与人工缝共存，水平井低液量及高含水井占比高，若不采取措施，会造成单井产液量低、含水上升快、产能迅速下降，严重影响水平井开发效果。目前长庆油田油井水平井2000余口，其中日产油小于2t的水平井超过总水平井井数数的50%，为此，急需结合长庆油田储层渗透率低、套管固井完井、多段压裂改造等开发特征，持续开展低产水平井综合治理技术攻关，形成了适合长庆低渗透油田水平井综合治理技术，为水平井控水稳油及规模开发应用提供了技术保障。

1 低产水平井生产特点

低渗透油藏最明显的特点是储层物性差、非均质性强、渗透率低，水平井改造段数多、初期单井产量低、递减快、见水周期短。部分特低渗透主力油藏进入中含水期，平面上存在水驱优势方向或多方向见水，剖面上高水淹段与低水淹段相间分布，水驱波及不均、有效驱替难建立，以及地层能量不足或地层堵塞，造成低产井增多。通过进一步细化成因、逐一摸排，低产井大体分为三类情况：高含水低产、低液量低产及井筒工程低产，其中前两项占比

96.6%。截至 2019 年 9 月，长庆油田低产水平井（日产油<2t）1000 余口，占总开井数的 50%，年产油 40 余万吨，占水平井总产量的 23.0%，主要集中在超低渗透油藏，以三叠系长 6、长 7、长 8 为主。常规治理难度大，油田效益开发受到严重制约。

近年来，随着油藏认识的持续提升和工艺技术的不断进步，特别是水平井机械找堵水、调剖调驱、酸化、重复压裂治理技术的不断完善和突破，低产水平井治理工艺具有较大潜力。因此，开展针对性地采取治理对策，提高单井产量，抑制产水段出水，恢复油井产能（图 1）。

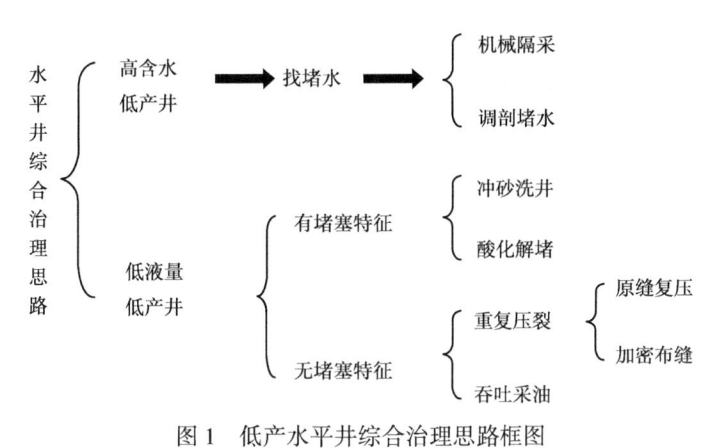

图 1 低产水平井综合治理思路框图

2 低产水平井综合治理对策及现场试验

2.1 高含水低产水平井治理技术

近年来，针对高含水水平井开展大量攻关研究，形成了不动管柱和拖动管柱两种机械找水工艺，四种机械堵水工艺管柱，基本解决了高含水水平井井筒内找堵水问题；明确了"以注水井治理为主、油水双向调堵"的治理对策，探索试验了压力激动判识来水方向找水技术研究，对应注水井调剖，以及本井化学堵水的工艺技术（图 2）。

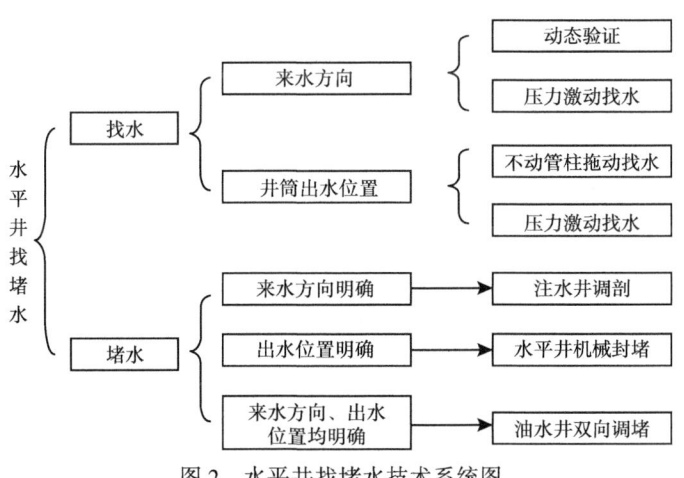

图 2 水平井找堵水技术系统图

2.1.1 水平井找水工艺技术

（1）不动管柱分段生产测试找水技术。

由封隔器将水平井射孔段卡开，智能开关器在地面设定开关采集时间在井下定时开启和关闭，地面抽油机连续生产，地下单层采油，求出各段产液量、含水、压力及温度等数据，为分段分析和评价提供依据。

（2）拖动管柱分段生产找水技术。

①单封拖动管柱找水工艺。

采用单个封隔器卡层，多段抽汲（自流）生产测试，通过递减法计算每段产液量及含水率，判断主要出水层段。形成了"皮碗封隔器+智能开关器"和"Y211封隔器+筛管"两种拖动找水管柱。

②双封拖动管柱找水工艺。

采用双封单卡，拖动管柱逐段抽汲生产，测试每段的产液量及含水率，确定层段含水。形成了"Y211封隔器+Y111封隔器"和"皮碗封隔器+智能开关器"两种拖动找水管柱。

（3）压力激动找水技术。

针对裂缝性见水水平井来水方向识别难度大，动态验证周期长的问题，开展水平井压力激动找水技术研究，通过干扰试井方法，直观判断井间是否连通，确定水平井来水方向。

2.1.2 水平井堵水技术

针对常规直井/定向井机械隔采管柱不能满足水平井堵水需求，结合长庆低渗透油藏水平井特点，形成了一些较为成熟的工艺技术，有效解决了部分井高含水的问题，取得了一定增产效果。

（1）水平井机械堵水技术。

针对常规机械封堵管柱受井身结构影响不适应水平井封堵的难题，研究形成四种水平井机械分段封堵工艺。

①可捞式桥塞封堵趾部。

针对水平井趾部单段、多段连续出水见水，中部及跟部产油的见水特点，设计采用机械桥塞封堵趾部见水层段，生产其上部层段，即可达到控水增油的目的。由生产管柱和卡封管柱两部分组成，卡封管柱为可捞式桥塞。

②Y441封隔器封堵跟部。

针对水平井跟部见水，趾部及中部产油的见水特点，设计采用单机械封隔器堵水管柱卡封上部见水层段，通过单流阀生产产油层段，即可达到控水增油的目的。堵水、生产一趟管柱，由Y441封隔器、单流阀、筛管、母堵组成。

③Y445+Y441封隔器封堵中部。

针对水平井中部单段、多段连续见水，趾部及跟部产油的见水特点，设计采用双封隔器上下卡封中部见水层段，通过单流阀生产产油层段，即可达到控水增油的目的。由生产管柱、堵水管柱组成。堵水管柱由上Y445封隔器、下Y441封隔器、单流阀、筛管、母堵组成。

④Y441+Y441封隔器封堵两端。

针对水平井跟部、趾部见水，中部产油的见水特点，设计采用Y441封隔器+桥式单流阀+油管+Y441封隔器堵水管柱在见水层段上下卡封见水层段，通过桥式单流阀生产产油层段，即可达到控水增油的目的。由生产管柱、堵水管柱组成。堵水管柱由 Y445 封隔器、桥式单流阀、Y441 封隔器、筛管、母堵组成。

（2）水平井调剖堵水技术。

随着油田开发的不断深入，水平井主力建产区块储层物性变差，油井见水多，调剖控水效果不理想，结合定向井调剖经验，探索水平井化学控水调剖技术，实现控水稳油。

①注水井调剖技术。

弱凝胶、体膨颗粒、聚凝体等对大孔道、裂缝的封堵有一定遏制作用，但弱凝胶的成胶条件苛刻，体膨颗粒、聚凝体存在易破碎的问题。为此，研制了"变形虫"机理的通过窄小孔喉及裂缝的新型 WK-1 长效颗粒，在模拟油藏环境下，稳定性超过 24 个月，抗压强度增加至 1MPa 不破碎。

②水平井本井化学堵水技术。

针对水平井化学堵水常规堵剂封堵能力弱，高强堵剂易沉降，易固结管柱等风险，研发了缓沉降高强堵剂，与常规高强度堵剂相比悬浮性提高到 3 天以上，析水率由大于 30%降低至 2%以下，抗压强度由 10MPa 提高至 20MPa。采用"高强堵剂+复合桥塞钻磨"工艺，降低管柱固结风险，磨钻周期短（小于 6h）；形成了带压候凝，井筒留塞，防止堵剂返吐的水平井化学堵水工艺技术。

同时针对中部、趾部挤注风险大、带压候凝难实现等问题，设计了"复合双封化堵"工艺，关键工具"复合化堵桥塞"在定向井化学堵漏中获得成功，为中部—趾部"复合双封化堵"工艺试验奠定基础。

2.2 低液量低产水平井治理技术

针对地层堵塞低产水平井，采用酸化、常规分段复压等成熟工艺进行治理。同时重点针对超低渗透油藏低改造程度水平井，攻关混合水体积复压技术，并在致密油水平井开展了快速吞吐补能型重复压裂技术探索试验。

2.2.1 酸化解堵工艺技术

为进一步提升水平井酸化效果，2018 年由笼统酸化向分段酸化转化，通过选井选层分析、重点区块酸液配方优化、水平井分段酸化工具配套和施工参数优化，初步形成了水平井分段酸化技术。其主要思路为由笼统酸化转变为分段酸化，优化重点区块单井酸液配方等。

在措施作业现场，累计发现井筒结垢井 100 余口，其中垢块尺寸最大 50mm，X 射线衍射分析结果表明，其主要由压裂砂、钙盐、铁盐组成，且硬度较高，不易破碎与返出。因此，针对不同垢型，优化形成了两套酸液体系，试验形成了三项酸化工艺及配套施工管柱。其中，"连续油管+氮气泡沫冲砂+定点酸化"工艺与常规酸化相比，施工效率大幅提高，占井周期由 15 天缩短至 7 天。

2.2.2 重复压裂

按照整体规划、分类实施原则，将低产水平井分为三类进行治理（表 1）。目前主要针对第一类低改造程度水平井，在 H 区超低渗透油藏开展重复压裂试验，同时探索评价致密油重复压裂增产潜力。

表1 水平井重复改造总体技术思路统计表

分类	类型	技术对策
第一类	初次改造程度低	增加原缝体积 提高改造程度
第二类	致密油自然能量 开发递减大	补能+整体 重复体积压裂
第三类	裂缝性见水 高含水水平井	见水层段封堵 潜力段重复压裂

（1）基本明确了不同类型油藏水平井复压裂缝设计方法。

针对超低渗透水平井初次布缝间距较小（50～60m），常规压裂改造规模偏低的现状，重复压裂形成以原缝复压为主、段间加密为辅的设计方法，通过矿场试验表明，原缝增加规模重复改造后增产效果较好。

X3，重复压裂设计对原缝复压7段，平均单段砂量由初期改造时的$32m^3$提升至$51m^3$，单段液量由初期改造时的$166m^3$提升至$582m^3$，措施后日产油由1.2t提升至7.8t。

针对致密油水平井初次体积压裂大规模改造，准自然能量开发，因递减较大而低产的现状，重复压裂以加密布缝为主的设计方法，通过矿场试验表明，原缝复压增产潜力有限，段间补孔压裂潜力较大。

X4，重复压裂设计对原缝复压4段，加密1段，措施后日增油1t，有效期仅27天；X5，重复压裂设计补孔压裂4段，措施前日产油2.0t，措施后日产油6.3t，日增油4.3t。

（2）形成了水平井重复压裂优化设计模式，提高水平段储层动用程度，增大裂缝与储层接触面积，同时优化了老油田体积压裂参数：增加入地液量、优化压裂程序、研发复合压裂液；增加了解堵和驱油功能，渗吸置换率提高20%。

（3）积极开展水平井重复压裂新技术试验，措施效率明显提升。

①改进提升双封单卡分段压裂技术。研制了高强度封隔器、耐磨喷砂器，封隔器在室内70MPa压差下重复坐封20次以上，喷砂器最大加砂量由初期的$60m^3$提升至$240m^3$，单趟管柱最高压裂4段。

②创新了机械封隔+动态暂堵组合复压技术。通过机械卡封、动态暂堵、多段压裂，进一步提高施工效率，降低作业成本。形成井口多次泵入化学暂堵材料，实现多段压裂裂缝技术做法，掌握了高强度、可溶解暂堵材料及转向控制等核心技术。

2.3 现场试验

2.3.1 水平井找水工艺技术

累计实施水平井机械找水技术71井次503段，找水成功率由2018年前的86.0%提高到2019年的93.3%，单井找水周期由32.6天缩短至14天；开展了9口井压力激动找水先导试验，均可通过干扰试井压力响应曲线准确地识别低渗透油藏水平井来水方向。

2.3.2 水平井堵水工艺技术

2019年开展水平井机械堵水33口，累计增油5760t，有效井23口，平均单井日增油1.97t。历年现场累计应用139井次，有效115井次，有效率82.5%，平均有效期415天，单井增油670t，累计增油$7.20×10^4$t，累计降水$16.67×10^4m^3$；目前仍有效37口井，日增油 79.2t；开展调剖堵水现场试验 73 口，平均井组增油 107t，平均有效期 4.5 个月，但仍存在多次调剖井效果差、注入压力较高等问题，技术体系还需进一步优化完善，2019 年实施水平井对应注水井调剖井，截至 8 月底累计增油 911t。

2.3.3 酸化解堵新工艺技术

累计现场试验 21 口，井均加酸 50m^3，已有效生产 125 天，累增油 5681t，目前有效率 76.2%，井均日增油 2.44t。酸化费用 40 万元/天，油价 50 美元/bbl 时增油量达 246t 可回收成本；冲砂酸化占井周期 10~15 天，具有短平快的优势；前期酸化水平井井均累增油已达 1100t，投入产出比达 1：4.5。

2.3.4 重复压裂新工艺技术

积极开展水平井重复压裂工艺试验 6 口井 29 段：暂堵升压率达 80%，最高暂堵升压达 40MPa，微地震监测显示该技术成功实现了水平井段间转向压裂；作业效率大幅提高，最快 3 天即完成 6 段重复压裂施工，与双封单卡压裂工艺相比单段压裂时间缩短 80%。

3 结论及认识

（1）水平井机械找水试验表明：特低渗透、超低渗透注水开发水平井以裂缝性见水、趾部出水为主（62.5%）；含水上升后应及时实施治理，高含水生产时间越短，治理效果越好。但由于工具长期置于井下存在打捞困难隐患，需要进一步研制高效可钻，安全可靠堵水工具。

（2）油水井双向调堵试验表明：该工艺可进一步延长堵水有效期、提高堵水效果，但化学堵水世界性难题，技术难度大，目前国内外在底水油藏开展了试验，成功率不足 50%，低渗透油藏压裂水平井无成熟堵水工艺技术借鉴，需要攻关研究。

（3）酸化工艺试验结果表明：地层堵塞特征明显的井酸化效果较好，分段酸化解堵效果好于笼统酸化。

（4）重复压裂工艺是提高低产井产量有效手段：有效期长，累计增油量大；借鉴体积压裂思路，通过加密布缝和原缝复压相结合，提高排量和液量可大幅提高单井产量。

（5）低产水平井的形成是油藏、工艺和管理等多方面原因造成的，其治理技术是个技术性强、专业交叉的综合性工作，需要地质、工艺、修井、测井等多方协作，目前在技术和管理上还有很大的潜力，急需继续加大预防与治理工作研究。

参 考 文 献

[1] 董建华，郭宁，孙渤，等．水平井分段压裂技术在低渗油田[J]．特种油气藏，2011，18（5）：118-119.
[2] 张学文，方宏长．低渗透率油藏压裂水平井产能影响因素[J]．石油学报，1999，20（4）：51-55.
[3] 牛彦良，李莉．特低丰度油藏水平井开发技术研究[J]．大庆石油地质与开发，2006，25（2）：29-30.
[4] 张蕾，刘彬，王红云．油田过多产水问题分类与处理措施[J]．大庆石油地质与开发，2007，26（3）：60-64.
[5] 吴世旗，钟兴福，刘兴斌等．水平井产出剖面测井技术及应用[J]．油气井测试，2005，14（2）：60-64.

[6] 聂飞朋,石琼,郭林园,等.水平井找水技术现状及发展趋势[J].油气井测试.2011,20(3):32-34.
[7] 柴国兴,辛林涛,谷开昭,等.ZF皮碗封隔器及其应用[J].钻采工艺,1999,22(2):43-44.
[8] 赵新智,赵耀辉.超低渗透油藏合理开发技术政策的认识与实践[J].大庆石油地质与开发,2010,29(1):60-64.
[9] 陈宁.吉林油田水平井机械找堵水技术研究与应用[D].大庆:东北石油大学,2012.

"一站多井"液压抽油机液压系统设计与试验

王立杰

(中国石油吉林油田分公司油气工程研究院)

摘要：吉林油田对液压抽油机通过多年的攻关研究，在实现"一站单井"、"一站双井"液压举升系统的基础上，又国内首创了"一站多井"液压举升系统，为平台井举升提供技术方案。该系统是将多口井分成两组，一组上行时，另一组下行。系统采用主机下腔室供油排油，而设计的核心是在主机的下行回路串联蓄能器，充分利用蓄能器在主机下行时存储下行的重力势能，上行时释能，达到节能效果。"一站多井"液压举升系统实现平台井一台液压站拖动多口油井生产，减小占地面积，进一步降低能耗、降低一次性投资；现场试验中取得了节能20%以上，一次性投资与同型号常规游梁式抽油机相比降低50%以上的应用效果。

关键词：液压抽油机；液压举升系统；一站多井；一站双井；蓄能器；液压主机；平台井举升

近年来国内外石油行业都在努力发展长冲程、大载荷的无游梁式抽油机，其中液压抽油机发展较快。在国外，液压抽油机发展相对较为成熟，并得到了油田生产的广泛应用；在国内，由于液压元件制造水平等种种因素的制约，进行了零星试验，但总体不成规模，发展缓慢。而随着我国液压技术和机电一体化技术的迅速发展，液压抽油机得到进一步发展。吉林油田率先开展研究，在液压主机方面研发了绳轮式液压主机，首创了直连式液压抽油主机，液压举升系统实现了"一站单井、一站双井"小规模应用。在此基础上，为了实现平台井一台液压站拖动多口油井生产，减小占地面积，降低能耗，吉林油田又研发了"一站多井"液压举升系统，现场实现了"一站八井"举升。

1 系统设计

"一站多井"液压举升系统设计的基本原理是"U"形管原理，是将多口油井分成两组，一组上行时，另一组下行。主机采用单作用液压缸，下腔是高压腔，上腔是润滑、不带压腔，上行时下腔供油，下行时下腔排油。原理如图1所示，整个系统主要由油箱、散热器、控制阀组、散热器等构成，过滤器、散热器、低压蓄能器组一端与主机泵吸油口连接，另一端由管线与主机下腔连接。单向节流截止阀能够控制主机上行速度，使每组内主机上行速度基本一致，节流阀能够控制主机下行速度，使每组内主机下行速度基本一致。油箱和散热器在工作时，散热器内带压，直接供给泵吸油口。当散热器内没有压力时，泵从油箱吸油。而压力控制系统控制蓄能器组的压力，通过补油泵从油箱吸油，向低压蓄能器组供油，使其达到设定值后自动停止运行。如果低压蓄能器超上限，会自动泄油，压力低于设定下限值时会自动补油。考虑液压系统工作稳定性问题，在频繁换向的液压系统中，换向稳定性不好。经过研究和多次试验设计，在泵出口设置高压蓄能器减小换向冲击的方式，实现现场平稳换向。

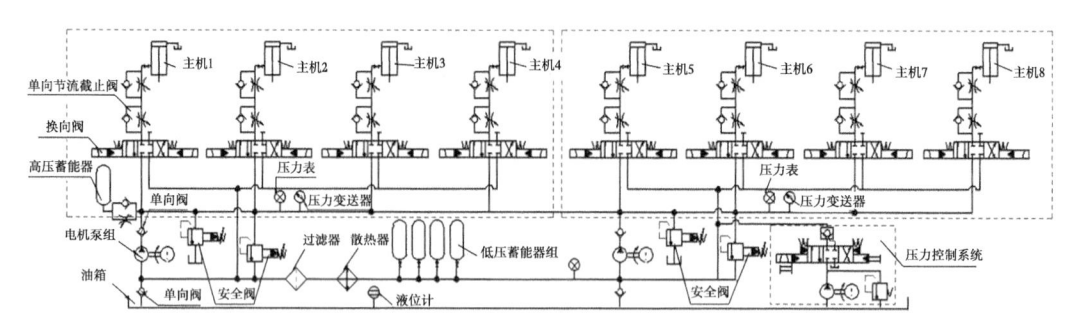

图1 "一站多井"液压举升系统原理图

2 系统工作原理

多口井分为两组：主机组1、主机组2。当主机组1下行时，下腔液压油经过过滤器、散热器、低压蓄能器供给主机组2泵吸油口，主机组2上行。当主机组1达到下换向点时，主机停止运行。当所有上行主机达到上换向点时，换向阀开始换向，上行主机开始下行，下行主机开始上行，以此往复运动实现连续采油动作。

系统充分利用蓄能器实现节能。抽油机运行时，带动抽油杆上下往复运动，抽油杆具有重量，所以带动抽油杆上行需要做功，消耗能量，抽油杆下行需要对其平衡制动，避免下降速度过快。该系统通过在主机下行回路上串联一组低压蓄能器，主机下行时向低压蓄能器组蓄能，存储抽油杆的重力势能，主机上行时低压蓄能器组释放能量为主机提供上行动力，抽油杆上行、下行与蓄能器组形成能量交换，不消耗系统能量，达到了节能目的。

3 技术参数设计

考虑油井产液变化，并且一台液压站拖动多口油井，一旦液压站故障会造成多口井停产，系统设计安装了两台电机、两台电泵。工作时，根据采油需求，可以一台电机、一台电泵运行，也可以同时开启。现场试验的八型液压抽油机参数设计如下：

2台油泵，最大排量：107L/min，1500r/min，定量泵；

油泵额定耐压：31.5MPa；

2台电机，电机输出功率：37kW；

压力变送器量程为0~30MPa；

热电偶量程为0~100℃。

4 现场应用

依据"一站多井"设计思想，现场试验了"一站八井"液压举升系统一套。通过试验，得出以下几点认识：

（1）该系统运行稳定，实现了一台液压站拖动8口油井生产。

（2）该系统在主机冲程4m下，冲次为0～1.5次/min，能够满足低产井油藏生产需求。

（3）8口井同一冲次运行，通过调整冲程或优化井下抽油泵，可满足不同油井生产需求。

（4）每组4口井不能同步上行、下行。在上行程时，载荷轻的上行快，载荷重的上行慢。

（5）通过调参进行不同冲次下系统能耗测试，在冲次0.64次/min下，即可能满足油藏生产需求，单井日耗电51.96kW·h。

5 结论

"一站多井"液压举升系统，实现了一台液压站拖动多口油井生产，现场试验"一站八井"系统稳定、效果好，满足了平台井举升技术需求，大幅度降低举升投入成本，为难采储量经济有效开发提供了技术支持。

参 考 文 献

[1] 严少雄. 滚筒式液压抽油机 [J]. 液压与气动，1993（6）：14-15.
[2] 孔昭瑞. 试论抽油机应具备的基本性能 [J]. 石油机械，1994，22（11）：44-47.
[3] 路甬祥，俞浙青，吴根茂. 功率回收型液压抽油机 [J]. 石油机械，1995，23（2）：42-45.
[4] 马春成，荀昊. 一种新型液压抽油机的方案设计与计算 [J]. 石油机械，1996，24（10）：5-9.
[5] 陈春安，陈铁民. YCH-Ⅱ型液压抽油机的研制 [J]. 石油机械，1988，16（11）：10-14.

分压合采完井方式在临兴区块致密气藏的应用

张红杰[1] 李 斌[1] 王 鹏[2] 孙泽宁[1]

(1. 中联煤层气有限责任公司; 2. 中海油能源发展有限公司工程技术分公司)

摘要: 针对临兴区块致密气层分布多而薄、层间距范围较大的特征,且逐层压裂效率低、周期长,提出了多层分压合采方案,利用"封隔器+投球滑套"的完井方式,解决了多层合压效果差的难题。利用压力胀封的封隔器实现层间封隔,可溶球和滑套实现管柱对压裂层位连通和其他层的压力隔绝。为了防止压裂时高压力造成封隔器胶皮蠕动和管柱弯曲变形,利用压力胀封水力锚实现管柱锚定作用。此工艺具有针对性强、费用低、工艺简单、压裂效果好的特点,现场开展27口井的应用,相邻的两个产层由压前的无气或产微量气增加到平均单井测试产量 $0.8×10^4 m^3/d$,提高了气藏纵向气层利用率,目前已成为临兴区块经济高效开发的重要手段之一。

关键词: 分层合采; 压裂; 封隔器; 投球滑套; 水力锚

临兴区块位于鄂尔多斯盆地东缘晋西挠褶带,天然气资源占比高,盆地东缘气藏孔隙度为3.7%~15%,渗透率为0.01~0.5mD。致密气储层低孔、低渗、渗流阻力大,水力压裂是致密气增产改造的必要措施,临兴区块致密砂岩气层主要分布在石千峰组、石盒子组、太原组,平均单井气层层数为10层,平均单井气层厚度为3.8m,开发的层位跨度为30~400m,跨度大。为了单井各层位的有效开发,采用逐层压裂生产只能单一层位开发,待后期无法满足生产时,封层上返开发其他层位,此完井方式效率低,经济效益差;多层合压开采的完井方式各层位无法得到有效改造,各个储层不能得到充分改造,产量和效益效果差。针对这些难题,研究形成了纵向气层系多且层间非均质性强的"封隔器+投球滑套"的完井技术。该工艺技术能有效地对每个气层进行精准性改造,从而提高单井产量[1-2]。

1 分层合压技术适用性分析

分层合压技术的难点是: (1) 针对纵向气层系较多、岩性差异变化大且层间非均质性较强的特点,不仅要保证每个压裂层都能得到充分的改造,获得足够长的裂缝和足够大的导流能力,同时要避免压裂过程中缝高窜入别的压裂层,影响分层压裂效果[3-4]; (2) 分层改造后,必然要进行合层开采,合层开采过程中是否存在层间干扰以及层间"倒灌"现象也是影响分层压裂是否可行的一个关键因素[5-6]。

针对分压合采的改造难点进行适用性分析。

1.1 层间跨度分析

根据临兴气田气层综合测井数据的解释，单井发育多段气层以3~5层为主，平均开发的层位2~3层，大多数气井适合太原组、下石盒子组、上石盒子组同时多层开采。储层之间的层位多为泥岩层或泥质含量较高，压裂过程中夹层中泥质含量越高，越可有效控制缝高的延伸。各层位间的跨度在45m以上，泥质含量分布在40%以上。由此可见，该区块良好的夹层条件可以对缝高进行有效的控制，防止两次压裂过程中裂缝在纵向上的互窜。

1.2 储层间的隔层力学性质分析

根据储层岩石特性，该区块太原组、下石盒子组、上石盒子组均以致密砂岩为主。从表1可看出，储层间杨氏模量、泊松比变化范围较大。由此反映的地层岩石强度、岩性差异变化也大。这些差异变化对压裂裂缝的起裂、延伸、施工压力及缝高有直接影响。多层合压的压裂方式很难保证每个层都得到精准的改造，因此对该区块的储层必须进行分层压裂，对每个产层均充分改造，达到高效开发。

表1 储层及隔层岩石力学参数表

层位	隔层	应力（MPa）	应力差（MPa）	杨氏模量（GPa）	泊松比
太原组	上隔层	31.72	4.97	41.4	0.21
	储层	26.75	—	38.4	0.15
	下隔层	31.37	4.62	41.0	0.17
下石盒子组	上隔层	23.81	3.99	29	0.29
	储层	19.82	—	30.1	0.19
	下隔层	21.69	1.87	39.7	0.25
上石盒子组	上隔层	19.07	2.05	28.6	0.25
	储层	17.02	—	26.9	0.2
	下隔层	21.97	4.95	18.4	0.32

根据不同地应力差对缝高的影响关系可知[5]，当底层、盖层与产层之间的最小水平主应力差越小时，裂缝穿层越严重，缝高控制越困难。压裂模拟实验表明在隔层应力差大于4MPa的条件下进行分层压裂，更有利于裂缝高度的控制。该区块储层应力条件以及遮挡效果都较好，适合进行分层压裂。

2 分压合采完井管柱

2.1 完井管柱

分压合采的完井管柱主要由水力锚、封隔器、喷砂滑套、安全接头、底喷等组成（图

1)。该技术是利用一趟管柱下入分压管柱,在不动管柱的前提下实现多层压裂且压后可同时返排。

2.2 工作原理

主要的工作原理[1-2]是按照地质、测井、钻完井资料和分层改造要求,合理优化管柱位置,下入分压合采的完井管柱;最底层可通过底喷实现封隔器、水力锚坐封,实现层间封隔和管柱的稳定性,进行精准性压裂;待该层施工完毕后从井口投入与下一层滑套相匹配的球,压力打开滑套,同时,管柱内投入的球与滑套球座内衬套的密封配合封隔下段已改造层的液流通道;通过封隔器胀封管外封隔及井下喷砂滑套的开启后的管内下部封隔来实现由下往上逐层改造。施工结束后,该管柱的封隔器自动处于解封状态,上下施工层油套有效连通。最终实现分层合采管柱对一井多层的分层改造与合层排液采气的目的。

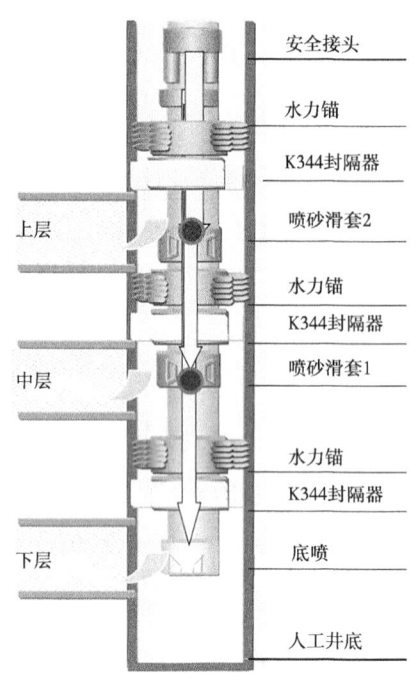

图 1 分压合采完井管柱

3 管柱的关键工具

3.1 封隔器

该封隔器不同于海上常规使用的机械坐封封隔器或遇油遇水自封的封隔器,见图 2。它主要是利用水力扩张式坐封,靠胶筒向外扩张来封隔油、套管环形空间,因此,压裂施工过程中,胶筒的内部压力必须大于外部压力。该封隔器下到预定位置后,从油管内加液压,液体经中心管割缝进入胶筒内腔,使胶筒胀大,从而封隔油套环形空间。需解封时,泄压即可,油套压差消失,胶筒靠自身弹力收回,即解封。该封隔器配套使用节流喷砂器,开启压差应不小于坐封压差,通常叫作水力扩张式封隔器,技术指标见表 2。

图 2 水力扩张式封隔器示意图

表 2 封隔器的主要技术参数

适用套管 (in)	最大外径 (mm)	最小通径 (mm)	启动压力 (MPa)	耐压差 (MPa)	工作温度 (℃)
5.5	114	57	0.5~1	70	150
4.5	90	38	0.5~1	70	150

关键的技术特点与优势是：（1）研制了新型高温橡胶密封材料，优化设计了带有加强筋的扩张式密封胶筒结构，实现了重复坐封条件下的耐高压、耐高温要求；（2）可实现管柱内外的小压差封隔器的坐封，泄压即可解封；（3）结构简单、操作方便；（4）适用范围较广，工具安全性、成功率较高。注意的事项是应尽量控制在距射孔位3m以上，且应避开套管接箍位置。

3.2 滑套

滑套不同于海上的钢丝作业滑套，钢丝作业滑套因压裂砂的长时间冲蚀将啮合处冲蚀，支撑剂的残存也会使钢丝滑套难以开启或者关闭。研究应用了喷砂滑套，主要内部设有内衬套，与本体通过剪切销钉和密封圈配合使用，本体设有多个圆形的喷砂通道[6]。此工具配合使用连接工具串下井后，从油管内投球与内衬套配合实现密封。井口打压至19~20MPa，通过压力将剪切销钉打掉，实现该层与管内连通。球和内衬套一起掉落在下部相邻层位的滑套或接球器内，实现管内该层下部的密封。

关键技术特点与优势：（1）与标准的球配合使用，通过压力剪切内衬套实现滑套的开启；（2）滑套的级差精度高，相差达到0.125in；（3）强度高，结构简单。

3.3 可溶球

可溶球材料的结构设计为核—壳包覆型结构，如图3所示。采用包覆型结构，可以有效控制核心的腐蚀速率，同时提高成型效率。可溶球配合喷砂滑套技术，可实现压裂施工期间的快速分层压裂。压后因可溶球溶解，球外径缩小，达到自动解封作用，减少了常规球不溶解导致通道无产能问题。

工区分段可溶球溶解周期15~30天（根据地层条件有所不同）。可溶球使用特殊金属材料制成，密度在1.82~2.10g/cm^3，0~110mm的压裂球精度达到0.02mm，可承受70MPa的高压。

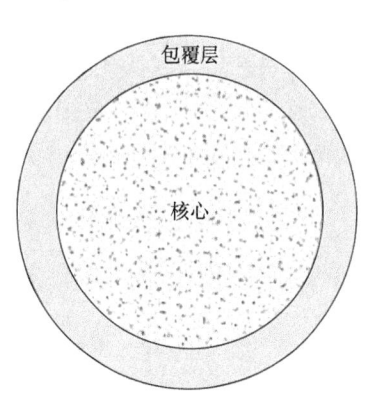

图3 可溶解压裂球复合粉体材料结构设计图

3.4 水力锚

水力锚主要有本体、锚牙、压条、高弹力弹簧、O形密封圈等组成。将水力锚随油管下到设计位置，在油管内压力的作用下，随压力逐步增加促使锚牙伸出本体外，从而卡在套管内壁上，防止压裂时高压力推动管串移动而使封隔器蠕动失效，从而起到锚定管柱的作用。解封时，泄掉油管内压力，锚牙在高弹力弹簧的弹力作用下收回，即可实现水力锚的解封。

4 现场应用

在临兴区块的勘探开发初期阶段应用了27口井，施工成功率为100%；各井压裂时相邻层位之间有多个小隔层阻挡，且跨度均在35m以上，通过排量和前置液的比例控制，各层压裂时压力稳定，有效控制各层的改造效果；各层的压裂过程中封隔器密封良好，分层可靠,滑套打开的成功率100%,压裂后能实现气举诱喷返排及后期的压井循环,其中7口井由于单井的气水比较低,起钻更换小管柱,分压合采管柱能够顺利起出,无过提显示,均表明封隔器和水力锚能自动解封,成功率100%;起出后观察封隔器有坐封迹象,且喷砂滑套全部为打开状态,其中有2口井的喷砂滑套的工具本体因材质问题存有明显的冲蚀严重和本体有漏洞现象。单井相邻的两个产层压裂效果由压前的无气或产微量气增加到平均单井测试产量 $0.8×10^4 m^3/d$,取得了很好的改造效果。

5 结论

(1)水力扩张式封隔器压裂时小排量即可实现小压差胀封,停泵后无压差后自动解封达到合采的目的。

(2)在压裂过程中喷砂滑套能完全开启,可实现气举诱喷、反洗井作用。

(3)可溶球与喷砂滑套配合,实现各层位压裂开启和管内下部的密封性,可溶球的精度高,在一定时间内可完全降解。

(4)水力锚具有锚定可靠,防止管柱蠕动,提高了分层密封可靠性和管柱安全性的特点。

(5)分压合层压裂工艺技术具有密封压差高、可溶球精准开启滑套等特点。现场试验应用27口井表明,可有效提高分层压裂的工艺可靠性,满足了多层气藏精细分层、大规模压裂施工和安全高效的要求,目前已成为临兴区块经济高效开发的重要手段之一。

参 考 文 献

[1] 张华光,桂捷,张丽娟,等.苏里格气田机械封隔器连续分层压裂技术[J].石油钻采工艺,2013,35(4):85-87.

[2] 王兴文.多层分层压裂的产层间距问题探讨[J].天然气工业,2009,29(2):92-94.

[3] 张伟,张华丽,李升芳,等.机械分层压裂工艺技术在江苏油田的研究和应用[J].钻采工艺,2008,31(2):48-50.

[4] 秦玉英.不动管柱分层压裂工艺技术在大牛地气田的研究与应用[J].油气井测试,2008,17(1):53-55.

[5] 吴锐,邓金根,蒋宝华,等.临兴区块石盒子组致密砂岩气储层压裂缝高控制数值模拟研究[J].煤炭学报,2017,42(9):2394-2399.

[6] 吕薇.薄互层低渗透油藏分层压裂管柱研究与应用[J].特种油气藏,2015,22(4):141-143.

130BPM 全电动混砂橇在页岩气压裂施工中的应用

高启国　高银胜

(中国石化华东油气分公司采油气工程服务中心)

摘要：主要分析了 130BPM 全电动混砂橇结构原理和技术优势，结合在页岩气压裂施工中的应用情况和不同阶段数据对比分析，论证了其适应性、稳定性和社会经济效益潜力。与传统柴油版混砂车相比，130BPM 全电动混砂橇采用 VFD 变频技术电动直驱，最大输砂排量 7.5m³/min，稳定输出排量 20m³/min，功能替代性强，控制精确度和自动化水平高，同时能够显著降低施工成本和环境污染，有利于促进页岩气压裂成套装备实现"电动革命""绿色革命""数字革命"，社会经济效益巨大，在国内外压裂市场具有较强市场竞争力和发展前景。

关键词：页岩气压裂；全电动混砂橇；控制精度；低成本；绿色低碳

1 引言

我国页岩气资源丰富，四川盆地是页岩气勘探开发的有利区块，埋深 3500m 以深页岩气资源储量高达 $4612×10^8 m^3$[1]，经过多年开发，已取得大突破。实践表明，由于页岩气普遍埋藏较深，储层呈"五高"特性和地理环境因素等影响，"大规模井工厂"压裂是页岩气提高单井产量、改善开发效果和提高采收率的重要途径之一[2]。其中，我国自主研发的柴油驱动 2500 型和 3000 型成套压裂装备在页岩气开发中发挥了重要作用，但在群机功率匹配、井工厂连续施工和减排降噪等方面不具备优势，已无法满足页岩气高效低成本开发和绿色低碳发展要求。

为了响应中国制造 2025 规划和中国石化"电动革命"、"绿色革命"和"数字革命"等发展战略，中国石化华东油气分公司在南川页岩气压裂施工中大胆实践，通过与航天科工、宏华电器展开战略合作，对电力驱动的关键技术装备进行试验、评价和规模应用，取得了突破性进展。2017 年 5 月开始对 HHE6000hp 电动压裂泵进行了评价升级，采用与柴油驱动压裂车同台并联施工 30 井次 646 层次，2019 年 8 月在焦页 211-4 井全 HHE6000hp 电动压裂泵独立施工完成 31 段施工任务。累计降本 1.2 亿元，减排 CO_2 一万余吨，具备控制技术稳定，高压施工适应性强和连续施工等技术优势。2018 年开始对另一压裂关键技术装备——电动混砂橇展开了试验评价，经历了电液混砂橇和全电动混砂橇两个阶段，取得了初步成果。本文主要针对 130BPM 全电动混砂橇矿场试验评价和装置升级改造效果进行分析、研究和总结，为页岩气全套压裂技术装备实现"电动革命"和"数字革命"提供思路，同时为实现产业"绿色革命"提供依据。

2 结构及原理

混砂是压裂施工环节的重要组成部分,所以混砂设备是成套压裂装备的关键核心装备,其作用就是快速均匀地把压裂基液和支撑剂进行混配,然后以足够的排量供给压裂泵组完成压裂施工,其性能直接决定压裂作业的成败[3]。130BPM全电动混砂橇是基于第一代电液混砂橇,开发出的最新全电动数字变频驱动混砂橇,工作原理与传统混砂设备大同小异(图1),主要由基液吸入、支撑剂输送、干添和液添、混合搅拌、排出及控制等模块组成,但其优势主要体现在变频电机直驱和更优的结构设计等方面。

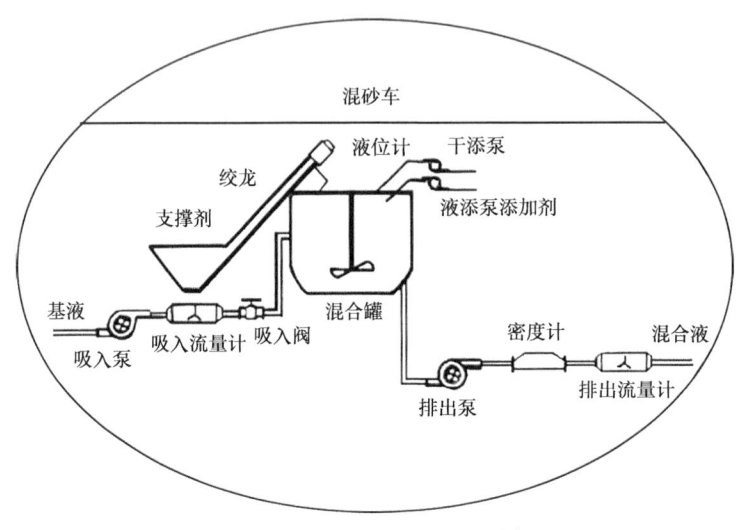

图1 混砂作业工艺流程图[4]

2.1 驱动模式

130BPM全电动混砂橇在设计上遵循能量守恒原理,放弃了电液驱动模式,将电能直接转化为机械能。动力端采用VFD变频技术输送动力,由变频电机和减速装置完成全部驱动。具有响应迅速、控制稳定、启动扭矩大和转速测量精确等显著特点,同时工作效率和参数设计满足页岩气大规模井工厂连续施工的需求(表1)。

表1 130BPM全电动混砂橇技术参数

描述	技术参数	描述	技术参数
输入功率	938hp(700kW)	最大输砂量	7.5m³/min
输入电压	380V	环境温度	−20~50℃
液添系统	4套	最大排量	130BPM(20m³/min)
干添系统	2套(100L/min)	最高排出压力	70psi(0.5MPa)

2.2 VFD动力系统

VFD系统是整个130BPM全电动混砂橇的动力单元,主要由配电柜、整流柜、逆变柜、空调等设备组成。由独立的变压器供电,经动力电缆引入至整流单元,采用12脉波整流（图2），通过逆变器分别驱动吸入、绞龙、搅拌、液添干添和排出电机，主要技术参数和要求见表2。

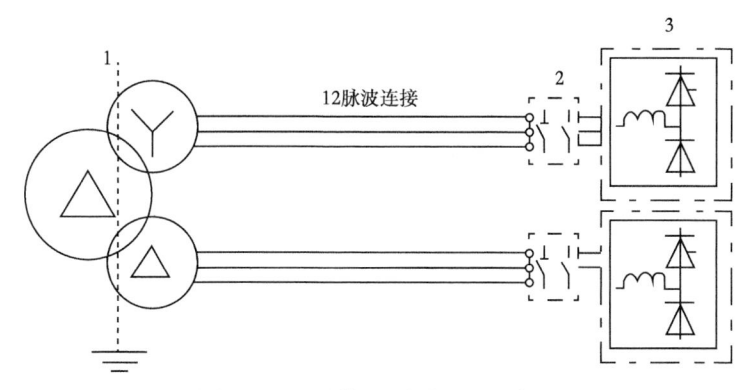

图2 VFD系统12脉波整流示意图
1—供电变压器；2—开关和保护设备；3—整流模块

表2 VFD变频系统主要技术参数和要求

名称	技术要求	名称	技术要求
电压	380V	二次绕组电压偏差	<0.5%
频率	50Hz	短路阻抗	>5%
连接组别	Dy11d0 或者 Dyn11d0	二次绕组短路阻抗偏差	<短路阻抗的10%
相位差	30°	接地	二次侧不接地

2.3 吸入排出系统

吸入排出系统由过桥管汇、电控闸门、高性能变频电机驱动泵和流量计等组成。管汇左右两侧各设计三个出入口，通过闸门切换，可互为备用，也可以同时使用，实现"左吸右排"和"右吸左排"等功能。排出泵排出压力为0.2~0.5MPa，稳定向压裂泵供液，最高排量为20m³/min。

2.4 支撑剂输送系统

支撑剂输送系统由三套独立的绞龙组成，由三台独立的变频电机和减速箱完成直接驱动，绞龙尾部带有旋转编码器测速。单台绞龙输送速度为2.5m³/min，可以根据现场施工砂比和支撑剂组合等需求，三套绞龙可互为备用，也可以同时使用。

2.5 混合系统

混合系统采用传统的开式混合罐和搅拌器组合模式，同时辅助配置两套干添系统和四套液添系统，均采用变频电机直接驱动，可以最大限度满足不同压裂要求的配置需要。绞龙下砂口横向上远离混合罐罐壁，砂子滤网垂向上远离搅拌器并增加振动电机，罐内上部增加吸入泵出水弯头，大大减少滤网上部和罐壁附近支撑剂粘黏堆积，有效提高了混合效率。

2.6 控制系统

预装 IFrac.BC 自动控制系统，采用先进的 PLC 控制技术，通过以太网执行整个运行参数的控制，具备一键启停功能，可以预设和调节参数进行在线自动控制，误差在3%以内。控制流程更加精确和人性化。

3 现场应用效果

3.1 现场应用情况

130BPM 电动混砂橇历经一年半时间，在南川页岩气井压裂施工中应用5口井（126层），通过应用评价和升级换代，从电液混砂橇升级为全电动驱动混砂橇，取得了良好应用效果（表3、表4）。

表3 电动混砂橇加砂数据表

井号	施工段数	时间（min）	总液量（m^3）	最大排出（m^3/min）	最大砂比（%）	加砂量（m^3）
焦页10-10HF	23	3137	23705	9	16	2264
焦页202-2HF	15	2253	15370	7.7	15	1428
焦页202-3HF	21	3161	21697	7.5	15	1854
焦页211-4HF	31	6838	30428	11.2	15	2045
小计	90	15389	91200	11.2	16	7591
焦页201-3HF	26	4001	21090	9.6	14	2004
合计	126	19390	112290	9.6	14	9595

表4 电动混砂电量消耗数据表

井号	耗电量（kW·h） 总电量	单段	立方米液体	备注
焦页10-10HF	11260	489.57	0.48	
焦页202-2HF	7445	496.33	0.48	
焦页202-3HF	9910	471.9	0.46	电液混砂橇
焦页211-4HF	15395	496.61	0.51	
小计	44010	489	0.48	
焦页201-3HF	6378.3	245.32	0.30	全电动混砂橇
合计	50388.3	399	0.45	

（1）电液混砂橇经历Ⅰ代和Ⅱ代，参加4口井共计90段施工任务，焦页10-10HF井单段最高加砂量125m^3，累计施工时间达到了256h。焦页202平台两口井实现了5段/d连续施工模式，单次运转时间最长超过了31h，技术指标满足要求，运行参数和系统稳定性得到了有效的验证。

（2）2019年8月，第Ⅲ代130BPM全电动混砂橇在焦页201-3HF井完成了26段任务，施工总时间约67h，电动直驱性能得到了有效的验证。与电液混砂撬相比，全电动优势突出，方液耗电量仅0.3kW·h，降低约38%，输出功率由370kW降至260kW，降幅达到了30%。

3.2 社会效益、经济效益分析

3.2.1 经济效益分析

同传统柴油版HS16混砂车相比，130BPM电液混砂撬和全电动混砂撬购置费用降低50%[5]。另外，由于动力驱动方式的改变，在施工能耗费用具有较大的优势（图3）。130BPM全电动混砂撬在页岩气压裂施工中，单段能耗费用283元，较柴油版HS16混砂车1902元/段相比下降85%（表5），与130BPM电液混砂撬347元/段相比下降18%，单井（26段）预计降低成本4.5万元。

表5 不同类型混砂设备单段施工能耗费用对比

项目	动力类型	能耗/段 (L或kW·h)	能耗单价 [元/L或元/(kW·h)]	动力费/段 (元)
HS16混砂车	柴油	300	6.34	1902
BPM130电液混砂撬	电力	489	0.71	347
BPM130全电动混砂撬	电力	399	0.71	283

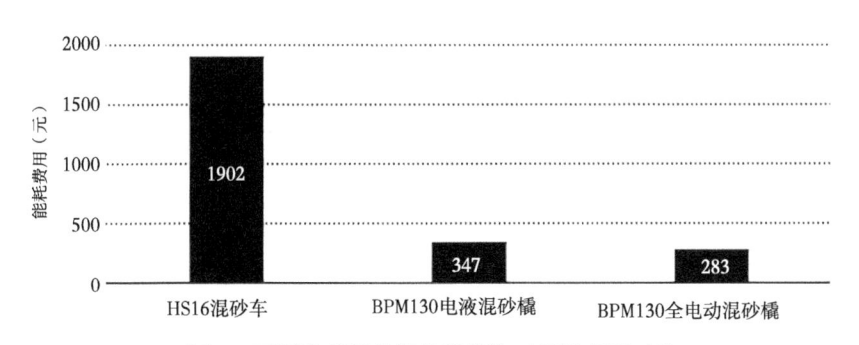

图3 不同类型混砂设备单段施工能耗费用对比

3.2.2 社会效益

3.2.2.1 有利于施工适应性提高

130BPM全电动混砂撬采用撬装式结构设计，具备"双吸双排"功能，与HHE6000HP电动压裂撬配合施工，现场组配灵活，井场占地面积较少30%[4]，更适应于页岩气产建山区道路运输和小平台施工现场。另外部分功能如泵入排出接口、绞龙和液添等采用冗余设计，既可互为备用，也可同时使用，提高了稳定性和多类型施工能力。

3.2.2.2 有利于智能化集成控制

130BPM全电动混砂撬采用全电驱和IFrac.BC自动控制系统，不仅提高了技术参数控制精度和稳定性，同时有利于同电动压裂撬等装置集成一体化控制模式，为全套压裂装备和施工现场施工应急控制等实现物联网控制奠定了基础。

3.2.2.3 有利于大气环境保护

同传统柴油版HS16混砂车相比，130BPM电液混砂撬和全电动混砂撬产建区CO_2等有害气体排放为零，电动驱动方式在环境保护方面具有较大的优势（图4、表6）。按照火力发电产生二氧化碳 0.86k/kW·h 计算，130BPM 全电动混砂撬较柴油版 HS16 混砂车二氧化碳排放能下降57%，有利于大气环境保护，有效促进页岩气实现绿色低碳开发。

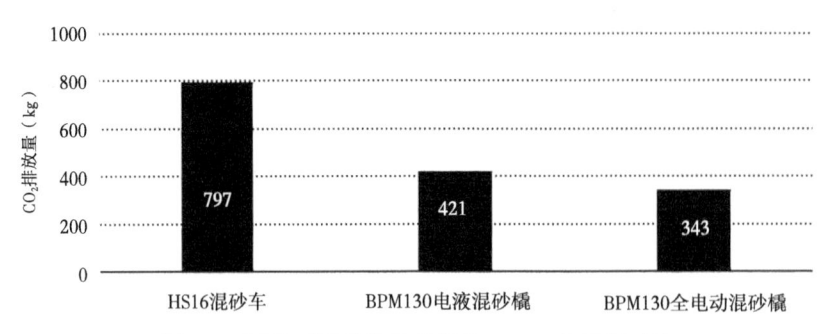

图 4 不同类型混砂设备单段施工 CO_2 排放量对比

1kg0#柴油完全燃烧产生 CO_2 为 3.1863kg，火力发电 1kW·h 产生 CO_2 为 0.86kg

表 6 不同类型混砂设备单段施工 CO_2 排放量对比

项目	动力类型	能耗/段 (kg 或 kW·h)	CO_2 排放系数 (kg/kg 或 kg/kW·h)	CO_2 排放量 (kg)
HS16 混砂车	柴油	250	3.1863	797
BPM130 电液混砂撬	电力	489	0.86	421
BPM130 全电动混砂撬	电力	399	0.86	343

4 结论和建议

4.1 技术先进性方面

通过现场试验、评价和技术升级，130BPM 全电动混砂撬实现了全电动驱动，最大输砂排量 7.5m³/min，最大输出排量 20m³/min，功能替代性强，控制精确度和自动化水平高，部分功能采用了冗余设计，在稳定性和适应性方面优势突出，在国内外压裂市场具有较强市场竞争力和发展前景。

4.2 环保经济性方面

与传统柴油版混砂车相比，130BPM 全电动混砂撬采用电力驱动，排放大气环境的二氧化碳能够下降57%，绿色低碳效应明显；同时能够有效节约土地资源，降低采购和施工成本，有利于促进页岩气压裂成套装备实现"电动革命""绿色革命""数字革命"，社会经济效益巨大。

4.3 技术升级建议

130BPM 全电动混砂撬虽然具备了很强替代性和页岩气大规模压裂适应性，但是在技术升级方面还有空间，如混配系统可以集成更为先进的密闭混配泵[6]，可以进一步提高混合效率和施工排量；基于电动技术的应用，可以考虑更多冗余功能设计，进一步提高稳定性和可靠性。

参 考 文 献

[1] 王玉芳．页岩气勘探开发前景广阔［N］．中国矿业报，2019-8-27（3）．

[2] 林波，秦世群，谢勃勃，等．涪陵深层页岩气井压裂工艺难点及对策研究［J］．石化技术，2019，1（5）：162.

[3] 张亮，周天春，刘华杰．哈里伯顿混砂车的改造与应用［J］．石油机械，2010，38（10）：66-69.

[4] 陈永军，贾甜．基于PLC混砂车控制系统在页岩气压裂机组中应用［J］．仪器仪表与分析监测，2015（1）：23-26.

[5] 王庆群．利用电力开展页岩气压裂规模应用的分析及建议［J］．石油机械，2018，46（7）：89-93.

[6] 霍光，车永顺，祁建，等．现代混砂车的特点及发展趋势［J］．石化技术，2015（7）：130.

安岳气田须二段气藏有水凝析气井产能维护工艺技术应用实践

严 鸿 谢 波 罗 炫 何同均

(中国石油西南油气田分公司蜀南气矿)

摘要：安岳气田须二段气藏为低孔、低渗、有水、中含凝析油、弹性气驱、高压岩性圈闭砂岩气藏，整体连通性差，井控储量小。针对气井生产过程中受地层水和反凝析污染影响、产能维护难度较大情况，结合储层及产水特征，开展有水凝析气井产能维护技术措施应用分析并总结应用实践经验。针对气藏产液特征、气水分布模式提出了气藏分区治水的针对性治水对策；针对地层压力低举升能量不足总结工艺排液技术思路，形成了油气水三相介质条件下柱塞气举工艺技术应用条件及选井原则；针对储层反凝析液伤害，形成了单井注气吞吐应用原则，首次在西南油气田开展了注气吞吐解除井下反凝析污染作业，柱塞气举应用成功率100%，实施注气吞吐获得增产，有效降低气藏综合递减率。开发实践表明，气井产能得到有效维护，为持续开展该类气藏高效开发奠定了技术基础。

关键词：有水凝析气井；柱塞气举；产能维护；治水；注气吞吐

安岳气田须二段气藏低孔、低渗、有水、中含凝析油，受砂体横向连续性差、裂缝发育局限，气藏整体连通性差，气井稳产能力差。随着气藏衰竭开采的进行，气井井底压力降至流体露点压力以下时，储层流体相态变化会出现反凝析现象，凝析油就会析出，并在近井地带积聚，造成储层渗透率下降，从而使得凝析气井产能下降，凝析油采收率降低。注气吞吐作业能够将近井区凝析油推回，并产生一定"反蒸发"作用，使得近井区渗透率得到一定程度恢复，气井产能恢复。气藏生产一段时间后普遍出水，部分井采气速度过高，气井见水快，无水采气期和自喷带水生产期短，采出程度低，井筒积液，地层能量供给不足，自身孔渗条件差，单井控制储量普遍较小，气藏不具备大规模强排水工艺开展的地质条件。工艺措施受出水不规律、井身结构复杂、油气水三相共存、地面混输等因素制约，基于气藏储层及产水特征，应该针对性地选择工艺类型。

1 气藏概况及产能维护制约因素

1.1 气藏概况

安岳气田位于川中—川南过渡带华蓥山西侧的单斜构造上，构造形态为一自南向北倾的平缓斜坡，区内发育多个圈闭面积小、闭合度低的小规模凹陷。工业产气层位为须二段，沉积厚度分布范围在80~200m之间，中部平均埋深2200m。储层岩性以岩屑长石砂岩及长石岩屑砂岩为主，孔隙度主要分布在6%~10%之间，平均孔隙度为7.45%；渗透率在0.01~1mD之间，平均渗透率为0.31mD。储集空间类型以粒间孔、粒内溶孔为主，裂缝局部较发育，储层类型可分为孔隙型储层和裂缝—孔隙型储层。储层厚度变化大，在 1~18m 之间，单层储层厚度主要分布在 2~7m 之间，平均厚度 5.39m；纵向上多层，钻遇层数主要分布在 1~4 层，平均钻遇 2~3 层，横向连续性差，呈透镜状展布。产出流体有油气水三相，以天然气为主，凝析油是天然气伴生产物，普遍产出少量地层水。存在微孔隙产水型、局部滞留水型、高含水型以及裂缝水侵型等四种类型。

安岳气田须二段气藏单井平均无阻流量为 $27.37\times10^4 m^3/d$，气藏井控储量为 $51.95\times10^8 m^3$。单井平均动态储量为 $0.45\times10^8 m^3$。截至 2018 年 12 月底，气藏已投产气井 115 口，部分井间歇开井生产。目前日均产气 $35.4\times10^4 m^3$、日产油 35t、日产水 $115m^3$，累计产气 $29.12\times10^8 m^3$，累计产油 $35.97\times10^4 t$，累计产水 $74.73\times10^4 m^3$，综合油气比 $1.34t/10^4 m^3$、综合水气比 $2.39m^3/10^4 m^3$。

2012 年首先在岳 101-X10 井开展车载压缩机氮气气举排液，拉开了气藏工艺措施挖潜的帷幕。至 2018 年 12 月，已在 49 口井开展电潜泵、车载式气举、柱塞气举、泡排、注气吞吐，以及修井作业等挖潜措施。

1.2 气井产能维护制约因素

（1）气藏不具备大规模强排水工艺开展的地质条件。

安岳气田须二段气藏低孔、低渗、有水、中含凝析油。储层纵横向分布变化大，非均质性强，横向连续性差，呈透镜状展布。砂体物性变化的差异，在动态上体现为生产井油气水产量差异大，油气水关系复杂，气藏除威东区块外整体连通性差。气藏单井平均无阻流量 $27.37\times10^4 m^3/d$，单井平均动态储量 $0.45\times10^8 m^3$，无水采气期和自喷带水生产期短，采出程度低。井筒积液，地层能量供给不足，自身孔渗条件差，单井控制储量普遍较小，水侵强度弱，气藏不具备大规模强排水工艺开展的地质条件，应该针对性选择工艺类型。

（2）产液井单井产量差异大，以低产气井为主；井型多样、井下管柱复杂。

单井产量差异大，以低产气井为主。生产井开井初期产量大，压力较高，但压力、产量递减速度快。部分井地层中已存在反凝析现象，油气比下降明显；反凝析现象造成近井气相渗透率降低。如岳 101-X12 井，生产 10 个月油气比从 $0.8t/10^4 m^3$ 降至 $0.5t/10^4 m^3$；岳 101 井投产 1 年，远井区气相渗透率 0.3526mD，近井区则降为 0.246mD。目前生产井中产量低于 $2\times10^4 m^3/d$ 的气井占比达 80%，产水量小于 $20m^3/d$ 的井占到总井数的 90% 以上。斜井和水平井井数占据总井数的 85%，所对应的产能所占比例达到 81.9%，是主要的产能提供者，同时也将是后续排水采气的主要针对对象。同时完井套管尺寸有 5½in、7in+5in 尾管不等。井下生产管柱复杂，多半都有封隔器和节流器，水平井井下管柱更为复杂。

2 单井注气吞吐应用现场实践

低渗凝析气藏衰竭式开发中，反凝析污染对气藏产能和天然气采收率都有较大影响。凝析油在近井地带的堆积会显著降低气相有效渗透率，从而降低气井产量甚至停产，注气吞吐可消除凝析气井近井地层反凝析堵塞。它的作用机理主要靠部分蒸发和把凝析油挤往地层较远处来扩大气相渗流通道，即注入的气与地下湿气混合后，使地层中的气体干度增加，从而可通过对凝析油的超临界抽提和多级接触混相驱替，使部分反凝析油蒸发或通过降低油气界面张力把凝析油推向地层远处，降低近井地层的反凝析油饱和度，使地层中反凝析现象减弱甚至消失。

2.1 注气吞吐选井原则

（1）相关资料（如试井解释、取样分析等）表明近井地带存在较严重反凝析污染，并造成产能明显降低的井；

（2）与邻井不连通，产水量不大的井（低于20m³/d）；

（3）具有一定剩余动态储量（大于1000×10⁴m³），能够产生经济价值的井；

（4）所选井的相关地面工程条件和井筒状况经过较小幅度改动就能满足注气工程需要，生产历史清楚，能准确计量。

2.2 岳101井单井注气吞吐实施情况

2.2.1 第1次注气吞吐

注气：2012年10月11日至25日为注气阶段。从油管向井底注气，注气前关井油压为11.89MPa，10月26日注气完成，关井压力上涨到13.16MPa。②焖井：10月25日至11月20日进行焖井。③生产：11月21日开井复产，定产为1×10⁴m³/d。④返排：截至12月9日，共返排气20×10⁴m³，生产套压由13.46MPa下降到11.60MPa，生产油压由11.77MPa下降到9.5MPa。⑤压力恢复试井：12月9日关井进行压恢试井（表1）。

表1 岳101井第1次注气吞吐实施主要参数

注气量 （10⁴m³）	注气速度 （10⁴m³/d）	采气速度 （10⁴m³/d）	焖井时间 （d）	吞吐周期	取气样（周）	压恢试井（次）	备注
50.0	2.5	1.5	20	1	1	3	方案
45.1	2.0~4.0	1.0	24	1	1	4	实际

实施效果评价：

岳101井在第一次注气前进行了为期24天的关井复压，压力恢复解释结果为近井区25m范围内渗透率极低，仅为0.034mD。在焖井结束生产17天后又进行了压力恢复试井，从双对数曲线形态上看，近井区曲线整体下移，表现出近井区物性变好的特征。从解释结果也可以看出，近井区25.84m范围内渗透率为0.357mD，渗流条件得到了较大的改善。相对于注气前，相同产量下，油套压高，比注气前高5MPa（表2）。

表2 岳101井注气前后试井解释参数对照表

压恢试井背景	试井日期	近井区渗透率（mD）	远井区渗透率（mD）	严重反凝析区半径（m）
注气吞吐前的试井	2012.9.17—2012.9.24	0.034	1.2383	25.4551
注气吞吐后的试井	2012.12.10—2012.12.19	0.3573	2.1485	25.84

2.2.2 第2次注气吞吐

岳101井于2013年10月实施了第2次注气吞吐。相对于注气前，产气量增加了一倍，由0.5×10⁴m³/d上升到1.0×10⁴m³/d，生产油套压仍然比注气前提高了近3MPa（由4.1MPa上升到7.0MPa）。

岳101井在第2次注气前后进行了2次压恢试井，表明岳101井近井区渗流能力得到了较为明显的改善（表3），两次实施注气吞吐作业净增产天然气527×10³m³，净增产凝析油150t。

表3 岳101井第2次注气前后压力恢复解释结果对照表

试井日期	一区渗透率（mD）	一区半径（m）	压力（MPa）
2013年5月	0.8476	7.87	16.0011
2013年10月	1.8416	12.63	15.7921

气藏从2012年至2018年进行了6井次注气吞吐，有5井次取得了增产成功。其近井区的渗透率明显得到恢复，增加天然气产量约1200×10⁴m³，增加凝析油产量约1300t。单井注气吞吐施工作业成本极低，增产效果明显。

3 开展气藏"整体治水+单井治水"的工艺排液技术应用实践

通过对气藏的深化认识，针对剩余储量较大的气井，采取控水采气、排水采气的措施来进行气井产能维护。根据区块内各井间连通关系，控排相结合，优选潜力气井开展区块整体治水。优选排水采气工艺，提出了"整体治水+单井治水"的气藏产能维护对策。

安岳须二段气藏整体连通性差，水侵强度弱，单井产量差异大，除威东区块外不具备气藏整体排液的地质基础，对连通关系较弱的气井实施以中心站为单位的单井治水。

对气藏连通关系较好的威东区块实施整体治水。威东区块出水时间较早，日产水和累计产水量大，气井生产处于中后期，地层能量较低，底水沿裂缝水窜至产层，井底存在不同程度的积液。区内测井显示岳101-X12井上亚段为气层；岳101-14-X1井上亚段为气水同层；岳101-X12井试油未见水，测试日产气94.49×10⁴m³；岳101-14-X1井试油测试产大水，产水量为235.2m³，日产气25.2×10⁴m³。该区域岳101-X12井最先投产，2010年9月3日以30×10⁴m³日气产量投产，生产初期日产水量为1m³。由于储层致密，产能供给有限，气产量快速递减未能保持初期产量稳定生产，水产量日趋增大，仅半年时间日产水达到100m³。该区域岳101-14-X1井水体能量较岳101-X12井大。目前通过在该区块对岳101-14-X1井实施电潜泵强排水，岳101-X12井已由水淹停产关井恢复为连续自喷无水采气，日产气量约0.5×10⁴m³，表明区内气水关系已得到一定程度改善。

3.1 电潜泵排水工艺

针对威东区块产水量较大、片区水侵较为严重的情况，开展岳101-14-X1井电潜泵排水采气工艺先导性试验，取得了成功，增产效果明显。

岳101-14-X1井生产情况：2012年4月8日开始投产，投产当月生产套压15.76MPa，生产油压8.97MPa，日产气9.62×10⁴m³，日产水91.7m³，日产油6.4t。生产至2014年4月水淹停产前，生产套压降至11.70MPa，生产油压降至3.46MPa，日产气量0.15×10⁴m³。

工艺实施情况：2014年6月该井完成电潜泵机组入井施工，泵挂垂深1838m（斜深2070m，井斜角43°），为川渝气田电潜泵泵挂井斜角最大的一口井。2014年8月，该井开始投运，进行电潜泵排水采气现场试验，经历了生产摸索和稳定生产两个阶段。该井运行初期，受"股水股气"影响较为严重，电潜泵容易因"气锁"停机；受气体干扰，电潜泵出现频繁欠载停机，机组难以连续运行，从而影响气井的生产。通过跟踪该井生产情况，决定改变该井的电潜泵运行模式，由原先的单纯频率控制变为"电流限制+降频躲气"模式，降低因"气锁"而引起的停机次数，延长了机组的使用寿命，保证气井的连续稳定运行。

效果分析：该井电潜泵运行平稳，日排水50～60m³，日产气9000m³左右，应用效果较好。

工艺效果评价：电潜泵排水能有效排出井底积液恢复气井产能，但由于该工艺对气井供液能力要求较高，对于渗透性较好，产水量较大且稳定的气井效果较好。

3.2 车载压缩机气举工艺

车载压缩机气举作为一种常用的排水工艺措施，在安岳气田须二段气藏应用较为广泛，共开展了30余口气井的气举工作。以岳110井和岳101-76-H1井为例。

岳110井：2011年4月30日投产，投产初期生产套压26.5MPa，油压6.8MPa，日产气10.0×10⁴m³左右，日产凝析油5～15t，日产水2m³。连续自喷生产至2012年2月，日产水上升至40～70m³，日产气降至2.8×10⁴m³。2012年8月21日产气0.5×10⁴m³，水淹关井。关井复压后于9月10日开井，间歇生产至11月21日再次水淹关井。11月27日，利用车载压缩机配合制氮车开展氮气气举排液，12月4日恢复正常生产，日产气4.5×10⁴m³，日产水100m³。

岳101-76-H1井：于2012年12月13日投产，2013年9月7日水淹停产。2013年9月30日测得地层压力16.2MPa，液面1705.5m。于11月12日在油管2240m射孔，连通油、套管。11月18日通过2台氮气车、1台压缩机氮气气举复活，初期日产气7×10⁴m³，日产油7t，日产水30m³。

工艺效果评价：车载压缩机气举能够有效清除井底积液，在实际生产过程中效果较好，但受到压缩机数量和储层低渗特征的制约，气田开发生产中无法连续气举。

3.3 柱塞气举排液工艺

通过开展柱塞气举排水采气工艺技术攻关，大幅扩大了柱塞气举排水采气工艺的应用范围。安岳气田须二段气藏产出流体有油、气、水三相，以天然气为主，凝析油是天然气伴生产物，普遍产出少量地层水，凝析油对柱塞气举工艺的实施并无明显影响。

3.3.1 柱塞气举选井原则

（1）气井自身具有一定的产能，带液能力较弱的自喷生产井或临时积液水淹井；

（2）产液量宜小于30m³/d；

（3）井深宜小于5000m，井下限位器坐放位置井斜应满足钢丝投捞作业要求；

（4）柱塞安装位置以上油管密封完好；油管、井下工具及井口宜保持等通径，井口通径宜不大于井下管柱通径3mm；井下限位器坐放位置上部如果有井下节流气工作筒，也可以选择柱塞气举工艺；

（5）生产气液比宜满足下列要求：油套连通时，生产气液比不小于200m³/m³/1000m；油套不连通时，生产气液比不小于1100m³/m³/1000m；

（6）压力要求：关井套压宜不小于1.5倍井口节流后压力；
（7）井底具有一定深度的积液，井底清洁，无钻井液等污物；
（8）气井具有一定的剩余井控动态储量。

3.3.2 岳101-45-H1井柱塞气举

岳101-45-H1井于2012年12月28日正式投产，初期产气量20×10⁴m³/d，产凝析油5~8t/d，产水2~3m³/d；2014年8月底，因携液困难关井。此后采用每月开井2次的生产制度，一次产气约0.1×10⁴m³。2014年11月，由于该井封隔器未完全解封，对该井实施压液柱焖井作业。即关闭套管闸门，通过车载式压缩机从油管注气，憋压至12MPa，待将油管液柱完全压入地层后，再开井将水带出来。开井后瞬产气量达17×10⁴m³/d，套压5.2MPa，油压7MPa。2014年12月平均产气3.0×10⁴m³/d，产水18m³/d，产油1t/d。

2015年6月对岳101-45-H1井完成了通井、坐放卡定器缓冲弹簧总成、安装井口柱塞流程等工艺施工，成功运用模拟通井规进行通井作业，确保卡定器缓冲弹簧的成功坐放。岳101-45-H1水平气井作为柱塞工艺试验井成功投产，初期日产天然气5×10⁴m³，措施增产天然气1048.5×10⁴m³、油138t，是川渝中含凝析油气田第一口在水平井中实施柱塞举升工艺的气井。

工艺效果评价：气藏实施5口气井柱塞气举工艺，通过柱塞气举工作制度优化，主要采用流速优化模式、时间优化模式和压力优化模式进行柱塞运行调试。工艺措施累计增产气量2064.11×10⁴m³，工艺措施累计增产油量1052.39t。柱塞气举工艺作为一种经济、环保、操作维护简单方便的排水采气工艺在老井产能维护方面具有良好的应用前景。

4 结论

（1）安岳须二段气藏为低孔、低渗、有水、中含凝析油、弹性气驱、高压岩性圈闭砂岩气藏，自身孔渗条件差，单井控制储量普遍较小，气藏不具备大规模强排液工艺开展的地质条件，应针对性选择产能维护工艺技术类型。

（2）针对气井反凝析污染特征，开展单井注气吞吐应用现场实践，总结形成注气吞吐选井原则，结合气水分布及产水特征，开展气藏"整体治水+单井治水"的工艺排液技术应用实践，形成了柱塞气举选井应用原则，在气井产能维护中取得明显效果，对类似气藏开发具有借鉴作用。

参 考 文 献

[1] 李士论，等．天然气工程[M]．北京：石油工业出版社，2000．
[2] 赵章明．排水采气技术手册[M]．北京：石油工业出版社，2014．
[3] 张荣军，乔康．柱塞气举排水采气工艺技术在苏里格气田的应用[J]．钻采工艺．2009，32（6）：118-119．
[4] 何云，张文洪，等．柱塞气举排水采气工艺在大牛地气田的应用[J]．石油天然气学报，2009.2（31）：351-353．
[5] 叶长青，熊杰，等．川渝气区排水采气工具研制新进展[J]．天然气工业，2015，35（2）：54-58．
[6] 陈科贵，田宝．等．柱塞气举排水采气工艺在定向井中的优化设计与应用[J]．断块油气田，2014，21（3）：401-404．

渤海油田稠油热采工艺技术研究与实践

韩晓冬　王秋霞　刘　昊　王弘宇　张　华

(中海石油(中国)有限公司天津分公司)

摘要：渤海油田自 2008 年开始开展热采先导试验，探索海上稠油经济有效开发途径。为保障海上热力吞吐现场实施，针对海上热采工艺在热采装备、井筒隔热、安全控制等方面存在的技术难题开展了技术攻关与实践。热采装备方面，研制出高度集成、节能高效的多元热流体发生系统及小型化蒸汽发生器系统；井筒隔热方面，采用"环空注氮+高真空隔热油管"，形成高干汽注工艺；安全控制方面，研发耐温、耐压"350℃、21MPa"的海上热采井下安全控制系统，提升海上热采安全保障，综合形成了具有海上特色的海上稠油热采工艺技术体系。

关键词：稠油热采；工艺技术体系；现场应用；前期研究

1 引言

我国海上稠油资源丰富，对于渤海油田来说，地面原油黏度在 350~10000mPa·s 的普Ⅱ类稠油，储量动用程度低，冷采开发效果较差，急需探索新的开发方式实现稠油储量的动用和油田开发效果的改善。"十一五"以来，渤海油田分别在南堡 35-2 油田与旅大 27-2 油田开展了多元热流体和蒸汽吞吐先导试验，截至目前共实施热采井达 36 井次，实现热采累计产油约 $75×10^4m^3$，取得了明显的增产效果。

海上稠油开发具有油藏埋藏深、边底水活跃、井口密集安全控制难度大、注汽设备摆放难度大、安全控制工艺要求高、经济因素制约大等特点，海上稠油热采开发在技术及配套工艺等多方面不能照搬陆地的热采经验，需根据海上特点进行系统攻关研究。通过不断的科研攻关与技术探索，海上稠油热采技术初步形成了比较完善的热采配套工艺技术体系。近些年来，随着规模化热采的逐步推进，在热采装备研究设计、高效注汽工艺和井下安全控制工艺等方面取得了长足进步。

2 海上热采装备研究进展

蒸汽发生器是油田开采稠油的专用注汽设备，受平台空间、承载能力等因素的限制，陆地油田成熟的蒸汽发生器等装备无法直接应用于海上。为实现海上稠油热采工艺的实施，根据海上平台特点和要求，研发了可满足海上热采工艺需求的系列化多元热流体发生装置和小型化蒸汽发生器。

2.1 多元热流体发生装置

针对不同注热温度和注热排量需求，研发了系列化多元热流体发生装置。该系列化装置可实现热流体温度从120℃到350℃、热流体排量从1t/h到16.8t/h的不同注热需求，具体参数见表1。装置橇装化、小型化，可满足海上平台吊装、摆放和安全生产需求。目前该系列装置已在海上累计应用27井次，应用效果良好。

表1 多元热流体发生器参数

型号	拖一	拖二	拖三
最大出口压力（MPa）		20	
出口热载体温度（℃）		120~350	
最大燃气流量（m³/h）	1200	2400	3600
最大水流量（t/h）	4	8	12
热载体流量（t/h）	1~5.6	1~11.2	1~16.8
主机舱尺寸（m×m×m）	9.2×2.5×2.5	9.2×2.5×2.5	9.2×2.5×2.5
主机舱重（t）	11	19	19
空压机尺寸（m）	9.2×2.5×2.6	9.2×2.5×2.6	9.2×2.5×2.6

2.2 小型化蒸汽发生器

针对陆地成熟锅炉占地面积大、无法在平台安装摆放的问题，研发了小型化蒸汽发生器。发生器蒸汽排量11.2t/h，出口干度可达90%。与陆地油田同排量蒸汽发生器相比，其占地面积减小68%，重量减轻58%，可满足海上平台安装和注热技术需求，具体参数指标见表2。该小型化蒸汽发生器目前已在海上应用6井次，应用效果良好。

表2 小型化蒸汽发生器与常规蒸汽发生器参数对比表

项目	小型化蒸汽发生器	陆地同排量蒸汽发生器
蒸发量（m³/h）	11.2	11.2
干度（%）	90	70
长×宽×高（m×m×m）	7×3.5×7.2	22×3.5×3.4
面积（m²）	24.5	77
重量（t）	25	59
面积比较	减小68%	
重量比较	减轻58%	

3 海上热采高干注汽工艺

3.1 工艺优化

海上常用的内连接直连型隔热油管，连接后内通径保持一致，可以保证热采测试及作业工具、生产杆柱的顺畅起下。直连型隔热油管由于连接处没有隔热接箍和衬套的密封，会导致该点热损失的增大。针对以上问题研发了一种高真空隔热接箍，可以有效降低隔热油管接箍的热损失。高真空隔热接箍包括外管、内管。外管套在内管下半段的外壁，内管外壁中段套有隔热层，其隔热原理与高真空隔热油管相似。由于高真空隔热接箍尺寸较短，最高隔热等级可以实现 C 级。

高真空隔热油管的隔热性能主要依赖于隔热夹层内的高真空度。隔热夹层内的真空度会随着使用轮次迅速降低，造成隔热油管的隔热性能下降，注汽井筒热损失增加，井底蒸汽质量下降。表 3 给出了 2013—2017 年渤海油田热采应用高真空隔热油管使用情况，发现高等级的隔热油管导热系数下降明显，隔热性能明显下降，造成井筒热损失增大。

表 3 渤海油田高真空隔热油管检测情况统计

级别	2013 年	2014 年	2015 年	2016 年	2017 年
A 级	4	31	128	30	32
B 级	278	120	8	209	233
C 级	29	105	27	33	50
D 级	9	124	27	0	0
E 级	117	297	62	0	10
高质量 D+E 级占比	0.29	0.62	0.35	0	0.03
合计	437	677	252	272	325

最新采用的气凝胶隔热管视导热系数 ≤ 0.01W/(m·℃)，耐温达到 400℃；低碳环保，使用寿命长，与高真空隔热管相比，使用寿命延长 50% 以上，可以增加使用周期 10 个周期，确保了注汽质量，提高了隔热油管的应用时效，降低了热采成本，提高了稠油的经济开发效益。

3.2 现场应用效果

根据高温光纤实时测试数据显示：采用"气凝胶隔热油管+高真空隔热接箍"高干注汽管柱，隔热油管外壁平均温度下降超过 100℃，降低沿程热损失 8.26%，纯提高井底干度 38.2%，井底干度达 50%。

4 高温井下安全控制工艺研究

目前我国陆地油田热采井不设计井下安全控制工艺，而海上油田井下安全控制要求高，目前常规井的生产封隔器和安全阀无法满足热采井井下 350℃ 高温条件的需求，针对这种情况攻关了高温井下安全阀+高温生产封隔器的井下安全控制技术。

4.1 工艺优化

井下安全控制系统的功能是实现油管和油套环空的开启和应急关闭。热采井耐高温井下安全控制系统与常温条件与安全控制系统组成类似，主要由耐高温封隔器、井下安全阀和排气阀构成。

耐高温安全控制系统的关键点在于提升关键工具和系统整体的耐温压性能。同时考虑注汽过程中井下压力的波动可能会对安全阀等工具的实际开启压差产生影响，在系统中设计了井口压力平衡装置，该装置可以平衡油套管压力波动的影响，使安全阀和排气阀始终能够保持恒定的开启压力源。

4.1.1 耐高温封隔器

耐高温封隔器主要功能是作为管柱的一部分与油管连接后下入井下，在高温条件下密封油管和套管间的环形空间，防止注热期间井下高温热流体通过环空上返。该耐高温封隔器主要由隔热中心管、液压锁紧机构、胶筒密封机构、卡瓦及卡瓦锁紧机构和解封机构等部分构成。其主要结构特点如下。

中心管隔热：为降低胶筒的实际工况温度，保证其高温条件下的密封效果，借鉴隔热油管隔热结构特点，将中心管设计成双层隔热结构。通过实验验证证明，中心管内蒸汽温度在350℃左右的工况下，中心管外胶筒处的实际温度低于250℃，可以使胶筒始终在合理的工况温度下工作，保证了胶筒密封的可靠性。

自补偿功能：中心管和封隔器本体之间通过动密封结构，在使中心管可以独立运动的前提下保证其密封效果，并优选了动密封处的密封材质。随着中心管的受热伸长，中心管可在封隔器本体内上下移动，避免由于管柱受热伸长导致应力破坏。

4.1.2 耐高温井下安全阀

耐高温井下安全阀主要有上接头、下接头、液控组件、增程机构、耐高温弹簧、中心管和阀板阀座构成。现场应用过程中，地面井口控制盘通过液控管线与井下安全阀连接，通过地面打压后，液控组件向下移动推动增程机构移动，进而推动中心管向下运动，顶开阀板，实现安全阀开启和油管通道的打开；地面泄压后，中心管在弹簧的作用下向上运动回到初始位置，阀板关闭，实现油管通道的关闭。其主要结构特点如下。

全金属耐高温动密封：不同于常规安全阀的动密封结构设计，该安全阀通过全金属液控组件来实现全金属高温条件下的动密封设计，其内部为波纹管结构，当其内部压力增大时，波纹管伸长，实现从压力变化转换为位移变化的目的。

单（双）液控管线：考虑高温条件下结构和工具的不稳定性，设计双液控管线结构，在必要的时候可以采用双液控管线，在实际应用过程中可在一侧出现渗漏情况下实现安全阀的正常开启，提高安全阀的工作稳定性。

耐高温合金弹簧：通过高温和高低温交变条件下多轮次实验评价和筛选，优选了耐高温合金材质，保证多轮次高低温条件下的有效回弹。

4.2 现场应用

通过不断的材料优选、结构改进优化和大量室内工装实验，安全控制相关关键工具耐温压性能可满足技术需求，安全控制系统整体耐温能达到350℃，耐压21MPa。目前该系统已在海上现场成功应用2井次。经过矿场应用验证，该系统可满足海上稠油热采井高温井下安全控制技术要求。

5 结论与认识

（1）根据海上平台特点和注热要求，研发了可满足海上热采工艺需求的系列化多元热流体发生装置和小型化蒸汽发生器，共累计应用33井次，取得了较好的应用效果。

（2）针对目前海上注热管柱存在的不足，研发了无热点高干注汽管柱，有效提升了井筒隔热效果和井底干度，海上热采井井底干度首次达到50%。

（3）高温井下安全控制工艺的研发和成功应用，提高了海上热采井作业过程中安全控制水平,为海上稠油规模化热采筑牢安全屏障。

参 考 文 献

[1] 周守为. 海上油田高效开发技术探索与实践[J]. 中国工程科学, 2009, 11(10): 55-59.

[2] 李敬松, 姜杰, 朱国金, 等. 稠油水平井多元热流体驱影响因素敏感性研究[J]. 特种油气藏, 2014, 21(5): 103-108.

[3] 徐文江, 邱宗杰, 张凤久. 海上采油工艺新技术与实践综述[J]. 中国工程科学, 2011, 13(5): 53-56.

[4] 张华, 刘昊, 刘义刚, 等. 多元热流体吞吐初期井间窜流复合防治[J]. 石油钻采工艺, 2017, 39(4): 495-498.

[5] 邹剑, 韩晓冬, 王秋霞, 等. 海上热采井耐高温井下安全控制技术研究[J]. 特种油气藏, 2018, 25(4): 154-157.

[6] 张华, 刘义刚, 周法元, 等. 海上稠油多元热流体注采一体化关键技术研究[J]. 特种油气藏. 2017, 24(4): 171-174.

超深井深穿透喷砂射孔完井工艺研究与应用

张 杰[1]　吴春洪[1]　秦 星[2]

(1. 中国石化西北油田分公司石油工程技术研究院　2. 中国石化石油工程技术研究院)

摘要：碎屑岩油藏是油田中常见的油藏类型。当前，碎屑岩油藏部分储层物性差或受夹层及非均质性影响，低渗段及局部储层难以动用。在水射流理论下，通过对喷砂射孔参数的优化，研发出适合碎屑岩的喷砂射孔完井工艺，实现了超深碎屑岩储层喷砂射孔现场作业，增产效果显著，为碎屑岩油藏当前面临的难题提供了一种可供选择的解决方案。

关键词：超深；碎屑岩；喷砂射孔；定向

碎屑岩油藏是油田中常见的、重要的油藏类型。当前，碎屑岩油藏部分储层物性差或受夹层及非均质性影响，低渗段及局部储层难以动用。油田迫切需要通过新技术新工艺解决上述难题，全面、均匀、高效动用井周储层，实现增产的目标。在水射流理论下，通过对喷砂射孔参数优化计算，成功研发出适合碎屑岩的喷砂射孔完井工艺，扩大了与储层沟通范围，增产效果显著，为碎屑岩油藏当前面临的难题提供一种可供选择的解决方案。

1 水力喷砂射孔机理研究

在水射流理论中，水力喷砂射孔是水力喷射压裂技术的重要组成部分之一，也是水力喷射压裂工艺的首要环节。它是采用混有一定浓度天然石英砂的压裂液基液作为射孔液，射孔液经地面高压泵加压通过喷嘴后形成高速磨料射流，高速磨料射流以其具有的高动能切削套管、水泥环和地层岩石，最终形成具有一定深度和孔径的射孔孔眼。

1.1 水力喷砂射孔理论模型

由水力学的动量定理[1]可知，高压泵将带有磨料（通常是石英砂）的液体，从油管经特制的喷嘴，将压头转换为速度，当质量为 m 的含砂液流以速度 v_0 运动时，就使得液流中的磨料具有 $\frac{1}{2}mv_0^2$ 动量。该动量与套管、岩层或其他障碍物接触时，动量的速度突然降为 0，此时含砂射流以冲量做功，其结果是破坏或切割靶件，于是便产生了水力喷砂射孔（切割）技术[2]。

水力喷砂射流动量 $P=mv$，其中射流质量 m 可表示为：

$$m = \frac{v_0 A_j Y}{g} \tag{1}$$

式中，v_0 为射流速度；A_j 为喷嘴截面积；γ 为射流重率；g 为重力加速度。

则射流的冲量值如下式可得：

$$P = \frac{\gamma A_j v_0^2}{g} \tag{2}$$

理论上，不含砂的射流，只要其能够在喷射面上垂直形成的冲击力大于该材质的抗压强度时，同样有切割效果，但是应该指出，这就必须具备性能优良，功率很大的高压泵才能实现，然而这往往是不现实的，也是不经济的[3]。因此，系统地研究并实验了较低的工作压力和普通的高压泵的条件下射流各种工作参数，这样水力喷砂射流射孔（切割）才可被广泛应用于油田的各个方面，才具有可行性和实际意义[4]。

1.2 水力喷砂切割岩石机理

水力喷砂穿透套管后即直接冲蚀切割水泥环及近井地层岩石，如图1所示。水力喷砂对岩石这种脆性材料的冲蚀机理远比对套管这种延性材料复杂得多。某些研究已经揭示了磨粒冲击脆性材料的破坏形式是产生赫兹锥状裂纹、径向裂纹和横向裂纹的形式。其他研究者，包括 Hockey 和 Widerhorn 也观察到在冲击点附近有塑性变形的迹象[5]。人们认识到塑性变形会引起径向裂纹的产生，而残余应力会产生横向裂纹。尽管在脆性材料切割时横向裂纹扮演了主要的角色，但塑性变形的重要作用，特别是在小冲击角时是不容忽视的。同时也观察到晶粒间损伤是聚晶陶瓷在动载荷下的典型破坏特征。用水力喷砂切割材料基本上是通过水流中的磨粒进行的微冲蚀过程。

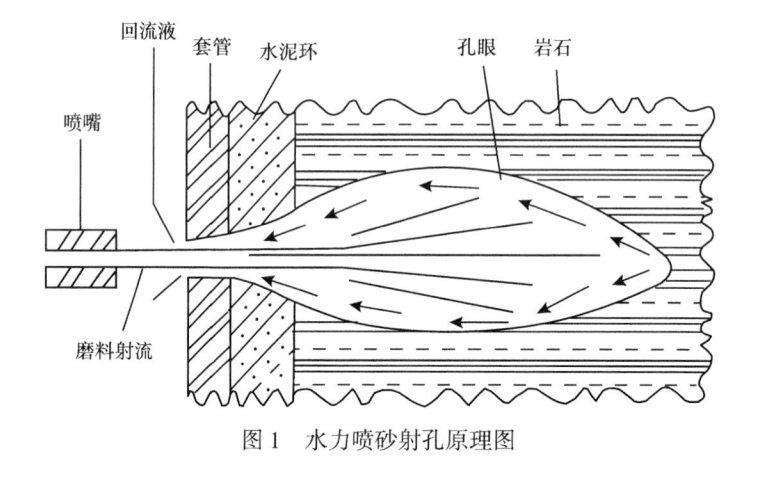

图1 水力喷砂射孔原理图

大部分学者认可的水力喷砂射流冲击岩石的过程是，在冲击初期，强大的冲击载荷产生的拉应力将首先在岩石表面引起环状的赫兹锥形裂纹。然后，随着接触力的增加，磨料冲击的正下方将产生塑性变形，切向应力分量引起一系列垂直于冲击表面的径向裂纹。在冲击的后期，磨料开始卸载并离开岩石，残余应力会形成一系列近似平行于冲击表面的横向裂纹。这些横向裂纹延伸到岩石表面，引起破碎屑或称破碎坑。在中等压力（约50MPa）下，磨料的冲击速度将大大超过使岩石破碎的极限速度，因而可以有效切割和破碎岩石。在磨料冲击岩石产生裂纹的同时，水流在水楔压力作用下挤入裂纹，起到延伸和扩展裂纹的附加作用，从而增强冲蚀破碎能力。

工作参数的影响表现为冲击角度及磨料浓度的影响。最佳冲击角度可取 80°，尽可能减小切割面的弯曲，增加垂直作用在深度方向上的分力。应根据最大切割深度、喷嘴磨损、成本等综合考虑合适的磨料浓度[6]。实验表明，以体积浓度 5%~10% 为宜。

磨料特性参数的影响主要体现在磨料硬度、粒度、类型、圆度等。硬度的影响指磨料抵抗因冲击力而破碎的能力，基本要求是磨粒的硬度应高于切割岩石的硬度。磨料的粒度应以中等粒度（0.4~0.8mm）为宜。对大多数磨料，有锐角的颗粒切割效果比球状颗粒好。然而对于石英砂，球状颗粒反而切深大，这是因为球状砂粒抵抗冲击破碎的能力强。岩石特性参数中，岩石抗拉强度、断裂韧性、杨氏模量对水力喷砂射孔深度的影响最明显。相反，对纯水射流切割影响较大的岩石参数（如渗透率和粒径等）对喷砂切割影响却不明显[7]。

2 深穿透喷砂射孔工具研制

2.1 喷嘴水射流破岩仿真分析

基于 ANSYS LS-DYNA 的流固耦合分析技术，对高压水射流破岩过程进行了数值模拟。流固耦合力学是流体力学与固体力学交叉而生成的一门力学分支，它是研究变形固体在流场作用下的各种行为以及固体位形对流场影响这二者相互作用的一门科学[8]。流固耦合力学的重要特征是两相介质之间的相互作用，变形固体在流体载荷作用下会产生变形或运动。变形或运动又反过来影响流体运动，从而改变流体载荷的分布和大小，正是这种相互作用将在不同条件下产生形形色色的流固耦合现象[9]。

采用多物质 ALE 法，计算网格不再固定，也不依附于流体质点，而是可以相对于坐标系作任意运动[10]。故岩石取拉格朗日法单元，水和空气取多物质 ALE 单元，岩石和水之间选择流固耦合连接，通过失效应变考虑材料的失效。为简化计算，提高效率，取 1/4 模型进行分析。

基于 ANSYS LS-DYNA 的流固耦合分析，对水射流破岩过程进行了仿真。水射流破岩过程，应力云图区域逐渐增大形态不断扩展。表明高压携砂水流经过泵车加压经过油管或连续油管被送至井下，再通过喷射工具射流以高速射出，破岩范围随时间推移越来越大，破岩效果随之增强[11]。岩石破坏过程中，应变云图变形逐渐加深，范围不断扩大，在 100s 后高压水流射至岩石内部 1.2cm。此次仿真计算明确了喷嘴射流流场与岩石的相互作用机理，为高压水射流破岩提供理论依据。

2.2 深穿透喷砂射孔工具研制

碎屑岩油藏部分储层物性差或受夹层及非均质性影响，低渗段及局部储层难以动用的问题亟待解决。而常规喷枪由于长度和不能组配等原因，在分段定点改造技术中应用受限。常规喷枪具有喷枪耐冲蚀能力差的技术难点。同时，常规喷枪喷嘴方向与喷枪本体法线方向重合，射流经喷嘴喷射在套管上，反弹路径沿原喷射路径，会阻挡后续射流，造成射流速度降低，影响穿深[12]。

针对常规喷枪存在的不足，西北油田石油工程研究院研发了一种可组配定点改造的新型喷砂射孔工具。工具本体上有三个喷嘴，相邻喷嘴夹角 120°；三个喷嘴中一个喷嘴带 5°倾斜，其余两个喷嘴中心线均与工具轴线垂直；喷嘴附近工具表面合金化处理，硬度72~75HRC。

研制的新型射孔工具有三大创新点：（1）将喷嘴附近喷枪本体材质从35CrMo优化为碳化钨，硬度由50HRC提升至75HRC，耐冲蚀能力显著提高。（2）可根据地质需求灵活组配工具，工具数量和喷嘴数量均可调。（3）优化后的喷枪喷嘴方向与法线方向呈5°角，射流经喷嘴喷射在套管上，反弹路径不沿原喷射路径，不会对后续射流产生影响，深穿透能力显著提高。该工具可与注水、注气、酸化、加砂压裂、酸压等工艺配套使用，可实现工艺效果最大化。

2.3 与当前喷砂射孔工具射孔深度对比

在射流压力和喷距等一定的条件下，改变射流排量（喷嘴直径）和射孔时间，在同一种水泥岩样上射孔实验，结果如图2所示。随着排量的增加，射孔深度显著增加。这说明在一定的压力下，仅靠排量的增加也能够提高射孔深度。因此，现场水力喷砂射孔施工时可以通过增加排量来增大射孔深度。当前喷砂射孔工具单嘴排量最高达到300L/min，而新研制的深穿透喷砂射孔工具的单喷嘴排量在500~700L/min。可以预计深穿透喷砂射孔工具射孔深度可增加约20%~30%。

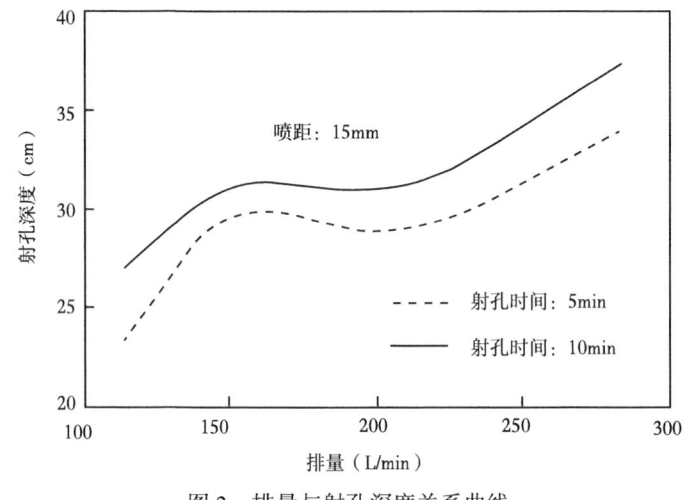

图2 排量与射孔深度关系曲线

3 施工工艺参数优化

根据水射流理论，砂浓度对施工泵压的影响不大，在喷嘴尺寸确定的情况下，排量是影响施工泵压的主要因素。在根据喷砂射孔砂比经验值6%~8%确定砂浓度为125kg/m³的条件下，计算出不同排量对应施工参数[13]。其中，西北油田石油工程研究院利用多年施工经验，总结出不同管柱及液体黏度下的摩阻计算，能精确得到对应的摩阻以及施工压力。

计算不同单嘴排量下对应的喷射速度，单喷嘴排量在100~700L/min时喷射速度≥220m/s。550L/min对应的喷速294.2m/s。6只直径6.3mm的喷嘴，3.3m³/min对应的节流压差59.61MPa，对应的摩阻19.78MPa，对应的泵压79.39MPa。

井口额定工作压力105MPa，按照井口装置安全工作压力80%计算得到施工最高泵压

84MPa。考虑砂堵等异常情况，为确保施工压力在安全范围内，通过排量泵压曲线，选取施工最大排量为 3.3m³/min，从而选取单喷嘴排量为 550L/min，喷射速度为 294.2m/s，井口泵压为 79.39MPa。

4 现场实施情况

2018年6月进行现场施工，采用"3½in 油管+液压丢手器+水力锚+喷射工具+油管短节+单流阀+油管短节+斜尖"管柱组合对×井 4594~4597m 井段进行喷砂射孔施工。施工后管柱顺利起出并转抽生产，开井至今，该井恢复正常生产，含水从 99.6%下降至 1.4%，日产油 8.3t。截至 2019年4月，该井累计增油 2944t。

（1）超深井深穿透喷砂射孔完井工艺极大地增加了孔眼与储层的接触面积，其接触面积为常规射孔完井的 20 倍。同时，该工艺无压实带伤害的情况。

（2）管柱设计方面：①单流阀实现正注时流体只能从喷嘴进入地层，同时保证井控安全；②液压丢手为管柱卡埋留后手，有备无患；③防砂水力锚确保施工期间喷枪不移动，保证喷射效果。

（3）防止砂卡方面：①喷砂射孔之后紧跟一个油管容积的顶替液，将含砂液冲高，防止砂卡；②顶替之后紧跟大排量反循环洗井，让含砂液尽可能处于流动状态，防止含砂液静止后石英砂沉降；③大排量反洗之后紧跟上提管柱至直井段，再下管柱至第二喷射段，防止卡埋管柱。

（4）井筒作业方面：铣锥处理井筒、刮管和模拟通井，三趟井筒作业钻具实现井筒通畅，确保完井管柱顺利下入。

5 结论

（1）基于高压水射流原理，完成超深井喷砂射孔关键参数设计与优化，顺利完成井深 5500m 碎屑岩储层喷砂射孔，实现了超深井喷砂射孔现场作业；

（2）自主研发喷枪，具有耐冲蚀，深穿透和可组配的特点，经受了超深碎屑岩储层喷砂射孔作业的考验，成功实现各项功能；

（3）水力喷砂射孔技术在超深碎屑岩储层还可以配套酸化，注水，注气等工艺，实现剩余油挖潜，提高采收率。

参 考 文 献

[1] 李根生，黄中伟，等．水力喷射压裂理论与应用［M］．北京：科学出版社，2011．
[2] 宫俊峰，黄中伟，李根生，牛继磊．水力喷砂射孔辅助压裂填砂机理与现场试验［J］．石油天然气学报，2007（4）：136-139，170．
[3] 朱正喜，曹会，陈沙沙．国内水力喷射压裂工艺技术应用研究进展［J］．石油矿场机械，2014，43（12）：82-87．
[4] 龚万兴，廖天彬，王燕，等．水力喷射分层压裂技术研究与应用［J］．西部探矿工程，2012，24（10）：81-84，87．
[5] 李根生，沈忠厚．高压水射流理论及其在石油工程中应用研究进展［J］．石油勘探与开发，2005（1）：96-99．

[6] 李根生,马加计,沈晓明,等.高压水射流处理地层的机理及试验[J].石油学报,1998(1):106-109,8-9.

[7] 张宏,邱杰,刘新生,等.水力喷射压裂技术在河南油田水平井的应用[J].石油地质与工程,2011,25(5):99-101.

[8] 权凌霄,孔祥东,俞滨,等.液压管路流固耦合振动机理及控制研究现状与发展[J].机械工程学报,2015,51(18):175-183.

[9] 吴欣袁,练章华,江文,等.多分支井连接段有限元流固耦合建模与分析[J].石油机械,2011,39(12):28-31,99.

[10] 邢景棠,周盛,崔尔杰.流固耦合力学概述[J].力学进展,1997(1):20-39.

[11] 郭术义,陈举华.流固耦合应用研究进展[J].济南大学学报(自然科学版),2004(2):123-126.

[12] 张昭,刘亚丽,胡海飞,等.射孔枪射孔过程数值模拟及参数控制[J].塑性工程学报,2008,15(6):151-156.

[13] 汪志明,魏建光,王小秋.水平井射孔参数分段组合优化模型[J].石油勘探与开发,2008,35(6):725-730.

川西气田智能注剂排采系统的开发与应用

黄万书　刘　通　倪　杰　赵哲军

(中国石化西南油气分公司工程技术研究院)

摘要：川西气田采用泡沫排水为主体的排采工艺，为降低劳动强度，提高加注效率，实现集中管理，自主研制了智能注剂装置。该装置具备"自动积液预警、自动启停泵、智能加药、自动泄压"功能，兼具模块化、网联化、低成本的特点。目前已在川西地区和内蒙古成功应用 3 口井，其中川西 X 井实现了基于油套压差阈值的智能加注，苏里格 Y 气井实现了"自发电、每日自动加药100L、无人值守"，对于致密砂岩气藏、页岩气藏的低成本高效排采具有推广潜力。

关键词：无人值守；积液预警；智能；自动；泡沫排水

随着低压低产致密气藏进入开发中后期，压力产量递减迅速，无法满足最低携液流量要求，井筒存在积液，严重影响气井生产。以川西气田为例，大部分气井油压小于2MPa，产量小于 $0.5×10^4m^3/d$，中浅层日产水量普遍低于 $2.0m^3/d$，泡沫排水是最主导的采气工艺（占比 70%以上），2018 年累计作业 1139 口井 116500 井次，年增产气量 $9260.02×10^4m^3$。目前加注方式有车注、泵注、投棒、平衡罐等，存在措施井数多，车注成本高，投棒井多、人员劳动强度大、无人值守站增多，无法实现连续加注、消泡不彻底等问题。因此，自主研制了智能泡沫排水注剂装置。通过计算机编程、工业自动化控制，实现"自动积液预警、自动启停泵、智能加药、自动泄压"的功能，兼具小型化、模块化、网联化、低成本的特点，既能降低劳动强度，易于集中管理，又能做到"一井一策"杜绝药剂浪费，以及最大限度地提高气井排液效率，从而保证气井稳定高效生产。

1　智能注剂装置

1.1　装置设计

气井智能注剂装置主要通过 PLC 控制柜接收在线积液诊断软件的指令，实现智能启停柱塞泵，电脑或手机可以实现远程监控。该装置由供电模块、液位传感器、远传压力表、柱塞泵、储液罐、PLC控制柜等组成。柱塞泵机组上游连接药剂罐、过滤器等，下游连接压力表、单流阀、注剂管等至套管一翼，如图1所示。柱塞泵、储液罐、供电模块（图2）均可根据现场实际工况定制。

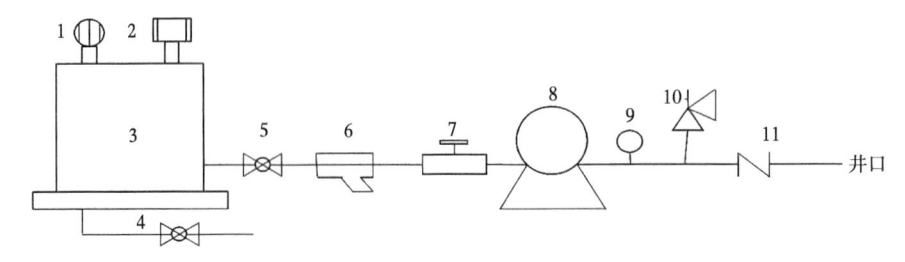

图 1　智能注剂装置结构示意

1—液位传感器；2—搅拌器；3—储液罐；4—排污阀；5—注剂阀；6—过滤器；7—流量计；
8—柱塞泵；9—压力变送器；10—安全阀；11—单向阀

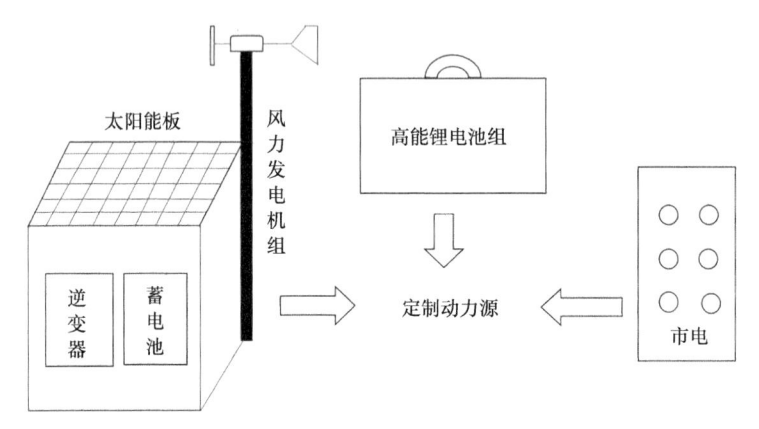

图 2　供电模块选择示意

1.2　技术特点

（1）对偏远井、无人值守井，利用太阳能、风能等自然资源或高能蓄电池离网供电，动力充足，环保节能，可靠性高。

（2）集成创新数据采集、计算机编程、工业自动化、积液诊断、制度优化，形成"在线积液诊断、自动预警、自动排液"的智能排液模式。

（3）自动、定时、定量、智能向气井环空加注起泡剂，实现气井精细化管理的"一井一策"，同时便于集中管理。

（4）既可井口加注起泡剂，又可向地面管线加注消泡剂，充分消除泡沫对下游管道的影响，冬季还可加注甲醇预防管线冻堵。

（5）可用于单井或多分支井加注，有效降低了泡排劳动强度，最大限度地节约人力、设备和管理成本，消除人工操作采气树阀门的风险。

（6）设备具有排量大、承压高、持续工作时间长、防盗、防雨等特点，同时具有低液位、超压、高电压报警切断功能，现场检验安全可靠。

（7）装置采用储液模块、供电模块、泵阀模块、控制模块四部分现场任意拼接，各模块体积小、移动、安装、维修灵活方便。

1.3 技术指标

已形成三个系列的产品：GCY-PP-02型单井智能注剂装置、GCY-PP-03型多井智能轮井注剂装置、GCY-PP-04型风光能智能注剂装置。其中，注剂泵额定工作压力0~30MPa可任意定制，排量15~900L/h可任意定制；储药罐容量单个1~2m³可定制；防爆等级：ExdIIBT4；数据传输：有线/无线；工作介质：起泡剂、消泡剂、甲醇、解堵剂、酸液等。

2 智能远程控制系统

2.1 气井积液实时诊断系统

利用PLC控制柜采集井口油压、套压、产气量、产水量等数据转换为数字信号，再将数字信号通过无线远传传到电脑网页、手机APP，在线积液软件基于井筒多相流、临界携液等理论，通过建立数学模型，计算得到气井环空液位、油管液位、井底压力、积液量等，从而得到油套压差阈值。当气井油套压差超过设定阈值时，PLC控制柜发送指令，对注剂泵进行启停控制。

2.2 远程自动控制系统

系统运行过程中，控制软件通过不同信号传输方式将控制指令发给PLC控制器DO变频器，变频器闭合，柱塞泵打开，开关量将柱塞泵开启状态反馈给控制软件，控制软件在界面上显示柱塞泵已开启。当柱塞泵停止运行时，控制软件发出断电或停泵指令，PLC控制器收到指令后，继电器DO断开，柱塞泵停止；开关量收到断电或停泵指示后，将指令反馈给控制软件，控制软件将在界面上显示柱塞泵已停泵。图3为远程启停设备控制原理框图。

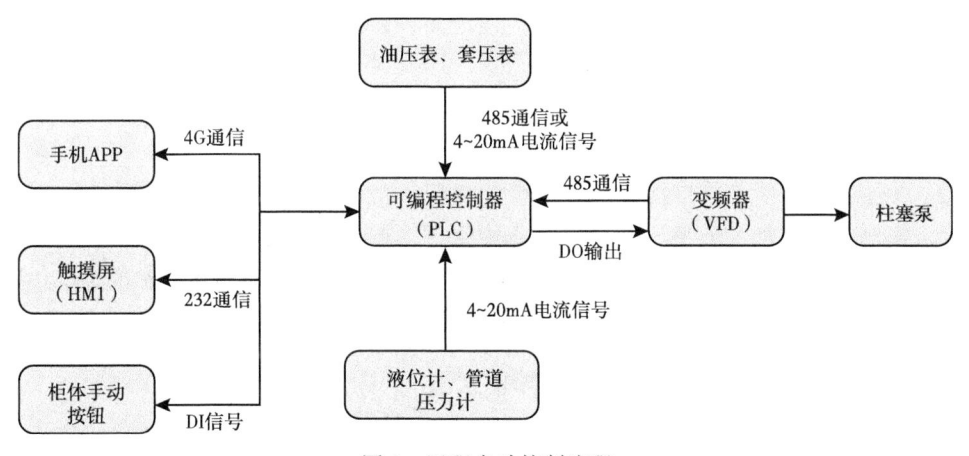

图3 远程自动控制流程

2.3 安全保护系统

过压保护系统主要通过泵出口过压溢流和电流过载双控制，确保系统安全。当泵出口压力过高、动力电压过高时，将自动强制停泵。当系统电压过高时，自动切断设备电源，保护装置安全。若储液罐内液位过低，液位传感器将信号传到PLC柜，PLC柜发出指令停泵并使报警器报警，提示操作人员液位不足。具有自动泄压、双单流阀保护、气体报警等装置，保证了设备的运行安全。

3 现场应用

川西X井是沙溪庙组的一口水平勘探井，造斜点深1830m，井内管柱全通径，2286.9m以上为内径62mm油管，2286.9m以下为内径61~62mm的智能滑套。自2019年4月3日—5月15日累计开展了21井次的智能泡沫排水试验，注剂周期2~3天，单次注剂量60~80kg（纯剂3~4kg），累计注剂量1420kg（纯剂71kg），累计启泵时长12h，装置运行稳定，参数远程采集正常。注剂装置实现电脑和手机APP远程监控，同时进行在线积液分析，确定油套压差阈值为1MPa，每天智能判断加注起泡剂。

该井自实施智能泵注工艺以来，加注周期由2~5天缩短至2~3天，用量由每次5~8kg减小至每次3~4kg，油套压差峰值由1.8~2MPa降至1.4MPa，平均油套压差由1.21MPa降至0.93MPa，压差降低明显，排水更连续，生产更平稳。此外，与常规泡沫排水车单井加注相比，总成本由1.88万元/a降低到1.25万元/a，年成本降低约34%，降本效果显著。

苏Y井采用风光能智能注剂装置，自发电满足每天60L的加注量。该井目前已连续平稳运行3个多月，累计加药108天，累计加药12.96t。平均日产气量由15500m³增加到21000m³，平均油套压差由1.92MPa降低到1.09MPa，实现井站无人值守，单井节约运行成本20余万元。

4 结论

（1）研制形成了3个系列的智能泡排注剂装置，具有模块化、网联化、低成本、智能化的特点。

（2）"自动积液预警、自动启停泵、智能加药"的智能泡排模式，降低了人工泡排劳动强度，提高了泡排加注效率，实现在线集中管理，推动数字化油田建设。

（3）智能泡排注剂装置在川西和内蒙古地区开展了2口井的先导试验，实现泡排井无人值守、远程监控和智能加注，在致密气藏、页岩气藏低成本高效排液稳产中具有推广潜力。

参 考 文 献

[1] 田伟，贾友亮，陈德见，等．气井泡沫排水智能加注装置[J]．石油机械，2012，40（9）：78-80.

[2] 许飞，黄丹丹，吴小康，等．风光互补智能起消泡剂加注装置的研制与应用[J]．石油钻采工艺，2015，37（2）：94-96.

[3] 贾友亮，杨亚聪，陈德见，等．长庆气田泡沫排水数字化配套技术[J]．化工技术与开发，2012，41（7）：64-66.

大港油田页岩油体积压裂技术探索与实践

刘学伟 陈紫薇 尹顺利

(中国石油大港油田分公司石油工程研究院)

摘要：根据大港油田沧东凹陷孔二段页岩油地质特征，在大量岩心实验与数值模拟的基础上，对压裂施工的排量和单段液量进行了模拟优化；为了提高缝高纵向扩展，在纹层状长英质页岩、纹层状混合质页岩采用逆混合的改造模式，即先采用冻胶进行破岩造缝，再采用低浓度低伤害压裂液体系形成复杂缝网，最后通过冻胶加砂形成近井高导流能力区，形成了大港油田个性化水平井密切割体积压裂技术。该技术成果在页岩油应用表明，水平井密切割体积压裂压后产量稳定，实现工业化开发。微地震、稳定电场监测证实形成复杂网络裂缝，取得了显著的增产效果，对我国陆相页岩油高效勘探开发提供了借鉴。

关键词：沧东凹陷；页岩油；体积压裂；逆混合改造；裂缝监测

21世纪页岩气、页岩油等非常规资源勘探开发成为全球油气资源生产的重要组成部分，深度重塑了全球能源版图与地缘政治。美国非常规油气产量已占比70%，推动美国"能源独立"战略实施。我国页岩油勘探开发技术起步较晚，各盆地页岩油发育特征和地质条件差异较大，有效的开发技术模式十分有限。东部断陷盆地已成为我国陆相页岩油勘探开发的重点领域[1]，大港油田沧东凹陷孔二段页岩油形成条件有利，页岩油资源量 6.8×10^8 t，具有巨大的勘探开发潜力。但沉积构造背景复杂、源储组构模式多变、储层物性差、非均质性强、压裂高产稳产能力差[2]。为实现页岩油效益开发，大港油田钻探两口页岩油水平井，开展了页岩油水平井体积压裂技术探索，形成了低伤害复合压裂液体系、低成本高效支撑工艺、密切割体积压裂工艺、不同源储组构模式的个性化改造模式、地质工程一体化射孔优化工艺等关键压裂技术，提高水平井各段裂缝复杂程度及支撑效果，实现页岩油储层体积改造。

1 孔二段页岩油地质特征

孔二段沉积期为沧东凹陷孔店组湖泛期，闭塞湖盆中部页岩层系发育，自下至上可分为四个四级层系共21个小层。前期地质研究及试油资料表明孔二段C1是孔二段页岩油的优势储层，C1纵向上厚度70m，按照源储组合模式，可分为纹层状长英质页岩、纹层状混合质页岩及块状灰云岩相三类。纹层状长英质页岩纹层平直而细密，易发育层理缝；纹层状混合质页岩不同成分纹层纵向平直规则叠置，厚度多为0.1~2mm；块状灰云岩单层厚度一般小于30cm，多呈薄层状、条带状或透镜状，典型特征是高角度异常压力缝非常发育，裂缝开度多为0.5~2mm[3]。

沧东凹陷孔二段页岩油岩石主要由粒径小于 $62.5\mu m$ 的黏土级和粉砂级沉积物组成。

矿物成分主要包括长石—石英，碳酸盐岩和黏土，其中石英含量10%~25%，长石含量5%~30%，方解石含量0~70%，白云石含量0~95%，黏土含量0~56%，黄铁矿含量0~18%。孔二段页岩油有效储集空间以基质孔为主，少量微裂缝，孔喉以20~700nm为主，平均520nm，孔隙度1.0%~12.0%，渗透率0.02~1.0mD。原油的密度0.86~0.887g/cm³，胶质沥青质含量25.12%~30.68%，原油80℃黏度平均19.3mPa·s。本区块地层温度在140~150℃之间，压力系数在0.96~1.27之间[4]。G108-8井孔二段连续取心495m，岩心描述与薄片观察表明厚度小于1cm的共2432层，占比68%，具有典型页岩组构特征。该井成像测井显示，40m页岩层段有天然裂缝6条，天然裂缝密度低。

岩石力学测试表明：孔二段静态杨氏模量10~43.7GPa，泊松比0.11~0.417。地应力测试G108-8井孔二段最大水平主应力在72.7~81.0MPa之间，最小水平主应力在48.5~58.5MPa之间，水平主应力差值21.0~25.4MPa，平均22.9 MPa。岩石三轴力学试验[5-6]、现场压裂微地震监测、稳定电场监测显示，页岩油直井压裂形成裂缝形态简单，改造体积有限。

2 孔二段页岩油体积压裂技术

GD1707H、GD1702H是两口沧东凹陷孔二段页岩油油水平井。GD1701H井完钻井深5465.49m，垂深3851.5m，水平段长1474m；GD1702H井完钻井深5298m，垂深3930m，水平段长1329.88m。储层埋藏深，地应力高，导致施工压力高，加之近井筒区域裂缝较为复杂，施工难度较大。GD1701井、GD1702井储层温度高，水平井单段改造规模大，对压裂液的耐温、耐剪切性能要求高。官东致密油孔二段纵向发育多套不同类型的储层，对改造工艺的针对性提出了较高的要求。储层物性差，原油黏度较高，溶解气油比、含油饱和度低，使得本井改造提产难度大。

2.1 低伤害复合压裂液体系

页岩油储层致密，脆性较高，需要采用滑溜水大排量施工提高裂缝复杂程度[7]。与页岩气不同，页岩油对导流能力需求较高，需要高浓度加砂提高导流能力，因此配套低浓度低伤害压裂液体系进行高砂比携砂。滑溜水压裂液配方为0.1%降阻剂+0.3%防膨剂，滑溜水现场降阻率≥70%，可现场连续混配；低浓度低伤害压裂液，瓜尔胶使用浓度0.3%，耐温140℃，残渣含量177mg/L，对地层伤害小，与地层配伍性好。

2.2 低成本高效支撑工艺

根据数值模拟优化等效裂缝最优导流能力，利用水电相似原理，建立了复杂缝网导流能力优化方法[8]。结合国内外相关研究和大港油田孔二段特征，优化大港油田孔二段一级裂缝与主裂缝的比值，取3，二级裂缝与一级裂缝的比值取20。因此，优化的主裂缝的导流能力为6.29D·cm，一级次裂缝导流能力优化为1.55D·cm，二级次裂缝导流能力优化为0.13D·cm。对缝网的主裂缝、次裂缝、微裂缝采用不同的支撑方式，提出三级裂缝有效支撑技术，即主裂缝近井筒主裂缝采用30/50目和40/70目组合陶粒支撑，近井筒主裂缝采用30/50目陶粒支撑；次裂缝采用40/70目陶粒支撑；微裂缝利用70/140目石英砂、岩石粗糙面自支撑。

2.3 密切割体积压裂工艺

页岩油与常规低渗透储层最大的差别在于存在较强的启动压力梯度。页岩油储层启动压力梯度高，启动压力梯度的大小直接决定了储层的可动用范围。即使实施压裂改造可动的范围小、页岩储层启动压裂梯度高，"缝控储量"压裂改造的核心就是尽量减少非流动区域面积，降低流体在基质中的渗流距离，提高基质中的油气驱动压力梯度，大幅度提高可动用储量。官东致密油储层，由于流度低、启动压力梯度高，增加裂缝条数对改造效果提升很明显。

2.4 不同源储组构模式的个性化改造模式

国外的物模实验表明，水力裂缝高度方向受层理控制，当存在纵向岩性非均质、层理面时，裂缝高度扩展复杂，裂缝高度延伸受限，水力裂缝沿层里面扩展，呈现"鱼骨状"垂直裂缝形态。为了提高缝高纵向扩展，纹层状长英质页岩、纹层状混合质页岩采用逆混合的改造模式。先采用冻胶进行破岩造缝，再采用滑溜水形成复杂缝网，最后通过冻胶加砂形成近井高导流能力区。对于块状灰云岩模式，储层的单层厚度大于2m，主要是页岩夹白云岩的特征。为避免裂缝起裂阶段缝高过度增长，采用复合压裂改造模式，先利用滑溜水大排量施工开启裂缝，形成复杂裂缝，再利用冻胶携砂形成近井高导流能力区。

2.5 地质工程一体化射孔优化工艺等关键压裂技术

赵贤正、周立宏等研究建立了基于岩石脆性因子、天然裂缝因子、地应力因子的缝网指数模型[2,9-10]，与孔二段页岩油裂缝形态相关性较高。缝网指数在 0.3~0.4 之间，裂缝复杂程度一般；缝网指数大于 0.4，裂缝复杂程度较高。利用缝网指数理论，优选水平井压裂工程"甜点"，提高页岩油压裂的精度与造缝复杂程度。对水平井簇间距、射孔位置进行了差异化优化。缝网指数大于 0.35 的储层，容易形成复杂缝网，优化缝间距 15~20m；缝网指数小于 0.4 的储层，优化裂缝间距 10~15m。射孔位置优选除考虑地质"甜点"：高气测值、高电阻、高时差（低密度）、高热解 S1 或 TOC 特性外，综合考虑工程"甜点"，优选脆性指数、缝网指数高、主应力大小接近的位置进行射孔。每段射孔 3~4簇，每簇射孔 48 孔，孔密 16 孔/m，相位 60°。

2.6 工艺参数优化

2.6.1 施工排量优选

按照液量 2000m^3，排量分别为 4m^3/min、6m^3/min、8m^3/min、10m^3/min、12m^3/min 及 14m^3/min 进行压裂效果模拟。施工排量越大，产生的裂缝净压力越大，裂缝扩展范围越大。当排量小于 8m^3/min 时，裂缝扩展受限，控制储量范围较小。因此综合套管强度、压裂设备能力优选排量为 12~14m^3/min。

2.6.2 施工液量优选

按照排量 12m^3/min，液量 600m^3、800m^3、1200m^3、1600m^3、2000m^3 及 2400m^3 进行压裂效果模拟。总液量越大，压后缝内净压力越高，裂缝扩展范围越大，当压裂液量超过 2000m^3 时，裂缝扩展程度减弱，因此优化每段液量为 2000m^3。

3 现场应用情况及效果评价

GD1701H、GD1702H两口井采用水平井细分切割体积压裂工艺，施工参数见表1，共计压裂液75388m³、砂量2731m³。

表1 页岩油水平井压裂施工基本参数

井号	段数	簇数	液量 （m³）	滑溜水比例 （%）	支撑剂量 （m³）	石英砂比例 （%）
GD1701H	16	54	34089	80	1387	30
GD1702H	21	66	40678	81.70	1343	30.60

微地震监测GD1701H井：裂缝长度1230m，裂缝宽度480m，裂缝高度120m，裂缝控制区体积0.07km³，实现了页岩油水平井体积改造。稳定电场裂缝监测GD1701H井裂缝缝宽8~32m，缝长91~258m，射孔簇均实现了裂缝扩展。

4 结论与认识

（1）逆混合水平井密切割体积压裂工艺技术提高了孔二段陆相页岩油水平井裂缝复杂程度，增加了水平井改造体积，提高了水平井压裂改造效果。

（2）基于缝网指数模型与数值模拟的结果可知，孔二段陆相页岩油施工排量越大，产生的裂缝净压力越大，裂缝扩展范围越大，当排量小于8m³/min时，裂缝扩展受限，控制储量范围较小；压裂单段总液量越大，压后缝内净压力越高，裂缝扩展范围越大，当压裂液量超过2000m³时，裂缝扩展程度减弱。

（3）微地震监测、稳定电场监测技术同时应用，能够反映应力、应变引起的微地震事件区域、压裂液波及范围及各簇裂缝开启程度，为压裂施工的顺利完成提供了保障，为压裂工艺设计优化提供了支持。

参 考 文 献

[1] 武晓玲，高波，叶欣，等．中国东部断陷盆地页岩油成藏条件与勘探潜力［J］．石油与天然气地质，2013，34（4）：455-462.

[2] 周立宏，于超，滑双君，等．沧东凹陷孔二段页岩油资源评价方法与应用［J］．特种油气藏，2017，24（6）：1-6.

[3] 陈世悦，胡忠亚，柳飒，等．沧东凹陷孔二段泥页岩特征及页岩油勘探潜力［J］．科学技术与工程，2015，15（18）：26-33.

[4] 王文广，林承焰，郑民，等．致密油/页岩油富集模式及资源潜力——以黄骅坳陷沧东凹陷孔二段为例［J］．中国矿业大学学报，2018，47（2）：332-344.

[5] 赖锦，王贵文，范卓颖，等．非常规油气储层脆性指数测井评价方法研究进展［J］．石油科学通报，2016，1（03）：330-341.

[6] 赵玉东．基于测井资料脆性指数的计算［J］．石化技术，2017，24（9）：285.

[7] 吴奇,胥云,张守良,等.非常规油气藏体积改造技术核心理论与优化设计关键[J].石油学报,2014,35(4):706-714.
[8] 赵志红,黄超,郭建春,等.页岩储层中同步压裂形成复杂缝网可行性研究[J].断块油气田,2016,23(5):615-619.
[9] 周立宏,蒲秀刚,韩文中,等.沧东凹陷南皮斜坡孔二段沉积特征与油气勘探[J].成都理工大学学报(自然科学版),2015,42(5):539-545.
[10] 赵贤正,赵平起,李东平,等.地质工程一体化在大港油田勘探开发中探索与实践[J].中国石油勘探,2018,23(2):6-14.

低压致密气藏采气关键技术问题

周 祥 蒋卫东 赵志宏 刘 翔 裘智超 伊 然

(中国石油勘探开发研究院)

摘要：致密砂岩气藏地质储量大，目前已成为天然气产量的重要组成部分。此类储层通常地质条件复杂，含气层段多，层间差异大，具有低孔隙度、低渗透率和低丰度的特点，一般无自然产能。而低压致密气藏地层压力低，开采过程中压裂液返排困难、井底积液及生产井筒或管线发生水合物冻堵的问题尤为突出，因此，压裂工艺优化设计、有效的排水采气和水合物的防治工艺是低压致密气藏采气工程中的关键技术问题。以鄂尔多斯盆地临兴气田为例，重点介绍该气田不动管柱分层压裂、液氮伴注、泡沫排水采气和水合物的综合防治等关键技术，有效应对了低压致密气藏开采中出现的问题，对气田的后续开采及同类气藏的开发具有重要指导意义。

关键词：低压；致密气；采气工程；压裂；排水采气

1 引言

我国致密砂岩气资源丰富，截至 2014 年，其技术可采储量约占天然气技术可采储量的 1/4，产量约占天然气总产量的 39%，且近年来产量稳步增长，在天然气能源结构中具有举足轻重的地位。致密气藏储层典型特征是低孔隙度、低渗透率、低丰度，地质上以纵向多层叠置或多层状为主，层间差异大，一般无自然产能，商业化开发面临着较大的挑战。伴随着致密气藏储层综合评价、产能预测及井网优化、低成本高效钻井、多层段加砂压裂、排水采气等技术的不断发展，我国实现了致密砂岩气的规模开发利用，建成了以苏里格气田为典型代表的百亿级年产能的大型气田，开发前景十分可观[1-2]。

致密砂岩气的成功开发积累了丰富的经验和技术，特别是在致密气的储层特征、渗流机理和压裂技术方面，已有大量的文献报道了最新的研究成果[3-7]。但是从采气工程角度聚焦低压致密气藏的研究相对较少，低压致密气藏生产过程中面临的改造和排液等问题更为复杂。本文将以临兴气田为例（低压层段压力系数低至 0.39），重点论述该气田处理低压特点时采取的工程技术措施。

2 临兴气田地质特征

临兴气田在构造上位于鄂尔多斯盆地东缘晋西挠褶带的中部，整体表现为一个东高西低、南高北低的单斜。地层自下而上发育了奥陶系马家沟组，上石炭统本溪组，下二叠统太原组、山西组，中二叠统石盒子组，上二叠统石千峰组。孔隙度分布主要集中在 10% 以内，上部石千峰组、石盒子组储层物性较好，渗透率主要分布在 0.1~1mD 之间；下部山西组、太原组和本溪组物性较差，渗透率主要分布在小于 0.1mD 范围内。工区天然气密度平均为 0.6036g/cm³，甲烷含量平均为 92.402%，乙烷含量平均为 4.12%，CO_2 含量较低，平均为 0.473%，不含 H_2S，气藏基本属于干气气藏。地温梯度平均为 2.91℃/100m，属于正常地温系统；地层压力系数石千峰组 0.36~0.5、石盒子组 0.42~0.82，为异常低压储层；山西组、太原组和本溪组 0.88~1.08，为正常压力储层。

3 采气工程主要问题

临兴气田尚未进入大规模开发阶段，目前完成了先导试验区的开发，开采过程遇到的问题主要包括以下几个方面。

（1）多层段的分压合采：临兴气田开发以直井/定向井为主，纵向上含气层段叠置，单井钻遇层的主力层多，而单层压裂后的产量有限，需要进行多层分层压裂一起生产。由于不同层间的物性、压力系数等的差异较大，且气井容易受伤害，单井产能较低，从技术角度和经济性角度都对压裂工艺的选择和方案优化提出较高要求。

（2）压裂液的返排：临兴气田储层的压力系数整体偏低，物性较好的石千峰组压力系数更是低至 0.36，且储层表现出一定的水敏性，如何尽可能多地增加压裂液的返排，减少储层伤害是压裂需要重点解决的问题。

（3）井筒积液：目标区块气井整体产能较低，初期平均单井日产气约为 $1.5×10^4m^3$，产量递减快。目前超过半数的生产井日产气量小于 $0.6×10^4m^3$，许多气井自身携液能力不足，出现不同程度的积液，间开井或者关停井占比接近一半。

（4）井口或管线冻堵：临兴气田各层系井底温度约 40~60℃，正常生产时井口温度 20℃左右，年均最低气温 -7.2℃，历史最低气温 -30.5℃，每年冬季发生频繁的冻堵，冻堵发生位置主要在井口及附近。

4 临兴气田主体工程技术对策

4.1 压裂工艺

4.1.1 不动管柱压裂—投产一体化工艺

临兴气田的储层特点要求采用分层压裂、多层合采才能有效开发。目前分层压裂工艺主要包括双封隔器（连续上提）分层压裂、封隔器滑套分层压裂、连续油管喷砂射孔环空加砂分层压裂、裸眼封隔器滑套分段压裂、复合桥塞射孔+压裂联作压裂工艺、投球封堵分层压裂和限流阀分层压裂[8-10]。临兴气田选择压裂工艺时主要考量两个方面：一方面储层低孔低渗，敏感性较强，钻井液、压井液、压裂液等对储层伤害严重，应尽可能减少起下管柱，尽可能短的时间内完成完井、压裂、测试等工艺措施；另一方面，由于单井产量低，需着重考虑经济效益，降低作业成本。综合比较下，封隔器滑套分层压裂，压后不动管柱投产的工艺因其针对性强、安全性好、工艺效果突出的特点成为最适合临兴气田的压裂工艺。

4.1.2 改善压裂液配方，增加液氮比例

压裂液返排对压后产量有明显的影响，临兴地区超过半数压裂井返排率低于 40%，进

一步统计数据表明，单位地层系数的产气量与返排率呈正相关性。临兴气田主要从优化压裂液返排性能和液氮伴注工艺两个方面加强研究，以提高压裂液返排效果。

临兴区块初期试验过多套本地区成熟的压裂液体系，包括长庆、长城等多家单位液体，主体都是低浓度羟丙基胍胶压裂液体系，添加剂存在差异，实施的压裂效果不一。2014年后，区块甲方根据本区储层物性及岩性特征，通过瓜尔胶浓度优选、破胶性能、助排性能等一系列实验评价，对压裂液配方进行了优化，大幅度提高了破胶剂用量，增加了破胶激活剂及相应的助排剂。同时结合已有的压裂施工实践，在2018年的压裂施工井中适当增加了液氮伴注比例，压裂返排效果整体得到了改善（表1），如LXX47-32井，其主要压裂层位与TB-27-1井接近，前者液氮伴注比例为3.3%~4.9%，压裂液返排率为75.5%；后者液氮伴注比例为1.3%~3.7%，压裂液返排为21.6%。

表1 不同液氮比例压裂施工井压裂液返排情况对比

	井号	层位	砂岩厚度（m）	入井液（m³）	液氮用量（m³）	液氮占比（%）	累计排液（m³）	返排率（%）
2018年	LXX47-32	C_2b5	9.4	268.9	13.2	4.9%	784.5	75.5
	LXX47-32	P_1s-1	6.3	381.6	12.7	3.3%		
	LXX47-32	P_3q4	6.7	388.7	18.4	4.7%		
	LXX48-31	C_2b5	10.1	338.9	16.1	4.8%	317.5	47.5
	LXX48-31	P_1t1	6.9	330	16.4	5.0%		
	LXX46-31	P_1s-2	5.9	235	8.9	3.8%	402.8	55.3
	LXX46-31	P_3q4	22.5	493.8	20.9	4.2%		
2017年	TB-27-1	C_2b5	2	200.2	2.6	1.3%	199.8	21.6
	TB-27-1	P_1s-2	3.8	218.3	6.7	3.1%		
	TB-27-1	P_3q5	5.9	218.4	7.2	3.3%		
	TB-27-1	P_3q3	7.7	285.4	10.5	3.7%		
	LXW1-6	C_2b5	3.3	189.3	5.5	2.9%	212.1	20.3
	LXW1-6	P_2x-he7	6.6	351	12.5	3.6%		
	LXW1-6	$P_2sh-he4$	5.6	305	11	3.6%		
	LXW1-6	P_3q5	5.7	201.8	0	0.0%		
2016年	TB-26-2	$P_2sh-he3$	5.1	238	7.2	3.0	173.7	20.4
	TB-26-2	P_3q4	3.1	331.9	10.6	3.2		
	TB-26-2	P_3q3	3.3	280.7	11.2	4.0		
	LXX7-14	P_1s2	2.7	177.8	5.5	3.1	213.7	34.6
	LXX7-14	P_1s2	3.8	250.5	8.4	3.4		
	LXX7-14	P_2X-he7	6	189.8	7.9	4.2		

4.2 排水采气工艺

气井产量的快速下降会导致自身携液能力的降低，当单井产量低于临界携液流量时将逐渐出现井筒积液问题，井筒的积液又会加剧产量的降低甚至停产。临兴气田许多气井因井筒或管网积液导致不能实现连续生产。临兴气田目前有30口井的日产气量低于$0.6\times10^4m^3$，进一步的临界携液流量模拟结果表明（表2），当前生产管柱和制度下，气井临界携液流量为$0.463\times10^4\sim0.916\times10^4m^3/d$，面临井筒积液的风险，需采取辅助排液工艺措施。

表2 生产管柱携液临界流量预测表

油压(MPa)	不同内径油管气体携液临界流量（$10^4m^3/d$）				
	24.3mm	40.3mm	50.3mm	62.0mm	76.0mm
2	0.071	0.196	0.305	0.463	0.696
4	0.1	0.276	0.43	0.653	0.981
6	0.122	0.336	0.524	0.796	1.196
8	0.141	0.387	0.603	0.916	1.376
10	0.157	0.431	0.671	1.019	1.532
12	0.171	0.47	0.732	1.112	1.671
14	0.184	0.505	0.787	1.196	1.797
16	0.195	0.538	0.838	1.273	1.912
18	0.206	0.568	0.884	1.344	2.019
20	0.217	0.596	0.928	1.41	2.119

鉴于泡沫排水采气工艺在全国各大气区均为主体排采技术，并且在邻区的苏里格气田占主导地位，且效果良好，临兴气田确立了泡沫排水采气的主体技术对策，并实施了一批井次。2018年实施的15口井筒泡排试验井中，9口井见效明显，见效初期套压降$0.2\sim2.3MPa$，日增产量为$0.5\times10^4\sim2.8\times10^4m^3$，见表3，实践表明了泡沫排水采气工艺在临兴区块的良好适用性。临兴气田气井产液量不大，目前也正在试验速度管柱和柱塞气举排液采气技术，效果有待进一步的评估。

表3 泡沫排水采气效果统计表

井号	泡排前			见效初期			变化值		增产量(10^4m^3)
	油压(MPa)	套压(MPa)	产气量($10^4m^3/d$)	油压(MPa)	套压(MPa)	产气量($10^4m^3/d$)	套压降(MPa)	日增产量($10^4m^3/d$)	
LXW1-3	2.6	4.2	0.3	3	3.8	3	0.4	2.8	80.5
LXW2-6	2.6	4.3	1.1	2.6	3.6	2.6	0.7	1.5	8.5
LXX7-15	2.6	4	0.7	2.4	3.9	1.2	0.2	0.5	5.4
TB-26-4	2.4	5	0.2	2.5	2.7	0.8	2.3	0.6	9
TB-11	3	5	0.1	3	3.5	0.8	1.5	0.7	12.3
TB-09	2.3	3.6	0.3	2.2	2.5	1.5	1.1	1.2	46.8
TB-4H	2.6	4.9	0.9	2.9	4.7	1.5	0.2	0.7	15.3
TB-26-6	2.3	3.1	0.6	2.5	2.9	1.4	0.2	0.7	2.9
LXW1-7	2.7	6.3	0.4	2.7	5.7	1.1	0.5	0.7	3.1

4.3 水合物防治工艺

在天然气混合物从井底流向井口的过程中，沿程的压力和温度逐渐降低。当温度降低到水合物生成温度时，就可能形成水合物。临兴气田生产实践表明，在井口附近和地面管线处出现频繁冻堵。选取两口典型井进行了水合物形成的预测，见表4。结果表明，当产气量低于$1\times10^4 m^3/d$、井口压力 p_{wh} 在 2~6MPa 范围内时，井筒中都可能形成水合物（为了确保井筒中不形成水合物，设计时要求流温比水合物形成温度高 3~5℃）。

表4 LXW1-6 井井筒水合物形成预测

深度 (m)	井筒流温（℃）					水合物形成温度（℃）		
	$0.5\times10^4 m^3/d$	$1\times10^4 m^3/d$	$2\times10^4 m^3/d$	$3\times10^4 m^3/d$	$4\times10^4 m^3/d$	$p_{wh}=2MPa$	$p_{wh}=4MPa$	$p_{wh}=6MPa$
1930	58.00	58.00	58.00	58.00	58.00	6.30	11.38	14.35
1829	49.46	51.12	52.76	53.64	54.16	6.20	11.28	14.24
1524	43.26	44.70	46.71	48.16	49.18	6.04	11.12	14.08
1219	37.10	38.46	40.54	42.30	43.68	5.88	10.95	13.91
914	30.94	32.25	34.32	36.23	37.86	5.72	10.79	13.74
610	24.73	26.07	28.12	30.08	31.84	5.55	10.61	13.56
305	20.50	21.90	23.94	25.92	27.77	5.44	10.50	13.44
100	-3.31	7.35	14.75	18.91	21.96	5.38	10.44	13.38

注：地表温度取-30℃。

发生冻堵直接影响了气井的正常生产，不仅给生产管理带来了一定困难，而且也因频繁解堵放空，造成了天然气资源的大量浪费。防止井筒中形成水合物的具体措施通常包括井下气嘴节流法、加热法、隔热保温法、化学抑制法和加油管内涂庆水层法等。临兴气田采取的水合物防治工艺是以井下节流气嘴和注化学抑制剂相结合的方法。为简化流程和井下管柱结构，在临兴区块防冻剂采取从井口注入油管与套管之间的环形空间中，靠重力沉降至井底，再随气流由油管上升到带出井筒。

5 结论

临兴气田是典型的低压致密气藏，遇到的储层改造、排水采气和井筒冻堵等采气工程问题比常压致密气藏更为突出，立足于自身储层特征，通过先导开发实践，形成了不动管柱压裂—投产一体化，全程液氮伴注的主体压裂工艺，以泡沫排水采气为主的排液工艺，以井下节流器和注化学抑制剂结合的水合物防治工艺。三大主体工艺技术适应性强，实现了纵向多储层经济有效且低伤害的改造，改善了因井筒积液和管线冻堵问题导致的不连续生产情况，保障了气田先导区块经济安全和稳定的开发，为气田后续规模开发和技术升级奠定了坚实基础。

参 考 文 献

[1] 马新华,贾爱林,谭健,等.中国致密砂岩气开发工程技术与实践[J].石油勘探与开发,2012,39(5):572-579.

［2］文小龙．致密砂岩气发展现状研究［J］．水电与新能源，2015，136（10）：73-75．

［3］蒋平，穆龙新，张铭，等．中石油国内外致密砂岩气储层特征对比及发展趋势［J］．天然气地球科学，2015，26（6）：1095-1105．

［4］马涛，杨永毅，孙美丽，等．国内外低压油气藏开发技术现状［J］．西南石油大学学报（自然科学版），2008，30（5）：115-117．

［5］王少飞，安文宏，陈鹏，等．苏里格气田致密气藏特征与开发技术［J］．天然气地球科学，2013，24（1）：138-145．

［6］凌云，李宪文，慕立俊，等．苏里格气田致密砂岩气藏压裂技术新进展［J］．天然气工业，2014，34（11）：66-72．

［7］段瑶瑶，田助红，杨战伟，等．苏里格大型致密砂岩气藏储层改造难点及技术对策［J］．重庆科技学院学报（自然科学版），2016，18（4）：58-61．

［8］康毅力，罗平亚，等．中国致密砂岩气藏勘探开发关键工程技术现状与展望［J］．石油勘探与开发，2007，34（2）：239-245．

［9］靳宝军，邢景宝，郑锋辉，等．连续油管喷砂射孔环空压裂工艺在大牛地气田的应用［J］．钻采工艺，2011，34（2）：39-41．

［10］郭海萱．致密气藏压裂、生产联作不压井管柱工艺技术［J］．石油化工应用，2013，32（4）：42-44．

［11］李志龙，姜涛，方旭东，等．K344气井不动管柱分压合采工艺技术［J］．油气井测试，2010，19（2）：44-46．

［12］薛成国，陈付虎，李国峰，等．大牛地气田液氮伴注效果分析及优化［J］．断块油气田，2014，21（2）：236-238．

地热水驱在海上稠油断块油藏的应用研究及配套技术实践

匡腊梅 邹信波 杨 光 段 铮 李勇锋 王海宁

(中海石油(中国)有限公司深圳分公司)

摘要：南海东部海上油田的主力类型疏松砂岩油藏，一般依靠天然水驱开采，以"少井高产、高速高效"为开发宗旨，但在浅层高含泥稠油油藏的开发中遇到了较大困难。针对储层胶结疏松且泥质含量高、单层厚度薄且非均质性强、自然产能低、纵向油层叠合程度差，以及开发后井筒原油流速低温度下降快、油井产液受到抑制的开发矛盾等问题，分析认为影响油井产能的主要因素是储层出泥出砂、断块封闭天然能量不足。利用油藏纵向上分布若干巨厚沉积环境相近高温水层的有利条件，创新性通过地热水驱油及其配套工程技术闭式强化注水管柱补充能量措施，解决了地层能量问题，提高了油井产能；配套二次完井砾石充填防砂技术释放油井产能，解决了因泥砂堵塞筛管造成的流动通道不畅问题。物理模拟试验地热水驱替结果表明，驱油效率提高了 7.41%。矿场实践表明，地热水驱后受效单井产液大幅提高，热水驱替效果改善明显，不仅使油田产量翻番，地层压力亏空得到弥补，而且预测 E 油田地热水驱最终采收率比常规注水开发还可提高 5% 以上。

关键词：浅层；海上稠油油藏；高含泥；地热水驱；沉积环境相近；闭式注水；驱油效率

近年来，随着油田增储挖潜工作的深入开展，薄层油藏、低渗油藏、岩性小油藏、稠油油藏等非主力油藏的开发利用显得越来越紧迫。石油工业技术的迅猛发展，使得许多复杂的低品位油藏具备了一定的经济开发效益，薄层疏松稠油油藏也属其中一类。原油地下黏度高、油层厚度薄、岩性疏松甚至高含泥，成为这类油藏的主要特点，也给油田开发带来了巨大挑战。大量理论和实践证实，水平井的合理使用可提高薄层疏松稠油油藏的开发效果[1-2]，但是对于弱边水驱动的薄层疏松稠油半封闭断块油藏，在开发过程中仍然暴露出能量不足的严重问题。对于天然能量采收率低，也不具备其他开发方式的普通稠油油藏，一般选择水驱开发方式。虽然稠油水驱与稀油水驱相比，总体反映出驱油效率低、波及体积小、无水采油期短、含水上升快、采收率低的基本开发规律，但可以采取一系列综合调整措施，力争取得较好的开发效果。南海东部海域 E 油田的开发实践在这类油田中颇具代表性。

1 地质油藏特征及开发简况

E 油田油藏构造属断层控制的低幅度断背斜构造，埋深 −1101.7 ~ −1407.1m，主体部位地层较为平缓。储层岩性主要为长石石英砂岩，以细砂岩为主。地层原油密度 0.919 ~

0.935g/cm³，地层原油黏度111.18~277.77mPa·s，各油藏压力系数介于1.003~1.020，地温梯度4.18℃/100m，属于正常的温压系统。

储层为疏松砂岩稠油油藏，胶结类型为孔隙式胶结，填隙物以泥质为主，含量13.9%~24.3%，平均19.8%，相对较高。岩性疏松的地质特点使储层更易在采油过程中因微颗粒迁移堵塞孔隙等问题造成严重伤害。

储层有效厚度0.4~6.9m，平均2.4m，单层厚度薄；储层非均质程度以中等—强为主，横向非均质性强；泥质夹层发育，油层吸水能力受限。

单井初期日产油29~185m³，平均日产油102m³，递减变缓后日产油13~131m³，日平均产油64m³，自然产能偏低。海上油田经济门槛高，单井日产油大于30m³时具有经济效益，因此，迫切需要通过改变油田开发方式，提高单井产能，改善油田开发效果。

纵向上油层含油面积变化大，叠合程度差，不利于油层的合采；多层注水，一口注水井兼顾多层困难。平台井槽有限情况下，井眼利用率低，进一步影响油田经济效益。

E油田投产一年半，动用6个油层，采出程度1.67%，综合含水47.3%，采油速度仅1.33%。主力油藏单井初期产量递减快，放大油井生产压差提液，效果不明显，稳定产量低，表现供液不足，尤其是油藏内部靠近断层的油井；低阻稠油油藏油井产能低、投产初期即含水或很快见水。油田日产油不到总体开发方案设计产量的一半，远低于开发设计要求。多个油藏需要注水补充能量开发，但开发方案未考虑注水方案，为节约开发成本，平台设计未为后期可能的注水需求预留场地空间。因此如何经济有效地在空间受限的海上平台补充地层能量，成为该油藏开发中急需破解的一大难题。

2 开发矛盾

2.1 原油流动性差

地下原油黏度110mPa·s，黏度高流动性差，随温度降低，近井及井筒原油黏度明显变大。实验测定50℃时原油黏度升高到334.0-411.5mPa·s，叠加储层出泥砂因素，油稠加剧携砂，容易造成近井地带及筛管堵塞。

2.2 井筒内黏度不断下降

一方面，产层流体进入井筒后，因液量低温度下降快，随着井筒温度的降低，原油黏度增加明显，井筒举升难度大大增加。另一方面，稠油黏度高启停井需要压柴油，因液量降低增大井口低液或无液的风险，启停次数多，压井柴油用量大，生产成本高。

2.3 油井产能下降迅速

疏松砂岩储层局部井段高含泥，完井方式主要以简易防砂和ICD控水筛管为主，生产过程中筛管存在堵塞问题。13口生产井，投产初期产液量均大于80m³/d，但递减快，远离边水单井液量递减率超10%。产液量低于开发设计有10口井，其中主力油藏21#层5口水平生产井（除近边水的A4井）中的A2井、A3井、A5井、A6井产能均下降快，15#和22A#油层三口水平生产井液量低于32m³/d，远低于潜油电泵排量下限，难以维持电泵运行。初期产量递减后，增大生产压差提液，效果不明显，反而可能加剧了出砂风险。天然能量不足和砂泥堵塞筛管共同导致了油井投产不久即出现严重递减的问题。

3 地热水驱具备的天然条件及配套工程

开发方案未考虑注水，平台没有空间预留，因此只能借鉴自流注水的思路采用闭式强化注水[3-4]。闭式注水水源层必须具备的条件：（1）物性好、水体大、能量足。（2）注入流体与注入层配伍。（3）水层与油层之间有稳定隔层。研究发现目标油田具备注水水源有利条件。

3.1 纵向上分布巨厚邻近水层

E油田以三角洲前缘沉积为主，水下分流河道发育，整体连通较好，具备注水开发的地质条件。油层组上、下部存在多套水层，其中地层Z217往下到T70，砂体发育规模和特征均与Z217层相似，砂体发育规模大且分布稳定，厚度大、物性好（表1），水层与油层之间有稳定隔层。

表1 水层筛选结果表

类型	层位	海拔(m)	距21#油层(m)	2D厚度(m)	1A厚度(m)	孔隙度(%)	渗透率(mD)	选取原则
水层	Z209	-2109	754	12.46	12.54	25	500	测井曲线显示砂岩纯净、对比稳定、有一定厚度
	Z217—Z220	-2234	879	35	44	26	400	

3.2 水层产水能力强且地层温度高

优选油层下部地层Z209和Z217-Z220，评估水体大小（表2），Z217—Z220水层水体充足，可以作为无限大水体水源层，Z209水层为备用水源层。

作为注水水源层，其位于受注油层下方，深度差大于800m，按地温梯度推算比中间主力油藏油层温度高35.1℃，根据测定出的原油黏温关系，温度提高可使原油黏度从110mPa·s降低至约35mPa·s，水温较高可起到热水驱降黏效果，增强原油流动性，降低油水流度比提高驱油效率，一定程度提高稠油水驱效果[5-6]。下部地层压力较高，为21~22MPa，能确保有效降低注入层原油黏度。

表2 水层水体能量估算

水层	孔隙度(%)	厚度(m)	饱和度(%)	含水面积(km^2)	水体积($10^8 m^3$)
Z209	25	12.5	100	78.4	2.4501
Z217-220	26	39.475	100	118	12.1129

3.3 油、水层沉积环境相近，地层水配伍性良好

韩江组和珠江组同属浅海陆棚沉积的新近系，韩江组的油层和珠江组的水层沉积环境相近，地层水性质相近。地层水分析均为$CaCl_2$水型，五层目的层水样没有明显差异，可

视为同一水样。在目的层地层条件下，公式法预测与静态结垢法实验评价，水源层与地层水不同比例混合后，总体结垢量均不大（<50mg/L），结垢潜在伤害风险较低，配伍性良好，油田具备自源注水的水源条件。

3.4 自源闭式注水配套工程

下入罐装泵式助流注水工艺管柱，水源经电泵增压后注入油层。这套管柱通过电泵提高注入压差，实现可调节同井、强化注水，在地面控制电泵频率调节注水量，最大流量可达3000m³/d；可实现温度、压力、流量的实时监测和注水层不动管柱酸化。设计了滑套外电缆保护关键工具，对测调工作筒出水口附近的电泵电缆、信号电缆等进行保护，防止出水口出水对电缆的冲蚀。

针对泥质细粉砂堵塞、油泥糊筛管的近井伤害，对新建定向井压裂充填防砂、水平井砾石充填防砂、水平老井嵌套筛管二次防砂完井，基本解决了外因对产能的影响。

4 地热水驱效果分析

2018年3月16日，地热水驱注水井A井返排后投注，周围油井不同程度见效（见表3）：距离注水井500~1000m的3口油井反应明显，距离最近的A3油井20天后，液量从原来的32m³/d提高到63m³/d，液量持续降低的趋势得到反转并开始稳定上升。到当年11月初，3口井增油量约1.287×10⁴m³，流压保持稳定，注水效果明显。

表3 A井注水前后周围井受效情况

井号	厚度（m）	渗透率（mD）	水平段长（m）	与A14井距离（m）	见效时间（d）	注水前 油(m³/d)	注水前 液(m³/d)	注水前 含水(%)	注水后 油(m³/d)	注水后 液(m³/d)	注水后 含水(%)	增油量(m³/d)
A3	4.5	300	643	484	18	37	39	5	105	146	28	68
A5	0.8	487	542	1040	43	82	86	3	90	94	6	8
A6	3.5	397	460	618	43	54	58	7	66	72	9	12

为确认注采井组的连通性及储层夹层的分布情况，在A井注入示踪剂，112天后A3井检测见剂，A5井、A6井未见剂。结合3口水平井在平面和纵向上的位置分析，认为注水见效受井距、储层非均质特征、水平段轨迹影响。A3油井水平段从储层上部钻进穿过中间夹层后沿下部钻进，注水受效快；A6油井水平段在中间夹层之上贴顶钻进，隔层遮挡了水驱能量传递，影响受效；A5油井水平段贴顶钻进，纵向无夹层，但与注水井距离最远，井间砂体厚度薄，能量补充传递有限且传递慢，影响受效速度。

总体上，前8个月A井注入水量225.7~493.5m³/d，注入压力16.17~18.74MPa，注水压差保持在4.32~6.89MPa；由注水霍尔曲线表明，注水阻力减小，注入能力呈上升趋势。累计注水量约6.7×10⁴m³，水侵法推算受注地层亏空达4.25×10⁴m³，A3油井产能继续增大调整后达到220m³/d。

A井注水后，周边单井平均井底流压由5.9MPa升高至6.2MPa，2018年12月提液生产，目前地层压力下降0.3MPa，注采量不能满足需求。受注层6口油井日产液量1100m³，A井最大注水压力约18.05MPa，目前底流压18.2MPa，不适合进一步提高注水量达到注采平衡。因此有必要在能量亏空大区域增加注水井，完善注采井网，预测采收率可以再提高1%以上。

为定量评价地热水驱比常规水驱的优势，开展了地层岩心地热水驱物模实验，测得不同温度油水相对渗透率。结果显示驱油效率提高7.41%，采收率提高5.19%，证实热水驱替效果改善明显。

5 未来的技术方向

E油田在第一口注水井投注成功后，根据油藏开发需求，要进一步完善注采井网，规划的其他注水井会陆续投注，但面对油田多层注水的局面，现有的闭式注水管柱结构并不能满足油藏开采要求，还面临调剖调驱和注采井点调整的需要。

5.1 分层配注管柱研究设计

单井压力恢复结果显示，主力层韩江组21#层注水后仍未达到注采平衡外，韩江组另外三油层15#、17#、22A#层的生产井均出现了不同程度的能量亏空，继续对这4个油层进行能量补充十分必要。计划新增一口注水井B井，取同一水源层的地层水对以上油层进行能量补充。

油层从上到下平均渗透率分别为482.3mD、252.3mD、402.5mD、103.7mD，层间物性差异可能导致吸水能力不同，多层合注效果差，但目前的自源闭式能量补充管柱无法实现分层配注。面对油田高效生产需求，必须精细注水补充地层能量。改进目前的管柱结构，设计可调控的分层配注管柱是下一步的研究关键[7]。

5.2 调剖调驱技术

注水井调剖有两种途径，主要包括机械调剖和化学调剖。目前，海上油田基本采用的是分层注水的机械调剖方法，但在同一层段内储层非均质性很严重情况下，机械调剖方法很难取得好的效果，并且无法实现深部调剖，因而化学调剖成为注水井调剖重要手段[8]。在注水井中用注入化学剂的方法，来降低高吸水层段吸水量，从而相应提高注水压力，达到提高中低渗透层吸水量，改善注水井吸水剖面，改善水驱状况。调驱是介于调剖和化学驱之间的改善地层深部液流方向、扩大水驱波及体积的技术，其投入成本远低于化学驱，尤适合严重非均质油藏中高含水时期改善水驱开发效果。

稠油油田，由于原油黏度较高，地层非均质性严重，因而生产井见水早，注入水沿高渗层突入油井，含水上升速度快，并且随着油田的开发井出水问题越来越突出。调剖调驱技术是实现稳油控水延长海上油井经济开采寿命的主要手段和措施之一[9]，必须针对注水油田尽早开展研究。

5.3 注采井点轮换改变液流方向驱油

储层非均质性强，井间连通关系复杂，注采井间易形成无效水循环。随着当前注水井周边受效井的见水和含水不断上升，通过示踪剂技术确认水驱前缘及水窜大通道情况，再开展微观水驱油特征试验研究和注采调整数模优化研究[10-12]，结合油田地质条件及油井生产情况将现有注水井和高含水油井轮换生产，关闭注入水无效循环的通道，把注入水引向有利于驱油的方向,改变液流方向单一、水驱效果差等问题,进一步提高水驱效率。

参 考 文 献

[1] 左悦.难动用薄层稠油油藏水平井开发实践[J].特种油气藏,2005,12(6):48-49.

[2] 覃青松,周旭,蔡玉川,等.利用水平井技术实现欢东稠油难采储量的有效动用[J].特种油气藏,2007,14(7):71-73.

[3] 黄映仕,余国达,罗东红,等.惠州25-3油田薄层油藏自流注水开发试验[J].中国海上油气,2015,27(6):74-79.

[4] 邹信波,杨光,程心平,等.海上岩性油藏自源闭式注水技术矿场实践[J].中国海上油气,2019,31(1):119-125.

[5] 秦军,张宗斌,崔志松,等.温度对昌吉油田吉7井区稠油油藏油水相对渗透率的影响[J].中国石油勘探,2018,23(6):107-112.

[6] 秦亚东,吴永彬,刘鹏程,等.温度对稠油油藏油水相对渗透率影响规律的实验研究[J].油气地质与采收率,2018,25(4):121-126.

[7] 陈欢,曹砚锋,刘书杰,等.海上油田有缆式测调一体化注水工艺及应用[J].石油矿场机械,2018,47(1):57-61,66.

[8] 聂法健,李晓军,张琪.海上油田调剖体系的研制及应用[J].油气地质与采收率,2009,16(5):100-103,117.

[9] 曹新,张文鹏,于兆坤.调剖调驱技术在非均质油气藏的应用[J].精细石油化工进展,2018,19(3):36-38.

[10] 李伟才,崔连训,赵蕊.水动力改变液流方向技术在低渗透油藏中的应用——以新疆宝浪油田宝北区块为例[J].石油与天然气地质,2012,33(5):796-801,810.

[11] 刘志宏,鞠斌山,等.改变微观水驱液流方向提高剩余油采收率试验研究[J].石油钻探技术,2015,43(2):90-96.

[12] 计秉玉,杨际平,吕志国.改变液流方向的数值模拟计算[J].大庆石油地质与开发,1994(2):73-74.

非常规油藏义 178-184 块压裂配套工艺浅析

郑英杰 李文轩 李 彬 李有才
李 楠 唐 硕 李 斌

(中国石化胜利油田分公司河口采油厂工艺所)

摘要：河口采油厂义 178-184 块属于深层致密砂岩非常规油藏，油藏埋深 3384~3757m，平均渗透率 0.03~49.7mD，平均孔隙度 15.1%，为低孔、特低渗透储层，常规开发效果差，难以实现该块储量的有效动用。针对油藏特点，优化完井采用 114.3mm 小套管，采用泵送桥塞、射孔联作、高速通道压裂的主导压裂工艺技术，并配套压裂液和支撑剂优选、压裂规模优化等技术，确定合理的放喷制度，形成一整套致密砂岩非常规油藏开发配套工艺。截至 2019 年 5 月，已实施 11 口，压裂后全部自喷生产，累计产油 $2.9×10^4$t，实现非常规油藏义 178-184 块有效动用。

关键词：致密砂岩；非常规；高速通道；压裂

1 义 178-184 块油藏概况

渤南油田义 178-184 井区位于山东省东营市河口区境内，地处平原地区。构造位置位于济阳坳陷沾化凹陷渤南洼陷北部，东靠孤岛凸起。主力含油层系沙四上3、4砂组，埋深 3500~4200m；主要为扇三角洲外前缘沉积。岩性主要为灰白色不等粒岩屑砂岩、含粉岩屑细砂岩、粉沙质岩屑细砂岩。该块储层物性较差，孔隙度在 3.5%~24.8% 之间，平均 11.0%，渗透率 0.03~49.7mD，平均为 5.5mD，属于低孔特低渗储层。地层原油密度 0.7068~0.7774g/cm³，地层原油黏度 0.76mPa·s；地面脱气原油密度 0.8692g/cm³，动力黏度 9.717mm²/s；属轻质稀油。地层水总矿化度在 12000mg/L 左右，为 $NaHCO_3$ 水型。原始地层压力 44.6~64.69MPa，地层压力系数 1.17~1.68；地层温度 138~154℃，温度梯度 3.1~3.5℃/100m，属于常温高压系统。

根据义 176—渤深 4 区块前期探井储层敏感性分析结果，该区块储层中等偏弱水敏、弱盐敏、中等弱酸敏、无碱敏、无速敏。

2 压裂配套工艺优化

2.1 压裂改造难点

（1）层间跨度大，层数多，储层纵向非均质性强，储隔层应力差异大，常规压裂方式难以实现充分改造各层的目的。

(2) 外径114.3mm、壁厚7.37mm、P110钢级套管固井完井,在压裂工艺、压裂井口、压裂管柱、射孔工艺及分段工具的选择上,需要充分满足和适应小套管压裂的要求。

(3) 储层埋藏深,温度较高。地层温度138~154℃,温度梯度3.1~3.5℃/100m,对压裂材料及压裂工具提出更高要求。

2.2 压裂优化思路

(1) 根据井筒条件,实施套管注入,电缆桥塞射孔联作分段压裂,在分段压裂基础上提高单段施工排量及规模,增大裂缝波及体积,提高纵向上有利储层动用程度及改造的针对性,增产稳产目的。

(2) 在对同区域压裂试油试采资料进行对比分析的基础上,对本井常规测井、录井评价、应力剖面、压裂试油试采资料进行多专业综合分析论证,优选地质、工程"甜点"。

(3) 借鉴非常规水平井分簇射孔工艺和技术理念,优化射孔方式及射孔井段。

(4) 优化排量、规模等工艺参数,优选低伤害低成本低摩阻高温压裂液体系,降低施工压力,提高施工成功率。

2.3 压裂工艺优化

2.3.1 压裂工艺优选

通过优缺点对比,优选电缆桥塞分段压裂技术为主导工艺(表1)。

表1 压裂工艺优选

施工方式	优缺点
笼统压裂	改造效果较差,无法对每个单层做到精细改造。
投球暂堵压裂	前期施工井工艺适应性较差,产能较机械分层较低,无法做到精细改造。
机械分层压裂	一般2~3段,无法满足大砂量、大排量施工
电缆桥塞分段压裂	可满足多段(3段以上),大规模,大排量的施工需求
连续油管分段压裂	射孔和排量受限,且成本较高

2.3.2 分段压裂工艺优化

根据测井曲线、最小水平主应力剖面计算分析,结合分段压裂工艺对储层层间厚度、跨度的基本要求,根据钻遇储层的实际情况,优选压裂段数为3~7段,并对分段压裂层段进行优化。

2.3.3 高速通道压裂工艺

为增加裂缝导流能力,2010年6月29日,斯伦贝谢公司推出了Hiway水力压裂技术,将实现压裂无限导流又向前推进了一步。该技术通过在支撑裂缝内部形成开放式的网络通道,使油气产量和采收率实现最大化。高速通道压裂工艺采用脉冲式加砂工艺,其与常规压裂最大的区别是改变压裂支撑缝内支撑剂的铺置形态,打破传统压裂依靠支撑剂导流能力增产的理念,把常规连续铺置变为非均匀的不连续铺置。该工艺的人工裂缝不是由连续的支撑剂进行支撑,而是由众多支撑剂块一样的支柱进行支撑。支柱与支柱之间形成畅通的无限导流能力的通道,众多通道相互连通形成立体网络,从而实现大的支撑裂缝内包含众多小通道的形态,极大地提高了油气渗流能力。在储层内形成一个开放式油气网络通道,消除由于压裂液残渣堵塞、支撑剂嵌入等引起的导流能力损耗,从而减小井筒附近的压降漏斗效应，显著提高压裂改造的效果，所以被形象地称为Hiway压裂工艺，又称高速通道压裂工艺。该工艺较常规压裂增产15%以上。

高速通道压裂工艺裂缝内的网络通道大小为毫米级，是传统支撑剂充填层内孔道大小的10倍以上，提高裂缝导流能力和抗污染能力，降低了加砂难度，使相同加砂量造出的有效缝更长，对减少支撑剂用量和提高油气经济开发有所帮助。

为避免支撑剂支柱垮塌，实现高速通道压裂，引入杨氏模量和闭合应力的比值。室内研究结果表明，可把杨氏模量与闭合应力的比值等于350作为判断的基准值。当比值小于350时，高速通道压裂形成裂缝的稳定性差；当比值为350~500时，能够形成稳定的缝内网络通道；若比值大于500，则表明所实施地层条件较好。

纤维携砂能力评价：采用直径为15μm、长度为10mm的纤维，砂比为40%的携砂液，选取纤维浓度为10kg/m³，分别进行加入纤维和不加入纤维实验。通过测支撑剂完全沉降时间来研究纤维对携砂能力的影响，完全沉降时间越长，携砂能力越强。实验结果表明，不加入纤维情况下完全沉降时间为2h，加入纤维情况下完全沉降时间为3.2h。由此可以看出，纤维的加入使携砂能力大大增强。分析其原因为纤维分散在交联携砂液中，对支撑剂的沉降有阻止减缓作用，从而增加了支撑剂的悬浮时间，提高压裂效果。

2.4 压裂材料优选

2.4.1 压裂液体系

根据邻井实测地层温度，计算本井压裂目的层地层温度在155℃左右。在此地层温度范围内，常规羟丙基瓜尔胶压裂液、羧甲基羟丙基瓜尔胶压裂液、清洁聚合物压裂液性能均可满足地层温度对压裂液耐温性能的要求。综合压裂液性能、成本、应用成熟度等因素，优选羟丙基瓜尔胶压裂液体系，并对不同粉比的羟丙基瓜尔胶压裂液进行了黏温性能测试评价，优选粉比0.6%瓜尔胶压裂液体系。

2.4.2 支撑剂体系

根据义176-渤深4区块前期压裂井施工参数估算，闭合应力为75~77MPa。支撑剂选用86MPa低密高强度陶粒、40/70目~30/50目支撑剂粒径组合。

3 现场实例

在室内研究的基础上，在义178-义184块采用泵送桥塞+高速通道压裂技术，目前投产15口井，日产油268.9t，累计增油45266.8t，取得较好的效果。

以义184-1井为例。义184-1井测井解释油层38.81m/10层，层间跨度142.17m。测井解释50号层单层厚度大（10.0m），与上部压裂层（测井解释49号层）相距13.8m，隔层泥质纯，储隔层应力差最高达10MPa，可以起到良好的遮挡作用。37~49号层层间跨度50.5m，有利储层15.7m/4层。其中37~38号层层间跨度12m，解释厚度7.2m；44~49号层层间跨度18.3m，解释厚度8.5m。23~31层层间跨度39m，有利层厚度12.2m/5层，单层厚度差别较小（2.1~3.0m/层），除测井解释31号层计算应力明显偏小外，其他四个小层应力相当。

第一段（50号层）压裂参数优化：按照套管注入，压裂施工排量6.5m³/min的基本参数，对不同加砂规模裂缝参数进行了模拟对比。加砂规模大于51m³后，缝长延伸速度减缓。

第二段（37-49号层）压裂参数优化：按照套管注入，压裂施工排量8.0m³/min的基本参数，对不同加砂规模裂缝参数进行了模拟对比。加砂规模大于56m³后，缝长延伸速度减缓。

第三段（23-31号层）压裂参数优化：按照套管注入，压裂施工排量7.5m³/min的基本参数，对不同加砂规模裂缝参数进行了模拟对比。加砂规模大于53m³后，缝长延伸速度减缓。

该井顺利实施后，自喷生产，目前用3mm油嘴自喷，累计采油9922.5t，取得较好的增油效果。

4 结论及认识

（1）套管注入，大排量施工，电缆桥塞射孔联作分段压裂，增大裂缝波及体积，提高纵向上有利储层动用程度及改造的针对性，实现增产稳产目的；

（2）优化排量、规模等工艺参数，优选低伤害低成本低摩阻高温压裂液体系，降低施工压力，提高施工成功率；

（3）采用脉冲加砂压裂（通道压裂）工艺，增大裂缝改造体积，提高裂缝导流能力，改善压后增产、稳产效果。

参 考 文 献

[1] 姜瑞忠，李林凯，彭元怀，等. 基于低速非线性渗流新模型的垂直压裂井产能计算［J］. 油气地质与采收率，2013，20（1）：92-95.

[2] 魏海峰，凡哲元，袁向春. 致密油藏开发技术研究进展［J］. 油气地质与采收率，2013，20（2）：62-66.

[3] 任闽燕，姜汉桥，李爱山. 非常规天然气增产改造技术研究进展及其发展方向［J］. 油气地质与采收率，2013，20（2）：103-107.

[4] 温庆志，蒲春生，曲占庆，等. 低渗透、特低渗透油藏非达西渗流整体压裂优化设计［J］. 油气地质与采收率，2009，16（6）：102-104.

[5] 张璋，何顺利，刘广峰. 低渗透油藏裂缝方向偏转时井网与水力裂缝适配性研究［J］. 油气地质与采收率，2013，20（3）：98-101.

高分子活性降黏冷采技术在草 13 块孔店组的研究与应用

孙　超　张　江　万惠平　石明明

(中国石化胜利油田分公司)

摘要：草 13 块孔店组受油藏埋藏深、储层泥质含量高、渗透率低、原油黏度高影响，热采开发产能低，开发效益差。针对该问题，推广应用了高分子活性降黏冷采技术，同时通过室内物模实验结合数值模拟优化施工参数，现场应用取得了显著的效果。

关键词：高分子活性降黏；物模实验；数值模拟

乐安油田草 13 块孔店组油藏埋深 1500m 左右，平均渗透 112mD，泥质含量 24.7%，原油黏度 9322~93061mPa·s，属于深层、低渗、特超稠油油藏。2017 年以来草 13 块孔店组直斜井通过实施高分子活性降黏冷采，有效改善了开发现状，提高了开发效益。

1　开发中存在的问题

针对区块地质及开发特征，以及开发初期暴露出的常规冷采效果差的问题，草 13 块孔店组直斜井前期立足于热采，开展全过程油层保护+高压高干注汽，最大限度提高注汽质量。从注汽及生产情况看，主要存在以下几方面问题。

（1）注汽压力高，注汽干度低：区块平均周期注汽压力在 21.4MPa 左右，平均注汽干度在 60% 左右，注汽效果较差。

（2）周期生产液量低：区块直斜井周期平均日产液 4~6t，周期平均日产油 1.5t 左右，只能维持低参数、低含水生产。

（3）油藏天然能量弱，无边底水：区块直斜井平均泵深 1378m，沉没度不足 100m。

2　高分子活性降黏冷采技术

针对区块直斜井热采开发中存在的问题，推广应用了高分子活性降黏冷采技术，同时优化施工参数，取得了较好的效果。

2.1　技术原理

以降低界面张力为目的的常规降黏剂无法由外向内渗入稠油内部分散油相，导致降黏低效、降黏效果较差。高分子活性降黏剂利用相似相溶的原理，削弱重质组分相互作用，引起稠油内部各向异性，降低原油黏度，增加流动性，由内向外降黏，降黏效果显著。

2.1.1 高分子活性降黏剂结构设计

高分子活性降黏剂以丙烯酰胺为骨架，通过氧化还原体系引发的自由基反应将丁烯苯（PB）、强极性的丙烯酸（AA）和2-丙烯酰胺-2-甲基丙磺酸（AMPS）功能性单体结合生成了直链状功能高分子（图1）。

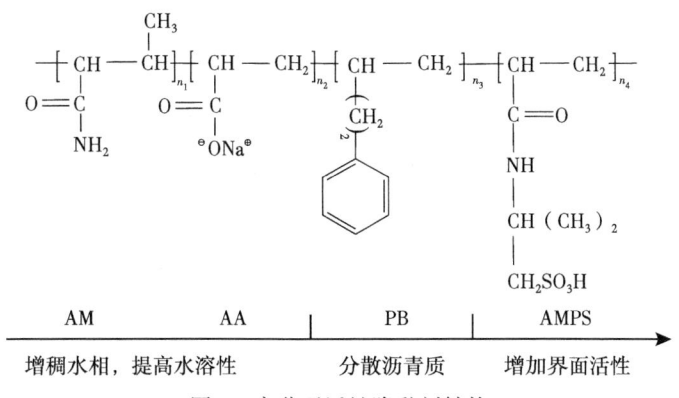

图1 高分子活性降黏剂结构

2.1.2 高分子活性降黏剂作用机理

FMP降黏剂中PB单体的苯环通过相似相溶原理可以嵌入沥青质的层间结构，引起稠油内部的各向异性，使水分子进入稠油内部。由于FMP降黏剂中AMPS单体的磺酸根基团具有极强的亲水性，保持水包油状态，保证稠油的流动性。

从表观上看，油/水界面的混相过程中FMP降黏冷采技术通过渗透+分散、剥离界面的两个过程，降低原油黏度。

从微观上看，表面吸附沥青质的云母片表面上出现诸多"holes"，为高分子破坏沥青质之间强π-π相互作用，并将其剥离→携带→运移后产生的形貌。

2.1.3 FMP高分子活性降黏剂作用结果分析

从室内实验结果上看，加入FMP高分子活性降黏剂后，0.5nm π-π堆积减少93%，0.8nm T形作用全部消失，效果显著。

2.2 静态分散率室内评价

从静态分散率评价结果（表1）上看，FMP高分子降黏剂对草13块孔店组稠油的降黏效果较好，具备实施降黏冷采的可行性；同时根据静态分散率评价结果，优化施工浓度以及施工温度。

表1 草13块孔店组直斜井稠油静态分散率评价结果

序号	井号	油藏类型	原油黏度（mPa·s）	温度（℃）	药剂浓度（%）	静态分散率（%）
1	草13-斜908	深层低渗稠油	27206	60	2.6	84.3
2	草13-906	深层低渗稠油	10047	60	2.0	80.5
3	草13-902	深层低渗稠油	10378	50	2.0	82.6

2.3 施工参数优化技术

为了保障降黏效果，遵循"一块一法，一井一策"的原则，按照配方优化、施工浓度优化、施工用量优化的思路优化施工参数。

2.3.1 药剂配方优化技术

选定区块典型油井，取样开展原油四组分分析，优化降黏剂配方，提高降黏剂的针对性，最大限度地提高降黏效果。

从分析结果（表2）看，区块胶质含量较高，沥青质含量相对较低，储层泥质含量高，因此最终优化配方为活性分子M100+分散剂ZDOA123+助溶剂APG（溶解黏土）。

表2 四组分分析结果

井号	饱和分（%）	芳香分（%）	胶质（%）	沥青质（%）
CQC13-X908	31.56	31.07	32.98	4.39

2.3.2 施工浓度优化技术

在不同温度条件下，评价不同浓度条件下，原油静态分散率，根据评价结果优化降黏剂施工浓度以及施工配液温度。区块浓度为1000mg/L时降黏效果最好；最低有效浓度为500mg/L，可有效减小地层水对注剂带来的稀释影响。

2.3.3 注入量优化技术

通过数值模拟区块斜井施工参数优化结果如下。

处理半径：8~10m；注入量：500~600m³；注入速度：初期提高排量（>30t/h），形成油墙，封堵高渗层；后期降低排量（20t/h），作用低渗层。

3 现场应用

在以上研究分析的基础上，区块累计实施高分子活性降黏冷采6井次，平均单井较热采减少投入24.5万元。截至目前，平均单井生产134天，产液1037t，产油238t，同比热采周期累计产液增加98t，累计产油增加43t。

4 结论及认识

（1）高分子活性降黏剂利用相似相溶的原理，削弱重质组分相互作用，引起稠油内部各向异性，降低黏度，增加流动性，由内向外降黏，降黏效果显著。

（2）对于深层低渗稠油区块油井，高分子活性降黏冷采技术相对于热采，可以有效波及低渗层，提高储层均衡动用程度，改善开发效果。

参 考 文 献

[1] 张琪. 采油工程原理与设计[M]. 东营：石油大学出版社，2002.
[2] 耿宏章，秦积舜，周开学，等. 含水率对原油粘度影响的实验研究[J]. 油气田地面工程，2003（2）：68-69.
[3] 魏小林，陈钥利，张燕，等. 油水界面张力与稠油乳化的关系[J]. 油气田地面工程，2011（7）：3-5.

高含水 ICD 完井水平井的二次控水改造矿场实践

刘 佳 徐立前 高晓飞 段 铮 武宇泽

(中海石油（中国）有限公司深圳分公司)

摘要：珠江口盆地海上底水油藏多采用水平井开发，稳油控水问题成为实现底水油藏高效开发的关键因素。近年来，ICD 控水完井方式逐渐在南海东部海域推广应用。该方式在开发初期确实能在一定程度上平衡产液剖面，但随着开发时间的推移，一旦发生底水锥进后，ICD 完井将不能匹配储层生产动态的变化，稳油控水效果将大打折扣，仍面临高含水问题。创新性提出直接在原 ICD 完井管柱内下入 AICD 管串，既保留原 ICD 完井分段优势，又充分利用 AICD "自动控制流量"作用实现二次控水、不需要分析和寻找出水井段。矿场试验后，J24 井含水率下降近 10 个百分点，日增油近 250bbl，直接表明该技术能有效实现高含水 ICD 完井水平井的二次控水改造，为类似海相砂岩油藏高含水老油田稳油控水提供新的技术思路。

关键词：稳油控水；ICD 完井；二次控水改造；AICD 智能控水

储层非均质性与油、水流动差异性的共同作用，沿程摩擦损失导致的"跟趾效应"，都可能引起底水锥进现象，造成水平井过早、过快见水，油井产量迅速降低。为缓解这一制约水平井高效开发的关键问题，随着完井技术的发展，预判性采用控水完井方式（如 ICD, Inflow Control Device）已成为一种开发底水油藏普遍思路、受到越来越多油田作业者的关注[1-2]。

假设水平段沿程储层物性非均质，当采用裸眼或普通筛管完井时，流体直接或经过筛管进入井筒内部，由于高渗层段中流动阻力相对更小，只需要很少的压差就能促使流体流入井筒，中低渗层段则无法有效动用，底水容易在高渗层段产生锥进。若采用 ICD 完井，如图 1 所示，ICD 作为完井硬件设施的一部分安装在地层与井筒之间。流体从地层流入井壁与 ICD 之间的环空，然后经过 ICD 流入井筒内部，流体在通过 ICD 时会产生一个附加压

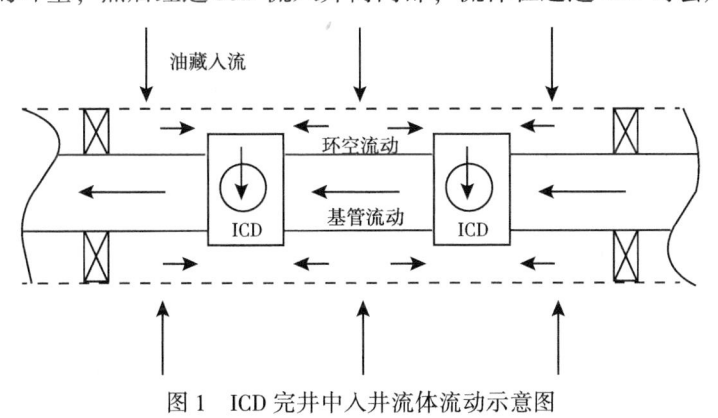

图 1 ICD 完井中入井流体流动示意图

降。通过预先设计、选择不同的过流面积或过道长度，改变 ICD 附加压降的大小，从而限制高渗层产液，增加低渗层段动用，缓解物性差异和"跟趾效应"带来的负面影响，平衡进入水平井井筒的流体剖面，起到延缓底水锥进的作用[3]，如图 2 所示。

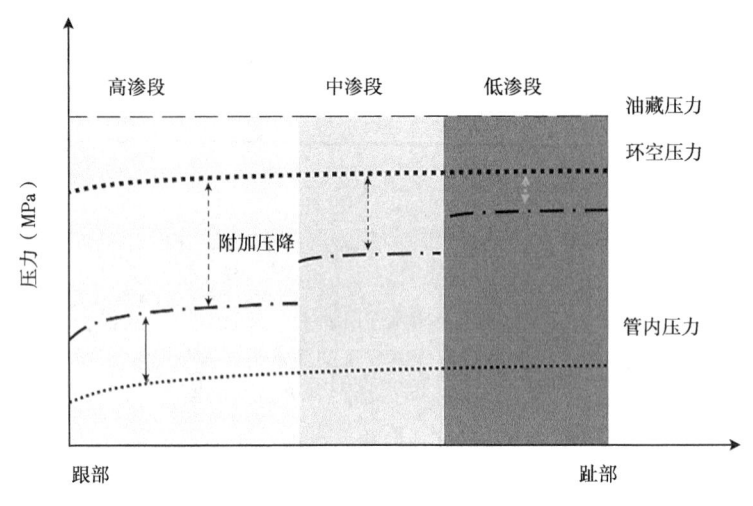

图 2 ICD 控水原理示意图

为了追求更好的控水效果，通常会在地层和井筒间的环空实施多段封隔[4]。ICD 完井作为一种被动的完井方式，在入井前预先设置了控液的强度，入井后不能调节，除非重新完井，否则不能改变。因此，若前期对储层情况认识不充分，ICD 控水效果将大打折扣。即使 ICD 在开发初期起到了平衡产液剖面的作用，但随着开发时间的推移，底水一旦发生锥进或高渗、低渗井段间差异性程度发生变化，ICD 完井将不能匹配储层生产动态的变化，仍不可避免高含水问题。

高含水 ICD 完井的水平井如何挖潜？目前控水改造多针对筛管及裸眼完井，开展这一特殊完井方式的二次控水改造技术研究将是未来发展的必然需求。本文在分析自动式流量控制装置（Autonomous Inflow Control Device，AICD）控水机理上，创新性提出直接在原 ICD 完井管柱内下入 AICD 管串，既保留原 ICD 完井分段优势，又充分利用 AICD"自动控制流量"作用实现二次控水，不需要分析和寻找出水井段。并在验证 J24 井应用 AICD 可行性后总结了二次控水工艺方案及应用效果，旨在为类似高含水 ICD 完井的水平井的挖潜提供借鉴。

1 AICD 控水机理

AICD 使用方法与 ICD 一致，都是作为完井硬件设施的一部分安装在地层与井筒之间，对进入井筒的流体施加一个阻力，都不需要电缆或红外线的控制，施工方案简单、可操作性高。主要控水机理的不同点在于 AICD 能"自动控制流量"，一旦出现油井见水/气，AICD 就会对水/气流动产生一个更大的阻力，从而自动减少不利流体的产出，弥补了被动式 ICD 的缺陷。当不利流体产量高的井段被迫关闭后，沿高渗通道锥进的不利流体向两边低渗区侵入，扩大了扫油的波及面积，从采出程度角度分析，AICD 技术仍明显好于 ICD 完井和裸眼完井，在处于高含水或特高含水阶段的油田都具有较好的应用前景[5]。

目前 AICD 根据结构和原理可分为平衡片、流道式、浮动圆盘式和自膨胀式[6]。本文主要分析浮动圆盘式 AICD，伯努利原理保证了通过浮动碟片上下的流体机械能守恒，即动能+重力势能+压力势能＝常数。由于通过流经阀体不同黏度流体的流速不同，碟片自动上浮或下沉后形成了不同的过流通道开度，当相对黏度较高油流经阀门时，流动速度相对较小，碟片上部压力比下部的压力大，碟片下移、阀门处于开启状态；当相对黏度较低的水或气流经阀体时，流动速度相对较大，碟片因压差自动上移，阀门过流面积变小甚至关闭，从而达到控水、控气、增油的目的。2014 年 Benn 等建立了数学模型，计算出油、气和水在不同流速下的过阀压差，与相同条件下的喷嘴式 ICD 进行了对比，结果表明，RCP阀（一种浮动圆盘式 AICD）对气和水的限制能力是喷嘴式 ICD 的 2~3 倍[7]。因此，使用AICD 进行目标井的二次控水改造在理论上是有效的。

2 试验井选择及可行性论证

2.1 生产现状及潜力分析

应用浮动圆盘式 AICD 实施二次控水改造的基础选井原则是：（1）整个井筒沿水平段方向上的产液性质差异明显，低渗区存在未充分动用的剩余油；（2）生产井具有产液量高、含水率高的特点，生产曲线间接能体现底水前缘部分锥进的现象；（3）地层原油、地层水存在一定的黏度差异；（4）完井条件满足施工需求，水平段能实现有效分隔。

J24 井为 B 层底水油藏构造中高部位的一口水平井，该井井点位置储层纵向上夹层不发育，且底水能量强。原 ICD 完井充分考虑储层物性差异，将 519m 水平段分隔为 4 段，整个水平段钻遇沿程储层物性的非均质性较强，见表1。其中水平段跟端第 1 段和趾端第 4 段物性好，平均孔隙度>30%，渗透率>4000mD；相对而言，第 2、第 3 段物性明显较差，平均孔隙度<20%，渗透率<150mD，一旦在第 1 段或第 4 段高渗层段底水实现局部突破、原井设计的 ICD 几乎无法起到平衡产液作用，即使高渗层段都有高产和低产部位，更不要说未有效动用的低渗层段。图 3 生产曲线也显示了投产后含水上升速度较快，投产初期日产液 2411bbl，日产油 1885bbl，含水 12%。投产一周后含水突破 40%，1 个月后含水突破 60%，目前日产液 12051bbl，日产油 506bbl，含水 95.8%，快速上升的含水率也间接体现了底水前缘沿低阻带断快速突破、水平段动用不均匀的现象，水平段井周仍存在客观的剩余油，剩余可采储量 6.9×10⁴m³，具备二次控水的改造潜力。

表 1 水平分段物性情况

水平分段	长度（m）	平均泥质含量（%）	平均有效孔隙度（%）	平均渗透率（mD）
1	113.0	6.2	29.6	6557.4
2	43.9	3.1	16.6	97.2
3	125.1	15.3	19.4	147.3
4	237.2	5.4	30.5	4156.5

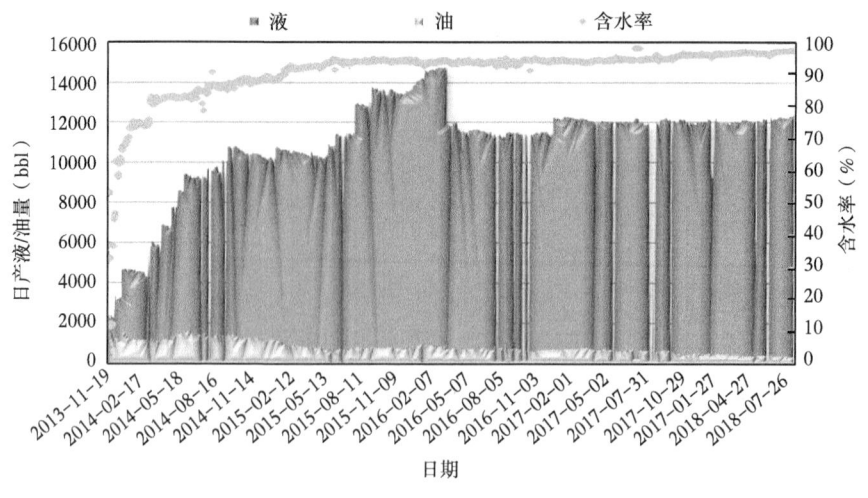

图3 J24井生产曲线图

2.2 地面实验

从浮动圆盘型AICD控水机理可知，不同的油水黏度差异性大小决定了控水效果的好坏。目标井选定后原油密度、黏度等高压参数相对一定，按照如图4所示的地面实验流程，测试不同目标井油水混合样在一定压差条件下通过AICD控水装置的流量，判断AICD对油水样的阻流作用大小，进而验证二次控水的可行性[8]。AICD控水装置对目标井油样、水样具有差异性的阻流作用，相同0.5MPa压差条件下，通过AICD控水装置的纯油流量约1m³/h，约为纯水流量的5.5倍，其他压差条件下的纯油流量也明显高于纯水流量；且同等压差条件下含水率越高的油水混合样通过AICD控水装置的流量也越小。证实了浮动圆盘型AICD对目标井实施二次控水改造的可行性。

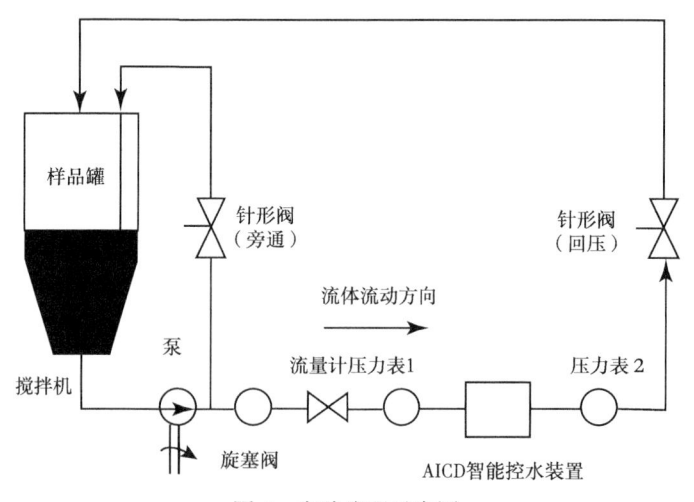

图4 实验流程示意图

3 AICD二次控水方案

3.1 二次控水改造思路

由于AICD使用方法和ICD一致，二次控水工艺方案计划充分利用原分段优势，在对J24井实施AICD二次控水改造，不需要拔出原ICD完井管柱后重新完井。若现场作业测试原分段有效，则直接在现有5½in ICD控水筛管内下入带3½in AICD控水短节的中心管串（遇油遇水膨胀封隔器实现中心管串与原ICD管串间的环空封隔）；若原分段无效，则在原封隔器位置加注管外环空化学封隔材料、提高分段有效性后，再下入带AICD控水短节的中心管串。

3.2 AICD应用设计优化

AICD应用设计优化是根据所获得的地质油藏特征，进行高渗层识别与层段划分后通过数值模拟，对AICD装置和封隔器的数目、强度、位置等相关参数进行优化，预测AICD应用效果，实现"单井定制"。由于J24井原ICD完井管柱已考虑水平段地质油藏特征，且由于每个层段都要限制高产部位，以均衡整个层段的产液剖面，实施AICD二次控水改造时主要在于优化每段AICD的强度和数目。

假设3½in AICD嵌套下入5½in ICD后，原ICD主要限制总产液量，在均衡考虑足够附加压降的控水效果和最大15000bbl/d产液目标提液需求后，经NETool模拟最终确定选用7.5mm直径AICD阀54个，从水平段跟端到趾端的每段AICD阀个数分别为4个、5个、18个、27个。对比措施前后不同完井方式的生产效果，第1年年底时AICD完井日产油为ICD完井的1.35倍，含水率比ICD完井的低2.1%。第2年年底时AICD完井日产油为ICD完井的1.37倍，含水率比ICD完井的低1.6%。第3年年底时AICD完井日产油为ICD完井的1.48倍，含水率比ICD完井的低1.7%。从3年的模拟结果对比，同等模拟条件下AICD对不利流体的抑制能力更强，能有效延缓底水锥进，控水效果更好。

4 现场应用效果

数据模拟预估实施AICD二次控水措施后，J24井含水率将由96.7%降到93.1%。现场作业前单井测试日产液14566bbl，日产油459bbl，含水96.7%；作业后等待遇油遇水膨胀封隔器充分发挥作用、保持低液量生产1个月后提液至5471bbl/d，含水率再次下降至86.9%，对比措施前降低近10个百分点，实际控水效果明显优于模拟预测。

措施作业后，测试日增油近250bbl，产能由原来的110bbl/(d·psi)降至33bbl/(d·psi)左右，日产水减少9095bbl，证明AICD确实有效控制了底水锥进的高渗出水段，既有效节约了水处理化学药剂费用，也为其他低含水井创造了提液空间。运用双曲递减法预测剩余可采储量，对比措施前后预估累计增油量$3.05\times10^4 m^3$，直接创造经济效益7260万人民币（油价55美元/bbl），投入产出比达1:6。该井二次控水矿场实践的成功，实现了海相砂岩油藏高含水阶段挖潜、治理和控水工艺重大突破。

5 结论

（1）针对ICD完井方式的特殊性，在目标井剩余油潜力剖析、AICD技术适应性分析研究后，认为在J24井应用自动流入控制装置AICD实施二次控水改造具备可行性。

（2）在原ICD分段仍有效情况下，使用AICD的二次控水改造不需要分析和寻找出水井段，可直接在原完井内嵌入带AICD控水短节的管串，施工工艺方案简单、有效，具备推广性。

（3）J24井实施矿场试验后，单井含水率下降近10个百分点，日产水减少9095bbl、日增油近250bbl，预估累计增油量$3.05×10^4 m^3$，投入产出比达1:6。为类似高含水砂岩油藏挖潜、稳油控水找到了新的技术思路。

参 考 文 献

[1] 田翔，李黎，谢雄，曹肖萌. 水平井平衡控水筛管（ICD）完井技术在惠州油田的应用［J］. 石油天然气学报，2012，34（9）：238-240.

[2] 曾显磊，罗东红，陶彬，等. 井下流量平衡器完井技术在疏松砂岩底水油藏水平井开发中的应用［J］. 中国海上油气，2011，23（6）.

[3] 罗伟，林永茂，李海涛，等. 非均质底水油藏水平井ICD完井优化设计［J］. 石油学报，2017，38（6）：1200-1209.

[4] 杨同玉，彭汉修，陈现义. 流体流动自动控制阀智能控水技术在油田开发中的研究与应用［J］. 钻采工艺，2017，40（5）：53-55，4.

[5] 王敉邦，WangMibang. 国外AICD技术应用与启示［J］. 中外能源，2016，21（4）：40-44.

[6] 阳明君. 水平井自动相选择控制阀控水完井技术研究［D］. 成都：西南石油大学，2017.

[7] 朱橙，陈蔚鸿，徐国雄，等. AICD智能控水装置实验研究［J］. 机械，2015，42（6）：19-22.

高温高压酸性井筒腐蚀预防及环空保护液研究

潘丽娟 李冬梅 龙 武 李渭亮 黄知娟

(中国石化西北油田分公司石油工程技术研究院)

摘要：顺北高温高压酸性油气田井筒腐蚀危害严重，前期三口井P110油管腐蚀导致直接损失和修井费用超过千万元。针对现用甲酸盐环空保护液，采用高温高压反应釜试验，并结合X射线衍射仪、扫描电镜等表征技术，考察CO_2渗入对P110腐蚀及应力开裂敏感性的影响，并制定预防对策。通过优选pH调节剂、缓蚀剂等，研发出一套新型高效环空保护液体系，实现210℃+3MPa CO_2环境下平均腐蚀速率仅0.050mm/a，且无局部腐蚀及开裂风险，单方成本与同比重甲酸盐体系相当，为顺北油气田高效经济开发提供技术支撑。

关键词：高温高压；酸性油气田；P110；甲酸盐；环空保护液

顺北油气田是中国石化和西北油田分公司的重要上产阵地，预计2023年建成220×10^4t产能。但是，由于储层超高温180~207℃、超高压80~125MPa，使地层流体中含4%~18%二氧化碳酸性气体的负面影响更加明显，最显著的特征是生产过程中井下油管腐蚀严重。尽管使用备受国内外高温高压油气田青睐的甲酸盐环空保护液，前期6口井中仍有3口井P110油管腐蚀断裂，导致直接损失和修井费用超过千万元。因此，亟须认清CO_2渗入环境下P110腐蚀原因及预防对策，为顺北油气田高效经济开发提供技术支撑。

1 CO_2渗入环境下甲酸盐腐蚀研究

1.1 方法与设计

实验方法：采用高温高压反应釜腐蚀试验，参照相关标准执行。其中，试样分挂片和U弯试样两类，分别评价P110腐蚀敏感性和应力开裂敏感性。利用X射线衍射仪（XRD）、扫描电子显微镜（SEM）等手段，表征试样表面腐蚀产物化学成分与微观形貌。

实验设计：为分别评价不同温度（全井深）CO_2渗入对腐蚀的影响，基于现场P110油管失效的井深折算，设计实验温度25℃、80℃、180℃，实验时间720h，实验介质为密度1.30g/cm³甲酸盐环空保护液+N_2（无CO_2渗入条件）或CO_2。

1.2 结果与分析

1.2.1 腐蚀敏感性

（1）无CO_2渗入条件下：25℃、80℃、180℃对应腐蚀速率分别为0.008mm/a、0.096mm/a、0.0052mm/a；均无明显局部腐蚀与开裂风险；腐蚀产物主要为Fe_3O_4，表明无明显甲酸盐参与腐蚀。

(2) 有 CO_2 渗入条件下：25℃、80℃、180℃ 对应腐蚀速率分别为 0.055mm/a、0.12mm/a、0.49mm/a，腐蚀明显加速，且 80℃、180℃ 时出现局部腐蚀；腐蚀产物主要为 $FeCO_3$，呈现 CO_2 腐蚀特征。该结果与实际工程应用中 XB 2 井中温段和 XB1 井高温段出现局部腐蚀的特征一致。

腐蚀敏感性评价实验结果表明，甲酸盐环境下的 P110 腐蚀失效主要因素为 CO_2，并且随温度的升高，无论是否存在 CO_2 渗入，腐蚀速率均有增大趋势。

1.2.2 应力开裂敏感性

(1) 无 CO_2 渗入条件下：25℃、80℃、180℃ 下未见明显开裂，并且去除表面腐蚀产物后均存在一定程度的金属光泽。

(2) 有 CO_2 渗入条件下：25℃、80℃、180℃ 下未见明显裂纹，但随温度的升高，腐蚀明显加速，80℃、180℃ 时塑性变形区有局部腐蚀，结果与现场并不完全一致。分析原因是应力的存在导致腐蚀严重，甚至可能在"U"形弯试样应力面局部腐蚀蚀坑底部出现应力腐蚀裂纹，例如 XB1 井接箍局部腐蚀底部出现裂纹、XB2 井油管本体局部损伤底部出现裂纹。

应力开裂敏感性评价实验结果进一步验证，甲酸盐环境下的 P110 腐蚀失效主要因素为 CO_2，并且 80℃ 以上温度时，塑性变形区有局部腐蚀导致应力开裂现象。

1.2.3 二氧化碳环境下腐蚀机理研究

众所周知，碱性环境下 P110 碳钢腐蚀较为轻微，这也是甲酸盐碱性体系通常被认为无腐蚀性的重要原因之一[2]。为探究 CO_2 渗入甲酸盐体系导致 P110 腐蚀的机理，从 CO_2 渗入对体系 pH 值影响入手分析。对不同 CO_2 渗入量进行 pH 值模拟计算（图1）：无 CO_2 渗入环境下，甲酸盐环空保护液 pH 值均为碱性；但 3MPa CO_2 渗入环境下，pH 值降至 6.22 以下。相关研究发现，当体系 pH 值下降至低于 6.35 时，CO_2 溶解生成 H_2CO_3 分子，此时出现 CO_2 腐蚀。

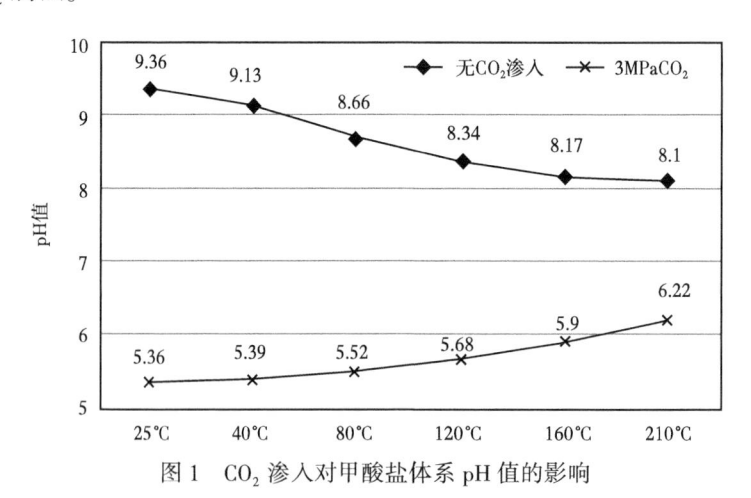

图1 CO_2 渗入对甲酸盐体系 pH 值的影响

2 高温二氧化碳井筒环境调整研究

当甲酸盐环空保护液中渗入 CO_2 时，可通过 pH 值缓冲剂调节缓解腐蚀。通过模拟计算和实验验证，3MPa CO_2 渗入条件下，1%pH 缓冲剂可使 80℃腐蚀速率由 0.12mm/a 降至 0.037mm/a，180℃腐蚀速率由 0.49mm/a 降至 0.24mm/a，腐蚀速度明显降低，但仍不能满足顺北超深井井筒要求。因此，需要研发新型高比重环空保护液，控制高温 CO_2 渗入环境下腐蚀速率 0.076mm/a 以下。

3 新型耐高温高效环空保护液体系研究

3.1 高密度可溶盐加重剂及可行性分析

调研国内外高比重可溶盐加重剂及其 pH 值情况[3]，主要有卤族盐类和甲酸盐类，其中卤族盐类分为钙/钾/钠盐。排除现用的甲酸盐，钾钠盐密度相对较低，而钙盐在高矿化度条件下沉淀风险较高，而饱和溶液密度 1.53g/cm³ 的溴化钠具备钠盐的特点且满足密度和沉降要求。文献显示，204℃高温条件下 P110 管材在密度 1.49g/cm³ 的溴化钠体系中腐蚀速率为 0.12mm/a，存在局部腐蚀风险[3]；但当加入 5.3kg/m³ 的 pH 调节剂时，腐蚀速率降至 0.0051mm/a，且无局部腐蚀风险。因此，溴化钠在 pH 值缓冲剂环境下具备高密度、低腐蚀性和耐高温几大特点，可考虑使用该类型的环空保护液体系。

3.2 缓蚀剂、杀菌剂、除氧剂优选

3.2.1 耐高温缓蚀剂

改性的咪唑啉类通过部分分子键打乱重组可有效提高缓蚀剂的耐高温特性[4]。高温腐蚀评价优选实验结果显示：缓蚀剂 2600、缓蚀剂 402、复配缓蚀剂 1 和复配缓蚀剂 3 高温下缓蚀效果明显，甲酸盐体系腐蚀速率已下降至 0.11mm/a、0.12mm/a，且无明显局部腐蚀和开裂风险。

3.2.2 杀菌剂、除氧剂优选

考虑现场保护液配置过程中容易混入溶解氧，为避免井下高温氧腐蚀问题，入井前可加入 150mg/L 亚硫酸钠，具有高效、低成本的特点。对于高密度环空保护液体系，硫酸盐还原菌由于盐的含量太高而无法存活，一般无须加注杀菌剂。

3.3 环空保护液性能评价研究

3.3.1 腐蚀性

通过大量室内实验和现场反馈资料，确定各种处理剂的最佳加量，最终形成耐高温高效环空保护液的具体配方，满足高温 210℃+3MPa CO_2 渗入环境下腐蚀速率为 0.050mm/a，且无明显局部腐蚀和开裂风险，满足顺北油气田超高温高压酸性井筒腐蚀控制要求。

3.3.2 配伍性

分别取 XB1 号、XB2 号地层水，按照环空保护液与地层水体积比 4:1、1:1 和 1:4 混合，均未形成大量沉淀，表明新型环空保护液与顺北油气田地表水相容性较好，满足配伍

性要求。

3.3.3 与甲酸盐环空保护液对比

相同密度1.30g/cm³环空保护液，210℃+3MPa CO_2渗入环境下，新型体系全面腐蚀速率0.050mm/a较甲酸盐体系腐蚀速率降低58%，单方成本与甲酸盐体系相当，满足顺北油气田高效经济开发需求。

4 结论

（1）顺北油气田现用甲酸盐环空保护液腐蚀失效主要原因为CO_2渗入。无CO_2渗入环境下，25~180℃均无明显P110腐蚀及开裂风险；3MPa CO_2渗入导致P110腐蚀明显加速，180℃腐蚀速率高达0.49mm/a，塑性变形区有局部腐蚀导致应力开裂现象。

（2）甲酸盐+CO_2渗入环境下，控制pH值可有效控制P110腐蚀速率。加入1%pH调节剂，80℃腐蚀速率由0.12mm/a降至0.037mm/a，180℃腐蚀速率由0.49mm/a降至0.24mm/a，均无局部腐蚀及开裂风险。

（3）研制的新型高密度环空保护液满足耐高温、耐二氧化碳特点，210℃+3MPa CO_2渗入环境下，P110腐蚀速率仅为0.050mm/a，且无局部腐蚀及开裂风险，满足顺北油气田高效经济开发需求。

参 考 文 献

[1] 李晓岚，等. 套管环空保护液的研究与应用［J］. 钻井液与完井液，2010，27（6）：61-64.
[2] 段春兰，等. 有机酸盐环空保护液在元坝海相气藏的应用［J］. 石油钻采工艺，2014，36（5）：53-57.
[3] Ke M, Javora P H, Qi Q. Application of pH Buffer as Corrosion Inhibitor in NaBr Brine Packer Fluids at High Temperatures［C］// SPE International Symposium on Oilfield Corrosion，2004.
[4] 刘然克，等. 咪唑啉类缓蚀剂对P110钢在CO_2注入井环空环境中应力［J］. 表面技术，2015（3）：25-30.
[5] 郑义，等. 一种适用于含硫油气田环空保护液的室内评价［J］. 钻井液与完井液，2010，27（2）：37-39.

海上稠油高温井下监测工艺技术研究及应用

王弘宇　王秋霞　刘　昊　张　华
韩晓冬　张　伟　周法元　韩玉贵

(中海石油（中国）有限公司天津分公司)

摘要：渤海油田稠油热采先导试验已开展了近十年，取得了较好的开发效果。先导试验初期，未对热采井进行高温监测，从而尚未获取注热井实际参数，无法实时掌握实际井底温度、压力、干度等关键参数，同时无法获得水平段动用程度。为了实现直井段和水平段的沿程温度和压力等关键参数监测，开展了相关技术研究和现场试验工作，先后在海上现场成功进行了高温五参数监测、微温差连续油管监测和全井筒全时域高温光纤长效监测试验。通过高温监测技术可实时获得水平井口至脚尖全程的温度分布、读取油套环空温度等关键参数，为热采方案精细设计、高效隔热管柱配套、水平段均匀注热优化设计、井筒完整性的准确认知等提供第一手的数据支持。高温监测技术在海上稠油热采开发中的成功应用为后续海上稠油热采的有效开发奠定了坚实的数据基础和技术保障。

关键词：海上稠油；注汽热采；高温监测；微温差；高温光纤

稠油热采水平井是国内外稠油有效开发的重要工艺技术之一，但是在开发过程中也存在着水平段吸汽剖面、产液剖面不均匀等问题[1-3]。通过相应的监测分析手段来认识热采井水平段的吸汽剖面和动用程度，能够帮助及时了解热采过程中稠油油藏的开发动态，为进行下一步热采方案调整、优化，改善注蒸汽开发效果提供科学指导和依据。

对于热采水平井监测，国内外还没有一套比较成熟的工艺技术。目前国内应用的水平井测温方式主要包括传统温度计测温、分布式光纤测温、不锈钢内嵌热电偶[4-5]。光纤温度监测技术价格高，对钻井有较高要求；普通监测工艺无法实现热采水平井、特别是内接箍双油管热采水平井的注汽阶段温度剖面监测，无法提供有效的吸汽、产液温度剖面[6-7]。

渤海油田稠油储量巨大，从 2013 年开始开展海上蒸汽吞吐先导试验，截至目前已进入第三轮次的吞吐生产，取得了较好的开发和增油效果。采用水平井进行开发，水平段长在 300m 左右。为了实现直井段和水平段的沿程温度和压力等关键参数的监测，开展了相关技术研究和现场试验工作，先后在海上现场成功进行了高温五参数监测、微温差连续油管监测和高温光纤长效监测试验，为后续海上稠油热采的有效开发奠定了坚实的数据基础和技术保障。

1 微温差监测工艺

1.1 监测原理

水平井微差井温监测系统主要由含水监测单元、微差测温单元、测压单元、数据采集存储记录单元组成，其监测工艺的主要技术原理是通过（连续）油管起下，对注汽前、放喷后和转抽的热采稠油井，进行井温、井压及含水监测，可监测油层段内微小温度变化、出水层段位置，分析评价堵调效果和水平段的动用程度。

为适应海上高温高压复杂环境，水平井为温差监测工具串经过结构优化改进，监测存储机构采用双密封件结构，同时，采用多层铝箔金属（每厘米90层）作为外包隔热层，整个监测工具系统满足海上耐温350℃、耐压21MPa工况要求。具体监测系统参数如下。

仪器型号：LRD-1，存储式；

监测参数：温度、压力、磁定位、时间；

采样间隔：每秒一次；

温度测量范围：$-50 \sim 800$℃；

温度测量精度：±0.1℃；

仪器工作时间：按每秒一次采样计算，可连续工作20h以上；

托筒尺寸：$\phi 50mm \times 1500mm$。

1.2 监测流程

为保障作业过程安全、合规，监测资料准确，采用全密闭（有BOP、防喷管）监测系统作业。监测过程分两大部分。

（1）通井：采用专业通井工具串在测试前对井筒进行通井作业。目的是了解井下情况，模拟仪器在井下的起下情况，测量其遇阻深度，为后续监测做准备。通井工具由Roll on接头连接连续油管进行起下作业。

（2）监测：为了确保资料录取一次成功，同时下入两支仪器。录取的资料包括温度、压力、磁定位、时间4个参数。监测工具参数见表1，监测工具串外面连接监测托筒起到保护工具的作用。

表1 通井工具参数组成

名称	外径（in）	内径（in）	长度（m）
Roll-on连接头	1.7	0.593	0.125
电机总成	1.75	0.5	0.725
喷嘴	1.75	0.6	0.15

1.3 应用效果

该监测技术在海上某热采井第二轮次吞吐注热期间进行了监测。该井在斜深2000m附近进入水平段，因此，本次测量截取数据区间为2000~2400m，以工具串上提时所测数据作为监测结果。

从监测数据可以看出,温度在 2000~2400m 井段内整体呈上升趋势,突变点 2200m 对应温度 235.6℃,在 2000m 时温度处于最低值 126.1℃,在 2400m 时温度处于最高值 238.6℃;压力保持整体上升趋势,压力值范围:17.23~17.37MPa(图 1)。

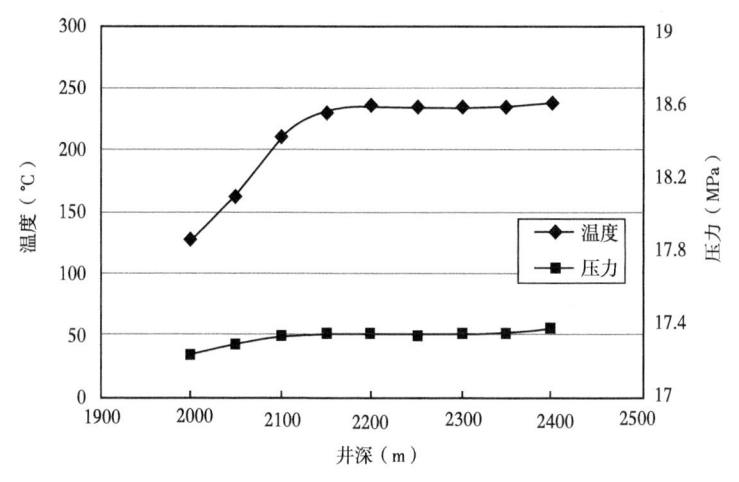

图 1 水平井微温差监测结果

2 高温五参数监测工艺

2.1 监测工艺

高温五参数监测是陆地油田较为常用且较为成熟的热采井监测工艺。该技术可以有效获得稠油注汽热采井的温度、压力、流量参数,并同时测得伽马和接箍信号,监测过程中通过钢丝携带监测工具串完成相应的监测工作。

由于海上平台的安全等级要求较高,为实现监测过程的安全高效,采用新型井口防喷工艺。在防喷管上端连接防喷盒,同时为防止井口蒸汽上返造成防喷盒处温度过高导致的密封失效,在防喷盒下端添加一个三通并将制氮设备制得的高纯氮气连续向井口注入,起到抑制蒸汽上返的作用。

2.2 应用效果

该工艺在海上热采井进行了应用试验且取得了较好的监测效果,可以较为准确地测得井筒沿程的温度和压力数据并为模拟软件计算结果的校核提供了依据。通过拟合三次监测参数,拟合度分别为 99%、99%、97%,拟合良好,可以通过软件验证井底注汽参数,且提升后续热采方案设计参数计算准确性。

3 高温光纤监测工艺

3.1 技术原理

如图 2 所示,主要是利用部分物质吸收的光谱随温度变化而变化的原理,分析光纤传输的光谱变化来了解实时温度变化情况。

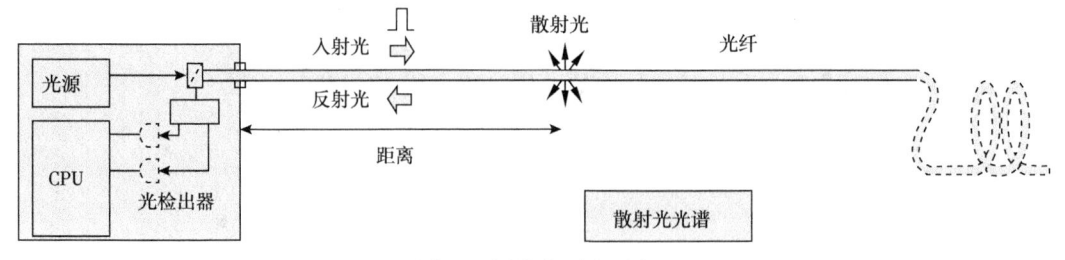

图 2　光纤测温原理图

3.2　方案设计

为了实现海上350℃条件下的长效监测，首先对光纤监测工艺进行了室内高温评价实验。通过实验可知，优选的高温光纤可以保持在400℃条件下长期有效地实现温度监测。在进行海上热采监测方案设计过程中，为了同时监测水平段和直径井段油套环空的温度数据，设计了监测工艺管柱。

该监测管柱在顶封以上位置添加了一个Y形穿越装置，光纤在水平段时从有关内部穿过，并在脚尖引鞋处通过固定装置连接固定；光纤到Y形接头处时从有关内部穿出，并从油套环空向上穿出井口。通过该监测管柱，光纤监测可以实时监测从井口到顶封段的油套环空数据，以及水平段油管内部温度沿程数据。

3.3　应用效果

高温光纤监测工艺在某热采井第三轮次蒸汽吞吐注热过程中进行了现场应用。在整个注热、焖井和放喷过程中均可实施监测整个井筒沿程的温度数据。首次实现了海上热采井环空温度的获取，可为模拟计算软件关键热力参数拟合调整及像环空注氮工艺优化、井下安全控制系统优化等相关热采工艺技术的优化提供准确的数据支持。与此同时，本次监测实时掌握了整个井筒沿程温度在不同注热时期的分布和变化规律，对于后续方案调整和优化具有较大的指导和借鉴意义。

4　结论与认识

（1）在借鉴陆地油田技术和成功经验的基础上，通过多年技术研究和现场试验，渤海油田稠油热采先后成功应用了高温五参数监测、微温差连续油管监测及高温光纤监测工艺技术。

（2）高温五参数监测、微温差连续油管监测及高温光纤监测工艺技术的成功应用，可以获取水平段及油套环空沿程温度分布数据及变化规律数据，可为海上稠油热采后续方案设计和相关热采工艺技术优化提供一定的技术支持，同时也为后续海上蒸汽驱及规模化热采现场实践提供宝贵的技术经验。

参 考 文 献

[1] 刘明，吴国伟，王来旺，等．胜利油田稠油热采测试技术［J］．石油地质与工程，2008，22（6）：114-116．

［2］ 吴国伟，曲丽．高温长效动态测试仪研制及应用［J］．石油机械，2004，32（3）：13-16.

［3］ 梁栋，刘明，杨琴琴，等．热采水平井井温剖面测试及分析技术研究与应用［J］．化学工程与装备，2012（6）：89-91.

［4］ 马明，曾魏，杨峰，等．热采井下高温高压光栅传感技术研究［J］．特种油气藏，2010，17（1）：105-107.

［5］ 薛世峰，王海静．水平井均匀注汽工艺研究及软件开发［J］．石油矿场机械，2009，38（1）：38-41.

［6］ 刘同敬，雷占祥．稠油油藏注蒸汽井筒配汽数学模型研究［J］．西南石油学报，2007，29（5）：60-61.

［7］ 周赵川，王辉，戴向辉，等．海上采油井筒温度计算及隔热管柱优化设计．石油机械，2014，42（4）：43-48.

海上稠油油藏自源闭式地热能量补充技术研究与实践

李勇锋[1]　邹信波　熊书权　王中华[2]　李　凡　王海宁　黄正详

(1. 中海石油（中国）有限公司深圳分公司；
2. 中海油能源发展股份有限公司工程技术分公司)

摘要：针对南海某油田稠油油藏单井产液量低且递减快，储层能量传导性差，井筒举升困难，且由于海上平台相对于陆地油田空间较小，常规稠油热采技术难以满足海上油田开发实际需要的问题，提出采用自源闭式地热能量补充技术，通过高温地层水在井下完成稠油降黏及能量补充。开展了地热水源层选择、地热驱流变性和渗流机理、地热驱结垢分析及自源闭式能量补充工艺技术等方面的研究。现场实践表明，该技术能补充地层能量，降低原油黏度，提升驱油效率，提高油井产能，提高油田整体开发效益，可为类似油田提供借鉴。

关键词：稠油油藏；地热能量补充；驱油效率；自源闭式注水

稠油与常规油相比，不仅胶质、沥青质含量高，而且黏度和凝固点高，流动性较差，因此开采技术要比常规油气开发复杂、困难得多。稠油黏度虽然高，但对温度较为敏感，温度每增加10℃，黏度降低约一半，根据开采过程中有无人工增温的过程，稠油开采技术分为热采和冷采两大类。从世界范围看，热采是应用规模最大、最为成熟也是最为有效地提高稠油采收率技术[1-5]。针对南海某油田稠油油藏单井产液量低且递减快，储层能量传导性差，井筒举升困难，且由于海上平台相对于陆地油田空间较小，常规稠油热采技术难以满足海上油田开发实际需要的问题，提出采用自源闭式注水技术，通过配伍性良好高温地层水在井下完成稠油降粘及能量补充。现场实践表明，该技术能有效规避配伍性风险，补充地层能量，降低原油黏度，提升驱油效率，提高油井产能，实现了油田的稳产上产，具有推广应用的价值。

1　E油田稠油油藏开发过程中面临的问题

E油田位于南海珠江口盆地，主力油藏H层属于低幅度断背斜构造。储层岩性主要为长石石英砂岩，以细砂岩为主，岩石成分主要是石英、长石。地层厚度为7.1~7.9m，油层平均有效厚度为4.0m，测井解释平均孔隙度29.5%，平均渗透率489.2mD，为高孔、中渗储层，泥质含量约13.9%，非均质性程度高。地层原油密度0.919~0.935g/cm³，油藏温度75℃，地层原油黏度111.18~277.77mPa·s。该油田投产后开发效果没有到达ODP预期，主要存在以下两个方面的问题：

（1）H层为低幅度断背斜构造，厚度薄，以边水为主，储层非均质性强，夹层发育，靠近断层的油井距边水较远，造成能量补充慢，供液不足，油井初期递减明显，提液上产困难；单井产能低于配产目标且递减幅度较大，部分油井由于液量较低，导致井筒温度下降较快，原油黏度大幅增加（图1），井筒流动性较差也进一步抑制了油井产量，有部分油井不能够正常连续生产。

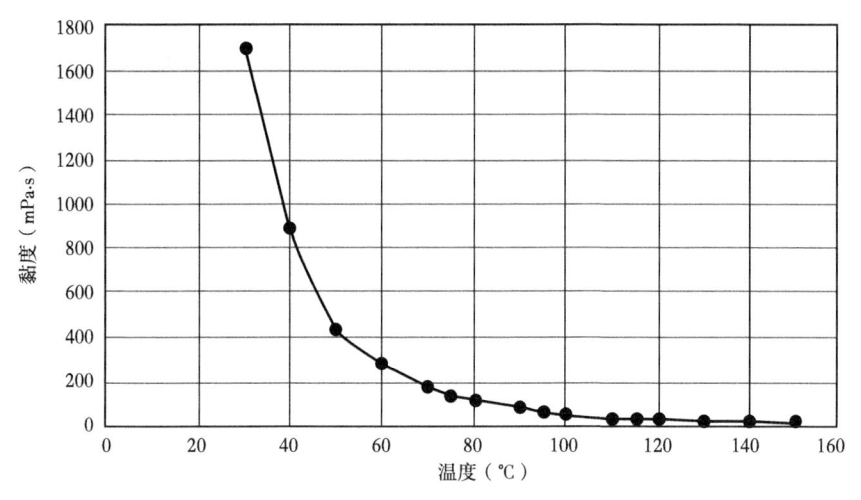

图1 H层原油黏温曲线

（2）现有平台剩余空间有限，同时注水水源选择难。由于油田整体开发方案设计时未考虑人工注水方案，海上平台剩余空间有限且分布零散，地面注水设备布置困难。

2 海上稠油油藏自源闭式地热能量补充技术

由于该油田存在地层能量供给慢及稠油开发的难题，热水驱相比于蒸汽吞吐技术、多元热流体吞吐、蒸汽驱技术、蒸汽辅助重力泄油等稠油热采技术更具优势，采用自源闭式地热能量补充技术，通过配伍性良好的高温地层水在井下完成稠油降黏及能量补充，可以同时解决地层能量补充及稠油热采需求实现油井的连续生产。相较于海上平台地面人工注热水，由于自源闭式注水具有不增加平台地面设备、不涉及地面改造、地层水源对储层伤害小等优点，能够节约大量的地面注水设备安装、运维及化学药剂费用。

2.1 地热水源层筛选及评价

2.1.1 地热水层筛选

由于需要利用地热水层作为水源达到地热驱油及补充地层能量的目的，故水层须在储层以下且距离储层有足够的距离，以保证足够的温度差；水源层还要能够提供充足的水量和稳定的水质，须尽量选择分布范围大、厚度大、水体能量充足、物性好、相对均质、隔夹层不发育的水层；水源层与产层水配伍性良好，不存在水敏、速敏、盐敏及地层结垢等风险，避免造成储层伤害而降低注水开发效果。综合考虑选择距储层垂直深度接近900m，砂厚超过约55m，可作为无限大水体，温度达115℃的Z层作为水源层。

2.2.2 注水配伍性及注水水质指标

（1）地热驱结垢预测及静态配伍性评价。根据油田的实际工况，通过结垢分析软件对水源水、地层水结垢及不同混合比例的水源层与注入水结垢趋势预测，结果显示水源水、地层水及水源层与目的层水不同比例混合后均产生少量的碳酸钙，水源层水与目的层水不同比例混合后，随着目的层水样比例增加，结垢量总体呈现逐渐下降趋势。硫酸钡结垢风险较小，硫酸锶无结垢趋势。

采用固悬物测量方法——滤膜过滤法实验显示，静态结垢法实验结果与公式法预测结果的趋势基本一致，单一水源层水样在高温时沉淀量最大，地层水水样沉淀量较小。水源层水与地层水不同比例混合后，随着地层水比例增加，结垢量总体呈现逐渐下降趋势，实际结垢值小于软件预测值。在目的层地层条件下，总体结垢量均不大（<50mg/L），结垢潜在伤害风险较低。

（2）油田储层敏感性及配伍性评价。通过 H 层岩心的储层岩心敏感性实验，结果显示储层速敏损害程度为弱，水敏损害程度为中等，盐敏储层盐敏损害程度为中等偏强到强，临界矿化度为 30000mg/L，水源层矿化度为 40919mg/L，高于临界矿化度，注水过程中不会产生盐敏伤害。水源水与油田 H 层岩心配伍性实验结果显示（表1），岩心渗透率伤害率均小于 10%，属弱伤害。

表1 不同比例注入水岩心伤害评价实验结果

水源水:地层水	岩心编号	气测渗透率（mD）	初始液测渗透率（mD）	结垢后渗透率（mD）	渗透率保留率（%）	伤害情况
1:0	B1-5-2	591.1	34.2	31.1	90.9	弱伤害
3:1	B3-7-7	615.6	100.1	91.6	91.5	弱伤害
1:1	B5-7-4B	434.8	11.2	10.2	91.1	弱伤害
1:3	B9-7-3	881.5	210.5	195.8	93.0	弱伤害

（3）水质指标研究（表2）。注入水水质指标包括悬浮物浓度、颗粒粒径、含油率、细菌含量、氧气含量、腐蚀率等，基本原则遵从行标和企标两级标准。根据颗粒的架桥理论，即颗粒粒径小于喉道直径的 15% 时，颗粒能顺利通过喉道[1]，不会造成伤害，结合行业标准及企业标准中的推进指标及孔喉结构及渗透率的情况，确定了注入悬浮物含量≤5.0mg/L，水悬浮物粒径中值小于 3.0μm。

表2 E 油田注水水质指标推荐

行标、企标对比		恩平 18-1 油田水质指标	行业标准（50~500mD）	海油企标（50~500mD）
控制指标	悬浮物固体含量（mg/L）	≤5.0	≤5.0	≤5.0
	悬浮物颗粒直径中值（μm）	≤3.0	≤3.0	≤3.0
	含油量（mg/L）	—	≤15.0	≤15.0
	平均腐蚀率（mm/a）	≤0.076		
	SRB（个/mL）	≤20	≤25	≤20
	TGB（个/mL）	$n×10^3$	$n×10^3$	$n×10^3$
	铁细菌（个/mL）	$n×10^3$	$n×10^3$	$n×10^3$
辅助指标	溶解氧（mg/L）	≤0.05	≤0.5	≤0.05
	硫化物（mg/L）	0		

注：1<n<10。

3 地热驱油机理研究

相对于常规水驱，热水驱能降低原油黏度，使油水黏度比降低，储层中液体及岩石发生热膨胀，残余油饱和度降低，等渗点右移，使减缓水在地层岩石中推进速度，提高驱油效率，提高油田采收率。稠油由于黏度较高，效果会更显著。

(1) 地热驱渗流实验。通过H层岩心高温相渗驱替实验，测定75℃（H层地层温度）、95℃、115℃（Z层地层温度）条件下的油—水相相对渗透率，结果表明随着温度升高，岩心的束缚水饱和度增大，岩心向水湿方向转变，水驱岩心的残余油饱和度下降，当温度从75℃上升为115℃时，残余油饱和度降低7.24个百分点；在同一含水饱和度下，油相渗透率明显增大，而水相渗透率略有降低。

(2) 地热驱油效率实验。通过H层岩心驱替实验，测定不同温度、不同驱替倍数的驱油效率。结果表明，随温度的增高、驱替倍数的增大，其水驱驱油效率得到改善，驱油效率提高。当温度从75℃提高到115℃，温度提高了40℃，驱油效率提高9.11~14.72个百分点；相同温度下，30PV前驱油效率提高幅度较快，后期增加幅度较小。

(3) 地热驱温度场。根据井筒温度模拟结果（图2），当Z层110℃水日注入量分别为250m³、400m³、600m³、750m³时，经注水管柱到达到H层时，温度分别下降2℃、2.5℃、2.7℃、5.8℃。模拟实际注水情况，当Z层110℃水经过注水管柱到H层时，温度下降约4℃，井筒热损失较小。注入层距离井筒越近，储层的温度高，温度变化越剧烈；距离井筒越远的储层温越低，温度变化越平缓。随着注地热水的不断进行，这种温度随井筒距离的变化越平缓[6,7]，可以根据需要适当完善地热注水井网，提升地热驱油效果。

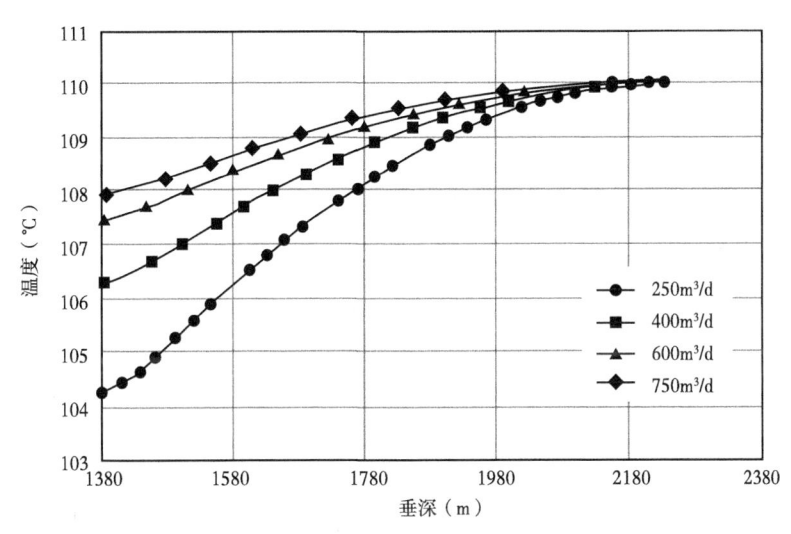

图2 地热驱井筒温度模拟

4 地热驱油方式及工艺管柱

自源闭式注水技术是利用水源层与注入层的天然能量差或者通过人工举升设备实现注水的目的。根据水源层与注入层的相对位置，该技术可分为"采上注下"和"采下注上"

两种，海上稠油自源闭式地热能量补充要求水源层在注入层下部，故采用"采下注上"的方式实现地热注水。从管柱工艺上可分为罐式和Y管式两种注水工艺，两种技术均可实现不动管柱酸化，实现温度、压力、流量的实时监测及流量的调节，罐式技术相比Y管式具有注入量大的优点，最大的可达3000m³/d。

5 应用情况

目前实施2口自源闭式地热能量补充井，合计日注水量约7100bbl，累计注入量29.2×10⁴m³，日增原油1300bbl，累计增油量3.4×10⁴m³，注地热水后受效井采液指数增加明显（图3），油田年采油速度翻倍，由1%提高至2%，油藏压力保持水平为0.84~0.99，地热注水效果显著。

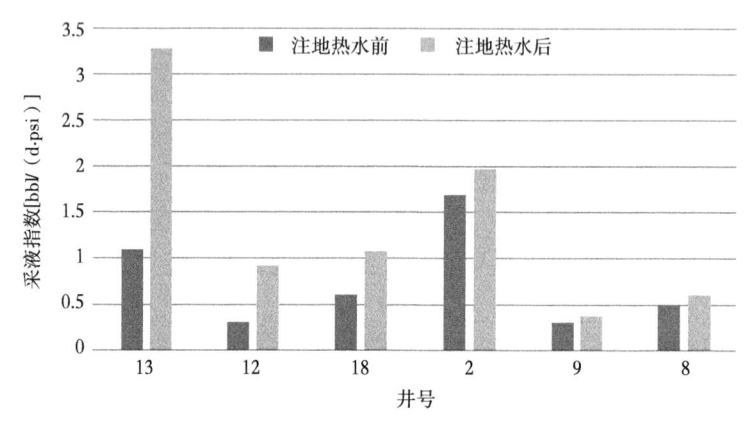

图3 注地热水后受效井采液指数变化情况

6 结论

（1）提出采用自源闭式注水技术，通过较低的成本获得稠油热采所需的天然能量在井下完成稠油降黏及能量补充。

（2）实验结果表明，地热水驱能够相对于常规水驱，能降低原油黏度，改善流度比，增加油相渗透率，降低残余油饱和度，提升驱油效率。矿产实践结果表明，稠油油藏自源闭式地热能量补充技术能补充地层能量，降低原油黏度，提升驱油效率，增产效果明显，使油田采油速度大幅加快，实现油田的稳产上产。

参 考 文 献

[1] 邹信波，杨光，程心平，等．海上岩性油藏自源闭式注水技术矿场实践［J］．中国海上油气，2019，31（1）：119-125．

[2] 杨树坤，张博，赵广渊，等．致密油藏热水驱增油机理定性分析及定量评价［J］．石油钻采工艺，2017，39（4）：399-404．

[3] 谢丽沙，赵升，王奇，等．超低渗油藏热水驱提高采收率研究［J］．科学技术与工程，2012，12（15）：3602-3605，3619．

[4] 王大为，周耐强，牟凯．稠油热采技术现状及发展趋势［J］．西部探矿工程，2008，152（12）：129-131．

[5] 吕广忠,陆先亮.热水驱驱油机理研究[J].新疆石油学院学报,2004(4):37-40,6.
[6] 翁大丽,陈平,高启超,等.底水稠油热采温度场影响因素物理模拟研究[J].科学技术与工程,2015,15(2):196-201.
[7] 周志军,靳占杰,李国新,等.注38块特稠油油藏流—固—热三场耦合规律研究[J].数学的实践与认识,2014,44(9):135-143.

海上稠油热采长效注汽管柱配套及矿场试验

张 华 刘义刚 邹 剑 韩晓冬 韩玉贵

(中海石油（中国）有限公司天津分公司)

摘要：为进一步提高海上稠油大井距水平井蒸汽吞吐井底蒸汽质量，利用井筒热力计算软件，分析隔热油管不同隔热等级及尺寸、接箍是否隔热等因素对井底干度的影响，开展了新一代气凝胶隔热技术的研究分析。结果表明：注汽管柱配套隔热接箍，井底蒸汽干度值提高17%~28%，提高了平均3.4倍，井底热焓值提高12.5%~19.2%，且气凝胶隔热油管隔热寿命可提高1倍。该研究成果在海上蒸汽吞吐先导试验区首次进行了现场试验，通过高温监测数据进行拟合计算，发现井底干度为50%以上，比前一轮次提高32%，热利用率提高明显，配套形成的"蒸汽吞吐无热点长效注汽管柱配套技术"将进一步提高海上稠油油田规模化热采开发的效果。

关键词：海上稠油；井底干度；热利用率；长效；注汽管柱；现场试验

渤海油田目前发现了二十多个稠油油田，稠油储量占已发现总储量的62%以上，稠油在渤海海域的储量发现及产能建设占据着极为重要的地位[1,2]。2008年开始，海上稠油油田在南堡35-2油田、旅大27-2油田建立了多元热流体和蒸汽吞吐先导试验区，截至2019年6月热采井累计实施33井次，累计产油70×10⁴m³，取得了较好的开发效果。海上油田埋藏深、热量损失大，注蒸汽后井底干度低，根据现场测试结果表明，在井深1000m处干度为0.41，经计算得出注汽管柱出口处（2102m）干度降为0.05。因此，通过井筒传热数学计算模型，模拟不同注汽参数、隔热等级、接箍处理情况和隔热管尺寸等对井底蒸汽质量的影响，来找出影响注汽效果的关键因素，为海上稠油规模化经济有效开发提供技术指导[3-5]。

1 计算模型建立

1.1 计算原理

在两相流理论、能量守恒和动量守恒的基础上，建立注汽井汽液两相流动的数学模型，利用数值解方法编制成计算模型，利用该模型计算不同注汽参数、不同隔热油管条件下的注汽井筒的热力参数的变化。

1.2 模型建立

依据目标井第二轮注汽过程中的注汽管柱结构和注入参数来建立典型井筒热力参数计算模型。目标井垂深1270m，完井井深2430m，水深24m，其中技术套管尺寸材质为TP110H的9⅝in套管，下深2123m，水泥环厚度为66.65mm。

2 注汽管柱对井底蒸汽干度的影响

高真空隔热油管的隔热等级按其内管为350℃时的视导热系数分为A、B、C、D、E五个等级。目前海上应用的隔热油管属于内连接直连型隔热油管，在接箍处无法实现隔热。

2.1 隔热油管等级的影响

应用注汽井筒热力参数计算模型进行数值模拟。计算条件：井口蒸汽干度0.82，注汽压力15MPa，注汽速度9t/h。注汽管柱尺寸为4½in×3½in隔热油管。导热系数在数值上等于单位导热面积、单位温度梯度，在单位时间内传导的热量，是表征物质导热能力的一个参数。

注汽井筒的散热损失Q可简单地表示为：

$$Q = \frac{\Delta t}{R} F \tag{1}$$

式中，F为散热面积，m^2；Δt为蒸汽温度与地层温度之差，℃；R为井筒传热热阻，$m^2 \cdot ℃/W$，$R = R_1 + \cdots + R_n + R_{ins}$。

因此，降低隔热油管的视导热系数可提高井筒传热热阻、减少井筒热损失。表1给出了2013—2017年渤海油田热采应用高真空隔热油管使用情况，发现高等级的隔热油管导热系数下降明显，隔热性能明显下降，造成井筒热损失增大。

表1 渤海油田高真空隔热油管检测情况统计

级别	2013年	2014年	2015年	2016年	2017年
A级	4	31	128	30	32
B级	278	120	8	209	233
C级	29	105	27	33	50
D级	9	124	27	0	0
E级	117	297	62	0	10
合计	437	677	252	272	325
高质量D+E级占比	0.29	0.62	0.35	0	0.03

2.2 管柱接箍的影响

接箍是连接相邻两根隔热油管的工具，LD27块所应用的隔热油管属于直连型隔热油管的一种，它通过接箍内螺纹和两根隔热油管接头的外螺纹连接在一起，接箍无隔热层，该处局部高温散热点的壁温基本接近于隔热油管内热蒸汽的温度。

以2016年A22H井进行高温五参数测试时井口注汽参数为基础进行计算：井口干度0.82，注汽压力15MPa，注汽速度9t/h。注汽管柱尺寸为4½in×3½in隔热油管，隔热等级分为五个：A级取0.07W/(m·℃)，B级取0.05W/(m·℃)，C级取0.03W/(m·℃)，D级取0.01W/(m·℃)，E级取0.01W/(m·℃)，接箍处理情况按不带隔热衬套和带隔热衬套两种，结果见表2。

表2 A22H井管柱接箍情况对井底热力参数影响（2102m处）

参数	内连接无隔热衬套					外连接无隔热衬套					外连接加隔热衬套				
	A级	B级	C级	D级	E级	A级	B级	C级	D级	E级	A级	B级	C级	D级	E级
压力（MPa）	13.5	13.5	13.6	13.6	13.6	13.7	13.8	13.8	13.9	13.9	14	14	14.1	14.1	14.1
温度（℃）	333.8	334	334.3	334.5	334.6	335	334	335.3	335.9	336	336.6	336.9	337.1	337.4	337.4
干度	0.05	0.06	0.07	0.08	0.084	0.103	0.12	0.14	0.16	0.17	0.22	0.26	0.3	0.35	0.37
热损失（%）	33.9	33.6	33	32.4	32.2	31.3	30.5	29.6	28.6	28.2	25.6	24	22.1	19.9	19.2
热焓值（kJ/kg）	1609	1616	1630	1645	1650	1673	1692	1714	1739	1747	1811	1850	1895	1949	1968

采用内连接无隔热衬套油管井底蒸汽干度在0.05~0.084之间，采用带隔热效果的隔热油管井底蒸汽干度可以达到0.22~0.37，提高3.4倍，井底热焓值提高12.5%~19.2%。因此注汽管柱接箍要进行隔热处理，以提高井筒保温效果。

3 高真空隔热接箍

陆地稠油热采应用的外连接隔热油管为了保证油管连接时的强度及修扣的加工余量，通常油管端部不采取隔热措施，海上常用的内连接直连型隔热油管，连接后内通径保持一致，可以保证热采测试及作业工具、生产杆柱的顺畅下。由于连接处没有隔热接箍和衬套的密封，该点热损失增大，由光纤测试显示，接箍处温度比隔热油管外壁温度高100℃左右。

一种高真空隔热接箍可以有效降低隔热油管接箍的热损失，包括外管、内管。外管套在内管下半段的外壁，内管外壁中段套有隔热层，其隔热原理与高真空隔热油管相似，由于高真空隔热接箍尺寸较短，最高隔热等级可以实现C级。

4 气凝胶隔热油管

高真空隔热油管的隔热性能主要依赖于隔热夹层内的高真空度，因注汽工况复杂、疲劳起下、药剂注入等综合作用真空状态易受"污染"，造成隔热性能下降。气凝胶隔热材料是一种新型隔热材料，主要是将内外管之间的隔热材料换成采用高温疏水甲基改性SiO_2气凝胶材料，加入吸氢剂和吸气剂并将隔热环空腔进行真空处理或回充惰性气体处理。

研制的气凝胶隔热管视导热系数≤0.01W/（m·℃），耐温400℃，与高真空隔热管相比，使用寿命延长50%以上，可以增加10个周期，降低了热采成本，提高了稠油的经济开发效益。

5 现场应用

为确保进一步提升井底注汽质量，在A23H井第三轮次蒸汽吞吐管柱设计中创新应用"气凝胶隔热油管+高真空隔热接箍"全密闭无热注汽管柱，测试显示：采用高干注汽管柱，隔热油管外壁平均温度下降超过100℃，降低沿程热损失8.26%，纯提高井底干度

38.2%，A23H井井底干度达50%。

6 结论与认识

（1）热采井底获得的总热焓与注汽量和注汽质量呈正相关，井底蒸汽干度越大，注汽质量越高，在注汽工艺允许的条件下应尽量提高井底蒸汽干度。

（2）研究应用"外连接气凝胶隔热技术+高真空隔热接箍技术"，形成全密封无热点井筒配套工艺，能有效降低井筒热损失，井底干度首次达到50%。

（3）应用高温光纤在线测试技术，获得了全井筒全时域关键数据，对比验证了不同注汽管柱模式下的注汽质量，为效果分析提供数据支撑。

参 考 文 献

[1] 周守为.海上油田高效开发技术探索与实践[J].中国工程科学，2009，11(10)：55-60.
[2] 李敬松，杨兵，张贤松，等.稠油油藏水平井复合吞吐开采技术研究[J].油气藏评价与开发，2014，4(4)：42-46.
[3] 刘同敬，雷占祥.稠油油藏注蒸汽井筒配汽数学模型研究[J].西南石油学报，2007，29(5)：60-61.
[4] 王弥康.隔热油管的隔热性能[J].石油机械，1992，20(2)：38-40.
[5] 周赵川，王辉，戴向辉，等.海上采油井筒温度计算及隔热管柱优化设计[J].石油机械，2014，42(4)：43-48.

海上油田 T 型井解堵扩能技术应用研究

段 铮 邹信波 匡腊梅 杨继明 刘 帅 杨 光

(1. 中海石油（中国）有限公司深圳分公司)

摘要：海上油田由于技术复杂、高经济门槛、风险大等因素的影响，导致其形成了在最短时间内达到最高采收率的技术经济开发模式。但部分边水油藏储层胶结疏松，泥质含量高，非均质性强，极易在大液量强采阶段发生颗粒运移，造成砂泥物运移堵塞储层与筛管，且少量泥和细砂越过筛管进入井筒，使得单井产量递减迅速，同时流速减缓也带来附加影响，引发颗粒在近井地带沉淀堆积，制约了储层导流能力，迫使产量进一步降低。针对上述问题，创新在海上油田采用 T 型井技术，可在目的层内形成一定长度的水平井段，增大泄油面积，加强导流能力，可有效解除储层伤害带，改善油流动态剖面，提供优势流道，较传统的压裂、解堵及侧钻等方式具有更好的实施效果；结合柔性筛管防砂技术，规避了在大曲率，小半径的井眼轨迹下，普通筛管无法下入的难题，同时配合柔性冲管，采用轻质高分子陶粒进行循环充填防砂，最终以解决因砂泥物运移导致的储层伤害，提升产能，防止出砂，达到高产稳产的目的，具有较好推广应用前景。

关键词：颗粒运移；T 型井；柔性筛管；柔性冲管；砾石充填；储层伤害

海上油田由于技术复杂、高经济门槛、风险大等因素的影响，使其形成了在最短时间内达到最高采收率的技术经济开发模式。但在大液量强采的同时所带来的泥砂颗粒运移，极易造成地层孔隙喉道及筛管堵塞，出现产能大幅下降、产出液出泥出砂加剧、井筒堵塞等现象，严重影响单井产量与油田经济效益。

传统的储层改造工艺因对地层处理半径有限，无法抵达储层深部去解除孔隙喉道堵塞问题，导致措施有效期较短，效果往往与预期有所差距。如何有效提高波及效率，增大泄油面积，改善油流动态剖面，降低综合开采成本，成为此类地层条件的油田稳产上产亟须解决的技术难题[1]。

T 型井解堵扩能技术是通过采用导斜装置、柔性钻具、保径钻头、导向稳定装置在目的层内形成一定长度的小井眼水平井段，可有效增大泄油面积，加强导流能力，解除储层深部伤害带，改善油流动态剖面，提供优势流道，较传统的压裂、解堵及侧钻等方式具有更好的实施效果；同时结合柔性筛管防砂技术，规避了在大曲率，小半径的井眼轨迹下，普通筛管无法下入的难题。同时配合柔性冲管，采用轻质高分子陶粒进行循环充填防砂，最终以解决因砂泥物运移导致的储层污染，提升产能，防止出砂，达到高产稳产的目的。

1 T 型井解堵扩能机理

T 型井解堵扩能技术是利用特制柔性钻具和轨迹控制技术，实现高达 16°~30°/m 造斜率，将开窗、造斜、水平钻进全部在油层内完成并沿油层走向钻进的一种形似"T"的水平井技术。该技术可在同一层位或同一口井不同层位，根据油藏特征及，开发要求钻出1个或多个T型多分支水平井眼。可以扩大储层泄油面积，提高渗流和导流能力，解除近井地带伤害，通过钻孔式的储层改造，精准动用"残余"储量，提高采油速度，实现快速增产上产。

通过T型多分支解堵扩能技术对低渗透油气藏的直井/定向井进行挖潜改造，主要通过以下作业步骤实施。

（1）下入斜向器：利用陀螺、MWD+GR确定斜向器的深度及方位角，坐挂斜向器；

（2）开窗：下入开窗铣锥开窗修窗；

（3）造斜：柔性钻具上每个柔性节之间有着固定的角度，用圆弧的长度，来标定钻进的角度；

（4）水平钻进：确保轨迹沿着造斜所造弧度的切线方向前进；

（5）多分支钻进：第一个分支完钻后，在第一个斜向器上面叠加一个斜向器，在地面调整角度，直接下入；

（6）打捞斜向器：作业完成后，斜向器可以视建井情况来决定是否部分或全部保留，也可以全部打捞出井筒；

（7）防砂作业：由于常规筛管无法下入高曲率井眼，需利用柔性筛管配合T型井技术以解决部分出砂出泥地层的防砂需求。

该项技术优势为：（1）增大泄油面积，提高单井产能；（2）提高分散油层的横向连接能力；（3）为定向定层注水提供优势通道；（4）降低多层叠合油藏的开发成本；（5）精准动用残余储量。该项技术若成功移植至海上油田，可大幅度增加单井控制储量，利用有限的井槽资源，降低海上油气开发高额投资，提高采油速度及最终采收率，改善油田整体开发效果，丰富油田"提质增效"增产措施手段。

2 试验井选择

2.1 生产现状

EPX23-2-1井为一口定向井，采用5½in BTC 177μm优质筛管完井。该井生产层位为Y层，孔隙度22.1%，平均渗透率107.4mD，泥质含量21.1%，采用9⅝in套管TCP负压射孔生产。该井于2017年3月14日完井投产，投产初期产能较好，日产液382.72m³，日产油381.38m³，含水0.35%，控制生产压差经多次提液，高峰日产达到696.84m³。

2017年5月27日，该井日产液由原来的687.10m³骤降至600.51m³，井口压力下降约0.5MPa，生产压差、含水、流压等参数没有明显变化。2017年6月24日，平台停产大修后该井日产液量再次下降约120m³，生产压差3.5MPa，主动降液53m³/d后，该井日产液119.83m³，日产油71.1m³，含水40.69%，生产压差3MPa。

2017年11月18日通过钢丝作业对该井进行探砂面、取样作业，未探到明显的砂面存在，仅取出近100mL细粒的砂、泥与油的混合样，说明绝大部分泥砂被挡在了外侧，排除其通过筛管进入井筒的可能性。

为解除井壁及近井地带伤害、提高产能，于2018年6月15日对该井进行连续油管酸化解堵作业。产层段上下拖动连续油管布酸，酸化后采液指数由1.53bbl/（d·psi）增至2.29bbl/（d·psi），生产压差由3.05MPa降至2.18MPa。产液125.8m³/d，产油35m³/d，含水72%。在2018年6月25日至7月1日平台停产大修期间井下传感器记录的泵吸入口数据，该井关停后泵入口压力存在上升后回落的过程，证明该井存在堵塞；根据压力恢复后泵吸入口压力折算至地层的压力小于原始地层压力，说明产层存在一定亏空。

2.2 潜力分析

EPX23-2-1井开采的M油藏为边水油藏，储层物性好，存在一定能量亏空，但非该井产能下降的主要原因。

M油藏储层胶结疏松，泥质含量高，强采阶段易发生颗粒运移，砂泥物运移堵塞储层与筛管，且少量泥和细沙越过筛管进入井筒，是造成产量递减的直接原因。

产量降低后，流速减缓，颗粒在近井储层地带发生沉淀堆积，降低了近井地带储层导流能力，造成产量进一步降低。

根据该井产能下降的原因，计划运用T型井解堵扩能技术进行储层改造，增大泄流面积，并采用砾石充填防砂，解决筛管、近井地带堵塞问题，以达到恢复该井产能的目的。

3 T型井解堵扩能方案设计

3.1 钻具组合设计

斜向器坐挂钻具组合：φ210mm液压坐挂器+斜向器+丢手+变扣短接+MWD（含伽马校深装置）+5in钻杆。

开窗修窗钻具组合：φ158mm开窗铣锥+133mm特制柔性钻杆+变扣接头+高抗扭加重钻杆+浮阀接头+震击器+5in钻杆。

定向造斜钻具组合：φ152mm造斜钻头+φ127mm柔性钻具+变扣接头+高抗扭加重钻杆+浮阀+震击器+钻杆。

水平钻进钻具组合：φ152mm钻进钻头+φ133mm柔性钻杆+变扣接头+5in高抗扭加重钻杆+浮阀接头+6½in震击器+5in钻杆。

测斜钻具组合：φ27多点测斜仪测斜探管+φ133mm柔性钻杆+变扣接头+高抗扭加重钻杆+浮阀接头+震击器+钻杆。

3.2 井眼轨迹优化设计

井眼轨迹设计是T型井解堵扩能设计中的重要部分，是一口水平井能否顺利完成的基础，应尽量接近施工实际、降低井眼轨迹控制难度[2]。在进行剖面设计时，要充分考虑地层特性、工具造斜能力、工艺技术等因素可能对井眼轨迹所产生的影响，特定管柱和井眼轨迹是否相互适应，此外，还应考虑降低施工成本，有利于安全实施[3]。

在考虑上述问题及地质油藏条件后，EPX23-2-1井采用定向方式开窗，1个分支侧钻水平井，单分支侧钻水平井60~80m，造斜率16°/m，开窗点位置2621.14m，方位角102°，稳斜角89.01°。

3.3 防砂优化设计

EPX23-2-1井T型分支井充填工具悬挂深度2617.67m，柔性筛管设计总长92.1m，柔性盲管2.41m（后续根据T型钻孔实际长度而定）。

原井筛管挡砂精度为177μm，充填防砂筛管挡砂精度选用200μm；考虑T型井裸眼防砂井段较长达92m，砾石选用易携带的覆膜高分子支撑剂，粒度20~40目，理论充填量0.9m³。充填时应严格控制排量，设计充填排量为0.636m³/min，低于地层破裂压力，满足施工设计排量的需要。β波后期需要逐步降排量充填，以防止压开地层。

3.4 技术难点及对策

（1）斜向器坐挂过程中，下钻至开窗位置上3m左右时，上下大范围活动钻具3次，确认下钻过程中扭矩完全释放，确认MWD工具面至设计要求。

（2）开窗时，下探斜向器位置后，逐步提高钻压、钻速及排量至设计值，开窗一定进尺后提高转速，上提下放钻具3次，反复修整窗口[4]。开窗过程中，注意分析铁屑、岩屑返出量及形状、数量，及时调整作业参数。

（3）水平钻进期间密切注意扭矩、泵压等参数的变化及悬重变化情况，通过窗口时不可旋转钻具，每钻完一柱，划眼一次，同时密切关注气含量、钻孔工作液性能等情况。分支钻进结束后，循环调整钻孔工作液液性能，充分循环井眼干净后，裸眼替入保护液。

（4）严格控制防砂管柱下入速度，观察是否遇阻，到达设计位置，测管柱上提、下放悬重，调整钻杆方余，确保充填工具坐封位置避开套管接箍位置及钻杆接头避开防喷器。

4 结论及建议

（1）采用T型井解堵扩能技术可有效恢复单井产能，解除储层深部伤害带，改善油流动态剖面，提供优势流道，为低效井注入了新的活力，较传统的压裂、解堵等措施手段具有更好的实施效果。

（2）利用T型井解堵扩能技术在实施同层侧钻替代井时，可充分挖潜老井周边剩余储量资源，大大缩短作业时间，相比常规侧钻作业，其经济有效性更具明显优势。

（3）随着科技的不断进步，该项技术也将会更加完善，将会在海上油田广泛推广和应用，成为海上油田上产挖潜的重要手段和途径。

参 考 文 献

[1] 邹信波，许庆华，李彦平，等.珠江口盆地（东部）海相砂岩油藏在生产井改造技术及其实施效果[J].中国海上油气，2014，26（3）：86-92.
[2] 倪益民，袁永嵩，赵金海，等.胜利油田两口超短半径侧钻水平井的设计与施工[J].石油钻探技术，2007，35（6）：57-59.
[3] 陈世春，王树超.小井眼侧钻短半径水平井钻井技术[J].石油钻采工艺，2007，29（3）：11-14.
[4] 朱健军.侧钻超短半径水平井J37-26-P14井钻井设计与施工[J].石油钻探技术，2011，39（5）：106-109.
[5] 王攀，王文，杨保健，宋瑞.海上中短半径侧钻水平井在设计中的难点及对策[J].科技创新与应用，2018（13）：95-96.

海相疏松砂岩油田水平井小剂量精准高效控堵水工艺

江任开[1] 李莉娟[2] 杨 勇[1] 刘 佳[1]
高晓飞[1] 张 译[1] 徐立前[1]

(1. 中海石油（中国）有限公司深圳分公司；
2. 中海油能源发展股份有限公司工程技术公司)

摘要：海相疏松砂岩油田多为薄油藏、大底水，水平井占比高，普通筛管完井占比大，存在含水上升快、高及特高含水井多、动用不均等问题。普通筛管完井控堵水难度大，环空化学封隔器（ACP）及中心管控堵水工艺结合是一种较为有效的控堵水工艺。而ACP黏度高、剂量小，常规工艺效果差。国内首次改进小剂量精准高效控堵水工艺后，使ACP堵剂精准封堵，封堵性能大幅提高，极大地保障了水平井堵水效果。成功应用达到试压要求，达到了很好地降水增油效果，含水率平均降低4%，预计增油$2\times10^4 m^3$以上。

关键词：水平井；筛管完井；控堵水；环空化学封隔；ACP；中心管；控水工艺

1 水平井开发状况

南海东部海域海相疏松砂岩油田多为薄油藏、大底水，油藏埋深浅，平均1200～2500m。水平井开发占比84%，普通筛管完井占比87.3%。油田普遍存在含水上升快、高含水及特高含水井占比高、水平段动用不均等问题。影响水平井含水上升的因素较多，如隔夹层分布、水平段长度、避水高度和水平段非均质性等。影响出水因素多且相互作用，且水平井找堵水难度大。因此水平井出水点及出水特征不明确，加大了水平井控堵水难度[1]。南海东部从2011年至2018年水平井控堵水进行了多井次尝试，但堵水效果均不理想。2018年南海东部在筛管完井水平井中找水，在AC油田OIL1井中获得成功。根据水平井产液剖面，开展针对性的堵水措施，是有效提高堵水成功率的手段。

2 水平井含水上升影响因素

2.1 隔夹层分布

AC油田储层物性好、油水黏度大和生产压差小。油田隔夹层分布及隔夹层的渗透性，影响着油井含水上升特征及水淹模式。隔夹层的分布对油井含水上升特征及油井的生产效果产生了重要影响。OIL1井在隔夹层发育差储层中，OIL2井在隔夹层发育好的储层中，隔夹层对油井含水上升特征及生产效果产生了重要的影响。

2.2 水平段长度

埋深1200m左右的疏松砂岩，由于埋深浅、砂岩胶结差，OIL3井轨迹难以控制。当水平段长度超过500m以上后，轨迹控制难度将加大。同时统计油田水平井有效长度与油井可采储量的关系，表明水平段长度在400～600m时生产效果最好。因此中高渗疏松砂岩油田水平井水平段长度优化影响着油井生产效果。

2.3 避水高度

中高渗、薄油藏底水油藏的避水高度对油井的开发具有重要的影响[2]。通过对Y层油井避水高度和开发效果对比，油井避水高度越大生产效果越好。

从Y层避水高度敏感模拟表明，水平井避水高度增加1m，油井的开发效果提高16%。因此避水高度对油井开发产生重要影响。

2.4 非均质性

水平井平面非均质性越强，含水上升速度越快，油井生产效果也就越差。OIL9井水平段非均质性强，从该井水平井找水资料表明水平井的非均质性对水平段储层动用及油井生产效果产生重要影响。从产液强度分布仅23.7%的水平段产液量占比高达82.5%。且水平段趾段36.4%的水平段基本无液体产出。

3 小剂量精准控堵水工艺

筛管完井无管外机械封隔水平井，控堵水难度大，环空化学封隔器（ACP）及中心管控堵水工艺结合是一种较为有效的控堵水工艺[3]。而ACP堵剂黏度高、剂量小，常规工艺易造成长混浆段，影响ACP堵剂性能及封堵效果。

3.1 ACP堵剂特性

ACP堵剂有低密度1.03g/cm³、高黏度（120mPa·s）特性。流体黏度越大，水替时越容易分层流或突进流，因此当低黏度流体驱替高黏度的流体时，将造成低黏度流体的突进[4]。

堵剂凝胶时间可调整，具有快速可成胶、成胶后高强黏弹性、长热稳定性的特点[5]。成胶后进行了环空击穿实验，击穿实验表明仅27mm厚度的击穿压力高达2MPa，叠加折算环空封隔强度高达78MPa/m。因此在ACP胶体能成胶较好的情况下，环空的封隔将能达到较好的封隔要求。

3.2 精准控堵水工艺

疏松砂岩底水薄、轨迹控制差、储层非均质性存在，易造成水平段生产剖面不均。根据油田生产经验，通过优化油井生产剖面，如化学堵水、ICD、AICD等能较好地改善油井开发效果。南海东部大部分油井为筛管完井，ACP技术使筛管完井水平井控堵水技术有了长足进步。但是在海域应用了几口井，ACP试压效果均无法达到试压标准。使ACP技术的应用受到较大限制。

深入分析导致 ACP 技术应用效果差的原因，ACP 堵剂因小剂量、高黏度在注入时容易造成混浆或者被稀释，导致封堵效果变差，无法形成有效地封隔即无法满足试压要求。因此需要改进 ACP 挤注工艺，常规挤注管柱为：2 个 K344 封隔器+充填孔+2 个 K344 封隔器。该管柱易造成长混浆，将 ACP 稀释，影响 ACP 封堵效果。ACP 堵剂与隔离液的黏度差异较大，造成长混浆段。如何将 ACP 高黏度堵剂与低黏度隔离液和顶替液隔离是 ACP 封堵效果好坏的关键。增加隔离球及井下管柱增加捕球器将完美解决该难题。改进后挤注管柱为：捕球器+2 个 K344 封隔器+充填孔+2 个 K344 封隔器。

4 应用实例

AC 油田 OIL1 井为 1 口疏松砂岩底水薄油藏中的水平井，用 6⅝in 筛管完井，水平段长 690m。该井位于隔夹层较为不发育区域。油井投产后含水快速上升，影响了油井开发效果。2018 年 5 月对该井进行爬行器+MAPS 找水测试，结果显示：水平段产液剖面不均，中段为主要产液段，其余动用较小，水平段严重动用不均。

2019 年 1 月开始实施 ACP 管外封隔堵水作业，作业后油井含水由 97%左右下降至 93%，测试产油由原来的 400bbl/d 增加到 755bbl/d，预计增油 $2\times10^4 m^3$ 以上。

5 结论

（1）疏松砂岩大底水、薄油藏水平井生产受隔夹层分布、水平段长度、避水高度和非均质性影响；

（2）ACP+控水管柱工艺能有效解决筛管完井水平井控堵水难题；

（3）小剂量精准控堵水工艺极大地提高了 ACP 封隔效果；

（4）OIL1 井堵水作业成功，取得较好增油效果。

参 考 文 献

[1] 李宜坤，胡频，冯积累，等. 水平井堵水的背景、现状及发展趋势 [J]. 石油天然气学报（江汉石油学院学报），2005，27（5）：757-760.

[2] 程林松，郎兆新，张丽华. 底水驱油藏水平井锥进的油藏工程研究 [J]. 石油大学学报（自然科学版），1994，18（4）：43-47.

[3] 朱立国，王秀平，黄晓东，等. 渤海油田筛管完井水平井分段堵水室内实验研究 [J]. 石油化工应用，2015，34（3）：41-46.

[4] 张伟. 特稠油_水两相水平管流动特性研究 [D]. 北京：中国石油大学（北京），2015.

[5] 魏发林，刘玉章，李宜坤，等. 割缝衬管水平井堵水技术现状及发展趋势 [J]. 石油钻采工艺，2007，29（1）：40-43.

基于注采井间窜逸参数量化识别的组合调驱技术研究与应用

李彦阅　王　楠　张云宝　代磊阳
薛宝庆　黎　慧　夏　欢　吕　鹏

(中海石油（中国）有限公司天津分公司渤海石油研究院)

摘要：渤海主力油田受原油黏度高、非均质严重、胶结疏松、强注强采等因素的影响，注水开发后易形成不同级别的窜逸孔道，低效无效水循环比例逐年上升，常规调剖/驱技术治理效果逐渐变差，同时受海上平台空间及优势通道识别迟缓等限制，在一定程度上制约着调剖/驱技术规模化及整体化实施，成为制约油田控水稳油的突出问题。针对上述问题，以油藏工程计算、物理模拟等为手段，创新性形成了注采井间优势通道智能识别与量化技术，研发了一套适用于海上油田注水井在线组合调驱体系及其小型化在线注入工艺，为渤海高含水油田规模化治理提供了新方法。现场试验表明，自 2014 年以来，在线组合调驱及其配套方法在秦皇岛 32-6、渤中 25-1 南等油田实施 18 井次，累计实现增油 $15.2×10^4 m^3$，较好地改善开发效果，取得了显著的经济效益与社会效益。2018 年渤海油田提出要实现 $3000×10^4 t$ 持续稳产十年，该项技术已经被确立为渤海油田主要调堵技术进行推广应用，可以满足大量调剖调驱工作量的需求。

关键词：海上油田；优势通道；在线调驱体系；在线注入工艺；矿场应用

1 引言

渤海油田经过长期注水开发后，在生产油田综合含水已达到 83%，原油采出程度达到 17.5%，油田已经整体步入双高阶段，迫切需要有效的稳油控水技术改善注水开发效果。注水井调剖/调驱技术能有效改善层内、层间非均质性，改善水驱效果，达到延缓油层水淹速度和控制油井含水上升速度的目的[1-3]。截至 2017 年底，调剖/驱技术在绥中 36-1、秦皇岛 32-6 等 18 个油田应用 324 井次，实现累计增油 $149.3×10^4 m^3$，使得注水更加有效，大大改善了水驱开发效果。虽然海上油田的调剖/驱技术取得了长足的进步，但考虑到高含水油田注入水窜流前缘已至油藏深部，孔隙结构发生重要变化，区块平面发生多方向窜逸，并且受平台空间、作业环境及吊装能力等限制，在一定程度上制约着调剖/驱技术规模化实施[4-5]。因此亟须针对海上平台的特点及油藏变化特征，以注采井间优势通道识别与量化技术研究成果为指导，重点开展在线调剖/驱体系研究，并设计既能够满足调剖/驱作业的实施要求，又能够尽量少的占用平台空间，同时还能够实现高度集成化、便于运输、在线注入等特点的注入工艺和设备。本文以油藏工程、物理化学、物理模拟等为手段，通过研究，研发了一套高效、实用的优势通道反演方法，形成了低成本、可高效配注的在线组合调驱药剂体系及其注入工艺。

2 在线调驱技术相关研究成果

2.1 井间优势通道识别与量化技术

优势通道和水窜通道研究是调剖/调驱技术实施的关键。国内外水驱油藏优势通道刻画相关研究已经开展了三十多年，期间经历了多次指导观念的转变[6-10]。研究过程中，由于油藏特点、基础资料、研究方法的局限性，目前很多研究进展不大。现有静态法窜流通道识别技术过于片面，而动态法只是一时之见，失之准确，因此必须从岩心、静态、动态、测试资料综合识别，建立优势通道多信息综合反演技术，实现地质、油藏、动态、测试等多种信息的四维分析，针对调剖渗流特征主控因素分析，形成一套兼顾静态、动态和监测的优势通道识别技术，实现调堵方案设计的针对性、时效性、高效性和精准性。

2.1.1 技术原理

构建三个核心模块有机组合的技术方法体系，实现优势通道与窜流通道的识别和量化，详细设计流程如图1所示。

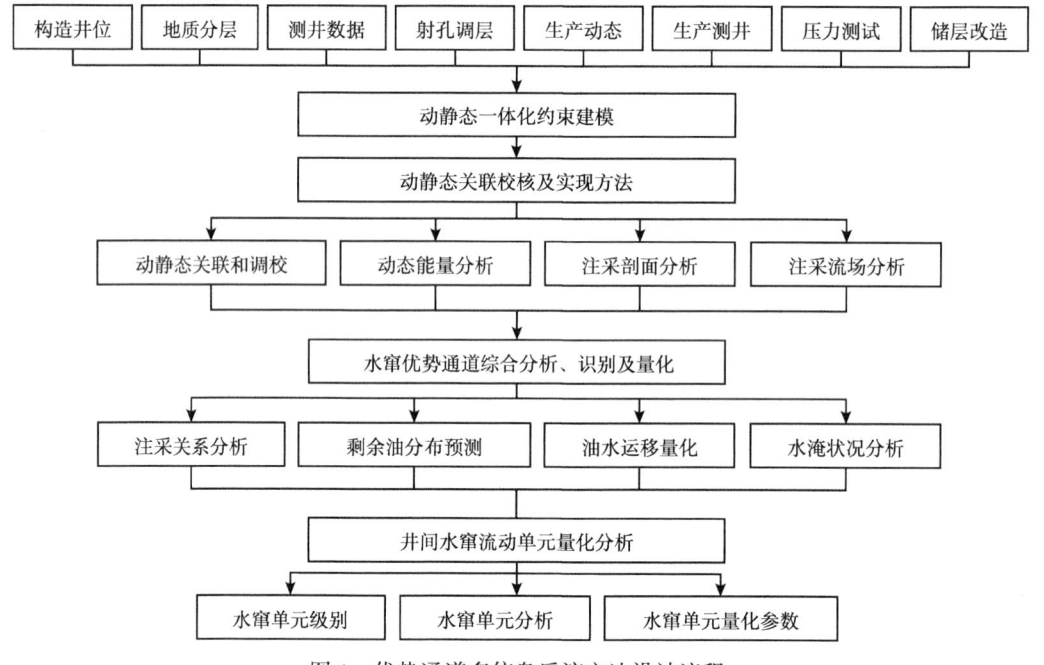

图1 优势通道多信息反演方法设计流程

（1）动静态一体化约束校核，构建了基于连续动态数据反演的动静态参数校核技术，实现了地质信息与趋势性动态信息的统一，作为优势通道研究的油藏基础。

（2）井间优势通道综合分析、识别及量化方法，实现了油藏基础上的单一阶段流场追踪、历史阶段流场量化，作为优势通道识别的依据，完善了非稳态流场计算方法，提出了历史流场的概念，建立了以 u、$\sum_n u_n \Delta t_n$ 为核心参数的追踪方法，得到了历史流场，为水窜通道量化奠定基础。

（3）井间水窜流动单元量化分析，建立考虑层内窜流通道发育的分流量方程，提出了一套基于传质扩散理论的井间窜逸通道分析拟合方法，实现了基于开发动态历程的优势通道内窜流通道的拟合和识别。

2.1.2 技术先进性

以海上某油田为例，将此方法与示踪剂测试结果进行对比，定性对比结果表明，C5井组示踪监测结果、油藏动态分析及优势通道量化分析技术均证明C5井与C4井存在动态连通，水窜通道厚度、级差等结果一致。

2.1.3 技术应用

将该技术方法进行编程形成多信息反演软件，其兼容性好，真正实现了动静态资料的实时约束校正，给出了历史流场及阶段优势通道相关结果，最终可以给出注采井间优势通道与水窜通道相关参数，为调和驱体积量等参数设计提供了依据，单井组计算简捷快速（1~2天）。

2.2 在线组合调驱体系研究

基于优势通道及窜流通道识别与量化结果，需采取调剖及调驱体系实现窜流通道封堵及微观剩余油启动。海上油田采油平台空间小和常规调剖设备占地空间大的矛盾，常规聚合物溶解速度慢，无法匹配在线调剖设备，因此研究了能够快速溶解、黏度低，满足在线调驱设备要求的乳液聚合物体系、速溶干粉类聚合物及非连续性调驱体系，对相关性质进行了评价。

2.2.1 聚合物溶解性能室内实验

研究了乳液聚合物和干粉聚合物溶解性和黏浓关系，对比了两类聚合物性质，分别配制浓度为0.4%干粉聚合物和浓度1.5%的乳液聚合物。在室温条件下，匀速搅拌，每搅拌一定时间测量样品的黏度，直到黏度不再变化或变化很小，实验结果见图2、图3。

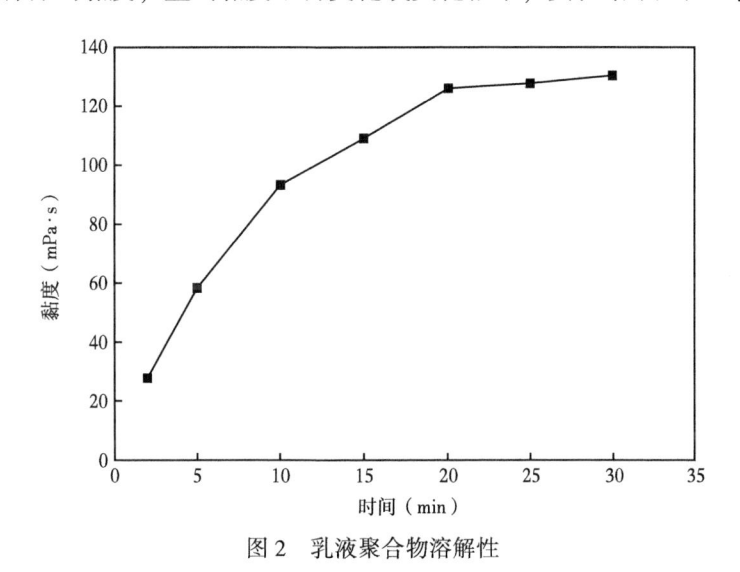

图2 乳液聚合物溶解性

从图1、图2可以看出，室温条件下，乳液聚合物溶解时间为20min，干粉聚合物溶解时间为10min，乳液聚合物及干粉聚合物溶解时间均比较迅速。

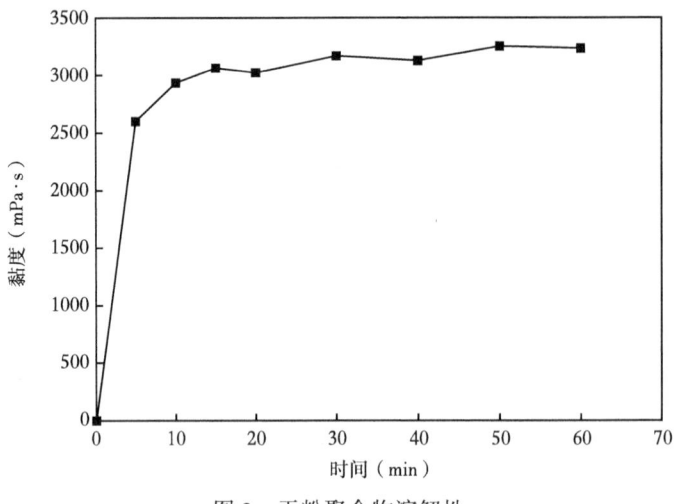

图3 干粉聚合物溶解性

2.2.2 聚合物冻胶成胶情况分析

为了更好地认识乳液聚合物及干粉聚合物的成胶性能，对乳液聚合物浓度，酚醛树脂交联剂浓度等关键因素进行了研究。

2.2.2.1 乳液聚合物冻胶成胶情况分析

固定酚醛树脂交联剂浓度为0.5%，调整乳液聚合物浓度，实验结果见图4。随着聚合物浓度增加，冻胶体系成胶时间越来越短，成胶黏度越来越大。由于聚合物浓度增加，聚合物分子链上可交联的羧酸根基团数量增加，羧酸根基团交联密度增加，使得冻胶体系成胶时间减少，成胶强度增加。另外聚合物浓度低于1.0%时，体系老化120天完全脱水，建议聚合物浓度高于1.0%。

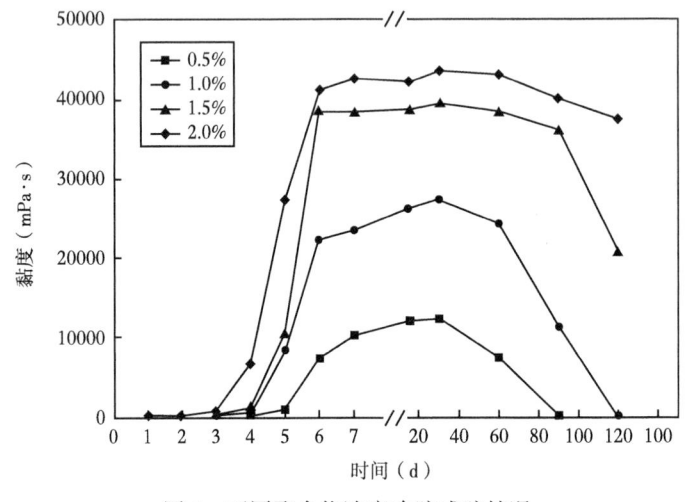

图4 不同聚合物浓度冻胶成胶情况

2.2.2.2 干粉聚合物冻胶成胶情况分析

影响干粉聚合物冻胶成胶因素有浓度、温度、矿化度等，对干粉聚合物浓度、铬交联剂浓度等关键因素进行了研究。

从图5可以看出,交联剂浓度在600~1000mg/L之间,聚合物浓度在800~1500mg/L时,在63℃恒温箱内放置24h,交联体系黏度在802~17800mPa·s之间具有很好的成胶性能。

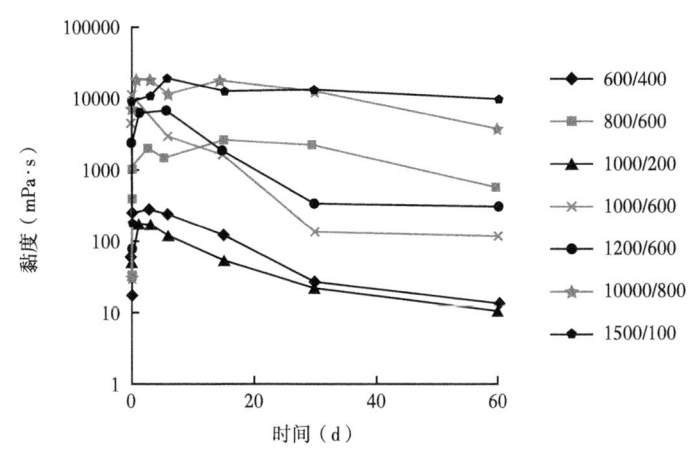

图5 有机铬交联速溶聚合物在线调驱体系成胶性能

2.2.3 聚合物冻胶注入性及封堵性能实验

为了明确在线调驱体系的注入性及封堵性能,本部分分别开展乳液聚合物凝胶体系及干粉聚合物凝胶体系物理模拟实验。

2.2.3.1 乳液聚合物调驱体系

(1) 注入性能。

向渗透率为500mD岩心中注入乳液聚合物体系,实验结果见图6。当水驱1.5PV后,注入压力平稳且处于较低水平,因此体系注入能力较好。

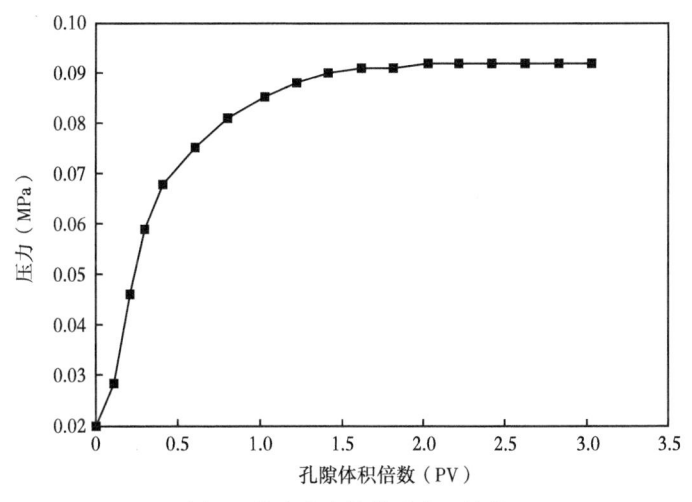

图6 乳液聚合物体系注入性能

(2) 封堵性能。

在70℃下向模型中注入0.3PV乳液聚合物调驱体系,冻胶体系封堵情况见表1。在不同渗透率条件下,冻胶体系对填砂管模型的封堵率均在90%以上,具有很强的封堵性能。

表1 乳液聚合物体系封堵能力

堵前渗透率（mD）	堵后渗透率（mD）	封堵率（%）	残余阻力系数
278	26.41	90.5	10.5
566	45.28	92	12.5
1032	51.6	95	20.0

2.2.3.2 速溶干粉聚合物调驱体系

（1）注入性能。

在QHD32-6油藏条件下分别对典型的3#、13#速溶聚合物的注入性能进行了研究，注入压力随注入PV数的变化关系曲线见图7。

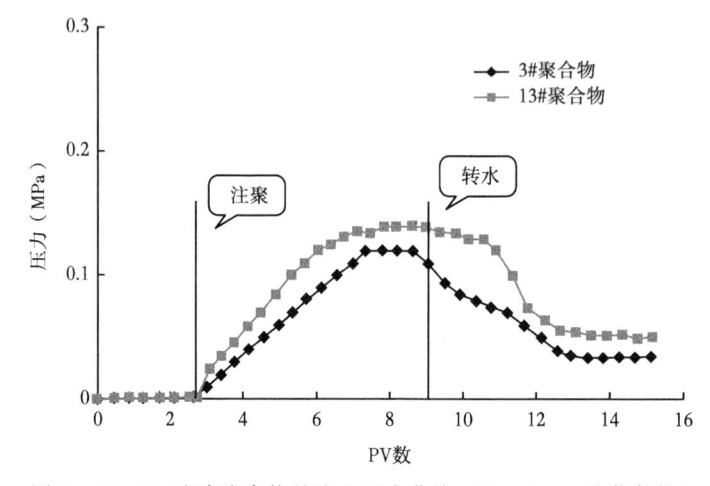

图7 3#、13#速溶聚合物的注入压力曲线（QHD32-6油藏条件）

在QHD32-6油藏条件下，两块岩心水驱平稳压力均为0.0025MPa，后注入3#和13#聚合物，平稳压力分别为0.12MPa、0.14MPa，注入性较好。

（2）封堵性能。

速溶聚合物凝胶体系分别在SZ36-1、QHD32-6油藏条件下的流动性、封堵性实验结果见表2。在不同油藏条件下，冻胶体系对填砂管模型的封堵率均在90%以上，具有很强的封堵性能。

表2 聚合物凝胶体系岩心流动性实验结果

序号	体系编号	体系浓度（mg/L）	油藏条件	有效渗透率（mD）	阻力系数	残余阻力系数	封堵率（%）
1	3#	2000/2000	SZ36-1	672.39	68.3	23	94.6
2	13#	1750/1500	QHD32-6	619.13	96	27.7	95.2

2.2.4 非连续性调驱体系室内实验

2.2.4.1 非连续性调驱体系水化膨胀性评价与分析

将初始平均粒径在300~600nm之间的非连续性调驱体系放置在55℃的地层水中浸泡，通过粒度仪对样品的尺寸测量，观察非连续性调驱体系的膨胀性能，并通过透射电镜观察不同水化时间下体系的微观形状。通过粒度仪对样品的尺寸测量可以看出：初始平均粒径在300~600nm之间的非连续性调驱体系，水化10~20天后发生了明显的膨胀，平均粒径增大到10μm左右。由于粒径较小可以使其顺利地通过狭窄较小的孔喉，进入到地层深部，保持良好的注入性能。

由透射电镜照片可以看出，非连续性调驱体系初始为球状，随着时间的增长，非连续性调驱体系的水化程度明显的增大，表面的云雾状区域也有很大程度的扩大。水化20天后，非连续性调驱体系的核心严重水化，在表面云状区域颜色也相对于初、中期要更加接近于核心部分，说明非连续性调驱体系已经充分膨胀，形成比较柔软的溶胶。这样的形态有利于非连续性调驱体系在油藏深部变形和突破，实现逐级深部调驱。

2.2.4.2 非连续性调驱体系运移封堵性能评价

采用30m填砂管超长岩心开展物理模拟实验，分析非连续性调驱体系在地层条件下的传质与运移封堵性能，岩心渗透率为2000mD，注入时间为3天，注入浓度为2000mg/L，总量为0.3PV，注入试验流程图如图8所示。

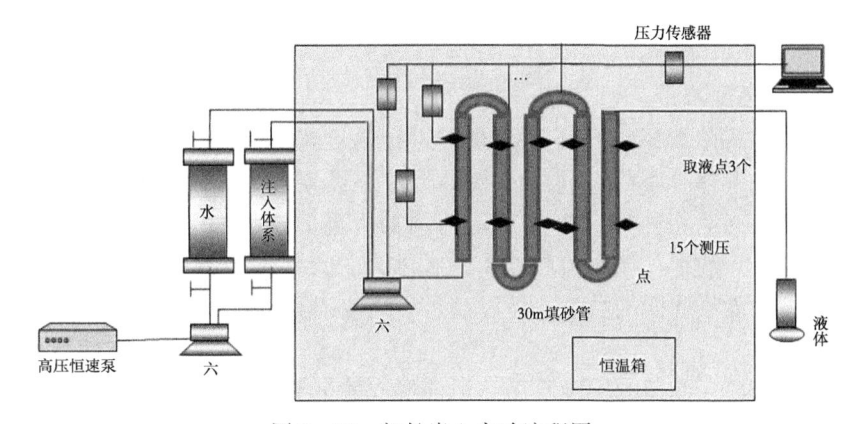

图8 30m超长岩心实验流程图

实验过程中，在30m填砂管超长岩心上，从注入段到采出端分别优选出16个压力检测点，检测注入非连续性调驱体系过程中各个位置压力变化规律。

在1m/d的注入速度下，各检测点在第4天左右压力开始增长。体系注入第4天后，注入的体积为0.35PV，压力开始出现增长，压力增长位置为10m处，说明体系随着注入过程可以运移到油藏内部。随着非连续性调驱体系吸水膨胀后，开始出现吸附沉积；压力增长到第25天达到最大值，可达注入压力的10倍左右，但有压力增幅的位置仅在1~9号测压点，约15.93m。说明在非连续性调驱体系膨胀吸水后，随着沉积和吸附作用越来越明显，体系前缘开始封堵；随着第9测压点压力出现压力增幅后，后续测压点开始启动并增长，但总压力开始出现降落，说明此时非连续性调驱体系在后续水冲刷的作用下，体系继续运移，开始形成下一轮吸附和桥架，但强度开始减弱；第30天后，靠近注入端压力开始出现下降，但并未出现压力骤降现象，而是出现"脉冲式"降落。压力增长和压力降落均呈现一种"阶段"过程，符合微球体系吸附聚团后运移封堵的特点。

2.2.5 在线组合调驱体系驱油效果实验

采用高、低渗透率分别为1500mD、500mD的岩心，分别开展非连续性调驱体系、在线凝胶堵剂及在线组合调驱体系（非连续性调驱体系与在线凝胶堵剂组合）驱油实验。

通过实验认为，在线组合调驱体系能够在运移过程中形成封堵压差，有效封堵大孔道，同时由于在线组合调驱体系能够实现深部封堵，驱替效率比凝胶堵剂高出6.4%。通过对比在线组合调驱技术与单一段塞调剖/驱技术可以看出，在线组合调驱技术通过两种体系协同作用，达到1+1>2效果，最终实现堵剂注得进、堵得住、深部液流转向的目的。

2.3 在线组合整体调驱工艺研究

通过体系研究与优化，形成了乳液聚合物、干粉聚合物等在线体系，实现注采井间水窜通道封堵，采用非连续性调驱体系可实现优势通道深部剩余油启动，因此针对海上平台的特点，设计出了既能够满足调剖/驱作业的实施要求，又能够尽量少的占用平台空间，同时还能够高度集成化、便于运输、在线注入等特点的注入工艺和设备。

2.3.1 乳液在线注入工艺

乳液在线注入工艺的研发与应用，主要是基于常规调剖/调驱所采用的聚合物干粉，溶解熟化的时间大于40min，因此需要较大的设备完成调剖/调驱体系的配置。采用乳液等液态类聚合物后，能够有效缩短溶解熟化的时间，为乳液在线注入工艺的形成提供了强有力的保证。

2.3.1.1 注入工艺流程

该套注入工艺将溶解罐、高压计量泵等进行高度集成并撬装化，集溶解、注入为一体，形成多功能注入橇。首先，利用隔膜泵将液态类聚合物分别加入后集成橇的溶解罐中，同时通过加料漏斗将能够速溶的其他药剂加入罐体，与液态类聚合物混合，不断搅拌，通过注入泵打入注水井注水流程中，从而实现连续在线的注入。根据调剖/调驱的需要，通过增加多功能集成橇的数量，可以满足不同注入类型的药剂的注入，比如聚合物和交联剂的分开注入。

经过近几年来海上油田的实际应用，目前形成的全部在线调驱设备，能够满足海上油田需要，适合交联体系、非连续性调驱体系等不同体系的注入，形成了"一橇一井""一橇多井"等注入工艺，施工人员只需要4~5人即可。

2.3.1.2 技术参数

(1) 介质类型：乳液类聚丙烯酰胺、交联剂类、非连续性调驱体系等调驱常用药剂。
(2) 最大配注能力：1000m^3/d。
(3) 高压注入设备额定工作压力：25MPa。
(4) 最大配液浓度：5000mg/L。
(5) 溶解时间：≤15min。
(6) 系统黏度保持率≥85%。
(7) 设备占地面积：10~20m^2。
(8) 单撬块重量：<3t。

2.3.2 干粉连续混配注入工艺

干粉连续混配工艺主要是在乳液在线注入工艺的基础上提出的，由于乳液在线注入工艺受液态状调剖调驱药剂体系的限制，需要对干粉类聚合物的速溶混配进行研发，确保在线调剖调驱的多样化和多选化。

2.3.2.1 注入工艺流程

连续混配设备主要由正压控制间、来水减压撬、分散溶解橇三大核心模块共同组成。

其中正压控制间主要实现数据处理、流程监控、自动控制、电力分配等作用,进而实现流程的精准操控。来水减压单元与分散溶解单元通过相互协同作用,经正压控制间进行数据处理之后,共同实现定性、定量的连续混配技术。

2.3.2.2 技术参数

(1) 介质类型:高分子量聚丙烯酰胺类、交联剂类、非连续性调驱体系等调驱常用药剂。

(2) 最大配注能力:400m^3/d。

(3) 高压注入设备额定工作压力:16MPa。

(4) 最大配液浓度:10000mg/L。

(5) 聚合物溶液橇内停留时间:≥15min。

(6) 溶解时间:≤15min。

(7) 系统黏度保持率≥85%。

(8) 工艺流程需要氮气:提供氮气发生器,氮气纯度可达到99%,氮气的使用量为10m^3/h。

(9) 设备占地面积:约20m^2。

(10) 单橇块重量:<6t。

2.3.3 工艺适用范围

乳液在线注入工艺是在原有的传统调剖/调驱工艺对海上油田调剖/调驱适应性较差的基础上提出而设计的,经过多年来的研发及应用证明,其"一橇一井""一橇多井"且能够在线注入,设备工艺不占用平台上甲板的工艺特征能够满足海上油田调剖/驱的需要。但由于其使用的乳液类聚合物有效含量低,大规模应用时成本较高,在一定程度上受到局限。

速溶干粉连续混配工艺是在乳液在线注入工艺的基础上设计及研发,其采用的速溶干粉类聚合物有效含量高,大规模应用时成本较低,在应对低油价形势情况下优势较大。

3 现场应用

自2014年在线组合调驱技术开始实施以来,通过油藏分析及精细方案设计,在秦皇岛32-6、渤中25-1南等油田实施18井次,累计实现增油15.2×10^4m^3,取得了显著的经济效益与社会效益。

4 结论

(1) 建立了一套注采井间优势通道多信息综合反演方法,实现平面上、垂向上井间水窜单元的级别、分布、尺寸参数的定量化描述。

(2) 针对优势通道及窜流通道识别及量化结果,研发了乳液聚合物、干粉聚合物及非连续性调驱体系等在线调驱药剂体系,实现了油藏窜流通道封堵及深部剩余油动用。

(3) 研发形成了乳液在线注入工艺和速溶干粉连续混配工艺,两种新的注入工艺均能够满足设备小型化、高度集成橇装化、多功能化和在线注入的要求,相比于传统工艺降低占地面积67%左右。

(4）在线组合调驱技术已在渤海油田应用 18 井次，实现增油 $15.2\times10^4\mathrm{m}^3$，增油降水效果十分显著。

参 考 文 献

[1] 徐文江，丘宗杰，张凤久. 海上采油工艺新技术与实践综述 [J]. 中国工程科学，2011，13（5）：52-57.
[2] 陈月明，等. 区块整体调剖的 RE 决策技术//97 油田堵水技术论文集 [M]. 北京：石油工业出版社，1997.
[3] 刘义刚，王传军，孟祥海，等. 基于传质扩散理论的高渗油藏窜流通道量化方法 [J]. 石油钻采工艺，2017，39（4）：393-398.
[4] 张宁，阚亮，张润芳，等. 海上稠油油田非均相在线调驱提高采收率技术——以渤海 B 油田 E 井组为例 [J]. 石油钻采工艺，2016，38（3）：387-391.
[5] 刘文铁，魏俊，王晓超，等. 海上油田非均相在线驱先导试验 [J]. 科学技术与工程，2015，15（30）：110-114.
[6] 孙明，李治平. 注水开发砂岩油藏优势渗流通道识别与描述 [J]. 断块油气田，2009，16（3）：50-52.
[7] 刘月田，孙保利，于永生. 大孔道模糊识别与定量计算方法 [J]. 石油钻采工艺，2003，25（5）：54-59.
[8] 谢晓庆，赵辉，康晓东，等. 基于井间连通性的产聚浓度预测方法 [J]. 石油勘探与开发，2017，44（2）：263-269.
[9] 刘同敬，姜宝益，刘睿，等. 多孔介质中示踪剂渗流的油藏特征色谱效应 [J]. 重庆大学学报，2013，36（9）：58-63.
[10] 刘文辉，易飞，何瑞兵，等. 渤海注水开发油田示踪剂注入检测解释技术研究与应用 [J]. 中国海上油气，2005，17（4）：245-250.

井下节流器压缩中心杆打捞工具的研制与应用

张安康　李旭梅　胡开斌　姜　勇　王效明

(中国石油长庆油田分公司油气工艺研究院；
低渗透油气田勘探开发国家工程实验室)

摘要：长庆苏里格气田目前常用的卡瓦式节流器在钢丝打捞过程中，现有筒式打捞工具不能对节流器胶筒彻底解封，上提过程中未收回的胶筒与油管内壁产生较大的向下摩擦力，导致节流器打捞成功率较低，影响了气井的正常生产和排水采气等措施的实施。在现有打捞工具的基础上，研制了一种新型压缩中心杆打捞工具，增加了可压缩节流器中心杆的顶杆装置及避免节流器胶筒再次产生预紧力的锁环装置，解决了卡瓦式节流器胶筒解封不彻底、难打捞的问题。现场应用表明，该工具可使卡瓦式井下节流器密封胶筒彻底解封，卡瓦正常回缩，有效提高了卡瓦式井下节流器的打捞成功率，缩短了打捞作业时间，节约了打捞费用，在长庆苏里格气田节流器打捞作业中发挥了重要作用。

关键词：井下节流器；胶筒；压缩中心杆；打捞工具

长庆苏里格气田开采初期普遍采用井下节流技术，实现了天然气开采中降压、节流、升温，防止天然气水合物的形成[1-6]。随着气井开发时间的延长，因节流器失效、调产更换节流器嘴、泡沫排水采气、柱塞气举排水等，需要打捞节流器。年节流器打捞700~800井次，但目前使用的筒式打捞工具打捞成功率为60%~70%。多次打捞未能捞出的节流器井，只能采用压井起管柱、带压起管柱等修井措施将节流器取出，费用高昂。针对上述问题，笔者研制了一种高效的井下节流器打捞工具，并已在现场成功应用。

1　卡瓦式节流器打捞存在的问题

1.1　卡瓦式节流器结构及原理

目前长庆苏里格气田常用的卡瓦式节流器主要由打捞颈、卡瓦、锥体、中心杆、密封胶筒、预密封弹簧、外筒等部分组成，如图1所示。

卡瓦式节流器通过钢丝作业设备投放至设计位置，上提钢丝，节流器锥体撑开卡瓦，将卡瓦锚定在油管内壁，节流器坐卡。继续上提钢丝，剪断坐封销钉，预密封弹簧释放出一定的预紧力，推动节流器中心杆上行，将上、下胶筒撑开，胶筒外径增大，密封井下节流器与油管内壁之间的环形空间，节流器完成坐封[4,8]。

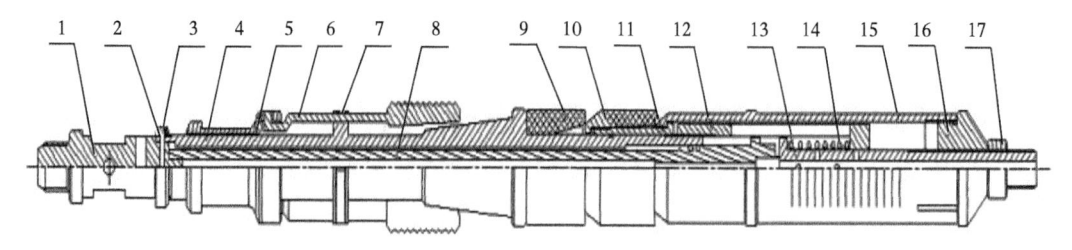

图 1 卡瓦式井下节流器结构示意图

1—投放头；2—档环；3—投放销钉；4—锥体；5—打捞颈；6—卡瓦；7—固定环；8—中心杆；9—上胶筒；
10—下胶筒；11—滑动套；12—弹簧套；13—内套；14—预密封弹簧；15—外筒；16—连接头；17—锁紧螺母

1.2 卡瓦式节流器打捞工艺

目前现场常用的节流器打捞工艺为试井钢丝打捞工艺，如图 2 所示。

通过钢丝作业设备将打捞工具串（绳帽+加重杆+链式震击器+常规筒式打捞工具）下放至节流器以上 50m 左右，向下快速冲击，使打捞工具抓住节流器打捞颈，同时向下冲击产生的震击力可使节流器卡瓦从油管壁脱开，节流器产生松动。然后上提钢丝，捞出节流器。

1.3 主要打捞工具

目前常用的打捞井下节流器工具为筒式打捞工具，其结构如图 3 所示。

筒式打捞工具通过钢丝作业设备快速下放，卡爪碰触到节流器打捞颈后，沿锁定套斜面上行并扩张，压缩矩形弹簧，通过打捞颈后，矩形弹簧的弹力推动卡爪沿锁定套斜面下行并收缩，抓住打捞颈，上提可捞出井下节流器。若上提遇阻，可依靠打捞工具串

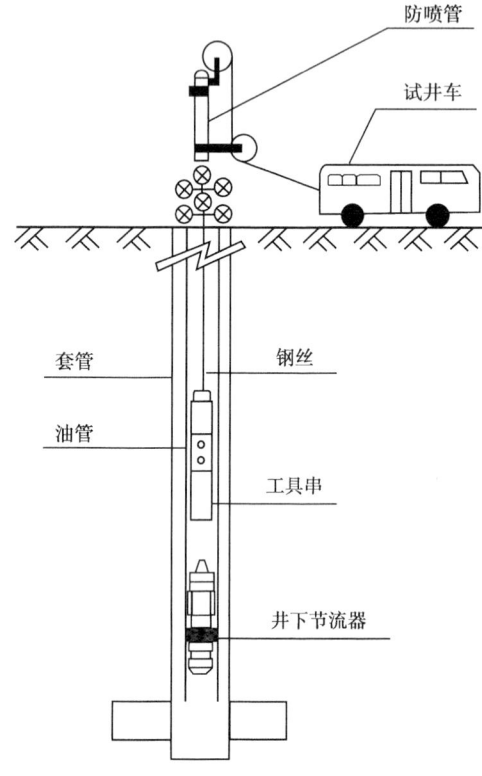

图 2 钢丝打捞节流器工艺图

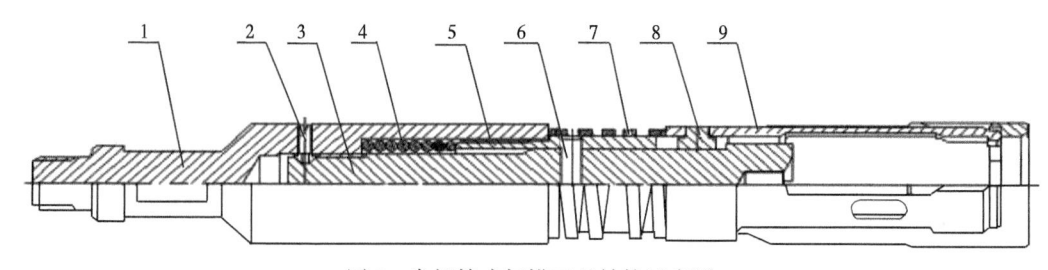

图 3 常规筒式打捞工具结构示意图

1—接头；2—锁钉；3—芯轴；4—大弹簧；5—锁定套；6—安全剪销；7—矩形弹簧；8—联接块；9—卡爪

向上的震击力，剪断安全剪销，大弹簧释放，推动锁定套下行，卡爪在锁定套斜面作用下扩张，上提工具串，完成丢手。

1.4 卡瓦式节流器打捞存在问题及原因分析

筒式打捞工具打捞节流器成功率约60%~70%，主要存在井下节流器不解封、解封后上提遇卡等问题。影响节流器打捞成功率的主要原因有以下几点：

（1）节流器中的预密封弹簧持续给节流器上、下胶筒提供预紧力，造成扩张后的胶筒锥在滑动套上，不能完全回收，在上提过程中与油管内壁产生较大的向下摩擦力。

（2）不同服役年限的井下节流器打捞成功率不同，节流器服役时间越久，越难打捞。

（3）筒式打捞工具安全可靠，但存在打捞过程不能压缩中心杆的问题，应用单一。

2 压缩中心杆打捞工具研制

2.1 压缩中心杆打捞工具结构

针对筒式打捞工具在打捞卡瓦式井下节流器过程中存在的主要问题，研制了压缩中心杆打捞工具，见图4。其主要是在现有筒式打捞工具的基础上，增加了可压缩中心杆解封节流器密封胶筒的顶杆装置和锁环装置，解决了节流器胶筒和卡瓦解封不彻底、难打捞的问题。

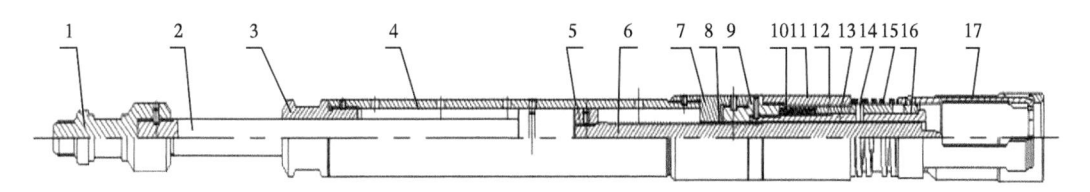

图4 压缩中心杆打捞工具结构示意图

1—接头；2—拉杆重锤；3—锁帽；4—外筒；5—启动销钉；6—中心顶杆；7—上压套；8—锁环；9—下压套；10—弹簧；11—外套；12—撑管；13—中心套；14—丢手销；15—矩形弹簧；16—连接块；17—卡爪

2.2 工作原理

压缩中心杆打捞工具入井后，依靠打捞工具串快速下放的冲击力抓取节流器打捞颈，上提打捞工具串，再快速下放工具串，拉杆重锤推动中心顶杆下行，打捞工具中心顶杆推动节流器中心杆下行，压缩预密封弹簧，使节流器胶筒解封。多次重复操作，直至节流器卡瓦松开，胶筒完全解封，上提打捞工具串，即可完成一次节流器打捞过程。压缩中心杆打捞工具中的锁环装置为单向运动装置，可避免打捞工具中心顶杆上行，使节流器中心杆持续压缩预密封弹簧，不会使胶筒再次在预紧力作用下挤压坐封，也避免了卡瓦的再次张开。

3 主要参数

主要参数见表1。

表1 压缩中心杆打捞工具参数

参数	数值
工作温度（℃）	120
工作压力（MPa）	25
总长（mm）	985
最大外径（mm）	57/70
适用打捞节流器的外径（mm）	57/70
顶杆伸长距离（mm）	100

4 现场应用

桃 X 井于 2012 年 10 月下入 φ57mm 卡瓦式节流器，投放深度 1540m，由于产气量下降，根据生产要求需打捞节流器。2018 年 6 月 4 日采用通井规在 1541m 处探到节流器，用盲锤下击至 1551m 处，下入筒式打捞工具抓住节流器，上提张力至 400kgf，无法上提。后下入压缩中心杆打捞工具抓住节流器，上提悬重在 100~350kg 之间，捞获节流器。截至目前压缩中心杆打捞工具在苏里格气田开展了 5 口井打捞试验，打捞成功率 100%。

5 结论

（1）密封胶筒解封不彻底是卡瓦式节流器打捞成功率低的主要原因，研制的压缩中心杆打捞工具可彻底解封节流器胶筒，使卡瓦式节流器解封至入井前状态，提高了打捞成功率。

（2）压缩中心杆打捞工具中的顶杆装置产生的下行力能够有效解封节流器胶筒，锁环装置可使压缩状态的预密封弹簧处于锁定状态，有效防止胶筒二次坐封是节流器打捞成功的关键所在。

（3）压缩中心杆打捞工具与链式震击器配合使用可产生较大的震击力，提高下击解封能力，并实现打捞工具快速丢手。

参 考 文 献

[1] 喻成刚，张华礼，邓友超．新型井下节流器研制及应用［J］．钻采工艺，2008，31（4）：91-93.

[2] 张宗林，郝玉鸿．榆林气田井下节流技术研究与应用［J］．石油钻采工艺，2009，31（1）：108-112.

[3] 肖述琴，卫亚明，杨旭东，等．井下节流器用气举打捞工具研制与应用［J］．石油矿场机械，2013，42（2）：46-48.

[4] 张雄兵，周绍波．井下节流器失效原因分析及对策［J］．内蒙古石油化工，2013，16：10-14.

［5］雷群．井下节流技术在长庆气田的应用［J］．天然气工业，2003，1：81-84.

［6］吴革生，王效明，韩东，等．井下节流技术在长庆气田试验研究及应用［J］．天然气工业，2005，25（4）：65-67.

［7］肖述琴，于志刚，商永滨，等．新型卡瓦式井下节流器打捞工具研制及应用［J］．石油矿场机械，2010，39（12）：81-83.

［8］周荣涛，刘炜嵘，候建鑫．CQX型井下节流器投捞作业风险探讨．［J］．价值工程，2012（20）：100-101.

爬行器找堵水一体化在南海东部高含水老油田水平井中的应用

徐立前 张 译 高晓飞 李俊键

（1. 中国海洋石油南海东部公司；
2. 中国石油大学（北京）石油工程教育部重点实验室）

摘要：我国南海东部的 M 油田全部采用水平井开发，目前综合含水达 95.1%，平均产液量 2000m³/d，呈现典型的特高含水、高采出程度、高液量的生产特征，长期以液带油的方式进行开采，稳油控水形势严峻。以 A10H 水平井为研究目标，综合测井技术、油藏工程及采油工程等多学科的理论及技术，开展了水平井控水的研究与实践。利用爬行器对该井进行找水测试并根据测井找水的结果，明确了 A10H 井的产液模式为分段产液、跟端+中部产水、趾端产油。基于此提出了先单采趾端再跟趾合采的分段控采方案，采用管外化学分隔器（ACP）实现了对水平井的分段控采，并利用智能滑套实现了对各段流入的实时控制。控采措施后，A10H 井的含水率最大下降 5.6%。提液后，产油量稳步上升，与措施前相比接近翻番，含水率平均下降 3.3%，取得了较好的应用效果。A10H 井的成功实施，为此类高液量、高采出程度、高含水的水平井的控水提供了有益的借鉴。

关键词：海上油田；爬行器；水平井；分段控采；ACP

我国南海东部油田现已进入高含水开发期，综合含水达 92.4%，采出程度 33.6%，开发难度明显加大，稳油控水形势十分严峻。南海东部 M 油田是其中的典型代表。南海东部 M 油田采用边底水能量开采，目前有 84 口生产井，其中 90% 为水平井。由于水平井井身与边底水平行，加之地层非均质性、隔夹层分布等因素，容易造成局部产液段含水的急剧上升，且降低其他段的产液产油能力，最终使水平井进入高含水阶段[1-3]。水平井的不均匀出水使得储层动用不均，剩余油大量富集[4-6]。目前 M 油田水平井的综合含水达 95.1%，平均产液量 2000m³/d，呈现典型的特高含水、高采出程度、高液量的生产特征，长期以液带油的方式进行产油。该类水平井的控水风险较大，极易出现堵水又堵油的情况[7]。此外，海上油田水平井多采用筛管方式进行完井，防砂筛管容易塌陷，对控水工艺及工具的要求较高[7]。因此目前国内外海上油田水平井控水的成功案例较少。

本文以南海东部 M 油田的 A10H 水平井为研究目标，综合测井技术、油藏工程及采油工程等多学科的理论及技术，开展了水平井控水的研究与实践。首先进行了 A10H 井的找水作业，明确了 A10H 井的分段产液模式，基于此确定了采用管外化学分隔的方法进行分段控采，并进行了工艺设计及效果预测。措施后，A10H 井的含水率最大下降 5.6%。提液后，产油量稳步上升，与措施前相比接近翻番，含水率平均下降3.3%，取得了较好的应用效果。

1 A10H井概况

南海东部M油田位于珠江口盆地珠一坳陷西部，惠州凹陷和西江凹陷交界处惠州凹陷一侧，距香港东南约120km，油田范围内水深90m。M油田共有9个油藏，以底水油藏为主。油层较薄，水体较厚，达20多米，水体能量充足。其中H1B油藏位于珠江组上部，为三角洲水下分流河道沉积，油藏中部埋深-1728.4m，构造为低幅度背斜。H1B油藏含油面积7.09km^2，地质储量895.44×10^{4}m^3。

H1B油藏全部采用水平井开发，共钻水平井10口，均呈现高液量、高采出程度、高含水的生产特征。其中A10H井自2008年5月投产，投产初期产液量大于3000m^3/d，产油量大于400m^3/d；截至2018年7月，产液量为2190m^3/d，产油量为31.4m^3/d，含水率98.5%。A10H井裸眼水平段长度671.6m，分两段筛管完井（2094~2287m、2334~2766m），中间盲管段45m（2287~2334m）。

A10H井水平段测井解释平均孔隙度为19.7%，平均渗透率为340mD，渗透率非均质性较强。趾端段（2666~2770m）物性较差，渗透率在0.1~10mD之间。此外，存在2个岩性隔层2141~2151m、2287~2334m（泥岩夹层）和1个物性差隔层2500~2580m，如图1所示。

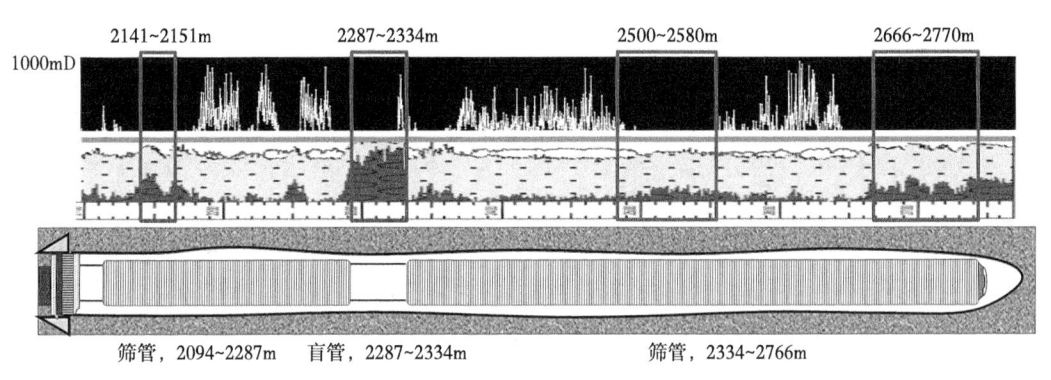

图1 A10H井水平井生产段的渗透率剖面、岩性剖面及完井情况

2 A10H井找水结果分析

利用爬行器对A10H井采用PLT+MAPS的方式进行测井找水。上提测量时采用了10m/min的速度，因此采用固定斜率法进行解释。MAPS测井资料与常规PLT测井资料总体对应性良好，但MAPS测井资料更能反映井筒流动剖面细节，故解释时2421~2761m采用MAPS和常规PLT资料相结合进行分析处理。测井细分层解释结果如表1及图2所示。

表1 测井找水细分层解释结果

斜深 （m）	斜厚 （m）	水 产量（m³/d）	水 占比（%）	油 产量（m³/d）	油 占比（%）	液 产量（m³/d）	液 占比（%）	含水（%）
2174~2286	112	189.1	8.45	0	0	189.1	8.25	100
2286~2331	45							
2331~2411	80	746.7	33.37	0	0	746.7	32.58	100
2411~2417	6							
2417~2463	46	366.9	16.40	0	0	366.9	16.01	100
2463~2470	7							
2470~2490	20	710.8	31.77	12.7	23.35	723.5	31.57	98.2
2490~2503	13							
2503~2515	12	41.6	1.86	0	0.00	41.6	1.82	100
2515~2632	117							
2632~2665	33	16.3	0.73	17.6	32.35	33.9	1.48	48.1
2665~2726	61							
2726~2734	8	166.2	7.43	24.1	44.30	190.3	8.30	87.3
合计	560	2237.6	100	54.4	100	2292	100	97.6

对找水结果分析，可得出以下结论。（1）A10H井的产液段长度为311m，占全井段（670m）的46.2%。（2）受水平段隔层的影响，A10H井呈现分段产液模式，跟端（2174~2286）及中部（2331~2441m、2417~2463m、2470~2490m、2503~2515m）为主力产液段，产液占全井段90.2%。（3）跟端及中部同时也是主力产水段，产水占全井段91.8%。其中2470~2490m含水率为98.2%，跟端及中部其余各段含水率均为100%。（4）趾端（2632~2665m、2726~2734m）产液量较低，但为主力产油段，产油占全井段76.7%。总结而言，A10H井的产液模式为分段产液+不均匀出水，主力产液及产水段为跟端与中部，主力产油段为趾端。

A10H井的产液模式与其渗透率剖面分布趋势基本相同：中部及跟端井段长，物性好，渗透率连续分布，因此产液能力强，见图2。底水较快从其突破，波及范围大，水淹程度强，含水率高。趾端物性差，产液能力低，底水尚未完全突破该段，水淹程度弱，因此其产油量高，含水率低。A10H井水平段井轨迹垂直落差大，整体呈现"U"形。三段距离油水界面的高度分别为跟端7.20m、中部6.81m、趾端7.93m。可见A10H井的产液模式也与井轨迹趋势大致吻合。此外，A10H井跟部与中部物性相当，但产液能力较低，这是由于A10H井跟部下方存在连续分布的隔夹层。隔夹层的遮挡使底水上升时发生绕流，降低了跟端的产液能力[5]。

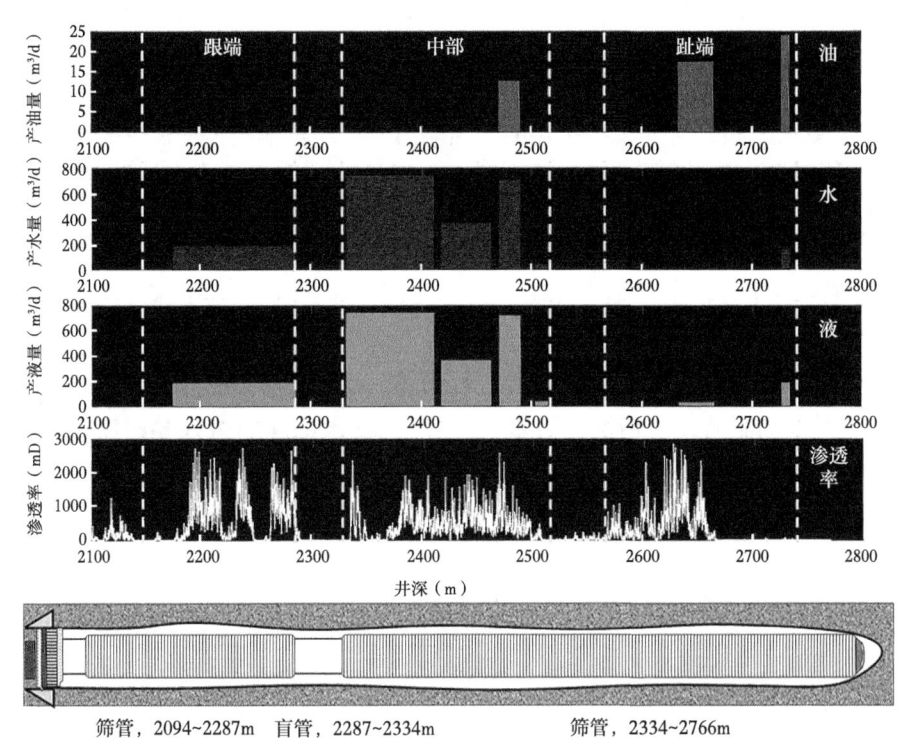

图 2 A10H 井产油、产水、产液及渗透率剖面图

3 控水方案及效果预测

A10H 井的跟端中部产水+趾端产油的产液模式以及隔层的分布模式为分段控采提供了有利的条件。由此确定 A10H 井的控水思路为利用储层中存在的两个隔层，在环空分段的基础上，对出水段实施定向封堵，以实现分段控采，从而改善产液剖面，有效动用潜力层段。

首先对各段的控采情况进行决策，见表 2。

表 2 A10H 井各段控采情况的决策

位置	产水占比（%）	产油占比（%）	产液占比（%）	决策	依据
趾端	8.16	76.65	9.78	采	趾端剩余油潜力大，含水率低，产油量高
中部	83.39	23.35	81.97	控	中部水淹严重，含水率高，产油少（注：虽中部的 2470~2490m 仍有一定产油，但其两侧不存在较宽的隔层，不具备环空分段的工艺条件，因此对整个中部段进行封堵）
跟端	8.45	0	8.25	控或采	跟端由于隔夹层阻挡，造成高物性低产液的情况，可能存在一定的剩余油潜力

245

根据各段控采的情况的决策，并考虑到控水后水平井产液能力的下降，设计了四种分段控采方案：

方案一：不采取控水措施，继续以原来的以水带油的模式进行开采；

方案二：单采趾端，充分发挥趾端的产油能力，动用趾端附近储层的剩余油；

方案三：跟趾合采，同时动用趾端和跟端附近储层的剩余油，发挥趾端的产油能力，同时跟端的开采可保证水平井的产液能力，有利于后续提液措施的跟进；

方案四：先单采趾端再跟趾合采。从风险性的角度进行分析，跟端是否具有剩余油潜力尚不清楚，因此首先开采趾端，优先发挥趾端的产油能力，待达到有效期后再跟趾合采，动用跟端附近储层的剩余油潜力。

利用数值模拟方法，对以上四种方案进行预测。采用多段井的方法对A10H井进行建模[8-9]。根据产液剖面的分段情况，将水平段分为20段，以确保计算精度。在模拟过程中，设定A10H井的工作制度为定产液速度生产，并对产油速度、含水率及产液剖面进行历史拟合。模型计算结果与历史数据吻合度很高，拟合误差在5%以内，验证了模型的可靠性，可做下一步的方案效果预测。

方案预测的模拟分为提液和不提液两种情形。对于提液的情形，设置四种方案的产液量均为措施前的产液量为2145m³/d。对于不提液的情形，首先做出单采趾端与跟趾合采的产液能力曲线（产液量—注采压差）。根据曲线可确定在原注采压差下，单采趾端的产液量为1270m³/d，跟趾合采的产液量为1430m³/d。此外，对于方案四，设定单采趾端一年后再进行跟趾合采。四种方案的效果预测如图3所示。

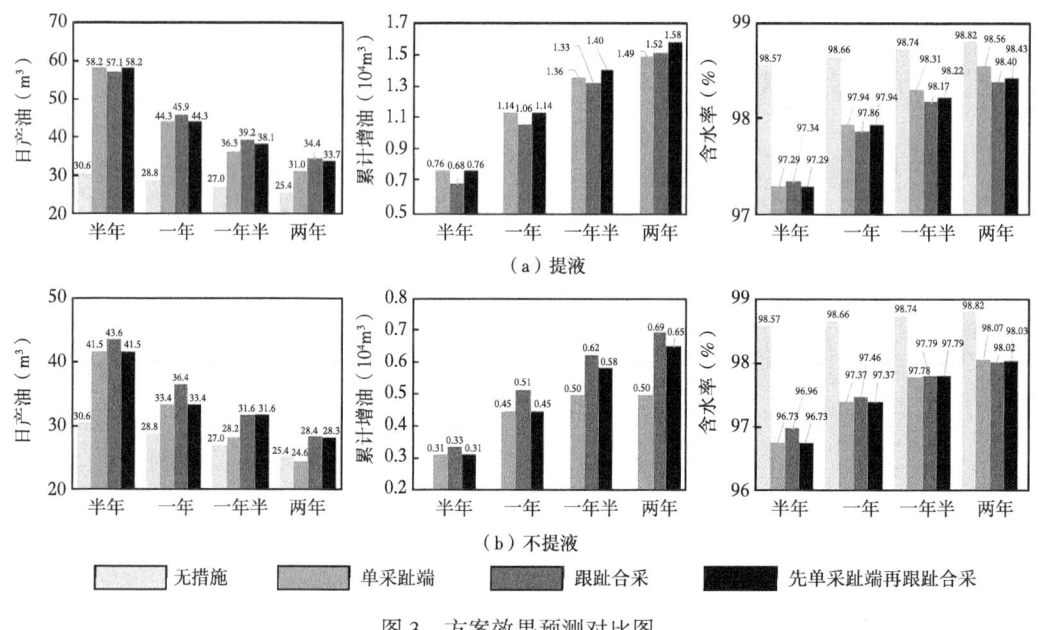

图3 方案效果预测对比图

由图3可见，在提液的情况下，综合而言，增油降水效果对比为先单采再合采>单采趾端>跟趾合采。在不提液的情况下，综合而言，增油效果对比为跟趾合采>先单采再合采>单采趾端；降水效果对比为先单采再合采>单采趾端>跟趾合采。结合增油降水效果和风险性，优选先单采再合采的控水方案。此外，根据该方案的效果预测结果，在单采措施初期，含水率最大下降3.3%,产油量增加至3.2倍;在单采转合采初期,含水率最大下降1.3%,产油增加至1.6倍。预测一年后净增油$1.14×10^4 m^3$,两年后净增油$1.58×10^4 m^3$。

4 工艺方案设计

4.1 控水管柱设计

根据方案四的设计,控水管柱应满足实时分段控采的要求,由此设计了A10H井的控水管柱。对于筛管完井的水平井,机械卡封仅能实现筛管内部的封隔,不能实现筛管与井壁直接环空的封隔[10]。因此,本次环空分段采用环空化学封隔器(ACP)实现。ACP是一种高强度的化学材料,注入环空后不易发生重力下沉的效应,可有效充满整个环形空间,实现环空的完全分隔[11-12]。将ACP注入两个隔层(2287~2334m、泥岩夹层和2500~2580m、物性差隔层)所在位置,以实现分段控采。筛管内的分段采用K341封隔器实现。封隔器位置与两个ACP的位置对应。由趾端流入井内的流体通过油管的小筛管流出。此外,在油管的跟端位置安装智能滑套,为由跟端流入的流体提供流出通道。通过从井口向油管打压,可控制智能滑套的开关,进而实现跟端的动态控采。为了规避控水后产油能力反而下降的风险,在油管的中部位置也安装了智能滑套,打压打开该滑套,可恢复原来的全井段合采的生产制度,继续以以水带油的方式进行开采。

4.2 ACP注入参数设计

根据A10H井分段要求及隔层、盲管位置,ACP放置位置:ACP^{1st} 2551~2506m、ACP^{2nd} 2283~2328m。

根据陆上油田100余井次应用结果,每段ACP设计长度为20~30m,考虑到A10H井出水段长度大,各段之间存在较宽的隔层,因此本次设计长度为45m。

ACP的用量设计考虑到三个方面。一为理论用量:据钻头尺寸(直径约为215.9mm)、筛管尺寸(外径190.5mm)、井眼扩径(10%)、ACP材料进入地层深度(取10mm),单个ACP材料的理论用量为$1.0m^3$。考虑到环空砂埋、管壁吸附、筛管孔隙、前缘稀释等因素,工艺安全系数取1.6,理论用量为$1.6m^3$。二为环空与管内预留:封隔器卡距间筛管与油管环空(6m)容积为$0.1m^3$;为避免过量顶替,管内预留60mACP材料,约为$0.3m^3$。三为地面预留:为了保证泵的正常注入,避免抽空,地面罐内预留$0.3m^3$;此外地面管线消耗取为$0.2m^3$。综上两个ACP的用量为$2.0×2+0.5=4.5m^3$。

根据室内实验和现场施工经验确定排量为100~400L/min。根据筛管抗压值及ACP在油管中的摩阻,施工压力不超过1300psi(9MPa)。

4.3 现场施工程序

根据控水管柱设计,确定了现场施工作业程序,如图4所示。

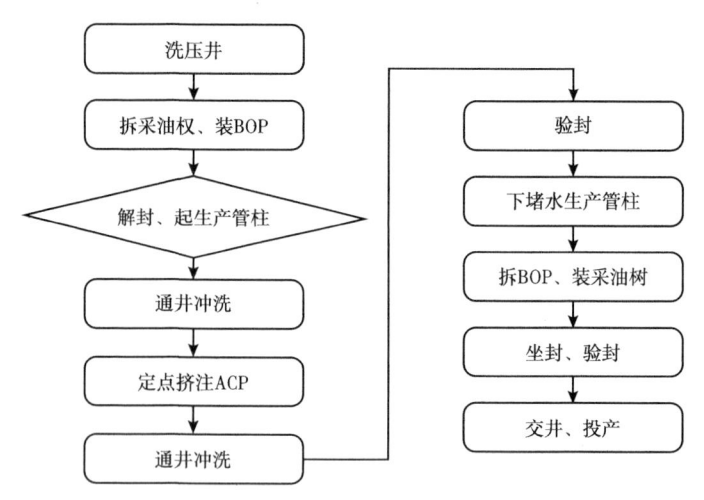

图 4 A10H 井控水现场施工作业程序

5 控水实施效果

2019 年 1 月 24 日，A10H 井堵水作业开始实施，2 月 14 日结束顺利投产，工期 20 天。投产后一周（2 月 14—22 日），产液量由 2416m³/d 下降至 525~542m³/d。由于产液量的下降，产油量由 73.9m³/d 下降至 37.0~45.9m³/d。含水率由 96.9% 下降至 91.3%~94.2%，最大下降 5.6%。为了提高产油量，从 2 月 22 日开始逐步提液。截至 6 月 14 日，产液量逐步提高至 1824m³/d，产油量相应稳步上升，提高至 120m³/d。提液过程中，含水率维持在 92.0%~94.6% 之间。

总之，措施取得了很好的控水增油效果，产油量接近翻番，含水率平均下降 3.3%。保守预计该井年增油量达 $0.6×10^4m^3$，当年产生效益 1517 万元。预计最终增油量为 $4.44×10^4m^3$，纯增油产生经济效益 1.12 亿元。在控水方面，该井减少产水 4000bbl/d，减少化学药剂使用量的同时（年节省化学药剂费用 9.2 万元）也为平台其他油井提产创造了空间。

6 结论

根据 A10H 井各段的产液、产油能力，并综合考虑风险性、产液能力的下降，结合数值模拟预测结果，优选了先单采趾端再跟趾合采的分段控采方案。根据该方案设计了控水管柱，采用 ACP 实现对水平井的分段控采，并利用智能滑套实现对各段流入的实时控制。对 ACP 的注入参数及现场施工作业程序进行了设计。根据施工后生产动态，措施取得了很好的控水增油效果。措施初期，含水率最大下降 5.6%。提液后，产油量稳步上升，与措施前相比接近翻番，含水率平均下降 3.3%。该井的成功实施，为此类高液量、高采出程度、高含水的水平井的控水提供了有益的借鉴。

参 考 文 献

[1] 周代余，江同文，冯积累，等.底水油藏水平井水淹动态和水淹模式研究 [J].石油学报，2004，25 (6)：73-77.

［2］李俊键，姜汉桥，李杰，等．水平井水淹规律影响因素的不确定性及关联分析［J］．油气田地面工程，2008，27（12）：1-3．

［3］姜汉桥，李俊键，李杰．底水油藏水平井水淹规律数值模拟研究［J］．西南石油大学学报（自然科学版），2009，31（6）：172-176．

［4］甘振维．塔河油田底水砂岩油藏水平井堵水提高采收率技术［J］．断块油气田，2010（3）：372-375．

［5］刘广为，周代余，姜汉桥，等．塔里木盆地海相砂岩油藏水平井水淹规律及其模式［J］．石油勘探与开发，2018（1）：128-135．

［6］陈维余，孟科全，朱立国．水平井堵水技术研究进展［J］．石油化工应用，2014（2）：1-4．

［7］李宜坤，胡频，冯积累，等．水平井堵水的背景、现状及发展趋势［J］．石油天然气学报（江汉石油学院学报），2005（S5）：757-760．

［8］Holmes J A, Barkve T, Lund O. Application of a multisegment well model to simulate flow in advanced wells［C］//European petroleum conference. Society of Petroleum Engineers，1998．

［9］高大鹏．井筒与油藏耦合数值模拟技术现状与发展趋势［J］．石油钻采工艺，2015，37（3）：053-60．

［10］程静，雷齐玲，葛红江，等．筛管水平井堵水材料的研制与评价［J］．石油钻采工艺，2013（6）．

［11］葛党科，张玉祥，葛红江，等．水平井堵水环空封隔材料的合成与性能研究［J］．天然气技术与经济，2008（6）：40-42．

［12］魏发林，刘玉章，李宜坤，等．割缝衬管水平井堵水技术现状及发展趋势［J］．石油钻采工艺，2007，29（1）：40-43．

葡萄花油田缝内转向压裂技术研究与应用

张 建

(大庆油田有限责任公司第八采油厂工程技术大队)

摘要：针对葡萄花油田薄差储层发育、注采不完善、同时受缝间干扰及难压层影响，导致部分薄差层未得到有效动用的问题，油田上通常采取对油井实施压裂增产的措施。但是，随着油田开发的不断深入，压裂改造井较为普遍，压裂选井越来越困难，压裂措施效果也在逐年下降。因此，在精细地质剩余油研究成果的基础上，优选压裂井，并优化压裂施工工艺，通过转向压裂造缝机理分析，优选暂堵剂及用量，实现缝内暂堵转向压裂，大大提升了压裂增油效果。优化后的缝内转向压裂技术在现场实施8口井，措施实施后平均单井日增油2.5t，增油强度0.9 t/(d·m)，与常规重复压裂对比，平均单井日增油较常规压裂增加0.6t。该项技术的应用，对低渗透油田在高含水开发阶段，进一步挖潜剩余油具有重要的意义。

关键词：暂堵；转向压裂；优化设计；降本增效

多裂缝复合暂堵缝内转向压裂技术指在油水井压裂过程中，在一个压裂段内，通过一次或若干次投送高强度水溶性暂堵剂，利用暂堵剂形成的高强度滤饼对已经压开的裂缝缝口进行暂时封堵，迫使后续注入的流体发生转向，自然寻找下一破裂弱点，从而压开新的裂缝的压裂改造技术。

1 转向压裂技术原理

1.1 层间暂堵转向多裂缝技术

将大颗粒暂堵剂与粉末暂堵剂按照一定比例混合后暂堵缝口，克服层间应力差，逐级打开多级裂缝，实现多缝密集切割储层，减少机械封隔器的应用的同时，对油气富集区达到集中改造的效果。

1.2 缝内暂堵技术

在每一条主缝内应用粉末暂堵剂（20~120目）在裂缝壁面形成暂堵，进而降低液体滤失，提高缝内净压力，增大缝宽，同时依靠较大的净压力在主压裂缝壁面不断开启起裂压力级别较高的微裂缝和造新的分支缝，无论是主干裂缝还是分枝裂缝，都会在延伸过程中不断沟通天然裂缝等结构弱面，形成纵横交错的树枝状裂缝系统，实现体积改造目标，大幅度提高油气的动用程度，实现工程压裂到开发压裂的转变。

2 暂堵剂优选

根据工艺需要，可根据不同施工要求加工成各种规格的暂堵材料，形成自主暂堵产品系列：缝口颗粒型暂堵剂（1~13mm）、粉末型缝内暂堵剂（20~120目）、可溶性暂堵球（7/8in、5/8in、1/2in）等。

缝口颗粒型暂堵剂及粉末型缝内暂堵剂形成的滤饼均具有很高的承压能力，技术性能如下：

（1）所有暂堵材料无毒、无污染、无腐蚀，压后完全溶解，对环境及地层零污染；
（2）滤饼承压差能力高（>80MPa），远远高于普通井下暂堵剂材料的承压能力，在地层可以形成滤饼，封堵率高，封堵效果好；
（3）内含表面活性剂，随温度升高完全降解后有利于助排，不会对裂缝造成堵塞和伤害；
（4）适用温度范围广，适用于50~120℃储层；
（5）现场投放工艺简单，不会带来额外设备负担。

3 高强度水溶性暂堵剂用量设计

转向压裂的主要目的是实施裂缝转向，启动新层，沟通新的未动用油区，从而达到增产的效果。该项技术不同于常规重复压裂的是以增大规模，延伸原裂缝为主要目标，转向剂加入的剂量很重要，决定了控制作用的类型，施工的成败。

3.1 计算原则

3.1.1 平面上的转向
堵剂的用量是所形成的压差满足地层最大主应力与最小主应力的差值的函数。

3.1.2 多裂缝的原则
区块的破裂压力与老缝的开启压力的差值的函数。

3.1.3 纵向上的控制
剖面上最小主应力差值的函数。

3.2 转向剂用量设计公式

$$R_{cake} = \Delta p/(\mu u) \tag{1}$$

式中，R_{cake}为滤饼阻力，m-1；Δp为滤饼两侧的压降；μ为携带液黏度；u为流过滤饼的曲积流量。

定义一特定的滤饼阻力a，则：

$$\alpha = 1/\rho_{div}(1-\phi_{cake})K_{cake} \tag{2}$$

从而可求出通过滤饼的压降为：

$$\Delta p = \alpha\mu u c_{div}\rho_{div}V/A \tag{3}$$

式中，ρ_{div} 为转向颗粒的密度，kg/m^3；ϕ_{cake} 为滤饼的孔隙度；K_{cake} 为滤饼渗透率；c_{div} 为转向颗粒的浓度，m^3（颗粒）/m^3（溶液）；V 为注入转向液的总体积，m^3；A 为滤饼的表面积。

通过滤饼的达西公式可得：

$$\Delta p = = \mu L u / K_{cake} \tag{4}$$

滤饼厚度 L 与注入剂的液量关系为：

$$L = c_{div} V / [(1 - \phi_{cake}) A] \tag{5}$$

由式（4）和式（5）并结合式（2）定义的 α 得出通过滤饼的压降表达式（3）。滤饼阻力 R_{cake} 和特定的滤饼阻力 α 的关系为：

$$R_{cake} = a c_{div} \rho_{div} V / A \tag{6}$$

滤饼增长的方程式为：

$$d\rho_{aj}/dt = 2\pi K_j h_j \Delta p / \{ u [\ln(r_e/r_w) + S_j + 2\pi K_j h_j R_{cake}/A] \} \times c'_{div}/A_j$$

4 暂堵材料现场投放工艺

4.1 缝口暂堵剂现场投送操作程序

缝口暂堵剂粒径 1~13mm，用于封堵炮眼或裂缝缝口，在地面实施投入。

投送准备：根据现场施工情况，在高压管汇主管线上装一个三通，三通上面连接 1m 左右的短节，暂堵剂由此短节上端加注到高压管汇内。

投放步骤：
（1）投放前将混有油性分散剂的和颗粒型暂堵剂用搅拌工具混合均匀；
（2）第一段作业完毕，停泵，关井，泄压；
（3）打开高压管汇上加注短节的堵头；
（4）通过漏斗往主压管线内缓慢加注颗粒暂堵剂；
（5）关闭泄压口旋塞阀；
（6）盖上加注短节的堵头并上紧；
（7）启动所有与高压管汇相连的压裂车，打上背压（平衡压）；
（8）打开井口闸门；
（9）以 1 台压裂车，排量 1~2m^3/min 将堵剂顶入井筒；
（10）暂堵剂达到缝口，显示起压后，按设计排量开始施工。

4.2 缝内暂堵剂现场投送操作程序

粉末状缝内暂堵剂可以由混砂车直接输送过泵，故在混砂车上实施投放，投放期间无须停泵，操作方便快捷。

投送准备：
（1）提前把本次设计投送的暂堵剂放至混砂车搅拌罐上；
（2）准备好搅拌的木棍及防污染的塑料防渗膜；

（3）准备好长胶手套、护目镜、口罩等个人防护用品。

投放步骤：

（1）投放前打开桶盖将混有油性分散剂的暂堵剂用搅拌混合均匀；

（2）在混砂车混合筒中匀速投放，计量以混砂车上水排量为准，期间混砂车尽可能放大搅拌器转速，保证粉末暂堵剂在胶液中均匀分散，且必须使用泵后交联。

5 现场试验情况

现场应用8口井，平均单井加转向剂275kg，投入转向剂后压力上升10.82MPa，封堵效果较好（表1）。

表1 现场试验情况统计表

井号	层号	转向剂（kg）	压力上升情况（MPa） 投前	压力上升情况（MPa） 投后	压力上升情况（MPa） 压力上升	设计加砂量（kg）
A井	层段1	180	20.2	24.5	4.3	8+8+8
A井	层段1	200	23.5	35.6	12.1	8+8+8
B井	层段1					6
B井	层段2	260	20.2	37.5	17.3	6+8
B井	层段12	110	21.3	30.9	9.6	4+4
C井	层段1	180	24.2	32.8	8.6	8+8+8
C井	层段1	200	26.1	34.5	8.4	8+8+8
D井	层段1	130	31.1	42.2	11.1	4+4
D井	层段2	60	30.2	46.1	15.9	4+4
D井	层段3	80	29.1	41.3	12.2	4+4
D井	层段4	110	28.1	42.2	14.1	4+4
E井	层段1	100	24.8	34.7	9.9	5+5
E井	层段2	100	26	36	10	5+5
E井	层段3	180	24.8	36	11.2	6+6
F井	层段1	170	20	27	7	6+6
F井	层段2	210	24.2	30.6	6.4	6+8
G井	层段1	200	20	28.2	8.2	8+8+8
G井	层段1	180	22	33.7	11.7	8+8+8
H井	层段1	120	24	40.2	16.2	4+4
H井	层段2	120	26	43.2	17.2	4+4
H井	层段3	130	32	37.2	5.2	4+6

F井2015年8月投产，砂岩厚度7.2m，有效厚度2.6m，连通2口水井，呈东西向分布，与裂缝走向一致，为加大平面内的泄油面积，实施了缝内转向压裂，层段2加转向剂210kg，层段1加转向剂170kg。措施后初期日增油3.7t，增油强度达1.0t/(d·m)，取得了较好效果。

缝内转向压裂实施 8 口井，措施后平均单井日增油 2.5t，增油强度 0.9 t/(d·m)，与常规重复压裂对比分析，平均单井日增油较常规压裂增加 0.6t。

应用缝内转向压裂，平均单井较重复压裂多增油 0.6t，有效期按 300 天计算，平均多增油 180t，投产产出比可达：11.6/(2100×180/10000)= 1:3.2。

6 结论

(1) 对于地应力作用，同时压开新老裂缝的情况，暂堵剂可以暂堵老缝，通过改变压裂时的净压力，诱导新缝产生，使支撑剂只在新缝中铺置。

(2) 通过精细地质研究，对油藏剩余油进行分析，在地层具备转向的条件下，实施转向压裂工艺；投注与地层配伍的暂堵剂，诱导裂缝发生转向，沟通新的泄油区，缝内转向压裂能获得很好的增油效果。

参 考 文 献

[1] 陈涛平，胡靖邦. 石油工程 [M]. 北京：石油工业出版社，2002.
[2] 米卡尔 J 埃克诺米德斯，肯尼斯 G 诺尔特. 油藏增产措施 [M]. 北京：石油工业出版社，2002.

三轴条件下页岩岩石力学各向异性测试新理论和新方法

金 娟[1,2]　张广明[1,2]　刘建东[1,2]
蒋卫东[1,2]　程 威[1,2]　张潇文[1,2]

(1. 中国石油勘探开发研究院；
2. 中国石油天然气集团有限公司采油采气重点实验室)

摘要：我国页岩油气资源丰富，潜力巨大，是油气增储稳产上产、确保国家能源安全的战略接替资源。页岩岩石力学性质是页岩油气勘探开发全生命周期不可或缺的基础参数。页岩储层层理发育，在宏观、细观和微观尺度均呈现出显著的各向异性特征，原有针对砂岩等各向同性储层的岩石力学测试理论和方法不适用于页岩储层。为此，首创了三轴条件下岩石力学各向异性测试理论与方法，并研制了配套的测试装置。该方法可得到完整的五参数岩石力学各向异性刚度矩阵，相较各向同性的二参数测试结果，更真实地刻画了页岩储层岩石力学各向异性特征。测试结果表明，纵向杨氏模量为横向的47%～64%，充分证明页岩储层岩石力学具有强烈的各向异性。另外对于露头岩心，纵向杨氏模量为横向的83%，表明露头岩心经过风化剥蚀，应力状态被释放，削弱了其各向异性。最后，在测试深度范围内，横向杨氏模量随深度变化不大，而纵向杨氏模量则随深度逐渐增大，即储层各向异性率随深度的增加有逐渐降低的趋势。

关键词：岩石力学；各向异性；杨氏模量

近年，页岩气已成为我国天然气供应的重要来源，对保障国家能源安全发挥着越来越重要的作用。自2012年焦页1井取得重大突破以来，我国页岩气勘探开发获得快速发展，相继在四川盆地及周边探明落实涪陵、长宁—威远、昭通、威荣等多个页岩气田。截至2018年底，已累计探明地质储量$10456×10^8 m^3$、可采储量$2494×10^8 m^3$，资源潜力巨大[1]。我国陆相、海陆过渡相页岩气，面临岩相变化快，非均质性强，资源分布规律更为复杂的难题，使得优质储层段识别、"甜点"区评价与优选难度更大。长距离水平钻井、多段体积压裂、旋转导向以及微地震监测等诸多技术工艺和装备上面临诸多挑战。页岩地质力学是储层评价的基础，是钻井方案优化、套管损坏机理研究以及水平井体积压裂的核心。裂缝与层理、页岩脆性和水平应力差三者决定了页岩的可压裂性；脆性指数、水平应力差和破裂压力等是工程"甜点"的核心参数，也是优化压裂设计和生产层段的关键参数。因此，精细的储层地质力学描述为页岩气商业性开发提供了基本保障。

在地震解释、声波测井以及微地震检测中都能观察到页岩存在明显的强度和力学各向异性特征，并且随着研究的深入，大部分学者认识到：由于层理和裂缝发育，页岩岩石力学性质表现出强烈的各向异性性质[1-7]。Hornby研究认为页岩呈现出强烈的力学各向异性是由于其片状黏土矿物在压实过程定向分布所致[8]；Vernik和Nur等则研究发现页岩的各向异性与干酪根含量存在正相关性，因为大部分有机质都是顺层排列的[9-11]；Vanorio和

Ahmadov 研究发现除了黏土和有机质的含量以外，岩层的成熟度也控制着富含有机质页岩的力学各向异性[12]。故原有针对砂岩等各向同性储层的岩石力学测试理论和方法不适用于页岩储层[13-16]。

经过大量的实验室观察分析、数值模拟等研究发现：页岩储层中的有机质在形成过程中具有层理、片理等特征，并且组成的矿物结晶大小以及不同的组合方式等，造成页岩岩石呈现出明显的垂向横观各向同性特征（VTI）。横观各向同性模型（该模型中一组弱胶结平面的弹性特征围绕一条对称轴具有完全的旋转对称）被认为是与页岩储层相关性最好的模型[17-19]。在国内外的参考文献中，关于各向异性的研究均来源于测井资料，以此得到的关于各向异性的研究都是动态参数，而关于页岩静态岩石力学各向异性的研究基本都基于单轴条件下。为此，首创了室内三轴条件下岩石力学各向异性测试理论与方法，并研制了配套的测试装置，以期为页岩气的商业性开发提供基础参数。

1 三轴条件下页岩岩石力学各向异性测试理论

首先，推导了三轴条件下页岩岩石力学静态各向异性测试理论：将页岩看作横观各向同性体，则对于横观各向同性体，用五个独立的弹性常数可以描述这种性状的岩石。E' 和 v' 分别为平行于横观各向同性面（即水平向）的杨氏模量和泊松比。E，v 和 G' 分别为垂直于横观各向同性面（即垂向）的杨氏模量、泊松比以及剪切模量。假定（x，y，z）为与横观各向同性面保持一致的坐标系，x 和 y 轴落在各向同性面内，z 轴与可压缩性最大面的法相方向保持一致，见图 1。

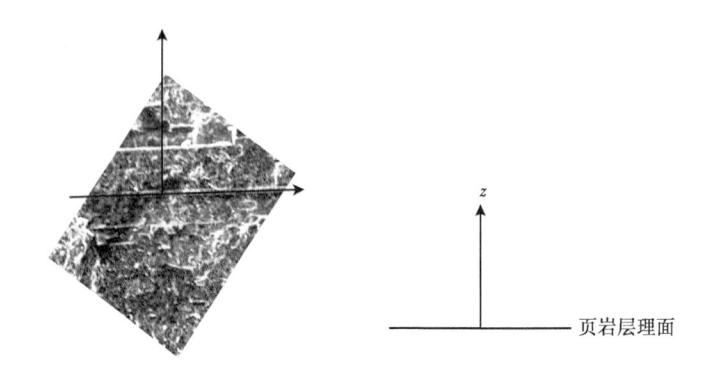

图 1 页岩横观各向同性面示意图

根据广义胡克定律，横观各向同性材料的应力张量 $\boldsymbol{\sigma}$ 与应变张量 $\boldsymbol{\varepsilon}$ 的关系表示为：

$$\boldsymbol{\varepsilon} = \boldsymbol{A}\boldsymbol{\sigma} \tag{1}$$

$$\begin{bmatrix} \varepsilon_x \\ \varepsilon_y \\ \varepsilon_z \\ \gamma_{xy} \\ \gamma_{yz} \\ \gamma_{zx} \end{bmatrix} = \begin{bmatrix} 1/E' & -v'/E' & -v/E & 0 & 0 & 0 \\ -v'/E' & 1/E' & -v/E & 0 & 0 & 0 \\ -v/E & -v/E & 1/E & 0 & 0 & 0 \\ 0 & 0 & 0 & \dfrac{2(1+v')}{E'} & 0 & 0 \\ 0 & 0 & 0 & 0 & 1/G' & 0 \\ 0 & 0 & 0 & 0 & 0 & 1/G' \end{bmatrix} \begin{bmatrix} \sigma_x \\ \sigma_y \\ \sigma_z \\ \tau_{xy} \\ \tau_{yz} \\ \tau_{zx} \end{bmatrix} \tag{2}$$

式中，ε 为地层任意一点的应变矢量；σ 为地层任意一点的应力矢量；A 为地层柔度矩阵，由实验测定。

为描述页岩的各向异性，并研究其力学行为，需要测试这五个独立的弹性参数 E'，v'，E，v，G'。

工程实际中，地层存在走向和倾角，并且通常走向和倾角坐标系与横观各向同性坐标系难以保持一致，需要进行坐标转换。选定 (x', y', z') 为全局坐标系，(x, y, z) 为与横观各向同性保持一致的坐标系，借助转换矩阵将局部坐标系中的应力和应变转换到全局坐标系中：

$$\overline{\sigma} = L^T \overline{\sigma}' L \tag{3}$$

其中：

$$\overline{\sigma} = \begin{bmatrix} \sigma_x & \tau_{xy} & \tau_{xz} \\ \tau_{xy} & \sigma_y & \tau_{yz} \\ \tau_{xz} & \tau_{yz} & \sigma_z \end{bmatrix}, \overline{\sigma}' = \begin{bmatrix} \sigma_{x'} & \tau_{x'y'} & \tau_{x'z'} \\ \tau_{x'y'} & \sigma_{y'} & \tau_{y'z'} \\ \tau_{x'z'} & \tau_{y'z'} & \sigma_{z'} \end{bmatrix} \in, L = \begin{bmatrix} l_{11} & l_{12} & l_{13} \\ l_{21} & l_{22} & l_{23} \\ l_{31} & l_{32} & l_{33} \end{bmatrix}$$

$l_{11} = \cos(x', x)$，$l_{12} = \cos(x', y)$，$l_{21} = \cos(y', x)$，…

同理，对于应变，有：

$$\overline{\varepsilon} = L^T \overline{\varepsilon}' L \tag{4}$$

把应力、应变的 3×3 矩阵转换成 6×1 矢量，有：

$$\sigma = T_\sigma \sigma' \tag{5}$$

$$\varepsilon = T_\varepsilon \varepsilon' \tag{6}$$

T_ε^{-1} 和 T_ε 是互逆矩阵，且 $T_\varepsilon^{-1} = T_\sigma^T$。

根据应力应变关系有：

$$\varepsilon' = K\sigma' \tag{7}$$

则有：

$$K = T_\sigma^T A T_\sigma \tag{8}$$

有了矩阵方程，可以随意进行坐标变换，得到所需坐标系中的本构方程。

这样只要在现场采集岩心，加工后进行室内实验，得到五个关于横观各向同性地层的弹性参数，再根据地层走向和倾角，进行坐标变换就能对任意的页岩地层描述其各向异性特征。

2 三轴条件下页岩岩石力学各向异性测试方法

建立三轴条件下岩石力学各向异性测试理论，经过长时间的探索，研发了配套的加工和测试装置。同时建立室内三轴条件下页岩岩石力学各向异性测试方法，从而快速准确地获取相关弹性参数。

进行三轴测试时，为易于样品加工和计算方便，取样时将三块样品轴线设置在同一垂直平面内，θ 为样品轴线与层理面法向的夹角，即岩心样品轴线与 z 轴的夹角，见图 2。σ_{wei} 为围压，σ_{zhou} 为轴压，σ_{zong} 为围压和轴压之和，ε_{zhou} 为样品轴向应变，ε_{ce} 为样品侧向应变。

加围压情况下有：

$$\begin{cases} \varepsilon_{zhou} = (k_{13} + k_{23})\sigma_{wei} + k_{33}\sigma_{zong} \\ \varepsilon_{ce1} = (k_{11} + k_{12})\sigma_{wei} + k_{13}\sigma_{zong} \\ \varepsilon_{ce2} = (k_{12} + k_{22})\sigma_{wei} + k_{23}\sigma_{zong} \end{cases} \quad (9)$$

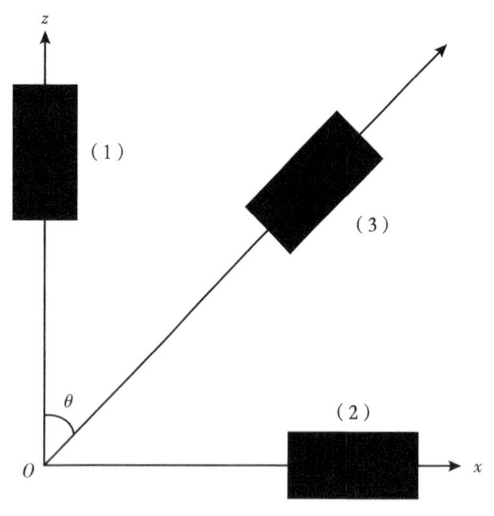

图 2 页岩各向异性测试取心示意图

式中，ε_{ce1} 为 xz 平面内的侧向应变；ε_{ce2} 与 ε_{ce1} 周向间隔 90°；k_{ij} 为式（7）的矩阵。

（1）垂直样品（$\theta = 0$），有：

$$\begin{cases} \varepsilon_{zhou} = \dfrac{2v}{E}\sigma_{wei} + \dfrac{1}{E}\sigma_{zong} \\ \varepsilon_{ce} = \dfrac{1-v'}{E'}\sigma_{wei} - \dfrac{v}{E}\sigma_{zong} \end{cases} \quad (10)$$

（2）水平样品（$\theta = 90°$），则有：

$$\begin{cases} \varepsilon_{zhou} = \left(-\dfrac{v}{E} - \dfrac{v'}{E'}\right)\sigma_{wei} + \dfrac{1}{E'}\sigma_{zong} \\ \varepsilon_{ce1} = \dfrac{1-v}{E}\sigma_{wei} - \dfrac{v}{E}\sigma_{zong} \\ \varepsilon_{ce2} = \left(\dfrac{1}{E'} - \dfrac{v}{E}\right)\sigma_{wei} - \dfrac{v'}{E'}\sigma_{zong} \end{cases} \quad (11)$$

（3）夹角样品（$\theta \neq 0° \, \& \neq 90°$），知道取心夹角则运用式（9），可以得到应力—应变关系式。

为了测试得到五个未知的弹性参数，需要按照取心要求制备 3 组（及以上）不同角度的标准岩心样品。对每块样品进行三轴岩石力学测试实验，并记录每块样品的轴向和两个侧向应变，组建方程组，求解五个独立未知弹性参数。

特别的，如果取 $\sigma_{wei} = 0$，则变成单轴情况。

3 三轴条件下页岩弹性参数各向异性实验

为了获得尽可能多的实验数据，进行分析以及寻找规律，除了昭通示范区 7 口井龙马溪组全直径岩心外，还取了周围地区同为龙马溪组页岩的露头岩心。最终一共加工了 39 块标准样品的岩心用于试验。岩心样品加工采取如图 3 所示的方式岩样采集后，沿岩心层理面夹角分别为 0°、45°、90°钻取 $\phi25mm\times50mm$ 的圆柱形试样，经过切割打磨成标准试样。

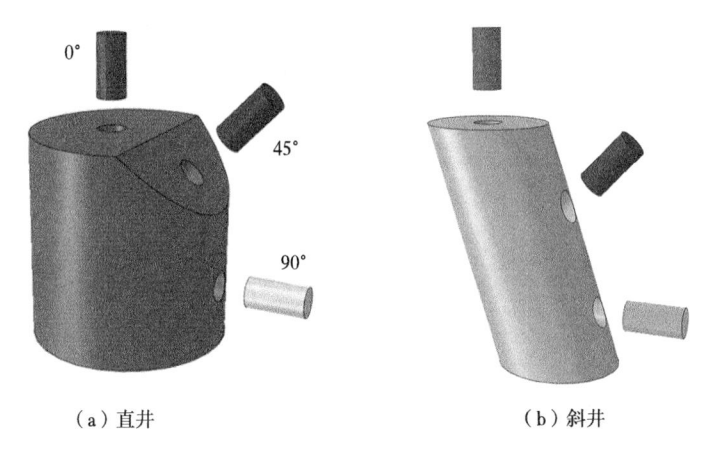

（a）直井　　　　　　　　（b）斜井

图 3　岩心加工示意图

本文基于美国 GCTS 生产的地应力综合测试系统，依据测试需求，经过反复尝试和完善，对测试系统进行升级改造，将原来的链条式径向变形量传感器修改为采用两对正交传感器，记录实验过程中的两对侧向变形，顶底轴向变形传感器依然沿用，从而获取所需要的三条应力—应变曲线。试验过程中，记录形变增量随水平和轴向应力增量的变化，并联合方程，依据变形以后的相互关系计算 5 个独立的参数。

4　实验结果及分析

对露头以及 5 口井共 7 组岩心测试计算最后得到的弹性参数见表 1。

露头岩心和井筒岩心均取自龙马溪组，井筒岩心均由昭通示范区黄金坝气田"强改造，高演化"2000m 深的地层中取出，经完整保存、运输，严格按照实验流程进行的室内测试。而露头岩心经过风化剥蚀，应力状态被释放，露头岩心和从气井实际地层取出的岩心在成分和应力状态上稍有区别，储层岩石的物理性质和孔渗饱物性等均会发生变化，因此本文在统计分析时有所区分。均值 A 为不含露头的气井岩心测试计算得到的均值结果。

表 1　页岩储层各向异性弹性参数计算结果

井号	深度（m）	E（GPa）	E'（GPa）	v	v'	G'（GPa）	E/E'	v/v'	$(E'-E)/E'$
露头	0	21.97	26.53	0.204	0.110	11.17	82.81%	1.85	17.19%
Well-1	2032.74	17.42	36.36	0.265	0.171	4.47	47.91%	1.55	52.09%
Well-2	2300.54	17.79	38.02	0.206	0.266	5.20	46.79%	0.77	53.21%
Well-2	2330.68	20.86	39.68	0.169	0.162	11.65	52.57%	1.04	47.43%
Well-3	2388.15	23.08	39.76	0.235	0.125	11.27	58.05%	1.88	41.95%
Well-4	2427.68	20.79	37.18	0.187	0.156	9.85	55.92%	1.20	44.08%
Well-5	2506.07	25.38	39.68	0.261	0.278	4.02	63.96%	0.94	36.04%
A	2330.98	20.89	38.45	0.221	0.193	7.74	54.33%	1.15	45.67%

定义页岩储层各向异性指数：

$$V_I = 1 - \frac{E}{E'} = \frac{E' - E}{E'} \qquad (12)$$

式中：E' 和 v' 分别为平行于横观各向同性面（即水平向）的杨氏模量和泊松比；E，v 和 G' 分别为垂直于横观各向同性面（即垂向）的杨氏模量、泊松比以及剪切模量。

由表1可以看出：井筒取心得到的测试结果中，垂直和平行于层理面的平均弹性模量 $\bar{E}$ 和 $\bar{E}'$ 分别为20.89GPa和38.45GPa，平均泊松比 $\bar{v}$ 和 $\bar{v}'$ 分别为0.221和0.193，平均剪切模量为7.74GPa。垂向杨氏模量与水平杨氏模量之比 E/E' 介于0.47~0.64，均值为0.54，也就是说泊松比介于 v/v' 0.77~1.88，均值为1.15。测试得到的纵向杨氏模量为横向杨氏模量的45%~64%，充分证明了页岩储层具有强烈的各向异性。

根据式（12）计算得到页岩储层各向异性指数。除去露头岩心，井筒取心样品的各向异性指数介于36.04%~53.21%，均值为45.67%，可见页岩储层展示出了明显的各向异性。岩石各向异性指数可以评价岩石的各向异性程度。各向异性指数越大，表明岩石各向异性程度越高，则其对油气田开发的影响越大，在进行开采时更加需要引起高度关注。

即使实验样均取自龙马溪组，但是地层深部岩心比露头岩心表现出了更高的各向异性。对于露头杨氏模量比 E/E' 为82.8%，远高于地层内岩心的最低值46.79%，与均值54.33%相比也高很多。且露头岩石的各向异性率仅为17.19%，同样远低于井筒岩心的均值为45.67%。可见露头岩石的风化剥蚀大大降低了页岩的各向异性率。相较于许多文献中的实验采用露头岩心进行测试，本文采用取自地层深部且特殊保存加工的岩心，更加贴近地层条件，测试结果更加可信。

比较5口井的数据，发现随着深度的增加，杨氏模量各向异性有减弱的趋势。深度自2032.74m增加到2506.07m，水平杨氏模量随深度变化不大，而垂向杨氏模量则随深度逐渐由17.42升高到25.38，如此导致杨氏模量比值 E/E' 由0.48升高到0.64。即在测试范围内，随着深度的逐渐增加，储层的各向异性率由52.09%降低到36.04%。所以页岩储层各向异性率随深度的增加有逐渐降低的趋势。

5 结论

（1）首创的三轴条件下岩石力学各向异性测试理论、方法及测试装置，可得到三轴条件下完整的五参数岩石力学各向异性刚度矩阵，相较各向同性的二参数测试结果，更真实地刻画了页岩储层岩石力学各向异性特征，其测得的纵向杨氏模量为横向杨氏模量的45%~64%，充分证明了页岩储层具有强烈的各向异性。

（2）对于露头岩心，纵向杨氏模量为横向的83%，表明露头岩心经过风化剥蚀，应力状态被释放，削弱了其各向异性。

（3）在测试深度范围内，横向杨氏模量随深度变化不大，而纵向杨氏模量则随深度逐渐增大，即储层各向异性率随深度的增加有逐渐降低的趋势。

参 考 文 献

[1] Ahmadov R, Vanorio T, Mavko G, Confocal laser scanning and atomic-force microscopy in estimation of elastic properties of the organic-rich Bazhenov Formation [J]. The Leading Edge, 2009, 28, 18-23.

[2] Ahmadov R. Micro-textural, elastic and transport properties of source rocks: Ph. D. thesis [D]. Stanford University.

[3] Jones L, Wang H. F. Ultrasonic velocities in Cretaceous shales from the Williston basin [J]. Geophysics, 1981, 46 (3): 288-297.

[4] Thomsen L. Weak elastic anisotropy [J]. Geophysics, 1986, 51, 1954-1966.

[5] Worotnicki G. Csiro triaxial stress measurement cell [C]//Hudson J A. Comprehensive rock engineering. Oxford: Pergamon Press, 1993: 329-334.

[6] Talesnick M L, Ringel M. Completing the hollow cylinder methodology for testing of transversely isotropic rocks: torsion testing [J]. International Journal of Rock Mechanics and Mining Sciences, 1999, 36 (5): 627-639.

[7] Gonzaga G G, Leite M H, Corthesy R. Determination of anisotropic deformability parameters from a single standard rock specimen [J]. International Journal of Rock Mechanics and Mining Sciences, 2008, 45 (8): 1420-38.

[8] Hornby B E, Schwwartz L M, Hudson J A. Anisotropic effective-medium modeling of the elastic properties of shales [J]. Geophysics, 1994, 59: 1570-83.

[9] Vernik L, Nur A. Ultrasonic velocity and anisotropy of hydrocarbon source rocks [J]. Geophysics, 1992, 57, 727-735.

[10] Vernik L, LIU X. Velocity anisotropy in shales: A petrophyscial study [J]. Geophysics, 1997, 62, 521-532.

[11] Vernik L, Milovac J. Rock physics of organic shales [J]. The Leading Edge, 2011, 30, 318-323.

[12] Vanorio T, Mukerji T, Mavko G. Emerging methodologies to characterize the rock physics properties of the organic-rich shales: Leading Edge, 2008, 27, 780-787.

[13] 赵平劳, 姚增. 层状结构岩体的复合材料本构模型 [J]. 兰州大学学报, 1990 (2).

[14] 赵平劳, 姚增. 层状岩石抗压强度围压效应各向异性研究 [J]. 兰州大学学报, 1993 (1).

[15] 赵平劳, 姚增. 层状岩石动静态力学参数相关性的各向异性 [J]. 兰州大学学报（自然科学版）, 1993, 29 (4): 225-229.

[16] 邓继新. 泥、页岩及储层砂岩声学性质实验与理论研究 [D]. 北京: 北京大学, 2003.

[17] 邓继新, 史謌, 刘瑞珣, 等. 泥岩、页岩声速各向异性及其影响因素分析 [J]. 地球物理学报, 2004 (9).

[18] 王倩, 王鹏, 项德贵, 等. 页岩力学参数各向异性研究 [J]. 天然气工业. 2012, 32 (12): 62-65.

[19] 刘运思, 傅鹤林, 伍毅敏, 等. 横观各向同性岩石弹性参数及抗压强度的试验研究 [J]. 中南大学学报（自然科学版）, 2013, 44 (8): 3398-3404.

水平井连续油管泡沫冲砂酸化一体化工艺技术

罗有刚[1]　刘宝伟[2]　杨义兴[3]　张雄涛[1]

(1. 中国石油长庆油田分公司油气工艺研究院；2. 中国石油长庆油田分公司第七采油厂；3. 中国石油长庆油田分公司第十采油厂)

摘要： 随着水平井钻完井工艺技术的不断进步，水平井开发已成为致密油、页岩油、页岩气等非常规油气资源提高单井产量的有效方式。但是，随着水平井生产时间的延长，部分井井筒出砂、近井地带结垢等严重影响了水平井产能的发挥。针对水平井常规油管施工作业效率低、返排周期长、作业工序多等问题，设计了连续油管泡沫冲砂酸化一体化工艺管柱，通过冲砂酸化联作喷头内的变向滑套，在水平段实现斜向冲砂、垂向酸化，一趟钻完成冲砂酸化工艺，具有施工连贯、工艺联作、负压返排的特点；同时优化了泡沫冲砂液及酸液配方，提高携砂能力及返排效率。2017年以来，该工艺在长庆油田实施29口水平井，措施后初期单井日增油2.0t以上，施工周期从常规作业的11.6天缩短至5.5天，取得了较好的效果。

关键词： 水平井；连续油管；氮气泡沫冲砂；定点酸化

长庆油田属于典型的低渗、低压、低丰度油藏。近年来，水平井钻完井及储层改造技术的不断突破与进步促进了油田开发方式的转变，"水平井+体积压裂"逐渐成为提高单井产量的主要技术手段，以致密油、页岩油气为代表的非常规油气资源实现了有效开发，应用规模逐年扩大。截至2018年底，长庆油田共投产水平井2400余口，主要以准自然能量及面积井网注水开发为主。水平井产液量高、开采强度大，随着生产时间的延长，部分井出现了井筒出砂、近井地带结垢等问题，影响了水平井产能发挥和油田开发效果；此外，受储层致密、面积井网水驱系统难以建立等因素影响，部分区块地层压力保持水平低，冲砂洗井漏失量大，常规油管"停泵接单根"作业方式存在冲砂作业效率低、循环建立困难等问题。前期对近井地带堵塞水平井采用笼统酸化，取得一定增油效果，但仍存在措施针对性不强、作用半径小、措施有效期短等问题。为此，在分析调研水平井冲砂、酸化等工艺基础上，综合考虑工艺目的、作业效率等因素，开展了连续油管泡沫冲砂酸化一体化工艺技术试验，取得了较好的措施效果。

1 连续油管冲砂酸化一体化工艺技术

1.1 技术需求

随着水平井生产时间的延长，部分水平井出现低产，主要有高含水井和低液量井两种类型。其中低液量井表现为井筒出砂、地层堵塞，对于此类井实施冲砂、酸化解堵具有较大增产潜力。但是受低压储层及开发方式影响，随着开采时间的延长，地层压力下降，因地层堵塞导致低产。前期对于低产水平井采用常规冲砂和笼统酸化工艺，取得了一定效果，但还存在以下不足：一是常规冲砂方式接单根需要停泵，冲砂作业不连续，可能造成砂粒二次沉积，冲砂不彻底；同时，接单根效率低，施工作业周期长。二是低压地层压力保持水平低，采用活性水洗井液，漏失严重，导致洗井作业循环建立困难，洗井液用量大，携砂能力弱，返排率低。三是采用笼统酸化施工工艺简单、方便，但存在酸化解堵针对性不强、酸化半径小等问题。对于多段压裂水平井选用适合酸液体系[1]、实现堵塞层段的均匀酸化解堵[2]、提高施工作业效率是急需解决的关键。

随着连续油管技术及配套装备、工具的发展，连续管作业技术已经在水平井冲砂、酸化、压裂等多个领域应用[3-6]。连续油管作业较常规油管作业具有施工作业安全可靠、节省作业时间、提高作业效率等优点。同时氮气泡沫具有携砂能力强、可在井底产生负压等优点[7,8]。因此，采用连续油管进行冲砂、拖动酸化解堵为解决上述问题提供了技术手段。

1.2 技术原理

将连续油管下入至砂面以上位置，正循环利用氮气泡沫进行冲砂作业，将井筒内沉砂清洗出地面，冲砂至人工井底。冲砂完毕后，从井口投球打压打开冲洗酸化工具侧向通道，拖动连续油管从水平井趾部到跟部，通过控制连续油管的上提速度和注入酸液速度来实现酸液的均匀分布，实现各堵塞层段的酸化解堵。酸化作业完毕后，将连续油管上提至直井段，待酸化反应结束后，从跟部到趾部利用氮气泡沫进行洗井，利用泡沫流体中气体膨胀能将井筒内残余酸液返排出地面，实现一趟管柱完成冲砂酸化解堵作业。

2 工艺设计及优化

2.1 工艺管柱设计

连续油管冲砂酸化一体化工艺管柱主要针对水平井井筒内出砂、近井地带堵塞的井。为实现冲砂施工作业后不起出作业管柱直接进行酸化解堵作业，设计了冲砂酸化冲洗头。冲砂作业时，冲砂酸化冲洗头侧向通道关闭，从工具前端喷射出高速流体实现冲砂作业。酸化作业时，从连续油管内部投球打压内部换套，打开冲洗头侧向通道封堵工具前端出液孔，开启侧向通道进行拖动定点酸化。

在5½in套管完井条件下，油田通常使用1½in和2in两种规格的连续油管。通过磨阻计算，在同等排量下2in连续油管磨阻较小。为降低磨阻提高冲砂洗井排量，优选2in连续油管，不同规格连续油管主要性能参数见表1。

表1 不同规格连续油管主要性能参数

序号	连续油管规格（mm）	外径（mm）	内径（mm）	壁厚（mm）	抗拉（kN）	抗内压（MPa）
1	38.1	38.1	30.17	3.96	205.1	97.15
2	50.8	50.8	42.87	3.96	281.4	72.88

冲砂酸化一体化工艺井下作业管柱如图1所示,井下管柱自上而下为 ϕ50.8mm 连续油管+ϕ54mm 安全接头+ϕ54mm 双活瓣式单向阀+ϕ54mm 冲砂酸化冲洗头。

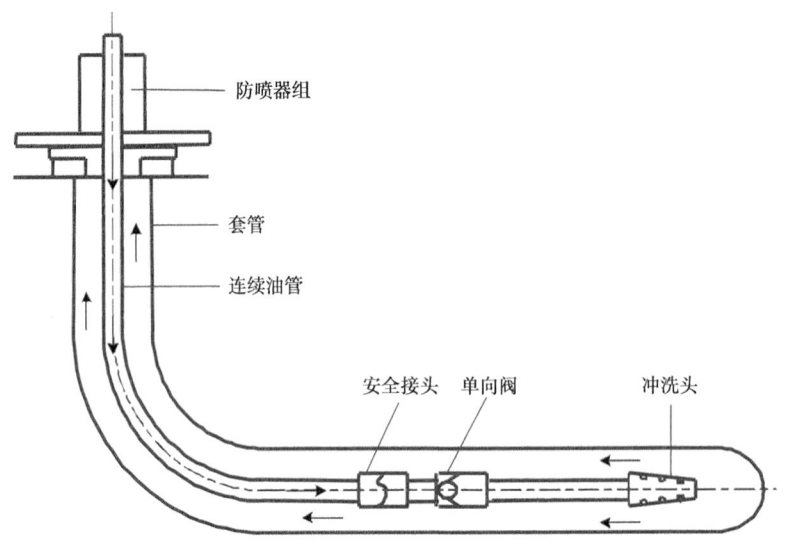

图1 连续油管冲砂酸化一体化工艺井下管柱示意图

2.2 设备优选及地面工艺流程

长庆油田地处黄土高原,沟壑纵横、梁峁交错,油区内以黄土塬地貌为主,道路崎岖不平,转弯半径受限。同时,开发井以丛式井为主,井场面积较大,能够满足井场设备摆放需求,因此连续管作业设备选用分体式连续管作业机。连续油管车基本参数见表2。

表2 连续油管车基本参数

车辆	重量(t)	长度(m)	爬坡角(°)	转弯半径(m)	轴距(m)
仪表车	34	12.5	30	15	5.0
滚筒车	55	12.5	30	16	5.6

连续油管冲砂酸化一体化工艺技术地面设备主要由连续管车、制氮车、增压车、泡沫发生器、水泥车、冲砂液罐、酸液罐及地面高压管汇组成。其中制氮车主要利用空气中各种成分渗透性之间的差异,通过分离膜管进行氮气分离。氮气经过增压车后进入泡沫发生器配气管与液体进行混合,初步混合的泡沫液经过固定式叶轮后多次改变方向并产生与水的搅拌粉碎,在水中成微气泡。

冲砂及返排洗井作业时,泵车将液罐中配好的液体泵入泡沫发生器与同时泵入的氮气混合形成氮气泡沫。氮气泡沫流体作为冲砂介质,其地面工艺流程如图2所示。酸化作业时,泵车将配好的酸液泵入连续油管内,通过拖动管柱进行定点酸化。

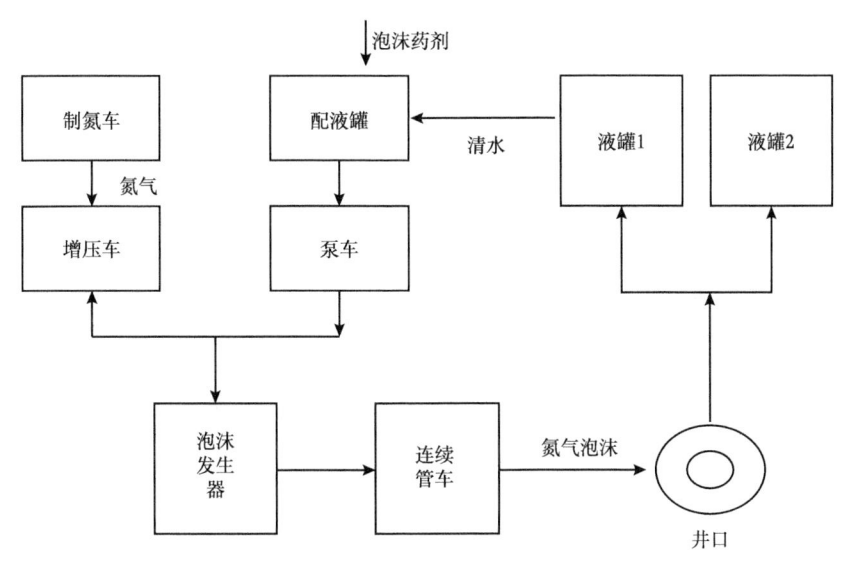

图2 氮气泡沫冲砂作业地面工艺流程图

2.3 酸液及冲砂洗井液体系优化

2.3.1 酸液体系优化

认清水平井堵塞状况，选用适合的酸液体系，充分恢复渗流通道和导流能力是水平井酸化的主要潜力点。为了解长庆油区水平井堵塞机理，采用扫描电镜和X射线衍射对不同区块垢样进行了分析实验。不同区块垢样成分有差异，主要垢型为碳酸钙和硫酸钡垢。结垢大多集中在地层以及井筒，其中环江油田主要以碳酸钙垢为主。

为达到消除近井地带污染的目的，利用泡沫流体暂堵优势通道实现分流酸化，同时考虑到尽可能减缓对井筒和油管的腐蚀，因此酸液体系选择在常规酸液配方的基础上增加了起泡剂、缓蚀剂和清垢剂，优化后的酸液配方为0.2%起泡剂+1.2%YGJD清垢剂+1.2%MH-16缓蚀剂。同时为确保井筒内残酸的充分反应，酸化后反洗时在洗井液里加入一定量的NaOH以中和井筒内的残留的酸液。

2.3.2 泡沫冲砂液体系优化

为降低漏失量、提高冲砂效果，采用氮气泡沫冲砂。泡沫基液一般是由液体、起泡剂和稳泡剂按一定比例配制而成的溶液，其中起泡剂的配伍性和发泡率是保证泡沫效果的关键。起泡剂主要成分为表面活性剂，减小水的表面张力，形成稳定的泡沫。泡沫液性能主要由起泡体积和半衰期来评价，选用油田现场常用的YFP-10起泡剂做评价实验优选起泡剂浓度。实验结果如图3、图4所示。泡沫液随着起泡剂浓度的增加，起泡体积及半衰期也随之增加。但是在超过0.5%以后，起泡体积及半衰期上升幅度明显减缓。因此选用0.5%YFP-10起泡剂制备泡沫液，稳泡剂选用聚丙烯酰胺（CQS-5）。优化后的泡沫冲砂液体配方为：清水+氮气+0.2%稳泡剂+0.5%起泡剂+0.5%破乳助排剂+0.5%黏土稳定剂。

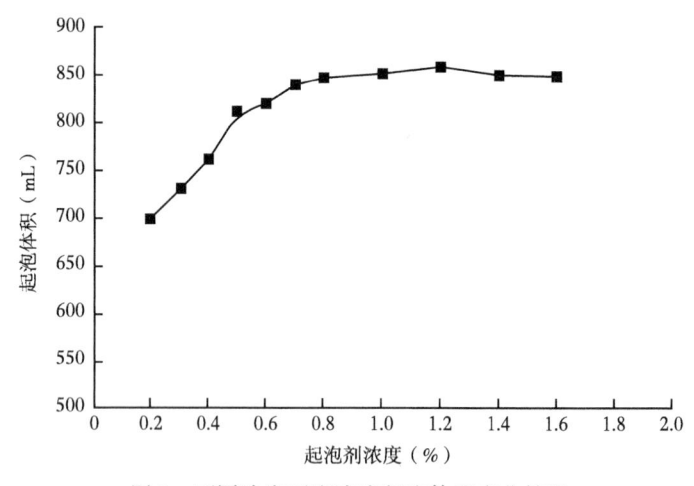

图 3 不同浓度下泡沫液起泡体积变化情况

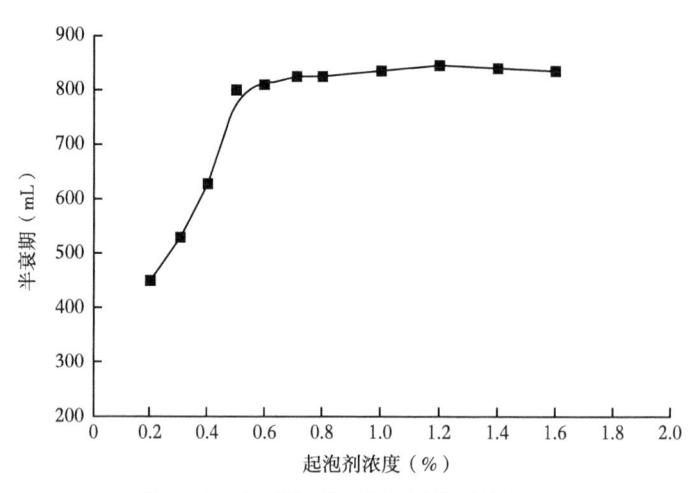

图 4 不同浓度下泡沫液半衰期变化情况

3 现场应用及效果

2017—2018 年，在长庆环江油田累计实施连续油管氮气泡沫冲砂拖动酸化 29 口井，通过拖动管柱对堵塞层段进行定点均匀酸化，措施后初期单井日增油 2.0t 以上。实现了一趟管柱完成冲砂酸化作业，大大缩短了施工占井周期，较常规油管作业相比，施工作业周期从 11.6 天缩短至 5.5 天，返排率从 50%～60% 提升至 80%～90%，洗井液用量从 310m³ 降至 100m³，取得了较好的效果，为此类堵塞水平井酸化解堵提供了有效技术手段。

试验井长平 X 井，人工井底 3418m，水平段 744m，初期压裂改造 10 段。2014 年 7 月投产，初期日产油 12.1t，含水 23.6%，投产后液量、油量及动液面持续降低。采用连续油管泡沫冲砂酸化工艺进行酸化解堵，首先采用配制好的泡沫冲砂液进行冲砂作业，泵车排量 200L/min，使用泡沫冲砂液 150m³，从 1600m 冲砂至人工井底；其次，从水平井趾部拖动管柱酸化 4 段，累计注入酸液 25m³，酸化完毕后，使用 500L/min 排量的氮气泡沫将残余酸液返排至地面。措施前平均日产油 1.43t，措施后平均日产液量 3.4m³，平均日产油量 2.6t，累计增油量 648t。

4 结论及认识

（1）针对多段压裂水平井井筒出砂及近井带堵塞问题，采用连续油管泡沫冲砂酸化工艺，通过控制连续油管的上提速度和注入酸液速度来实现堵塞层段定点酸化解堵，较常规笼统酸化解堵效果好，试验井平均单井日增油 2.0t 以上。

（2）连续油管作业实现了冲砂、酸化施工不停泵连续作业，有效避免了常规作业接单根时的作业风险，具有作业效率高、作业时间短等优势，施工作业周期缩短至 5.5 天，较常规作业施工效率提高 52.5%。

（3）连续油管作业过程中采用氮气泡沫流体作为冲洗介质，具有密度低、携砂能力强的特点，可有效降低地层漏失量，减少洗井液用量，同时在酸化后可彻底将残留酸液返排至地面。

（4）水平井连续油管冲砂酸化措施后初期液量、油量明显提升，但受地层能量不足因素影响，措施后短期内液量下降、含水上升，增油效果快速递减，因此进行酸化措施时还需考虑补充地层能量达到更好的措施效果。

参 考 文 献

[1] 蔡承政，李根生，沈忠厚，等. 水平井分段酸化酸压技术现状及展望 [J]. 钻采工艺，2013，36（2）：48-51.
[2] 张佩玉，刘建伟，滕强，等. 水平井泡沫酸化技术的研究与应用 [J]. 钻采工艺，2010，33（3）：112-114.
[3] 李秋燕，刘铁军，梁宇庭，等. 连续油管技术在冲砂作业中应用效果 [J]. 石油矿场机械，2012，41（6）：84-87.
[4] 邹洪岚，朱洪刚，唐晓兵. 水平井连续油管拖动转向酸化技术在艾哈代布油田的应用 [J]. 石油钻采工艺，2014，36（2）：88-91.
[5] 徐克彬，马昌庆，陈迎春，等. 水平井连续油管拖动选择性酸化工艺 [J]. 石油钻采工艺，2014（6）：79-82.
[6] 汪国庆，周承富，吕选鹏，等. 连续油管旋转冲砂技术在水平井中的应用 [J]. 石油矿场机械，2011，40（5）：70-73.
[7] 张康卫，李宾飞，袁龙，等. 低压漏失井氮气泡沫连续冲砂技术 [J]. 石油学报，2016，37（z2）：121-130.
[8] 叶光辉，鲁明春，朱涛，等. 连续管氮气泡沫冲砂技术在涩北气田的应用 [J]. 石油机械，2012，40（11）：70-72.

水平井压力激动判识来水方向选井方法研究

李大建[1,2]　常莉静[1,2]　景晓琴[3]　周杨帆[1,2]

(1. 中国石油长庆油田分公司油气工艺研究院；2. 低渗透油气田勘探开发国家工程实验室；3. 中国石油长庆油田分公司第一采油厂)

摘要：近年来，多段压裂水平井是特低渗透裂缝性油藏主要经济效益开发方式之一，但在注水开发过程中，受非均质性、天然裂缝与人工裂缝等因素影响，储层渗流规律复杂，水平井多方向、跨井距见水特征明显。通过水平井压力激动、注水井压力响应确定裂缝连通注水井，是判识油井来水方向最主要途径之一。由于单口水平井周围往往存在多口注水井，在水平井压力激动判识来水方向过程中，压力响应注水井全覆盖监测工作量大、成本高；定点监测、准确选井难度大。为了探索水平井压力激动判识来水方向水井选井方法，创新性建立了流压拟合选井决策方法。通过创建裂缝性油藏井间连通物理模型，运用井间单元物质平衡方程求解井点压力，在压力拟合基础上，计算井间连通系数（传导率），从而实现注采井间连通程度的定量表征。选取现场注采井组实例计算显示，能够准确定位水平井裂缝连通注水井，达到判识来水方向目的，为水平井开发后期注采调控及控水治理提供依据。

关键词：压力激动；压力响应；井间传导率；流压拟合

基于单井控制储量大、泄油面积大等优势，水平井是目前超低渗透裂缝性油藏主要经济效益开发方式之一。但多段压裂水平井在注水开发过程中，受储层非均质性、天然裂缝与人工裂缝等因素影响，储层渗流规律复杂，水平井多方向、跨井距见水特征明显；尤其是对于方向性裂缝见水井，注采井间裂缝性连通表现为油井见效快，含水上升快，甚至出现暴性水淹。如何准确定位见水油井主要裂缝沟通注水井、判识来水方向，对于水平井开发调整具有重要现实意义。

通过水平井压力激动、注水井压力响应的动态数据分析方式确定裂缝连通注水井，是判识水平井来水方向的最主要途径之一。由于单口水平井周围往往存在多口注水井，在水平井压力激动判识来水方向过程中，压力响应注水井全覆盖监测工作量大、成本高；定点监测、准确选井难度大。考虑到裂缝是流体在特低渗透油藏中流动的主要通道，且通常具有方向性，因此，提出通过分析裂缝性特低渗透油藏优势渗流通道流动特征、定量计算注采井间连通系数[1]，实现水平井压力激动判识来水方向选井决策，从而建立了一种流压拟合选井方法，即通过创建裂缝性油藏井间连通物理模型，运用井间单元物质平衡方程求解井点压力值，在压力拟合、定性分析井间连通性的基础上，定量计算井间连通系数，实现注采井间连通程度的定量表征。选取现场注采井组实例计算显示，能够准确定位水平井裂缝连通水井，达到判识来水方向目的，该选井方法的应用为水平井开发后期注采调控及控水治理提供依据[1]。

1 流压拟合选井方法原理与计算

在一定裂缝性超低渗透油藏水平井注采井网中，注—采关系的井间连通性研究分析可作为压力响应监测测试选井的一种决策方法，即通过注采响应动态分析定性确定井间连通性，采用裂缝性油藏井间连通程度定量计算模型定量计算注采井间的连通系数，进而根据其连通程度数值大小对测试井进行筛选。对于产液量较小的水平井，利用注采生产动态数据进行定性分析还不足以明确井间连通性，通过建立计算物理模型与分析方程，定量计算井间连通系数、判断连通程度就显得尤为重要。定量反演首先建立符合裂缝性油藏地质特征的井间连通物理模型；其次，建立物质平衡方程，求解井点压力；最后，基于 Levenberg-Marquardt（列文伯格—马夸尔特）算法进行压力拟合，计算井间连通系数。

1.1 注采井间连通程度定量计算模型建立

对于特低渗透裂缝性油藏，注采井间主要通过裂缝连通。在矿场中所测渗透率均为基质渗透率，且裂缝渗透率无法获取。同时基于达西渗流理论的井间连通程度计算模型无法进行裂缝性油藏注采井间连通程度计算。为此，创新性建立了裂缝性油藏注采井间连通程度定量计算模型。为了便于分析计算，对裂缝性油藏井间连通程度定量计算模型进行简化表征，将注采单元内注采井组看成是井间的连通单元，连通单元内部为等效流管连通，流管内部流动符合 Poiseuille（哈根泊肃叶）流动，模型中 i、j 为井序号，i 为生产井，j 为注水井。

模型假设条件：

（1）油藏内岩石和流体均微可压缩，且流体为连续流动；
（2）不考虑毛细管力、重力作用及渗吸作用。

1.1.1 构建物质平衡方程

对于第 i 口井，根据地层条件建立物质平衡方程：

$$\sum_{j=1}^{n}\frac{\alpha K_{ij}A_{ij}}{\mu L_{ij}}(p_j^{t+1}-p_i^{t+1})+Q_i^t=C_tV_{pi}\frac{dp_i^t}{dt} \tag{1}$$

其中：

$$T_{ij}=\frac{\alpha K_{ij}A_{ij}}{\mu L_{ij}} \tag{2}$$

并对式（1）进行隐式差分，可得：

$$\sum_{j=1}^{n}T_{ij}(p_j^{t+1}-p_i^{t+1})+Q_i^t=C_tV_{pi}\frac{p_i^{t+1}-p_i^t}{\Delta t} \tag{3}$$

式中，n 为油水井数；μ 为流体黏度，mPa·s；K_{ij} 为第 i 井与第 j 井间的平均渗透率，mD；A_{ij} 为第 i 井与第 j 井间的平均渗流截面积，m²；L_{ij} 为采油井 i 和注水井 j 的井距，m；T_{ij} 为井间裂缝传导率，m³/(d·MPa)；V_{pi} 为第 i 井的泄油控制体积，m³；p_i 为第 i 井的泄油区平均压力，MPa；p_j 为第 j 井的泄油区平均压力，MPa；Q_i 为第 i 井的流量速度，注入为正，采出为负，m³/d；C_t 为综合压缩系数，MPa⁻¹；α 为单位换算系数，取值为 0.0864；t 为生产时间，d。

1.1.2 相关参数确定

井点的地层平均压力往往不能轻易获取，需要通过井口的流压、套压以及油藏中深、产液密度等数据来折算获取井点的地层压力。

两井点间的距离根据已知水平井水平段中点坐标及直井坐标求解。

$$\text{单元泄油控制面积：} S = 1.5dl \tag{4}$$

$$\text{单元泄油控制体积：} V_{pij} = sh\phi \tag{5}$$

式中，d 为水平井井距；l 为水平段长；s 为研究单元泄油控制面积；h 为水平井生产段油层有效厚度；ϕ 为油层孔隙度。

油水井间渗透率：已知水平井井点渗透率为 K_1、水平井油层厚度为 h_1、直井井点渗透率为 K_2、直井油层厚度为 h_2，则：

$$K_{12} = (K_1 h_1 + K_2 h_2)/(h_1 + h_2) \tag{6}$$

1.2 方程求解计算步骤

第一步，将原问题转化为最优化问题，根据式（3）构建的最优化函数以及约束条件：

$$F(T_{ij}, V_{pi}, t) = \frac{\sum\limits_{j=1}^{n} T_{ij} p_j^{t+1} + Q_i^t + p_i^t \dfrac{C_t V_{pi}}{\Delta t}}{\left(\dfrac{C_t V_{pi}}{\Delta t} + \sum\limits_{j=1}^{n} T_{ij}\right)}$$

$$\begin{cases} T_{ij} \geq 0 & i, j = 1, 2, \cdots, n \\ V_{pi} \geq 0 & i = 1, 2, \cdots, n \\ \sum\limits_{i=1}^{n} V_{pi} = V_T (V_T \text{为定值}) \end{cases} \tag{7}$$

第二步，利用 Levenberg–Marquardt 算法对式（7）进行迭代求解。通过控制迭代次数，可以得到 T_{ij} 和 V_{pi}。

第三步，利用式（7），并结合第二步得到的 T_{ij} 和 V_{pi}，通过导入 t 时刻的生产数据，计算出时刻的各口井的拟合压力。引入误差函数 err = $(P^{t+1})_{拟合} - P^{t+1}$，并计算 err 的残差平方和，若最终残差平方和满足要求，则此时的 T_{ij} 和 V_{pi} 就可作为最终解；若误差不满足要求，则重复第二步，通过延长迭代次数，得到更优的结果。

第四步：根据之前求得最优 T_{ij} 和 V_{pi}，代入式（7），即可计算出 P^{t+1}。

1.3 流压拟合法选井决策界限确定

在通过定量计算井筒连通系数（注采井间传导率）、进行注采井间连通性分析过程中，由于得到计算指标结果的数量级不同，会导致数值水平较高的指标在分析评价中的突出作用相对削弱，或者指标数值水平差异不明显、难以区分，为了保证分析结果的可靠性，需要对计算结果指标数据进行标准化处理。

选用 z-score 标准化方法进行处理，经过处理后的数据符合正态分布，其转换方法为：

$$\text{对序列 } x_1, x_2, \cdots, x_n \text{ 进行变换：} y_i = \frac{x_i - \bar{x}}{s} \tag{8}$$

其中，$\bar{x} = \frac{1}{n}\sum_{i=1}^{n} x_i$，$s = \sqrt{\frac{1}{n-1}\sum_{i=1}^{n}(x_i - \bar{x})^2}$，则新序列 $y_1, y_2, \cdots, y_n$ 的均值为0，方差为1，且无量纲。

采用 z-score 标准化方法对拟合出的注采井间传导率数据进行标准化处理，选择标准化处理后的数据中大于0的结果所对应的观测井，即为连通性较好的观测井。

2 实例计算及主要参数对传导率敏感性分析

2.1 庆平16井实例计算

庆平16井是一口水平采油井。

该井对应注水井7口，其中一线注水井5口，分别为元308-43井、元310-41井（停注）、元308-41井、元306-41井（停注）、元306-45井；二线注水井2口，分别为元306-39井、元310-43井。对1采7注的庆平16井组进行流压拟合方法压力激动选井决策。

依据流压拟合法确定元306-45井、元308-43井与庆平16井井间存在裂缝型渗流通道可能性较大，现场失踪剂找水测试结果连通井主要为元308-43井，说明本次选井结果基本准确，能够为现场水平井压力激动来水方向判识提供响应水井选井决策。

2.2 主要参数对传导率敏感性分析

以庆平16井组为例，分析主要参数对注采传导率的影响：随着注水井流压、油井产液倍数增加，注采井间传导率随之增加；井间距离、渗透率倍数的增加，注采井间传导率基本不变。

3 结论

（1）创新性建立了注采井间连通程度定量计算模型。通过计算井间传导率的方式实现了裂缝性超低渗透油藏水平井井组注采连通的定量计算表征。

（2）采用流压拟合注水选井决策方法进行水平井压力激动，判识来水方向注水井选井决策切实可行，对水平井后期开发调整及控水措施实施具有重要现实意义。

（3）随着注水井流压、水平井产液倍数增加，注采井间传导率随之增加；井间距离、渗透率倍数的增加，注采井间传导率基本不变。

参 考 文 献

[1] 鄢友军,李隆新,徐伟,等.三维数字岩心流动模拟技术在四川盆地缝洞型储层渗流研究中的应用[J].天然气地球科学,2017,28(9):1425-1432.

苏里格气田排水采气主体工艺技术研究

陈庆轩 王晓明 蒋成银 崔春江 任越飞

（中国石油长庆油田分公司第三采气厂）

摘要：作为长庆气区年产规模最大的气田，苏里格气田属于"三低"气田，气井普遍积液严重影响产能发挥。深入和系统地开展排水采气技术研究及增产挖潜措施研究对苏里格气田单井稳产、提高老井活力具有重要意义。多年来，苏里格气田开展了多项能使严重减产井恢复产量、延长气井稳产期的排水采气增产试验。其中泡沫排水采气、速度管柱排水采气、柱塞气举排水采气三项主体工艺适用性最好，应用范围最广。明确主体措施的适用性、完善措施井分类标准、强化三项主体措施的工艺认识和实施效果对提高苏里格气田老井挖潜能力具有重要意义。

关键词：排水采气措施；泡沫排水采气；速度管柱 柱塞气举；排水采气示范区

1 苏里格气田气井生产现状

1.1 气田产液严重，措施适用性存在差异

苏里格气田位于鄂尔多斯盆地西北部，为大面积含气的低渗、低压、低丰度的大型致密气藏。具有气井单井产量低、递减速率快、稳产年限短等特点，勘探开发面临巨大的挑战。

苏西地区受产水影响，气井压力、产量下降快，后期开展速度管柱措施时，效果较差、连续产液效果不明显；苏中地区地层情况较好，产液少，柱塞可能会限制部分好井的生产。对此，开展了差异性排水采气措施，增强措施效果，提高精细化管理水平。

1.2 主体措施在排水采气作业中举足轻重

历年的排水采气工作总结和总体开发模式精选出泡沫排水采气、速度管柱排水采气和柱塞气举排水采气三项主体工艺推广实施。主体工艺占苏里格气田排水采气总工作量的83%、增产气量占87%。加深主体工艺认识、强化增产措施效果对苏里格气田提高采收率有重要作用。

1.3 研究思路

深入分析原理、优化工艺参数、改进管理制度提高措施效果，形成规范化、标准化、流程化的主体工艺管理对策（图1）。

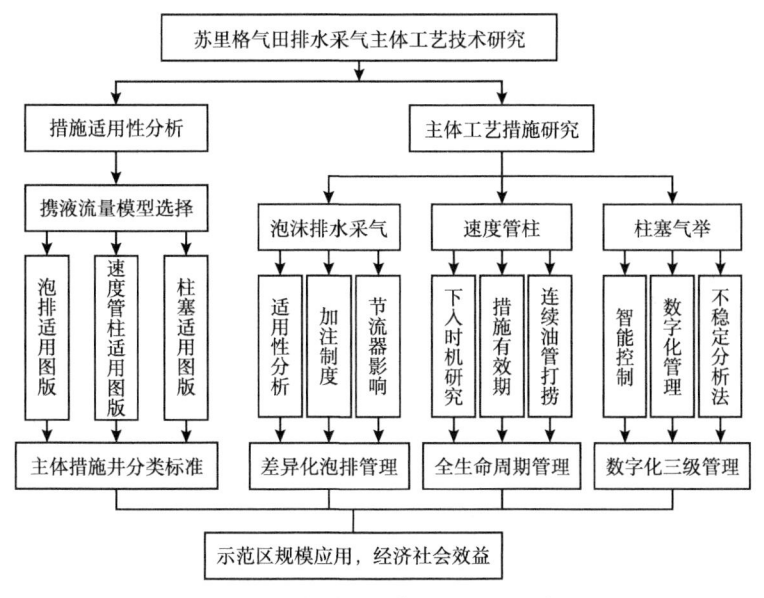

图1 排水采气主体措施研究思路

2 措施适用性分析

气井在不同措施下的携液能力体现措施的有效率，优选携液模型进行措施适用性分析，建立完善的措施井分类标准可有效指导排水采气措施井的分类管理，优化措施效果。

2.1 携液模型优选

调研目前气田常用的Turner模型、Coleman模型、李闽模型、Kenneth模型和Orkiszewski模型等，根据以上模型分别绘制产量—压力图版，并选取苏里格气区具有显著特征的不同类型产液井和不产液/低产液气井进行拟合。

由拟合结果可知，苏里格气区临界产气量特征与李闽模型临界产量曲线拟合情况较好。因此选取李闽模型进行措施井分类标准研究。

2.2 主体措施适用性评价

绘制基于李闽模型的速度管柱、泡排措施井携液流量图版；由于柱塞是利用机械界面举液，运用Beeson等图版结合苏里格气田实际分析，得柱塞适用日产气量大于$1000m^3$的气井。绘制得到苏里格气田主体措施适用性图版。

在主体措施适用性图版的基础上，分别将各类措施井进行措施前后图版拟合，并结合措施前的生产数据分析措施井的措施效果，明确措施适用范围。

2.2.1 泡沫排水采气措施图版拟合

对于日产超过$0.5×10^4m^3$的气井，轻微积液井增产效果较好，少量严重积液井连续排液能力差。日产$0.3×10^4 \sim 0.5×10^4m^3$的气井，部分轻微积液井措施后较好，严重积液井排水效果较差。

泡沫排水采气对日产量大于$0.5×10^4m^3$的轻微积液气井排液效果较好。

2.2.2 速度管柱井图版拟合

日产超过 $0.5\times10^4\mathrm{m}^3$ 的速度管柱气井增产效果明显，连续排液效果好，日产 $0.3\times10^4\sim0.5\times10^4\mathrm{m}^3$ 的气井，排液效果较好，流压大于 6.0MPa 时，增产效果最好；日产小于 $0.3\times10^4\mathrm{m}^3$ 的气井积液不严重的措施井初期排液效果较好。

速度管柱适用于日产大于 $0.3\times10^4\mathrm{m}^3$、地层能量较为充足的气井。

2.2.3 柱塞气井图版拟合

柱塞气举适用于日产大于 $0.3\times10^4\mathrm{m}^3$ 的气井，产量有效增加。而绝大多数措施井柱塞排液效果均较好（井底流压降低）。

柱塞气举适用于日产大于 $0.1\times10^4\mathrm{m}^3$ 的气井。

2.3 措施井分类标准制定

为进一步开展措施井精细化管理，在措施连续生产井和间歇生产井的分类标准基础上，结合措施效果分析图版拟合结果，制定三项主体措施气井分类标准，方便措施井日常管理。

3 主体工艺措施研究

通过历年的提高采收率工作总结和苏里格气田总体开发模式精选出泡沫排水采气、速度管柱排水采气和柱塞气举排水采气三项排水采气主体工艺推广实施。

3.1 泡沫排水采气

泡沫排水采气通过增大表面积，可有效减少气体滑脱效应，达到低产气井排水采气目的。该措施可用于节流器气井。

优化单井的泡沫排水采气加注制度、理清节流器对泡排的影响，对提高苏里格气田单井泡排有效率具有重要意义。

3.1.1 加注优化

泡沫排水采气措施开展初期发现下游采出水乳化现象严重，经化验乳化物大部分为有机物泡排剂。开展泡排剂计量优化和制度优化对节能降耗和提高泡排效率具有重要意义。

苏里格气田确定的加注周期有三种：（1）2~3天1次；（2）3~4天1次；（3）6天1次。

为进一步优化药剂量和加注时机，在苏中某区块选取 20 口不同类型气井开展现场试验。试验分为两个阶段：

第一阶段加注浓度维持原制度，加注量逐渐降低，跟踪生产状况优化加注量；

第二阶段使用优化后的加注量，逐渐降低加注浓度，跟踪生产状况得到最优化加注制度。

经过一年的试验与跟踪，确定苏里格气田泡沫排水采气加注制度：

3.1.2 节流器对泡排的影响

由于苏里格气田气井普遍下节流器，泡沫的举升通道受阻，在通过节流器时会产生三种现象。

（1）堆积现象。

泡沫上升到节流嘴上游附近时有节流作用，会产生堆积，使节流嘴上游附近的压力升高、井底压力升高。堆积的泡沫在压力作用下直径变小，使得节流嘴前端的泡沫变得比较细密。

（2）破泡和桥堵现象。

由于节流嘴的孔径较小，泡沫在通过井下节流嘴时会破裂，并在节流嘴前产生堵塞（即桥堵）。同时，泡沫必须变形、拉长才能通过节流嘴。在拉长的过程中液膜会变薄，当液膜厚度达到临界厚度时就会破裂。破泡和桥堵使得泡沫通过节流嘴的速度降低、数量减少。

（3）二次起泡现象。

随着通过节流嘴气泡数量的增多，积液量会逐渐增加，不断上升的气流搅动后会再次起泡，泡沫携带液体排出井口。

在苏中某区块选取30口积液井开展井筒液面测试分析，发现苏里格气田的节流器井，当日产量大于$0.5×10^4m^3$时，气井无明显积液段；当日产量$0.3×10^4$~$0.5×10^4m^3$时，节流器上方存在气液混相；当日产气量小于$0.3×10^4m^3/d$时，节流器上方存在明显积液段。

泡沫排水采气井节流器影响分析得出以下结论：

当气量大于$5000m^3/d$时，由于气流较大，二次起泡作用明显，因此节流器对泡排影响较小；

气量小于$5000m^3/d$时，节流器严重影响泡沫排水采气剂活性，且气量越小，泡沫排水采气效果越差。

因此对于Ⅰ类井，其轻微积液，可继续实行现有泡排制度；Ⅱ类井的积液气井可以采取油管加泡排剂油管放空排液、套管加泡排剂套管放空排液，Ⅲ类、Ⅳ类井的严重产水井建议打捞节流器再施行泡沫排水采气或者其他工艺措施。

3.1.3 泡沫排水采气差异化管理

在泡沫排水采气适用性分析、加注试验和节流器影响分析的基础上，进一步结合对象井类别及积液特征，开展泡沫排水采气差异化管理，针对每口单井制定管理对策，提高泡沫排水采气措施有效率（图2）。

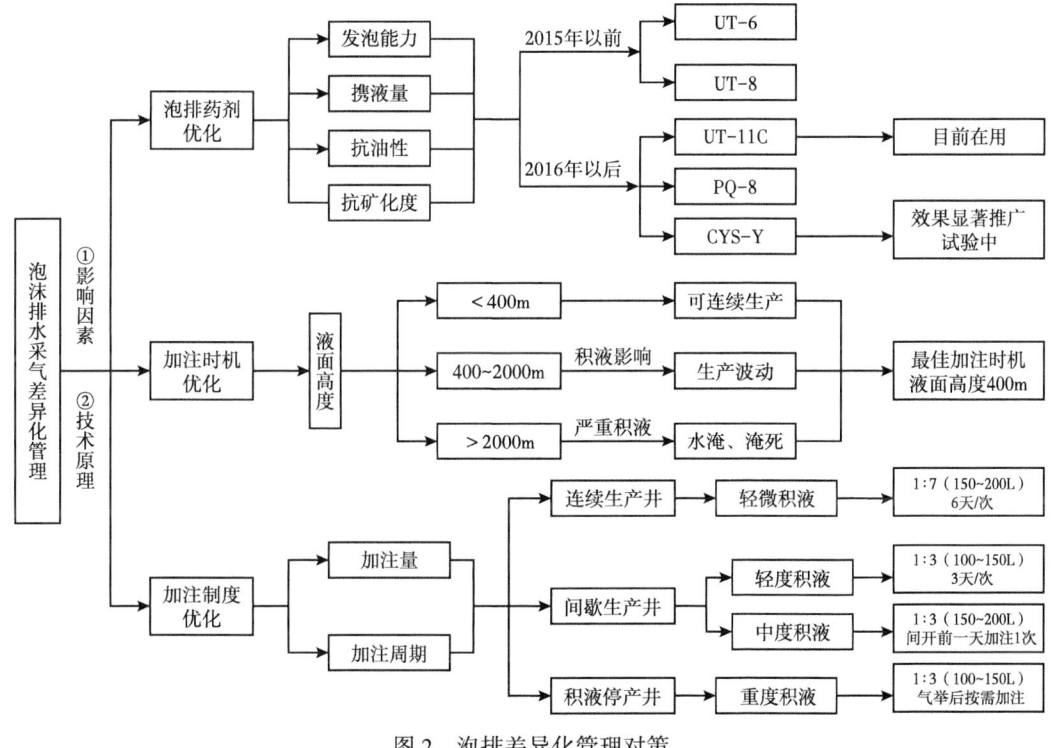

图 2 泡排差异化管理对策

3.2 速度管柱排水采气

速度管柱排水采气通过在井口悬挂合理的小管径油管作为生产管柱，提高气体流速及携液生产能力，达到连续排水采气的目的。优选油管尺寸，预测措施有效期，开展速度管柱全生命周期管理对速度管柱持续稳产具有重要意义。

3.2.1 连续油管下入时机研究

合理的速度管柱下入时机，可有效防止气井积液，提高增产措施效果。运用措施适用性图版（图3）和气井生产拉齐曲线（图4）进行分析：

无阻流量<$10\times10^4m^3/d$（配产<$1\times10^4m^3/d$）新井："产建一体化"下入速度管柱生产。老井或无阻流量>$10\times10^4m^3/d$ 新井：节流器生产至日产 $0.6\times10^4\sim0.8\times10^4m^3$ 择机下入速度管柱，下入时机为生产后 220~450 天。

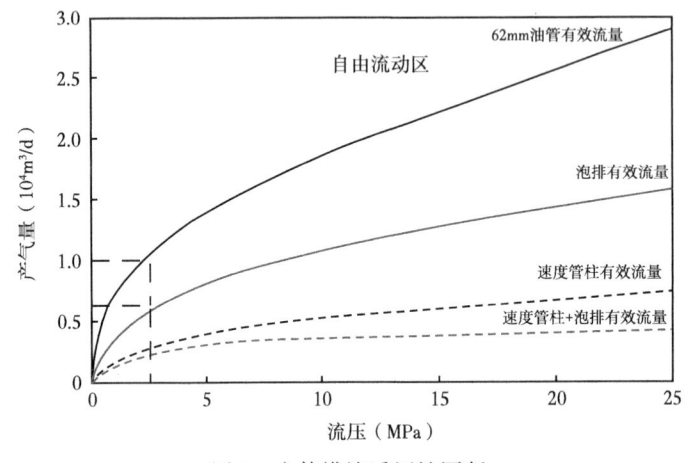

图3 主体措施适用性图版

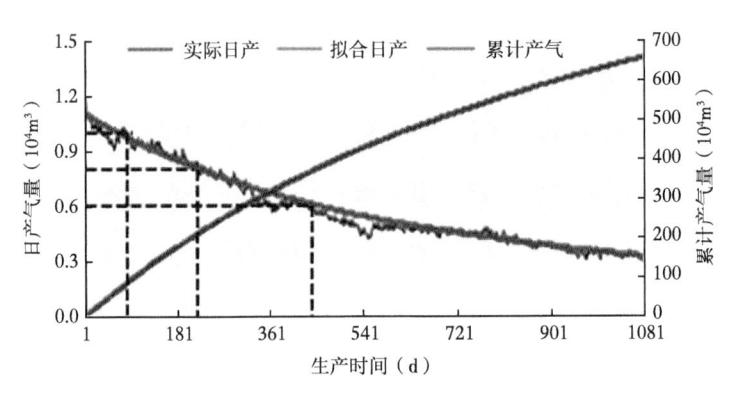

图4 苏里格气田气井生产拉齐曲线

3.2.2 速度管柱全生命周期管理

推进多学科联合选井、措施井生产动态实时跟踪的全生命周期管理，速度管柱生产后期可辅助泡沫排水采气、气举复产等措施，并可根据生产实际，对连续油管进行打捞，采取柱塞气举措施接力开展，进一步挖潜气井生产能力。

（1）>$0.3\times10^4m^3/d$ 速度管柱井加强日常跟踪，确保持续稳产；

（2）$0.1×10^4m^3/d$~$0.3×10^4m^3/d$ 气井及时开展辅助泡沫排水采气及间开，强化排液效果；

（3）$<0.1×10^4m^3/d$ 气井开展气举加泡沫排水采气等排液措施，必要时进行速度管柱打捞。

以苏X1井为例，该井于2008年11月投产，2011年7月下入速度管柱生产，油套压差降至5.3MPa，日产气$1.2×10^4m^3$；2016年4月，套压呈上升趋势，日产气$0.26×10^4m^3$，气井呈现积液状态，辅助泡排（1次/7天，100L）生产；2017年11月，气井基本已无能量，油套压差0.53MPa，日产气0，起出速度管柱。

3.2.3 连续油管打捞

对于地层能量较差，无法继续开展措施的Ⅳ类气井进行速度管柱打捞，并对完好的连续油管进行重复利用。历年累计开展打捞12口井，重复利用7套连续油管。

3.3 柱塞气举排水采气

柱塞气举具有以下特点三个特点，适合在苏里格气田间歇生产积液井中推广使用：

（1）适用范围广：直井或小斜度井（井斜≤60°）；气液比大于$1000m^3/m^3$；油管内径一致且光滑畅通。

（2）举液效率高：机械界面举液，有效防止液体滑脱。

（3）自动化程度高：数字化控制，远程调参。

3.3.1 柱塞智能控制系统

利用智能柱塞控制系统实时监控柱塞井运行状况，根据现场采集的柱塞井的油、套压、柱塞运行速度及柱塞在防喷管悬停时间等数据，调整生产制度，达到最优的气井的生产周期，实现柱塞井的最大采出率。

3.3.2 参数智能控制

通过智能柱塞控制系统，采集油套压、柱塞运行速度、柱塞悬停时间等数据，实时监控柱塞井运行状况，科学制定和调整生产制度。

3.3.2.1 柱塞制度确定

寻找合适的开关井时机，制定柱塞制度，确保柱塞能够携液上行，达到产气量最大化。

开井时机主要由载荷系数判断（载荷系数<0.5），关井时机主要根据套压微升法来判断。

柱塞运行制度确定：

（1）常开生产至套压有升高趋势关井，计算开井生产的时间；

（2）关井后0.5~1h，计算油套压恢复速度，根据载荷系数判断关井时间；

（3）下个周期根据套压进行制度调整，确定最佳开关井制度。

3.3.2.2 柱塞参数调试

开关井时机会随着气井产能、压力、液量等参数变化，需实时跟踪生产特征，对异常情况及时调试。

柱塞最佳状态判断：套压维持较低水平；生产曲线平稳规律，有反应柱塞到达曲折点；柱塞运行速度100~300m/min。

3.3.3 数字化三级管理

实行"采气工艺所→作业区→维保厂家"三级管理模式,根据生产情况分级管理,提高措施井精细化管理水平。

4 措施效果对比

4.1 泡沫排水采气实施情况

通过对泡沫排水采气适用性分析,不断优化加注制度、加注剂量,有效降低泡排用量,提高泡沫排水采气剂有效率,减少乳化物生成,增产气量由2017年的$0.68\times10^4m^3/d$提高至2018年的$1.02\times10^4m^3/d$,有效率由2017年的75%提高至2018年的82%。

4.2 速度管柱实施情况

4.2.1 总体实施情况

历年累计实施速度管柱210口井,日均增产由$0.32\times10^4m^3$,提高至$0.5\times10^4m^3$,产量递减率由措施前的20.3%下降至措施后的12.2%,压降速率由措施前0.02MPa/d下降到0.015MPa/d。新的全生命周期的"一体化"管理模式可有效提高气井产量。

4.2.2 单井措施效果评价

结合地质工艺一体化管理原则,利用不稳定分析法对173口老井进行最终采出气量预测,措施后井均最终采出气量提高$520\times10^4m^3$,提升幅度17.6%。

苏X2井措施后预测单井最终采出气量由$2822.5\times10^4m^3$提高至$3336.5\times10^4m^3$,提高$514\times10^4m^3$。目前累计产气$2956.7\times10^4m^3$。

4.2.3 新井速度管柱实施效果

2018年苏中某区块对6口新井(无阻流量小于$10\times10^4m^3/d$),排液测试完成后带压下入连续油管保证气井稳产,降低后期措施成本。目前平均产量$1.67\times10^4m^3/d$。同区块其余25口同类型2018年新井,目前平均产量为$0.40\times10^4m^3/d$。

4.2.4 速度管柱全生命周期实施情况

大于$0.3\times10^4m^3/d$速度管柱井:目前共139口井,该类气井排液情况良好,产气量高,日常跟踪为主,紧盯油套压情况确保正常生产。

$0.1\times10^4\sim0.3\times10^4m^3/d$速度管柱井:目前共45口,根据油套压差情况开展泡沫排水采气及间歇生产。2018年开展泡沫排水采气1100井次,开展间歇生产8口。

大于$0.1\times10^4m^3/d$速度管柱井:目前共有26口井,其中13口井仍具备生产能力,常关进行压力恢复,10口井考虑进行气举作业,3口井考虑进行速度管柱打捞。

4.3 柱塞井实施情况

4.3.1 总体实施情况

随着数字化管理的深入,柱塞井增产效果稳步提升,其中2016年日均单井增产$0.14\times10^4m^3$,2017年日均单井增产$0.15\times10^4m^3$,2018年日均单井增产$0.17\times10^4m^3$。措施有效率86%。

柱塞气举井进行措施前后数据拉齐,开展措施前后递减率分析,产量递减率由措施前

18.4%下降至措施后11.9%，压降速率由措施前的0.019MPa/d下降到0.01MPa/d。

4.3.2 单井措施效果评价

利用不稳定分析法对柱塞井进行最终采出气量预测，措施后井均最终采出气量提高$350×10^4m^3$，提升幅度15.2%。

以苏X9井为例：该井措施后预测单井最终采出气量由$3819.7×10^4m^3$提高至$4361.6×10^4m^3$，提高$541.9×10^4m^3$；目前累计产气量$2603.8×10^4m^3$。

4.3.3 柱塞三级管理实施情况

大于$0.3×10^4m^3/d$井目前共101口，气井排液情况好，柱塞运行周期正常，以作业区日常监控为主。

$0.1×10^4 \sim 0.3×10^4m^3/d$气井197口，工艺所根据柱塞运行曲线特征及时进行柱塞运行参数优化。

大于$0.1×10^4m^3/d$气井31口，根据自身特征工艺及时进行气举措施或关井压力恢复，目前20口井常关进行压力恢复，11口井待开展气举作业。

4.4 示范区建设情况

在三项主体措施适用性和有效性的基础上，进一步形成规范化、标准化、流程化的主体工艺管理对策。突出规模效应，建成了苏西数字化排水采气示范区、苏中速度管柱示范区。

4.4.1 苏中速度管柱示范区建设

结合苏中储层物性相对较好，产水较少的特性，集中进行速度管柱措施，建立苏中速度管柱示范区，苏中试验区历年实施速度管柱172口井，措施有效率96%。气井日均增产$0.48×10^4m^3$。苏中示范区累计增产气量由2017年$1.29×10^8m^3$提高至2018年$1.64×10^8m^3$，占全厂增产气量比例由2017年的27%提高至2018年的32%。

4.4.2 苏西数字化排水采气示范区建设

不断扩大柱塞气举规模，并辅助智能化泡排措施等，截至目前累计开展措施井329口，2018年措施增产气量$5860×10^4m^3$。其中柱塞井202口，措施覆盖率34%。

4.4.3 区块井筒页面持续下降

2018年的液面测试数据显示，自2014年以来由距井口1147m降低至目前的平均1477m。通过示范区的建立和主体措施的规模化实施，积液井液面位置整体呈下降趋势。

5 结论

（1）建立携液流量图版，科学分析措施适用性，形成措施井分类标准。

（2）优化泡沫排水采气加注制度，分析节流器影响，针对单井实际制定差异化管理对策，泡沫排水采气有效率由75.3%提高至82.3%。

（3）速度管柱全生命周期和"产建一体化"管理，单井日增产由$0.32×10^4m^3$提高至$0.5×10^4m^3$，递减率由20.3%降低至12.2%。

（4）随着智能化和数字化三级管理的不断深入，柱塞井单井日增产由$0.14×10^4m^3$提高至$0.17×10^4m^3$，递减率由18.4%降低至11.9%。

（5）规范化、标准化、流程化的主体措施实施流程持续推进示范区建设，苏西数字化排水采气示范区及苏中速度管柱示范区历年累计实施501口井，2018年增产气量$2.3×10^8m^3$，占全厂总增产气量的44.8%。

参 考 文 献

[1] 张春,金大权,李双辉,等.苏里格气田排水采气技术进展及对策[J].天然气勘探与开发,2016,39(4):48-52.
[2] 孙文凯.速度管采气工艺在大牛地气田水平井的应用[J].中外能源,2016,21(11):53-57.
[3] 沈玉林,郭英海,李壮福.鄂尔多斯盆地苏里格庙地区二叠系山西组及下石盒子组盒八段沉积相[J].古地理学报,2006,8(1):57-66.
[4] 李明,吴敏.泡沫排水采气原理及应用浅析[J].中国化工贸易,2015(3).
[5] 李连江.埕岛油田海上气井排水采气工艺模式[J].油气地质与采收率,2012,19(2):87-89.
[6] 宋玉龙,杨雅惠,曾川,等.临界携液流量与流速沿井筒分布规律研究[J].断块油气田,2015,22(1):90-93.
[7] 余淑明,田建峰.苏里格气田排水采气工艺技术研究与应用[J].钻采工艺,2012,35(3):40.

特低渗透凝析气藏压裂关键技术研究与应用

张 冲[1] 邵立民[1] 夏富国[1] 李玉贤[2]

(1：中国石化东北油气分公司有效储层改造技术攻关项目团队
2：中国石化东北油气分公司勘探开发工程部)

摘要：以龙凤山凝析气藏为主的凝析气藏，具有平面变化快，纵向发育多套含气层的特点，整体属于低孔、特低渗储层。压裂增产效果明显，但由于地层压力和露点压力差值小，影响压后稳产期。因此研究形成了特低渗凝析气藏水平井"横向满覆盖、纵向全动用"的体积压裂改造技术，有效缓解了反凝析对气井产能的影响，提高凝析气藏采收率。针对井筒多相流，建立凝析气藏井底压力预测模型，结合龙凤山气藏相态变化特征，创新性提出了一种适合凝析气藏压裂排液方法，实现压后高效返排。同时自主研发应用了井下多功能不压井控制系统，实现套管压裂井不压井投产，避免了压井液对储层的伤害、投产周期缩短了80%。

关键词：特低渗透；凝析气藏；体积压裂；控压返排；不压井

龙凤山凝析气藏岩性主要以细砂岩、含砾细砂岩、火山岩为主，具有平面变化快，纵向发育多套含气层的特点。储层孔隙度5%~15.9%，平均8.7%，渗透率0.01~7.07mD，平均0.23mD，属于特低孔、特低渗储层。区块气井均需压裂投产，存在压后产能差异大，稳产期短等难题，主要原因是地层压力（31.7MPa）与露点压力（31.4MPa）差值小，导致反凝析伤害严重。因此针对特低渗透凝析气藏，开展了体积压裂技术及配套工艺的攻关研究。

1 体积压裂工艺技术

龙凤山凝析气藏薄互层发育，单层厚度薄。为了各个储层的有效动用，提出了考虑反凝析半径、穿层压裂多层的水平井体积改造思路。

1.1 优化裂缝间距

利用数模软件，研究了直井、水平井不同裂缝形态、裂缝间距以及布缝方式情况对产能的影响，获得最佳的裂缝形态、段簇组合，进一步缩短裂缝间距，大大提高裂缝的改造体积。考虑应力干扰、泄气半径、反凝析半径等参数，重点优化缝间距，见表1。

表1 不同物性下考虑凝析半径后的裂缝间距优化结果

储层类型	分类标准	产能模拟（裂缝间距）	应力干扰（裂缝间距）	泄气半径法（裂缝间距）	凝析半径法（裂缝间距）	综合裂缝间距
Ⅰ类	1mD<K	64~78	<33m	105m	65m	54m
Ⅱ类	0.4mD<K<1mD	50~56	<33m	70m	50m	40m
Ⅲ类	K<0.4mD	36~42	<33m	48m	40m	26m

1.2 压裂液体系优化

大量理论及实验证实，低黏液体、高排量更有利于产生剪切滑移破坏，提高裂缝的复杂程度。支撑剂输送实验表明，针对缝宽较小的微小裂缝，采用低黏液体更容易将粉陶输送至裂缝远端，但黏度过低不利于携带较大粒径陶粒。而缝宽较大会导致缝内流体流速降低，如果压裂液黏度过低会影响携砂性能，使得支撑剂无法输送至裂缝远端。依据支撑剂输送、支撑剂动态沉降等大型物模实验成果，优化了不同类型携砂液体的性能。

通过数模研究，当单段液量超过 900m³ 时，改造体积增加幅度明显变缓，并且采用不同的液体组合模拟了裂缝改造体积，综合考虑经济因素及改造效果，将滑溜水比例优化为 30%~40%。

1.3 压裂施工参数优化

为了获得较大的改造体积，需要进一步提高缝内净压力。结合现场情况，将施工排量由原来的 6~8m³/min 提高到 10~12m³/min，使得缝内净压力提高 3.4 倍，有效增加裂缝波及体积。

针对龙凤山火山岩压裂井进行了裂缝改造体积计算，采用复杂裂缝压裂工艺思路改造体积较常规压裂提高了 1.16 倍。

2 控压返排技术

返排工艺技术是水力压裂的重要环节，对于低渗致密砂岩气藏，要求快速高效返排，减少压裂液的滤失，从而减少对储层的伤害；对于低渗凝析气藏，快速返排会造成凝析油的析出，形成液锁现象导致储层伤害，因此需要制定合理的压后排液制度。

凝析气藏控压返排研究的关键点在于确定储层的露点压力，在压后返排过程中，当井底压力高于露点压力时，根据压裂段储层参数、液体参数、支撑剂参数和施工参数计算得到支撑剂临界出砂流速，进而利用喷嘴压降方程换算成为当量油嘴大小，来指导现场返排制度；当通过两相管流计算程序计算得到井底压力略大于露点压力时，通过两相管流计算程序确定井底流压为露点压力，结合此时的产油气水量，反算出目前应该控制的井口压力，然后根据喷嘴压降方程和此时的产油气水量计算应采用的油嘴大小，此过程在后期排液时应该反复进行直到无压裂液返出。

2.1 建立支撑剂回流计算模型

参考理论模型，采用实验方法建立支撑剂回流模型。实验采用压裂液的基液黏度 50mPa·s、18mPa·s、9.5mPa·s、5mPa·s 来模拟压裂液的不同破胶阶段。50mPa·s、18mPa·s 代表压裂液破胶不彻底，9.5mPa·s、5mPa·s 代表压裂液破胶良好。采用裂缝闭合压力 0.1MPa、1MPa、2MPa、5MPa、10MPa 来模拟支撑裂缝的逐渐闭合过程。在不同压裂液黏度和裂缝闭合压力的情况下，陶粒支撑剂的稳定性（支撑剂临界回流流速）评价实验结果表 2。

表2 陶粒支撑剂在不同压裂液粘度和闭合压力下的临界支撑剂回流流速

闭合压力（MPa）	临界流速（mL/min）			
	50mPa·s	18mPa·s	9.5mPa·s	5mPa·s
0.1~0.2	<1	1~2	40~55	170~190
1	1.5	5	230~260	380~400
2	3~4	9	—	—
6	—	35~55	—	—
10	—	75~95	—	—

由表2的实验数据可知，如果压裂液破胶不彻底，则支撑剂的临界支撑剂回流流速很低（裂缝刚闭合时小于2mL/min）。这表明在压裂液返排时，压裂井必定支撑剂回流无疑。如果压裂液破胶彻底（对应的黏度为9.5mPa·s、5mPa·s），则支撑剂的临界支撑剂回流流速就迅速提高（裂缝刚闭合时大于40mL/min），并且破胶越彻底（破胶液黏度越低），临界支撑剂回流流速就越高。破胶液的黏度为5mPa·s时，裂缝刚闭合时的临界支撑剂回流流速达到170mL/min，即意味着支撑剂很难被带出来。这就是说，由于破胶不好的压裂液（黏度大于10mPa·s）携带支撑剂返排的能力很强，一般要求压裂液破胶黏度低于10mPa·s时才能开井排液，且破胶液黏度越低越好。

同时，闭合压力也对临界支撑剂回流流速有着重要影响。闭合压力越高，临界支撑剂回流流速就越高，即表明裂缝中的支撑剂越稳定（即不容易支撑剂回流）。在压裂液破胶彻底（黏度小于10mPa·s时）的情况下，当裂缝的闭合压力大于1MPa时，其临界支撑剂回流流速大于230mL/min，即意味着支撑剂已经很难被带出来。这就是说，由于闭合压力对支撑剂的返排影响很大，在相同的闭合压力下，压裂液破胶越不彻底（黏度越高），则支撑剂越容易被携带出来。因此，压后排液时一般要求小排量控制放喷（强制裂缝闭合），待裂缝闭合后才逐步加大返排速度。

依据返排压裂液黏度18mPa·s的实验数据建立闭合压力和临界流速的关系方程。

通过数学回归，确定回归方程中的未知参数（表3），实验数据与回归结果对比见图1。

表3 临界流速方程参数回归结果

参数	数值	参数	数值	参数	数值
y_0	-64.02902	A_1	23.86552	t_1	11.77087
x_0	-4.66087	A_2	19.08154	t_2	11.77086

2.2 返排制度的优化

放喷油嘴当量直径的计算基于水力喷射理论。喷嘴的损失方程可表示为：

$$\Delta p = 22.45\rho \frac{Q^2}{n^2 d^4 C_d^2} \tag{1}$$

式中，Δp 为喷嘴孔眼压差，MPa；ρ 为喷射液密度，g/cm³；Q 为喷射排量，m³/min；N 为喷嘴孔数，个；d 为喷嘴直径，cm；C_d 为孔眼流量系数（通常取0.8~1.0）。

已知喷嘴压力降和排量，则当量喷嘴直径（mm）可以由下式求得：

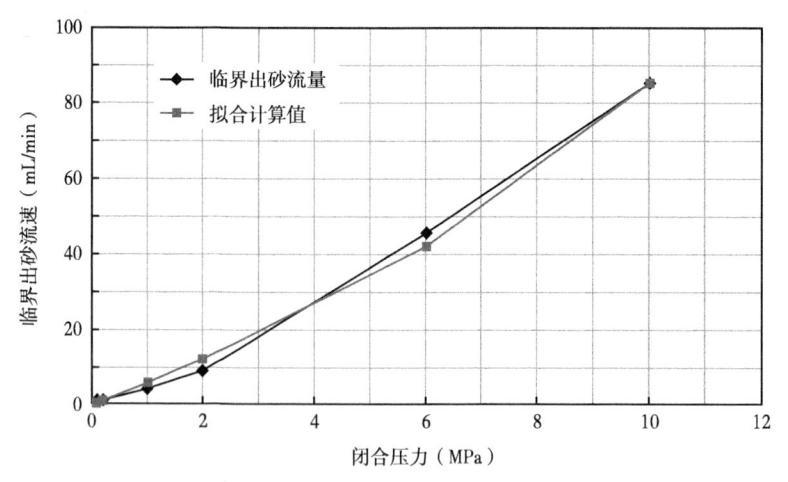

图1 支撑剂临界回流流速实验室数据与拟合结果对比图

$$d_e = \left(\frac{22.45\rho Q^2}{C_d^2 \Delta p}\right)^{\frac{1}{4}} \tag{2}$$

式中，d_e 为喷嘴当量直径，cm；ρ 为流体密度，g/cm³。

2.3 井例计算

北206井射孔层位为营Ⅳ砂组，井段为3345~3360m，根据临界出砂流速模型计算公式可以获得不同井口压力下对应的临界出砂流速见表4。

表4 北206井不同井口压力下计算的临界出砂流速

井口压力（MPa）	临界出砂流速（m³/min）	井口压力（MPa）	临界出砂流速（m³/min）
22.5	0.103	11.5	1.386
21.5	0.186	10.5	1.561
20.5	0.274	9.5	1.752
19.5	0.368	8.5	1.959
18.5	0.467	7.5	2.186
17.5	0.573	6.5	2.436
16.5	0.686	5.5	2.713
15.5	0.807	4.5	3.020
14.5	0.936	3.5	3.363
13.5	1.075	2.5	3.749
12.5	1.225	1.5	4.187

利用式（1）、式（2）根据不同井口压力条件下临界出砂流速可以获得北206井压后返排制度见表5。

表5 北206井压后返排制度

井口压力（MPa）	临界出砂流速（m³/min）	油嘴直径（mm）	井口压力（MPa）	临界出砂流速（m³/min）	油嘴直径（mm）
22.5	0.103	2.88	11.5	1.386	12.54
21.5	0.186	3.93	10.5	1.561	13.62
20.5	0.274	4.82	9.5	1.752	14.80
19.5	0.368	5.66	8.5	1.959	针阀控制
18.5	0.467	6.46	7.5	2.186	针阀控制
17.5	0.573	7.26	6.5	2.436	针阀控制
16.5	0.686	8.06	5.5	2.713	全开
15.5	0.807	8.88	4.5	3.020	全开
14.5	0.936	9.72	3.5	3.363	全开
13.5	1.075	10.61	2.5	3.749	全开
12.5	1.225	11.54	1.5	4.187	全开

根据北201井取样分析得到的露点压力为31.7MPa，控压返排的目的就是在井底流压大于31.7MPa时，应该快速排液，尽可能地利用储层能量将液体返排出来，减少水锁伤害；在井底流压小于31.7MPa时，应该减小排液速度，保持地层压力避免凝析油析出伤害储层。

北206井的实际返排制度和临界出砂流速计算得到的油嘴直径相比较，该井返排在井底流压大于露点压力是使用的油嘴直径相对较小，可以换大油嘴加快液体的返排。

3 不压井投产技术

针对低渗凝析气藏，为了增加裂缝改造体积，压裂工艺主要采用套管分段压裂方式。按照传统做法，压后通常是采用放喷排液的方式将井筒压力降低，再用一定密度压井液平推法压井成功后再进入作业程序。压井作业时不仅存在压井液漏失严重问题，而且由于气侵时常发生井涌，为了保证井控安全，不得不加大压井液密度和用量。经不完全统计，东北油气分公司水平井平均单井压井液用量达到150m³，致使储层伤害风险增加，特别对于水平井和天然气井的产量影响尤为严重，给后续生产带来不可估量的损失。为了解决不压井换装井口、起下生产管柱，并满足气井生产安全要求，开展了不压井投产技术攻关研究，自主研发了不压井作业配套工具，形成了一套不压井投产配套技术，真正实现压裂投产一体化。

井下可控不压井装置主要由封隔器、井下爆破装置和工作筒三部分组成，封隔器上部与坐封工具相连接，封隔器下部连接工作筒，工作筒下部连接活动球座，活动球座下方依次连接破裂盘和引鞋，组成井下封堵装置，并由电缆输送方式完成。

压裂改造完成后井口带有余压，在地面防喷控制系统下，由电缆输送井下封堵装置至产层上部（如水平段位置需泵送），通过地面控制装置完成封隔器坐封、丢手，有效封隔底部高压产层。装置上部空间与井口连通，实现井口不带压，并利用常规修井作业设备完成投产管柱的起下。当地面具备放喷投产条件，通过泵车油管打压完成井下爆破，爆破装置开启建立生产通道，即可恢复正常生产。当井口发生异常情况时，可通过工作筒投捞堵塞器或挤注法压井的方式控制井口压力，完全可以保证井控安全。

从2018年至今已累计成功应用11口井，顺利完成了包括工具下放、桥塞坐封丢手、换装井口、下投产管柱、井下爆破、放喷等一系列施工工序，一次作业成功率100%，均验证该工艺及配套关键工具的可行性。通过现场效果评价，11口井压后增产效果显著，已累计产气量$2258×10^4m^3$，节省压井液用量近$1650m^3$，整个投产施工过程无论是地面还是地下都是非常绿色环保。

4 现场应用情况

龙凤山凝析气藏重点针对凝析气藏反凝析、低渗低丰度薄互层有效动用及储层保护三个方向展开攻关，形成了以凝析气藏"横向满覆盖、纵向全动用"的体积压裂改造技术、凝析气藏压后高效排液方法及井下多功能不压井控制系统为代表的特低渗凝析气藏特色技术，并大量用于现场实践。龙凤山凝析气藏14口水平井压后初期平均日产气$4.5×10^4m^3$，日产凝析油7.68t，与前期相比单井产量提高了2.2倍，累计生产天然气$2.5×10^8m^3$、凝析油$3.5×10^4t$。

5 结论

（1）通过优化裂缝间距和压裂液优化组合，并且优化施工排量等参数，可以有效提高裂缝改造体积，采用该工艺思路现场试验获得显著效果。

（2）建立了支撑剂临界出砂流速模型，并提出了可行的控压返排制度，可指导凝析气藏压后初期的返排制度。

（3）井下可控不压井完井投产技术改变了传统投产作业模式，通过井下封堵装置实现了不压井换装井口、起下生产管柱等多项作业，可充分发挥压裂投产一体化的优势。该技术免除了传统压井、气举诱喷等施工环节，规避了地面带压作业的施工风险和成本，达到了有效保护储层、安全清洁、经济高效开发天然气井的目的。

参考文献

［1］尹建，郭建春，曾凡辉．水平井分段压裂射孔间距优化方法［J］．石油钻探技术，2014，40（5）：67-71．
［2］唐汝众，温庆志，苏建，等．水平井分段压裂产能影响因素研究［J］．石油钻探技术，2010，38（2）：80-83．
［3］苏玉亮，慕立俊，范文敏，等．特低渗透油藏油井压裂裂缝参数优化［J］．石油钻探技术，2011，39（6）：69-72．
［4］杨振周，张应安，胥会成，等．大情字井区裂缝性油藏的压裂优化设计［J］．钻井液与完井液，2003，20（1）：21-24．
［5］汪翔．裂缝闭合过程中压裂液返排机理研究与返排控制［D］．北京：中国科学院研究生院，2004．
［6］王鸿勋，张士诚．水力压裂设计数值计算方法［M］．北京：石油工业出版社，1998．

[7] 任山,慈建发.考虑动态滤失系数的压裂井裂缝闭合及返排优化[J].中国石油大学学报(自然科学版),2011,35(3):103-104.
[8] 冯虎,吴晓东,李明志,等.凝析气藏压裂返排过程中液锁对产能的影响[J].钻采工艺,2005,28(6):59-61
[9] 王兴文,任山.致密砂岩气藏压裂液高效返排技术[J].钻采工艺,2010,33(6):52-55.
[10] 孙永明,李迪洋.带压作业现状与发展浅析[J].油气田环境保护,2011,1(6):78-79.
[11] 黄杰,徐小建,等.气井带压作业技术在苏里格气田的应用与进展[J].石油机械,2014,42(9):105-108.
[12] 雒继忠,李开连,延晓鹏,等.不压井带压作业装置的引进与改进[J].石油化工应用,2009,28(1):10-12.
[13] 赵建国,李友军,陈兰明.不压井作业设备引进技术研究[J].石油矿场机械,2004,33(6):104-107.
[14] 王方飞,李金祥,何应春.液压不压井修井机的现状及发展趋势[J].石油机械,1997,25(5):49-51.

提高加砂强度对致密油藏提高单井产量的探讨与实践

张洪亮[1]　赵玉武[1]　张明伟[2]　陈　静[1]

(中国石油大庆油田第九采油厂地质大队；
中国石油大庆油田井下作业分公司)

摘要：大庆油田长垣西部扶余油层致密油藏储层物性差、渗透率低、单井产量低、经济效益差，近几年，在压裂技术进步基础上，逐步探索大规模缝网压裂改造储层，提高渗流能力，提高单井产量，但是仍存在油井缝网压裂后达不到理想的开发效果。针对该问题，以T区块为例，利用三维压裂设计Meyer软件模拟，对比分析了不同加砂强度下的导流能力，从加砂强度与导流能力的关系看，压裂改造中加砂强度提高1.4倍，导流能力提高36.3%，整体高导流裂缝面积提高20.3%。同时，通过实例分析加砂强度与采油强度关系，压裂改造中提高加砂强度，采油强度呈指数增长，且具有较高的相关性，表明提高储层加入压裂砂的强度，可以提高单井的采油强度，从而提高单井产量。最终，研究成果指导现场实施5口井，初期产量达到17.6t/d，半年时间平均单井日产油3.4t，达到了提高加砂强度前3.3倍，有效指导了致密油藏的压裂设计，为低渗透及致密油等难采储量有效动用提供了技术借鉴。

关键词：致密油藏；加砂强度；采油强度；压裂模拟分析；渗流能力

随着常规油气勘探效果变差，占资源总量80%以上的非常规能源逐渐引起关注[1-2]。致密油是一种非常规石油资源，有效地勘探开发致密油资源对于国家的能源安全具有非常重要的意义[3]。扶杨油层是大庆外围油田主要后备石油产量接替地区，属于低—特低渗透、以岩性为主的复合型油藏，自然产能低。近几年，针对扶杨油层渗透率低，大部分储层采用常规压裂技术均较难实现增产效果的问题，随着工艺技术的进步，逐步应用缝网压裂，缝网压裂指以在储层中形成大规模复杂缝网、增大水力裂缝与储层基质接触面积为目的的增产措施[4]。现场实践过程中，虽然应用缝网压裂技术后产量得到一定的提高，但是仍达不到经济效益的要求，促使在地质、压裂工艺及开发技术政策三个方面[5]继续寻找提高的单井产量的途径。

1　压裂软件模拟不同加砂强度

1.1　不同加砂强度缝网压裂设计关键参数

水力裂缝能有效增大油气泄流面积。压裂技术成为开采这类低渗油气藏的主要手段[6]，能确保水力裂缝满足增产需求。水力压裂模拟中，准确求解岩石在流体作用下的变形以及判断裂缝扩展状态是关键，这样就需要建立储层三维地质体[7]。根据区块地质情况和压裂设计情况，压裂层段的平均砂岩厚度3.0m和有效厚2.2m，因此，以砂岩厚度

3.0m的层段和有效厚度2.2m的层段为例进行模拟，依据储层物性、滤失系数、脆性指数、应力差等参数（表1），采用三维压裂设计Meyer软件模拟两套方案：第一套方案现场实施的实际加砂强度7.7m³/m；第二套方案设计达到经济效益的采油强度为0.35 t/(d·m)，加砂强度为11m³/m。

针对影响缝网波及范围的关键因素分析，结合单井应用Meyer压裂软件进行数值模拟，评价关键因素对裂缝网格形态的影响，具体如下。

（1）应力差：根据以往施工井微地震裂缝监测数据，结合区块应力差异分析，随着应力差增加，监测到的裂缝网络纵横比减小，表明应力差越大，形成的裂缝网络面积越小，裂缝形态越接近单一缝。本次模拟估算应力差7.2MPa，纵横比系数为0.245。

（2）储层物性：不同物性条件下滑溜水的滤失特性不同，随储层渗流率增加，缝网的波及范围减小。本次模拟地层渗透率为1.21mD，滤失系数0.0024m/min$^{0.5}$，设计施工排量8m³/min。

（3）脆性指数：通过拟合，脆性指数与缝网密度匹配性强，脆性指数越高，形成缝网密度越大。本次模拟测井解释脆性指数55.3%。

（4）注入排量越高，施工净压力越高，裂缝网格密度越大，相同液体规模条件下，缝网波及范围越大。

表1 缝网压裂模拟关键参数

方案	加砂强度	采油强度[t/(d·m)]	砂岩厚度(m)	有效厚度(m)	孔隙度(%)	渗透率(mD)	平均渗透率(mD)	滤失系数(m/min$^{0.5}$)	测井解释脆性指数(%)	排量(m³/min)	估算网格(m×m)	估算应力差(MPa)
第一套	7.7	0.25	3.0	2.2	12.9	1.21	1.21	0.0024	55.3	8	9×9	7.2
第二套	11.0	0.35										

1.2 模拟结果对比分析

从两套方案模拟结果对比，将加砂强度作为唯一可变的关键参数，分析不同加砂强度条件下的数值模拟裂缝剖面。结果显示加砂强度11.0m³/m相比7.7m³/m而言，裂缝纵向支撑缝高一致，支撑缝长增加24.2%，表明提高加砂强度能够提高裂缝的有效支撑。加砂强度11.0m³/m时，闭合后裂缝最高导流能力达到300mD·m；加砂强度7.7m³/m时，闭合后裂缝最高导流能力为220mD·m。相比而言，导流能力提高36.3%，整体高导流裂缝面积提高20.3%，表明提高加砂强度能够提高裂缝导流能力。

2 实例分析加砂强度对采油强度影响

影响压裂效果的因素有很多，压裂效果不仅受储层物性、流体性质的影响，更受工艺设计、支撑剂材料、现场施工、压后作业等诸多因素的影响[8-10]。在前期开发实践的基础上，分析同一区块的不同井的产量影响因素。由于同一区块，因此，扣除了储层物性、流体性质、支撑剂材料、现场施工、压后作业等其他因素影响，只考虑单井储层厚度和压裂工艺设计对效果的影响。

（1）储层厚度对井产量有一定影响，但相关性较低。根据同一区块内8口井的数据，从不同生产时间的日产油与有效厚度关系分析，随有效厚度增加，日产油量均呈上升趋势，生产30天、60天及90天日产油量与有效厚度的相关系数分别为0.675、0.466、0.221，相关性较低。

（2）同一厚度下，加砂强度大的井，单井产量高，也就是说加砂强度越大的井，采油强度越高。为扣除储层厚度因素对压裂工艺效果的分析，采用采油强度对开发效果进行分析，从不同生产时间的采油强度与加砂强度关系分析，生产30天、60天及90天采油强度与加砂强度之间呈正相关，加砂强度越大，采油强度越高，且相关系数较高，分别为0.922、0.966、0.905。

3 现场应用效果

3.1 储层分类研究

通过梳理区块所有井的测、录井及试油资料，以试油井采油强度的高低作为储层好、中、差的分类依据。根据储层的深侧向电阻率、岩性密度、储层的物性、含油性、可压性进行评价，确定了Ⅰ类、Ⅱ类、Ⅲ类储层分类标准，进一步量化了每类储层参数（表2），为后期压裂设计等提供更加翔实依据。

表2 储层综合评价标准表

类别	电性与密度		储层物性		储层含油性	脆性评价		
	深侧向 （Ω·m）	岩性密度 （g/cm³）	孔隙度 （%）	渗透率 （mD）		杨氏模量 （10⁹N/m）	泊松比	脆性指数
Ⅰ类	≥25	≤2.40	10~13	0.6~5	油浸，分布均匀	>34.0	≤0.277	79.9
Ⅱ类	≥20	≤2.48	9~12	0.2~1.5	油浸，含钙重、物性差	31.5~34	0.265~0.3	51.4
Ⅲ类	<20	>2.48	5~11	0.02~0.4	油斑或不含油	≤31.5	>0.3	25.6

3.2 优化加砂强度

由以往只考虑单段厚度定加砂强度，转变为考虑单段厚度+储层类型定加砂强度，进一步优化压裂参数，确保储层充分动用。按照"提升Ⅰ类、压好Ⅱ类、控制Ⅲ类"的思路，Ⅰ类、Ⅱ类储层压裂比例达98.5%，全井加砂强度为8~15m³/m，Ⅰ类油层10~15m³/m，Ⅱ类油层10~12m³/m，Ⅲ类油层9m³/m。

3.3 应用效果

按照上述总结认识及优化后的结果，优选5口井开展高强度加砂缝网压裂试验。5口井平均单井砂岩厚度17.8m，有效厚度13m，压裂液用量7596m³，加砂量199m³，加砂强度11.2m³/m，平均单井初期日产油17.6t，为以往同类开发区块的3.3倍。目前生产180天，平均单井日产油3.0t，累计产油893t，为以往同类开发区块的3.2倍。

4 结论

(1) 通过压裂软件模拟对不同加砂强度的效果模拟分析，表明提高加砂强度后，支撑缝长、整体裂缝支撑面积及裂缝压后导流能力均得到有效提高。

(2) 实例分析与理论分析匹配较好，采油强度与加砂强度呈指数增长的关系，并且具有较高相关性。

(3) 高强度加砂缝网压裂提产技术有效指导了致密油藏的缝网压裂参数设计，为致密油有效开发提供了新途径，并且通过实践取得较好效果。

参 考 文 献

[1] 吴俊红. 巴喀油田八道湾组致密砂岩储层沉积特征 [J]. 特种油气藏, 2013, 20（1）: 39-43.

[2] 单俊峰. 古近系致密砂岩"优质储层"预测方法初探 [J]. 特种油气藏, 2012, 19（5）: 11-14.

[3] 周妍, 孙卫, 白诗筠. 鄂尔多斯盆地致密油地质特征及其分布规律 [J]. 石油地质与工程, 2013, 27（3）: 27-2.

[4] Mayerhofer M J, Lolon E P, Warpinski N R, et al. What is stimulated reservoir volume? [C]. SPE119890, 2010.

[5] 李卫成, 叶博, 等. 致密油水平井体积压裂攻关试验区单井产量主控因素分析 [J]. 油气井测试, 2017, 26（2）: 33-36.

[6] 张搏, 李晓, 王宇, 等. 油气藏水力压裂计算模拟技术研究现状与展望 [J]. 工程地质学报, 2015, 23（2）: 301-310.

[7] 李玮. 基于分形理论的储层特征及造缝机理研究 [D]. 大庆: 东北石油大学, 2009.

[8] 劳斌斌, 刘月田, 等. 水力压裂影响因素的分析与优化 [J]. 断块油气田, 2010, 17（2）: 225-227.

[9] 谢明举, 吉庆生, 金东盛. 齐家—古龙地区扶余油层成藏主控因素 [J]. 复杂油气藏, 2011, 4（2）: 5-8.

[10] 刘鹏, 张有才, 等. 提高特低渗透扶杨油层单井压裂效果途径探讨 [J]. 大庆石油地质与开发, 2008, 27（7）: 95-97.

新型无杆泵举升技术研究与应用

呼苏娟[1,2] 甘庆明[1,2] 李佰涛[1,2]
张 磊[1,2] 杨海涛[1,2] 魏 韦[1,2]

(1. 中国石油长庆油田分公司油气工艺研究院；
2. 低渗透油气田勘探开发国家工程实验室)

摘要：随着勘探开发技术的进步，页岩油、致密油、超低渗等非常规油藏开发逐步兴起，大平台丛式油井开发给传统人工举升技术带来了巨大挑战：井眼轨迹复杂、油杆管偏磨严重，稳定产液量低、开采能耗高。长庆油田通过近些年的研究与试验，形成了以小排量、小直径为主要特点的新型无杆泵举升技术：排量≤10m³/d、举升扬程2000m，井下机组外径最小达到100mm、可在不大于5½in套管中应用，举升系统连续运行时间最长达到1000天以上。从长庆油田开展无杆泵举升技术研究的背景、取得的进展出发，重点分析了目前存在的问题，提出了下步研究方向。

关键词：新型无杆泵举升；小直径；小排量

新型无杆泵举升技术是相对传统技术而言，主要针对排量≤10m³/d、应用套管内径≤5½in的油井。无杆是相对抽油机有杆采油而言，主要针对电缆供电。新型无杆泵举升技术指可应用于不大于5½in套管，通过电缆给井下机组供电，驱动各种类型的泵将液体举升到地面，举升排量≤10m³/d的采油技术。

1 背景

随着新增油气储量"品位"降低，开发时间延长、老井增多，油井日产液呈现下降趋势，同时因安全环保、征地压力日趋加大，在一个平台上钻多口井的丛式井组应用越来越多，加密井、侧钻井趋多。液量降低、井眼轨迹复杂、安全环保、智能生产成为人工举升技术必须要面对的现实。新型无杆泵举升技术能够解决有杆举升的三个难题：

（1）低液量油井系统效率提升空间有限，产液量越低，举升液体的有效能耗越少。长庆油田低渗、特低渗、超低渗、致密油特性下的抽油机井日产液普遍在 2～8m³/d 之间，机采系统中单井液柱举升能耗占比仅为15%～25%，进一步提高系统效率的空间有限。

（2）定向井井眼轨迹复杂，偏磨问题无法消除，偏磨问题更加严重[1-3]。长庆油田偏磨井井数为1.6万余口，每年因杆管偏磨故障检泵超过3次的油井近2000余口，年修井作业及管杆更换成本接近1.2亿元人民币。相关研究表明：井筒防磨措施对井斜变化大于在2°/30m的油井不适应[4]，但目前加密调整井的井斜变化普遍大于2°/30m。

（3）安全环保、智能生产实现难度大。抽油机有杆泵采油系统地面传动点多，特别是驴头、曲柄等易引起人畜伤亡事故，同时地面渗漏环节难以消除。基于油藏供液匹配、节能降耗的低液量井智能间开技术无法保证在安全上绝对受控，智能化安全化生产的实现难度大。

2 无杆泵举升技术研究进展及应用情况

2.1 技术类型

长庆油田无杆泵举升技术的潜油电机类型可以分为旋转电机和直线电机，根据抽油泵类型可以划分为柱塞泵、螺杆泵和隔膜泵，根据电缆下入方式划分为油管外捆绑凯皮电缆和连续敷缆油管。目前普遍应用的是根据"电机+抽油泵"组合形式进行技术类型划分，可分为以下三种类型。

(1) 电动潜油柱塞泵=直线电机+柱塞泵。

电动潜油柱塞泵无杆举升技术以国内研究为主，生产商主要有沈阳新城、山东威马、河北国创和深圳大族等公司。

(2) 电动潜油螺杆泵=旋转电机+螺杆泵。

电动潜油螺杆泵无杆举升技术可分为两种结构：主要区别是电机与螺杆泵之间是否有减速器，没有减速器则称为电动潜油直驱螺杆泵，国外以带减速器为主，国内两种均有。国内电动潜油直驱螺杆泵生产商主要有夏烽电器、杭州乾景和湖北西浦等公司。带减速器的电动潜油螺杆泵生产商国外主要有 Baker Huges 和 Zilift 等公司，国内有唐山玉联公司，其中 Baker Huges 和唐山玉联公司为齿轮减速器，Zilift 公司为永磁扭矩转换器。

(3) 电动潜油隔膜泵=旋转电机+直线转换机构+隔膜泵。

电动潜油隔膜泵无杆举升技术原理为旋转电机经减速、偏心驱动后变为柱塞的往复运动，往复动作产生往复的液力脉冲，这些液力脉冲驱动橡胶隔膜往复移动，实现进液、排液，从而将液体举升到地面。该技术最早由俄罗斯研发试验，国内由上海淇马公司引进试验。

2.2 技术进展

长庆油田从 2007 年开始无杆泵举升技术研究及应用，经历了解决适应性、提升可靠性、强化稳定性三个阶段。

解决适应性阶段，通过技术创新，确定了下拉式出液的电动潜油柱塞泵系统结构，使该技术在长庆油田实现了从无到有的过程。电动潜油螺杆泵举升技术方面，去掉了大直径减速器采用直驱方式，解决了在 $5\frac{1}{2}$ in 套管无法通过的问题；为进一步提升在井筒的通过性，研制了 100mm 单元组合电机。

提升可靠性阶段，主要针对第一阶段现场试验过程中出现的问题进行改进完善，对潜油直线电机引出线密封、热态绝缘性及举升力三个方面进行了优化、改进、完善。从优化螺杆泵初始过盈量、电机保护器结构及联轴器结构等方面提升系统的可靠性，同时配套了毛细钢管测液面工艺及潜油电缆综合防护装置。

强化稳定性阶段，围绕主体技术开展配套技术研究，从潜油直线电机温度监测保护、热传导测算模型及机组助力平衡提效等方面开展了配套研究。对螺杆泵结构进行了改进完善，配套完善了井筒液面监测工艺、运行状态实时监测及闭环控制技术。并在该阶段开展连续敷缆管工艺配套试验。

2.3 应用情况

共计在用31口井，日排液2.79m³，举升高度1565m，平均免修期600天以上，最长免修期1000天以上，具体情况见表1。电动潜油隔膜泵主要在长庆油田、大庆油田、中联煤层气有限公司开展试验，试验井数5-8口井，在长庆油田试验了2口井，因隔膜失效已起出，最长运行时间220天。

表1 长庆油田新型无杆泵举升工艺应用情况

	井数（口）	功率（kW）	日排液（m³）	举升高度（m）	运行天数（d）	节电率（%）
电动潜油柱塞泵	11	35	2.89	1651	660	20.7
电动潜油螺杆泵	20	7.5/9	2.74	1518	619	22.7
合计	31	—	2.79	1565	634	22.0

3 存在问题

3.1 潜油机组方面的问题

（1）直线电机电缆接头处绝缘失效。潜油直线电机与动力电缆采用插入型接线方式，虽然引出线处采取双重静密封结构，即电机引出线在橡胶密封圈后端增加一级密封，同时填充环氧树脂增加固持效果，对电机引出线进行双重静密封。但受井下温度、压力的影响，依然存在密封失效导致电机绝缘失效的问题。

（2）螺杆泵卡泵、橡胶失效。螺杆泵试验井个别井出现不同程度的定子橡胶溶胀，导致螺杆泵卡泵，甚至橡胶失效，螺杆泵定子橡胶出现坑点和鼓包。

（3）隔膜泵存在气体透过橡胶隔膜浸入机组的问题。隔膜泵的隔膜是直接接触和作用于输送液体的重要部件，膜片的往返次数，以及输送介质的物理和化学性质直接影响隔膜片的使用寿命。当隔膜片的材质适应泵所输送的原油物性时，才能正常使用。从长庆油田的试验情况看，所用隔膜泵的隔膜对气体适应性不强，其寿命不足1年，成为系统可靠运行的短板。

3.2 井筒结蜡结垢的问题

无杆泵采油井由于没有抽油杆及扶正器扰动，油流通道增大，流速降低，井筒内更易附着和沉积蜡，结蜡周期较抽油机采油井更短，更容易造成蜡堵，成为制约系统免修期的主要因素之一。

追求系统长时间运行与因井筒结垢、易造成起钻困难之间存在一定矛盾。

3.3 非金属连续敷缆管存在的问题

非金属连续敷缆管在现场应用过程中主要存在以下几个方面的问题：一是非金属管与金属工具连接处有断裂、脱落的问题。二是下钻过程中受浮力和摩阻影响，易遇阻。虽然通过前期在管内注水的方式可以缓解，但便捷性差、冬季作业难度大。三是存在气体透过非金属管，浸入管体内部造成管体鼓包的现象；四是非金属连续敷缆管的长期使用寿命需要进一步验证。

3.4 起下钻作业的问题

传统电缆作业，即油管外捆绑凯皮电缆作业方式程序复杂，需要打电缆卡子及加装电缆保护装置，同时必须控制油管下井速度，确保电缆和油管同步、平稳起下，防止电缆卡子脱落、电缆打扭堆积，劳动强度大，占井时间长，效率低下。连续油管作业可以解决传统电缆作业程序复杂的问题，但存在需要专业的作业设备，且作业设备比较庞大，作业前期准备时间长，整体效率低等问题。

3.5 配套工艺的问题

如何通过实时采集的数据计算油井产液量及如何判识井下机组的工作运行状态的配套工艺技术还没有形成。

4 下一步研究方向

（1）长庆油田新型无杆泵举升技术潜油电机将朝着提高举升力、小直径方向发展；抽油泵将朝着小排量，适应气、垢、砂、腐等复杂井况的方向发展；潜油电缆将向应用可承载钢管电缆、插拔式电缆接头等可简化电缆作业程序的方向发展。

（2）持续提升井下机组可靠性。研究潜油直线电机引出线密封技术，提高其在复杂井况下的适应性。进一步细化螺杆泵选型设计，实现单井个性化定制，提高螺杆泵定子橡胶与井液的配伍性。

（3）针对油管内易结蜡，造成蜡堵的问题，仍需要继续探索经济长效的清防蜡手段。

（4）通过井口产液量计量及井下机组工况诊断及预警保护技术研究等实现智能采油[5]。

5 结论及认识

（1）电动潜油柱塞泵、电动潜油直驱螺杆泵等新型无杆泵举升的主体技术日趋成熟。作为常规举升技术的补充，在复杂轨迹、小井眼等应用前景良好。

（2）新型无杆泵举升技术是提高效益、降低风险、实现智能化的有力手段。

（3）井筒蜡堵是制约无杆泵系统运行时效的主要因素之一，选井时应尽可能充分考虑。

（4）新型无杆泵举升技术优势的有效发挥，将会使低渗低产油井的高效智能开采成为可能。

参 考 文 献

[1] 万邦烈.采油机械的设计计算 [M].北京:石油工业出版社,1988.
[2] 朱达江,林元华,刘晓旭,等.抽油杆/油管的磨损机理及其实验研究 [J].西南石油大学学报,2007,29(11):123-126.
[3] 杨海滨,狄勤丰,王文昌.抽油杆柱与油管偏磨机理及偏磨点位置预测 [J].石油学报,2005,26(2):100-103.
[4] 周全兴.现代水平井采油技术 [M].天津:天津大学出版社,1997:207-208.
[5] 刘合,等.人工举升技术现状与发展趋势 [J].石油学报,2015,36(11):1442-1443.

盐家油田永 936 块致密砂砾岩油藏压裂开发实践与认识

王瑞军　方　婧　杨　峰　李力行　徐云现

(中国石化胜利油田分公司东辛采油厂)

摘要：盐家油田永 936 块为近岸水下扇沉积的深层低渗透砂砾岩油藏，石油储量 342×10⁴t，储层埋深 3700m，孔隙度 5.3%，渗透率 0.7mD，储层厚度 120m，储层温度 152℃。该区块自 2010 年永 936 井压裂试油后累计产油 347t。储层岩性致密、孔喉半径小、渗流阻力大，是区块开发低效的主因。利用新技术、新工艺整体压裂增产改造是经济有效动用该类低渗砂砾岩油藏的方向。优选了乳液类耐高温压裂液体系，胜利油田首次应用了新型固井滑套分段压裂工艺方法，对储层"甜点"进行了精细储层改造，并采用"井工厂"开发模式整体实施。实践表明，该套工艺技术施工简单可靠，储层改造充分，施工效率为常规工艺技术的 2~3 倍。实现了最大限度动用储量、最大限度节约资源、最大限度提高时效、最大限度提高效益的目标，具有显著的经济效益和社会效益，为非常规低渗透油藏经济有效开发提供了有益探索。

关键词：非常规；低渗透；乳液压裂液；固井滑套；井工厂；压裂

1 油藏概况

永 935–永 936 区块沙四段砂砾岩体位于东营凹陷北带东段，北部为陈家庄凸起，南临民丰洼陷。油藏埋深 3300~4050m，主要含油期次为沙四上 7、8。根据岩心分析，孔隙度分布范围主要分布在 1%~16.5% 之间，平均 5.9%；渗透率分布范围 0.02~211mD，平均 3.49mD，属于特低孔、特低渗砂砾岩油藏，且油藏埋藏深，经济动用难度大。

2010 年对永 936 井压裂试油产能评价，初期日产油 4t，含水 46%。2013 年 3 月关停前日产油 0.1t，阶段累计产油 349t。2017 年 10 月对沙四上 73483~3575.5m 的全部 88m 油层分三段压裂改造，合计加入支撑剂 248t，压裂液 1390m³。根据微地震监测资料，半缝长 107~132m，方向为北东 60° 左右。压裂后初期日产油 9t，含水 62%。目前日产油 1.5t，含水 31.1%，共累计产油 2932t。根据试油试采动态情况对比分析，分段压裂效果明显好于单层压裂。因此该区块储层借用新技术、新工艺，采用分段压裂工艺实现油藏一次全部动用，是实现该块储量经济效益动用的主导方向。

2 新型无限级固井滑套分段压裂技术

2.1 压裂改造难点

根据试油试采情况分析，结合永 935–936 区块储层厚度及岩性，开发方案中决定采用分段压裂工艺，一次动用全部储层。本次投产 3 口井，共 19 井段，单井最高压裂 7 段。

压裂改造的难点有：

（1）储层物性较差，常规加砂改造体积有限，裂缝导流能力较低。需要优化高效压裂工艺，提高裂缝改造体积及导流能力。

（2）储层跨度大，小层多，层间非均质性强，需一次性动用全部储层。需要优化施工层位及施工排量，以实现储层动用最大化。

（3）分段数及施工排量对分段压裂完井技术要求较高。需要优选适用于该区块的直斜井分段压裂完井技术，能够满足大排量施工要求。

（4）新钻井数多，每口井均需要大规模压裂，投资规模较大。需要优选低成本压裂模式及材料，降本增效。

2.2 压裂现状分析

目前分层工艺常用的主要有机械分层压裂、连续油管分段压裂和桥塞分段压裂。机械分层压裂可以实现不动管柱、不压井、一次分压2~3层，操作简单，费用低；连续油管分段压裂为环空压裂、射孔压裂联作，作业效率高，分层级数不受限制；桥塞分段压裂为全通径套管压裂，可以提高排量，施工规模大，分层级数不受限制。根据该区块平均分4~5段压裂要求，机械分层压裂完井一次改造段数只有2~3段，无法满足要求。

桥塞射孔联作分段压裂完井技术成熟、分段数不受限制、工序简单，适用各种井型。该种工艺技术参展单位多，施工设备多，施工场地要求严格，但该种工艺两段压裂施工之间作业等待时间长，压裂施工连续性差。常规无限级固井滑套分段压裂工艺[1]，是将无限级滑套随完井套管一起下入井内，滑套下入预定位置后固井。滑套开关的开启需使用连续油管，连接专用开关工具，通过开关工具进行滑套的开启作业，再按设计进行压裂施工。

2.3 新型无限级固井滑套分段压裂技术

对永935-936区块整体压裂，采用了新型无限级滑套工具。

2.3.1 技术原理

新型无极限滑套压裂技术，与常规固井滑套压裂技术相似，完井采用等径无限级滑套，与完井套管一起入井，通过固井方式实现段与段之间的封隔，但是打开滑套的方式不需要使用连续油管携带专用工具串，而是通过井口投入夹筒，通过泵送到达对应滑套定位位置，加压开滑套。

2.3.2 技术特点

（1）利用夹筒和可溶球打开滑套，每级投入的夹筒内外径一致，且夹筒通过特殊结构与目标滑套一一对应，可以实现无限级压裂。

（2）滑套内通径大，无级差缩径，每段可实现大排量施工，压后大通径不捞也可以满足生产需要。也可一次打捞全部夹筒实现井筒全通径。

（3）滑套具有开关功能，可以关闭出水层滑套，或根据后期生产需要打开、关闭某一级滑套。

（4）后期可实现二次或多次重复压裂，提高产量。

（5）无须电缆射孔、泵送、钻塞、连续油管作业，可降低井下事故的发生，减少储层伤害，避免套管变形，减少泵送井组降低费用。

（6）现场施工设备仅为压裂施工设备，对施工场地要求不大，便于现场施工的管理。

（7）压裂施工作业连续性强，施工组织、运行效率高，能大幅读缩短作业周期。

3 高黏乳液压裂液

为满足永935-936区块整体集中压裂，保证施工过程能够顺利进行，本次压裂液优选乳液压裂液体系。传统瓜尔胶压裂液，需要在压裂施工前先配液，干粉增稠剂在储液罐中需要经过足够时间充分溶胀后才能使用。这种施工模式配液强度大，作业周期长，一方面液体需有余量，便于施工调整；另一方面如若施工中出现故障停工，液体存储时间过长易造成压裂液腐败，会造成极大的浪费，同时增加了成本和环保压力。

3.1 高黏乳液压裂液的性能评价

由实验结果可知，高黏乳液压裂液在140℃下剪切90min，黏度最终保持在30mPa·s以上。

3.2 压裂液实时混配工艺

高黏乳液能够10秒起黏，60s左右黏度即可达到峰值，满足了实时在线混配要求。乳液原液直接泵至混砂车搅拌池，实现了随配随用，实现现场压裂液零库存，避免材料的浪费和环境的污染。

4 现场应用效果

2019年2月，永935-936区块开始施工，历时4天，完成3口井19段的压裂施工任务，共使用了17个新型固井滑套，滑套开启成功率100%，两段压裂施工大约间隔25min，大大缩短施工周期。本次施工最大排量7m³/min，最大支撑剂加量68m³。

配套应用的高黏乳液压裂液无残渣、破胶彻底；速溶，能够满足连续混配、即配即用，快速增粘；携砂能力强；耐高温，满足140℃储层施工要求。

3口井开井后，日产液37.3m³，日产油18.5t。目前累计生产567天，累计产油2331t，取得了预期措施效果。

5 结论及认识

（1）永935-936区块是国内第一次使用新型无限级滑套分段压裂新工艺，现场施工结果表明，该项技术安全可靠，具有施工效率高、施工排量大、作业周期短等优点。

（2）高黏液压裂液溶解速率快，破胶彻底，具有良好的携砂性能及耐温耐剪切性，连续实时混配、即配即用，节约了成本，缓解了环保压力。

参 考 文 献

[1] 李梅，刘志斌，路辉，等，连续管无限级滑套分段压裂技术在苏里格的应用［J］. 石油机械，2015（43）40-43.

页岩储层地应力场预测技术研究

唐思洪　杨　建　彭钧亮　韩慧芬

(中国石油西南油气田公司工程技术研究院；国家能源高含硫气藏开采研发中心)

摘要：地应力为石油工程领域重要的设计参数，由于地质构造的复杂性及其对区域地应力场的干扰作用，复杂地层区域地应力场预测依然是亟待解决的复杂问题。针对页岩非常规储层，从三维复杂地层的刻画入手，考虑实际地层的起伏、非连续不贯穿断层的接触及岩石力学参数的非均质性，建立页岩储层地应力场预测模型。该模型通过现场数据验证，计算值与实测值相对误差在15%以内，为页岩储层地应力场预测提供了可靠技术方法。

关键词：页岩储层；地应力场；非连续；断层；三维

在石油工程领域，经常需要进行油气勘探开发设计、钻井过程井壁的稳定性分析、地层破裂压力的预测、定向井及水平井井身轨迹的设计与控制、油层压裂施工设计、油水井套管损坏的预测及预防、油水井防砂等，必须要知道地应力这一基本参数[1]。因此，对地应力开展研究具有重要的工程意义。利用大地测量方法、原地应力测量方法等，不难确定地壳某一部位的点应力状态或小范围区内的地壳应力状态[2-5]。然而，各地质点应力状态彼此之间的联系如何，从已知点到未知点应力大小、方向是如何变化的，大区域范围内地应力的分布变化情况如何，则需要通过地应力场的模拟来实现。由于地质构造的复杂性及其对区域地应力场的干扰作用，复杂地层区域地应力场预测依然是亟待解决的复杂问题。本文针对页岩非常规储层，从三维复杂地层的刻画入手，考虑实际地层的起伏、非连续不贯穿断层的接触及岩石力学参数的非均质性，建立页岩储层地应力场预测模型，实现地应力场可靠预测。

1 建模方法与流程

国内外采用有限元软件建立三维地质模型，以已测数据点应力为约束，采用弹塑性本构和应力位移边界反演地应力场，但这些模型尺度小，断层多为贯穿大断层，难以反映非连续不贯穿断层群附近的地应力场分布[6-8]。本文所见模型能够实现300km^{2}的范围研究工区满覆盖，详细刻画了非连续不贯穿断层群的形态，通过最优化算法反演实现复杂三维地层地应力场的预测，建模分析的流程如图1所示。

建模首先需要对地质区域进行几何构建，这里的刻画指模型的形状、大小和框架。形状包括长方体、不规则体等；大小一般按照需要进行设定，一般在几十千米的范围之内；框架包括地质分层的信息、断层的分布状态、褶皱、天然裂缝。以威远某井区三维地质模型为例，模型不仅建立了从地表—须家河组底到寒武系底的层位划分，也考虑了多个大小形状各异的非连续不贯穿断层的影响[9]。

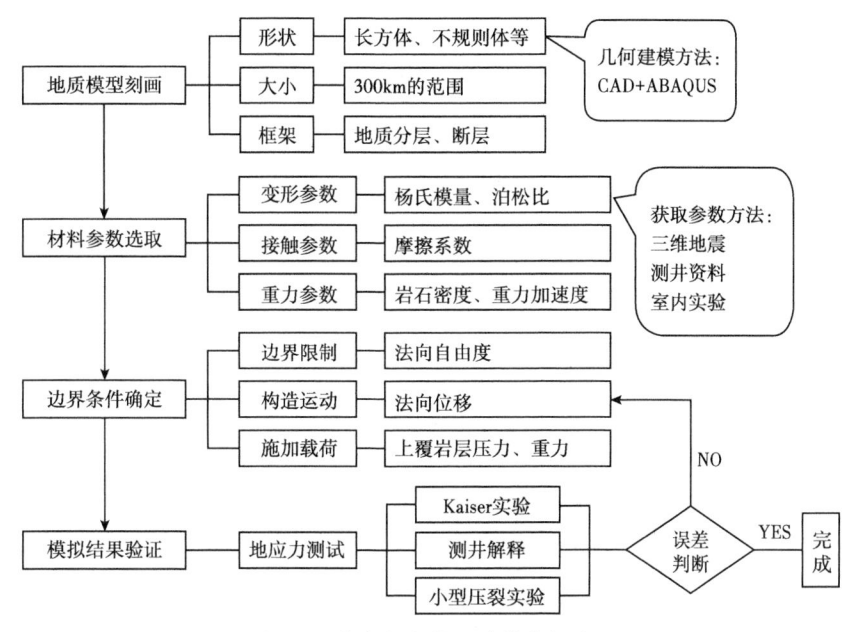

图 1 地应力场有限元建模分析流程

随后进行地层岩石物理和岩石力学参数的选取，这需要通过单位地震、测井资料和室内实验获取。这些参数包括变形参数、接触参数和重力参数。变形参数的选择取决于本构模式的选择，如果是线弹性模型本构，则包括杨氏模量、泊松比。如果考虑塑性变形，则可能需要知道内摩擦角、内聚力等。接触参数一般指摩擦系数，目前地质尺度上的断层之间的摩擦系数一般取值为 0.6。重力参数指地层自重产生的垂向应力（不考虑孔隙压力的话），一般需要用到岩石的密度、重力加速度的取值等，目前这些参数都有相关的室内实验结果或者文献中的结果作为参考[10]。

接着是边界条件的确定。边界条件分为应力边界条件、位移边界条件和混合边界条件。为了还原地质构造运动的作用，采用最合理的位移边界条件。由于各层地质年代不同，这里的位移边界条件可以是随着深度而变化的。一般而言，地层越新，其对应的地质构造运动产生的边界位移越小，如在地表处可以看作没有位移，当然这也可以通过地表处地层极小的弹性模型表现出来。边界限制条件为限制底面、相邻两侧面的法向自由度，构造运动通过施加法向位移来实现，施加的载荷包括上覆岩层压力（若三维地质模型的上顶面深度不为 0）、重力等。

模型将计算得到的某点的地应力值及其方向与 Kaiser 实验、测井实验和小型压裂实验得到的结果进行最小二乘的计算，如果误差在 15% 之内，则计算结果认为是可靠的；若误差超过 15%，则重新调整边界位移施加的值，直至误差达到标准为止。

2 模型非连续不贯穿断层的选取

模型将所有非连续不贯穿断层视为无厚度的三维非连续矩形平面，通过矩阵四个空间顶点的坐标来唯一确定断层及断层群的位置。断层的定位要素包括构造部位、断层层位、断开测线、断层长度、消失部位、倾向和倾角等。表 1 为某断层 1 定位所需的数据列表。

表 1 某断层 1 定位数据表

构造位置	威东南Ⅳ号潜高显示北端
断开层位	须家河组底—雷口坡组底
断开测线	L346-451
断层长度	3.2km
倾向	东
倾角	25°~60°

3 地质力学模型选取

随着地质科学的迅速发展，地应力场计算中的有限元力学模型已不再是一个简单的弹性平面问题。除了黏弹性、塑性及岩石流变学模型在解决平面地应力场分布规律方面的应用外，解决地质构造、工程建设等问题的三维模型已经问世。有限元中自带的常用力学模型有很多，能够满足常见地层的各种地应力计算的要求。其中，弹性模型包括线弹性模型和多孔介质弹性模型，塑性模型包括摩尔库伦模型、扩展的 Drucker-Prager 模型、修正的 Drucker-Prager 盖帽模型、修正剑桥模型等[6-10]。当然，除了这些自带的模型外，邓肯—张模型、Lade 模型等有限元没有自带的本构关系，可以通过二次开发手段应用到有限元中。本文考虑复杂断层多处复杂摩擦接触的问题，为了减小计算量，使模型收敛性得到保证，同时考虑到室内岩石力学实验只提供了弹性模型和泊松比两个弹性参数，所以建议采用线弹性模型。线弹性模型基于广义胡克定律，包括各向同性弹性模型、正交各向异性弹性模型、各向异性弹性模型。线弹性模型适用于任何单元类型，是目前应用最广的模型，各向同性线弹性模型的应力-应变表达式为：

4 数值模拟结果及验证

4.1 数值模拟结果

图 2 和图 3 分别为威远某井区最大水平主应力 σ_H 的应力云图和矢量图，其中路径 1 为一个经过断层面的直线，其目的是为了观察断层面附近应力及其方向是否存在明显变化。从图 2、图 3 中可以看出，井区最大水平主应力绝对值整体呈现从上到下逐渐增大的

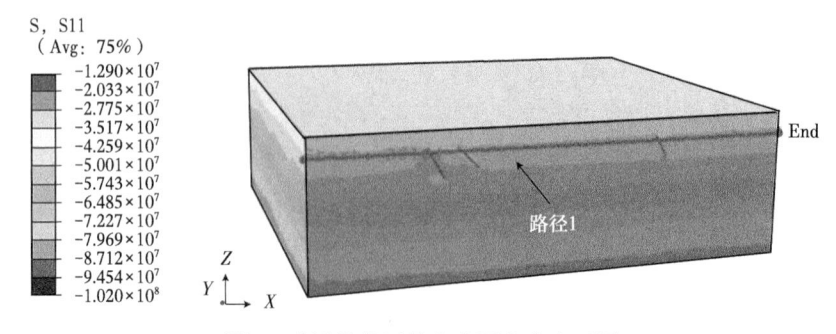

图 2 威远某井区最大水平主应力云图

趋势，但是由于层位在垂向上的扰动，导致在 Y 轴正方向应力梯度有一定的上抬。

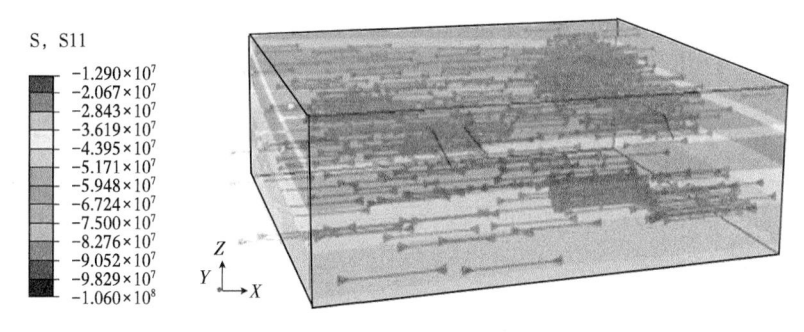

图 3　威远某井区最小水平主应力矢量图

图 4 和图 5 分别为威远某井区最小水平主应力 σ_h 的应力场云图和矢量场图。井区最大水平主应力绝对值整体呈现从上到下逐渐增大的趋势，但是由于层位在垂向上的扰动，导致在 Y 轴正方向应力梯度同样有一定的上抬。

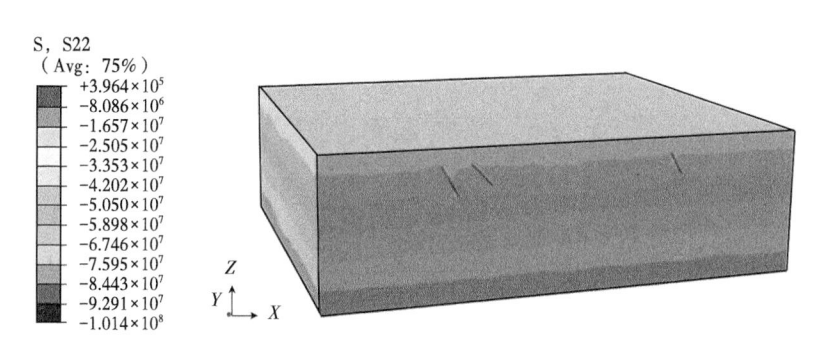

图 4　威远某井区最小水平主应力云图

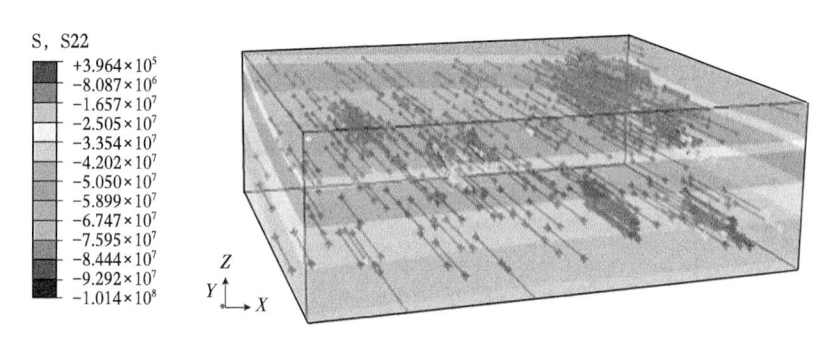

图 5　威远某井区最小水平主应力矢量图

综上所述，威远某井区断层区域会发生应力集中，特别是断层的边界附近，断层内应力方向会发生反转；断层会对附近地应力产生明显影响，对较远地层几乎没有影响。

4.2　模型验证

采用所建立的三维地质模型对长宁—威远研究工区内 8 口井的三向地应力进行拟合计算，预测值与实测值相对误差小于 15%，满足预测精度要求。

5 地应力场预测技术应用

通过建立的页岩储层地应力场有限元计算模型用于长宁-威远共计 8 口井主应力预测，模型预测值与实测值符合度高，相对误差均小于 15%，为该地区页岩储层压裂设计提供了有力技术支撑。

6 结论及建议

（1）根据三维地质资料建立的页岩储层地应力场有限元计算模型用于长宁—威远地区共计 8 口井的主应力预测，模型预测值与实测值符合度高，相对误差均小于 15%，满足预测要求。

（2）含非连续不贯穿断层区域会发生应力集中，断层内应力方向会发生反转；断层会对附近地应力产生明显影响，对较远地层几乎没有影响。

（3）建议可不断补充研究工区后续新测地应力数据，进一步提高地应力场预测模型精度。

参 考 文 献

[1] 李志明，张金珠. 地应力与油气勘探开发 [M]. 北京：石油工业出版社，1997.

[2] Yamamoto K, Kuwahara Y, Kato N, et al. Deformation rate analysis: a new method for in situ stress examination from inelastic deformation of rock samples under uniaxial compressions [J]. Tohoku Geophysical Journal, 1990 (33): 127-147.

[3] E. Villaescusaa, M. Setob, G. Bairda. Stress measurements from oriented core [J]. International Journal of Rock Mechanics & Mining Sciences, 2002, 39：603-615.

[4] 谢强，邱鹏，余贤斌. 利用声发射法和变形率变化法联合测定地应力 [J]. 煤炭学报，2010, 35 (4): 559-564.

[5] S P Hunt, A G Meyersb, V Louchnikovb. Modelling the Kaiser effect and deformation rate analysis in sandstone using the discrete element method [J]. Computers and Geotechnics, 2003, 30: 611-621.

[6] 杨林德. 初始地应力位移反分析的有限单元法 [J]. 同济大学学报，1985 (4): 69-77.

[7] J T Fredrich, D Coblentz, A F Fossum, et al. Stress Perturbations Adjacent to Salt Bodies in the Deepwater Gulf of Mexico [C]. SPE 84554, 2003.

[8] R Guo, P Thompson. Influences of changes in mechanical properties of an overcored sample on the far-field stress calculation [J]. International Journal of Rock Mechanics & Mining Sciences, July 2004: 1153-1166.

[9] J T Fredrich, B P Engler, J A Smith, et al. Predrill Estimation of Sub-salt Fracture Gradient: Analysis of the Spa Prospect to Validate Nonlinear Finite Element Stress Analyses [C]. SPE/IADC 105763, 2007.

[10] 侯冰，等. 多套复合盐层的地应力确定方法 [J]. 天然气工业，2009, 29 (1): 67-69.

页岩气水平井智能压裂监测技术研究

帅春岗 尹 强 喻成刚 杨云山

(中国石油西南油气田分公司工程技术研究院)

摘要：大排量体积分段压裂技术已成为页岩气藏开发的主要工艺技术。压裂施工完成后，有效地进行压裂施工效果评价，优化后期完井设计，改善改造效果，提高水平井最终采收率。因此，研究适合于页岩气水平井新型压裂监测技术，准确监测产液剖面监测显得尤为重要。Resman智能监测技术以成本及风险低、识别流体准确率高、合成示踪剂监测寿命长等优点，在页岩气水平井压裂监测与评价中占据更大比重。介绍Resman智能监测工作原理、技术特点与配套工艺技术，建立Flush out模型，分析了该技术在某井的应用情况。以瞬间取样方式取样，并建立Flush out模型计算出的各层段的流入分布。分析结果表明：井的产液剖面不均衡性较大，严重影响该井产能发挥和开采综合效益。依据监测结果，对储层模型进行重新评估，为该平台后期完井设计优化、改善压裂施工效果提供数据支撑。

关键词：页岩气；水平井；智能压裂监测与评价；合成示踪剂

近年来，随着页岩气田开发技术的深入发展，大排量体积压裂分段改造技术逐步成为效益开发页岩气藏的主要技术手段。在不同区块、不同井况下采用相同的压裂施工参数，选择相同性能的压裂液、支撑剂进行压裂施工，每口井的压裂效果不尽相同，甚至出现较大的差异。因此，需要有效评价技术来监测返排液产出情况、压后裂缝延展方位与形态、不同阶段各层段的产液剖面，从而对每口井的压裂施工效果进行充分评估，以调整储层计算模型、优化后期完井设计，进一步改善压裂施工效果和降低施工成本。

现阶段常用的压裂监测和评价方法主要包括光纤监测法、井温测井法、微地震监测法、测井仪成像监测法等。但这些方法都不同程度上存在一定的不足。各种监测方法的适应性和局限性见表1[1]。

表1 常规监测方法的适应性和局限性

裂缝参数	适应性监测方法	局限性监测方法
裂缝高度	井下微地震监测\地面测井仪器\井下测斜仪	DTS—数据采集在压裂施工前后进行，适用于垂直定向井
裂缝宽度	井下测斜仪	DTS—DAS监测数据要结合裂缝模型，对裂缝宽度进行估算
复杂形态	地面测斜仪	压力诊断—当最大应力已知时，静压力数据能估算裂缝复杂形态
裂缝方位	地面测斜仪\地面微地震\井下微地震	DTS\DAS—当在邻井使用时刻估算裂缝方位
支撑剂分布	放射性示踪剂	DTS\DAS—假设相对流体和相对支撑剂相同，可估算不同射孔簇多段压裂的支撑剂分布

因此，一种新型 Resman 智能监测技术[2]利用合成示踪剂与不同流体接触时释放特有的化合物来辨别各层段流体类型、确定各层段流体流量，从而达到分层测试、分层评价压裂施工效果的目的，为后期调整储层计算模型和改进完井设计提供依据，对页岩气气藏水平井效益开发具有重要的意义。

1 Resman 智能合成示踪剂工作原理及特点

1.1 工作原理

Resman 智能合成示踪剂是一种独特的可识别化学特征的工程聚合物，可用于识别油、水或天然气，可加工成任何形状，使其可封装于不同形状的监测短节中[3]。Resman 智能合成示踪剂在与监测流体接触之前保持休眠状态。当与监测流体接触时，以设计的速率释放与之匹配的特有微量示踪分子，且释放速度与流动条件无关。被释放后，示踪分子随地层流体流出地面，通过专业采样方法进行采样、化验，获得具有独特的可识别化学特征的示踪分子浓度，计算各层段流入分布、分层识别见水时间。

1.2 性能特点

（1）作业风险低：无须电缆、特殊连接；无须修井；无须特殊完井设计。
（2）作业成本低：无须额外的钻井时间；无须昂贵的完井硬件；需在井场配备额外的人员。
（3）稳定性良好：在高温、高压、恶劣井况条件下，系统使用寿命长达 10 年以上。
（4）环保性良好：合成示踪剂使用浓度极低，约每万亿分之一，无放射性，对环境无污染。
（5）可重复性良好：使用周期在 10 年以上，可实现按需和可重复的监测，而无须进行风险干预，应用范围广。

2 Resman 智能监测技术配套工艺技术

在明确分层监测目标基础上，依据具体井况和设计要求，并将满足施工要求的智能合成示踪剂集成于监测短节内，监测短节随完井管柱下入至预定位置，利用固井水泥完成层间封隔。分段改造完成后，不同层段目标流体再通过监测短节流入井筒过程中，与智能合成示踪剂充分接触，释放出微量示踪分子，并将其携带出地面。

2.1 智能合成示踪剂性能要求

合成示踪剂应为非放射性、无污染、稳定的化合物。依据监测短节尺寸要求仪器设计成长条状或者细绳状。对于使用周期而言，合成示踪剂应满足 10 年以上开发年限的需要。此外，为了避免与钻井液或压裂液接触过程中产生误释放，在合成示踪剂外表面涂有保护涂层。

2.2 制造与集成

依据管柱设计要求，合成示踪剂制造成矩形条状或者细绳状，放置于筛网与基管之间的环空内，形成示踪剂监测短节。每个监测短节内示踪剂条数通常是 30~36 根，具体取决于基管尺寸和设计要求[4]。

2.3 入井及分层监测

监测短节随完井管柱下入至各层段预定位置后，进行固井、射孔及压裂作业。当地层流体预先与附着于管外的智能合成示踪剂充分接触后，释放示踪剂分子，达到分层监测的目的。

2.4 流体取样及数据分析

以监测目的为依据，制定与之匹配的取样方案，即确定取样时间点、取样间隔时间、样本数量。取样方式主要分为瞬时取样和稳流取样 2 种。由专门的分析团队对样品分析结果进行建模，从数据中提取价值，以对各层段压裂施工效果进行评估，后期调整储层计算模型、改进完井设计和改善压裂施工效果提供数据支撑。

3 Flush out 模型

智能监测系统释放示踪分子的速度与地层流体的流速无关，因此，仅从实验室获得的合成示踪剂浓度数据无法获得完整的产液剖面，需要建立更高级的 Flush out 模型[5]。

各层段地层流体速率和该层段产液量呈正相关，与示踪剂浓度变化快慢也呈正相关。某层段高速流体携带示踪剂通量（单位时间内通过采样点的示踪剂质量）比低速流体下降更快，但是由于所含示踪剂总量是一定的，2 条曲线下方所围成面积是相同的。通过调整相关参数，建立 Flush out 模型，当模型拟合结果与实验室化验数据完全吻合时，即可得到该井的产液剖面。

4 实例分析

某井位于阿拉斯加北部，采用套管射孔完井，分为 8 个开发层段，每个层段均放置了 Resman 智能监测短节，从水平段 A 点至 B 点监测短节序号依次为 OS-1 到 OS-8（图 1）。

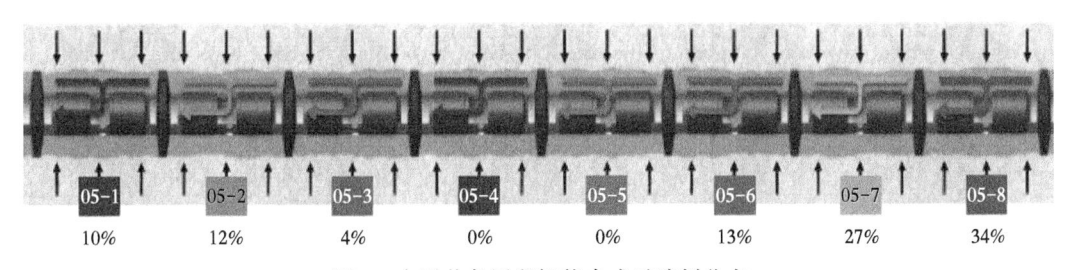

图 2 水平井各层段智能合成示踪剂分布

智能合成示踪剂被放置于监测短节内，在与各级的压裂阀相连接。依据监测资料分析，该井没有明显的产水记录。生产关闭 24h，重新启动油井，依据监测要求，以瞬间取样方式取样，并建立 Flush out 模型，定量监测每个层段的流入量。分析结果表明：第 1 级的剖面下降速率明显低于第 8 级的剖面下降速率。

5 结论

(1) 现有常规压裂监测和评价方法均存在一定的不足，且风险大、成本高，而 Resman 智能监测技术以风险低、识别流体准确率高、合成示踪剂监测寿命长等优点，更适用于页岩气、致密油等非常规油气藏水平井分段压裂监测。

(2) 智能合成示踪剂预置于监测短节内，只有遇到目标流体时才能释放特定的化合物，无污染、无放射性，使用周期长，应用前景广阔。

(3) Resman 智能监测技术智通过 Flush out 模型计算各层段流量分布。分析结果表明：井的产液剖面不均衡性较大，严重影响产能发挥和开采综合效益。依据监测结果，对储层模型进行重新评估，为该平台后期完井设计优化提供数据支撑。

(4) Resman 智能监测技术研究难度大，所涉及的核心材料及设备被国外公司垄断，因此，建议国内积极开展相关材料、设备及分析方法等研究工作，以期形成具有自主知识产权的新型压裂监测技术。

参 考 文 献

[1] Ankit Bhatnagar. Overcoming Challenges in Fracture Stimulation throuth Advanced Fracture Diagnostics [C]. SPE-181802-MS, 2016.

[2] 梁顺, 彭茜, 李旖旎, 等. 水平井分段压裂示踪剂监测技术应用研究 [J]. 油田化学, 2017, 38 (4): 32-36.

[3] Brock Williams, Brent Brough. Wireless reservoir surveillance in deepwater completions [C] //SPE Deepwater Drilling and Completions Conference, Galveston, Texas, USA. Richardson, Texas, USA: Society of Petroleum Engineers, 2012: 1-11.

[4] Hailu K A, Gibbons G, Fridtjof N. Monitoring multilateral flow and completion integrity with permanent intelligent well tracers [C] //SPE Annual Technical Conference and Exhibition, New Orleans, Louisiana, USA. Richardson, Texas: Society of Petroleum Engineers, 2013: 1-15.

[5] Nyhavn F, Dyrli A D. Permanent tracers embedded in downhole polymers prove their monitoring capabilities in a hot offshore well [C] //SPE Annual Technical Conference and Exhibition, Florence, Italy. Richardson, Texas: Society of Petroleum Engineers, 2010: 1-15.

[6] Andrew Montes, Fridtjof Nyhavn, Gaute Oftedal, et al. Application of inflow well tracers for permanent reservoir monitoring in north amethyst subsea tieback ICD Wells in Canada [C] //SPE Middle East Intelligent Energy Conference and Exhibition, Dubai, UAE. Richardson, Texas: Society of Petroleum Engineers, 2013: 1-15.

义 184 块致密砂岩油藏钻采主导工艺的优化与配套

李良红　田小存　黄艳霞　孙　麟　刘　阳

(中国石化胜利油田分公司河口采油厂)

摘要：义 184 块构造位置位于济阳坳陷沾化凹陷渤南洼陷北部，属于低孔、特低渗致密砂岩储层。为了实现该块有效开发，开展了合作开发模式。从钻井方式、钻井液体系入手，加强储层油层保护；从井台组合、井身结构、套管程序入手优化钻井周期、钻井投资。针对该区块储层跨度大、层间非均质性强的特点，优化采用泵送桥塞+射孔联作+高速通道压裂工艺，结合油藏预测的单井动用油层情况，差异化设计压裂分层段数，并根据压裂分段方案和储层的有效厚度，确定了不同井的不同加砂规模，确保了区块高效开发。规划新井 27 口，截至目前共完钻 27 口井，压裂投产 19 口井，投产后均自喷生产，平均单井日产油 12.3t，效果明显。

关键词：致密砂岩；钻采工艺；优化与配套

1　义 184 块油藏概况

渤南油田义 184 井区位于山东省东营市河口区境内，地处平原地区。构造位置位于济阳坳陷沾化凹陷渤南洼陷北部，东靠孤岛凸起。主力含油层系为古近系沙河街组沙四上亚段。岩性主要为灰白色不等粒岩屑砂岩、含粉岩屑细砂岩、粉沙质岩屑细砂岩。该块储层物性较差，孔隙度在 3.5%～24.8%之间，平均为 11.0%，渗透率 0.03～49.7mD，平均为 5.5mD，属于低孔特低渗储层。地面原油平均密度为 0.8692g/cm^3，平均黏度 9.717mPa·s，平均含硫 0.46%，平均凝固点 29.3℃，原始气油比 94.3m^3/t。原油族组分：其中烷烃占 57.53%，芳烃 11.34%，非烃 5.36%，沥青质 9.28%，总烃 68.87%。该块原始地层压力为 50.59～62.09MPa，平均为 58.4MPa，饱和压力 15.59MPa。地层压力系数为 1.54～1.62，地层温度为 163℃，温度梯度 3.71℃/100m，属于高温高压系统。

由于该块为致密油油藏未经有效动用，为了实现该块有效开发，开展了合作开发模式，从钻井、压裂方案入手，加强钻采主导工艺的优化与配套，实现区块的高效开发。

2　钻采工艺的优化与配套

2.1　钻井工艺的优化与配套

2.1.1　井台的优化

义 184 块总共部署新井 27 口。为提高运行效率、达到节能降耗的目的，在经过实地踏勘之后，决定采用丛式井开发，缩短施工周期、提高施工效率，实现设备利用的最大化。此外，为满足后期压裂需求，同台井井口整拖5m。组建4个平台：5口井同台（1个），7口井同台（2个），8口井同台（1个）。

2.1.2 井眼轨道优化

地质及采油工艺要求本方案待钻定向井垂直中靶，采用"直—增—稳—降—稳"五段制轨道类型，造斜点2000m以下，最大井斜角小于30°。依据井口坐标、靶点坐标及垂深数据进行方案井井眼轨道模拟优化设计。

2.1.3 井身结构设计

18口弹性开发的井，采用三开井身结构：一开采用ϕ346.1mm钻头钻至401m，下ϕ273.1mm表层套管400m，主要目的是封隔上部疏松地层、浅水层，建立井口。

二开采用ϕ241.3mm钻头钻至沙三中，下ϕ177.8mm技术套管（现场根据实际情况将技术套管尽量多下，定向井暂定3500m（垂深3450m）左右，水泥返至井口。下入本层套管的目的在于封隔上部承压能力低地层，为三开打开高压地层创造条件。

三开使用ϕ149.2mm钻头钻至目的井深，悬挂ϕ114.3mm的尾管。

9口井CO_2驱开发的井，采用三开井身结构：一开采用ϕ346.1mm钻头钻至401m，下ϕ273.1mm表层套管400m，主要目的是封隔上部疏松地层、浅水层，建立井口。

二开采用ϕ241.3mm钻头钻至沙三中，下ϕ193.7mm技术套管（现场根据实际情况将技术套管尽量多下，定向井暂定3500m（垂深3450m）左右，直井3450m左右），水泥返至最上一层油气层段以上200m或者造斜点以上200m（取两者最小值）。下入本层套管的目的在于封隔上部承压能力低地层，为三开打开高压地层创造条件。

三开使用ϕ165.1mm钻头钻至目的井深，使用ϕ127mm的油层套管，水泥返至地面。

2.1.4 钻井液体系的优化

二开采用钙处理—聚合物润滑防塌钻井液，能够满足快速钻进及井身质量控制要求；三开使用复合盐润滑封堵防塌钻井液，能够满足施工安全及油气层保护需要。

2.2 压裂工艺的优化与配套

2.2.1 分段压裂优化

针对该区块储层跨度大、层间非均质性强的特点，需找出改造难点，制定相应对策，优化压裂工艺、施工参数以及施工模式。通过模拟，制定了适合该区块大跨度储层分段压裂优化的基本原则：

（1）根据储层物性优选地质"甜点"并划分储层，确保各个有利层得到有效动用。

（2）区块油井通过多次暂堵实现近井体积缝压裂，控制缝长在50m以内。

（3）针对储层较为集中，储隔层应力差小于3MPa，可采用单簇连续射孔，4.5m³/min以上排量的改造方式，跨度上限30m。

（4）针对储层较为分散，储隔层应力差小于5MPa，跨度大于30m储层，采用多簇射孔，大排量施工的改造方式，减少分段数，单段跨度上限50m。

（5）针对大跨度，层数较多、层间物性差异较大，储隔层应力差大于5MPa的储层，配合采用层间暂堵技术，以达到储层的充分改造。

（6）根据电测曲线的伽马、声波等综合分析储层物性，选择物性较好的可压性高的位置射孔，提高单段压裂成功率，避免无效井段压裂投资。

2.2.2 压裂完井方式优化

目前分层工艺常用的主要有机械分层压裂、连续油管分段压裂和桥塞分段压裂。机械分层压裂可以实现不动管柱、不压井、一次分压 2~3 层，操作简单，费用低，但对高压储层放喷容易砂卡管柱，造成二次作业；连续油管分段压裂环空压裂，射孔压裂联作，作业效率高，分层级数不受限制，但费用较高；桥塞分段压裂全通径套管压裂，可以提高排量，施工规模大，分层级数不受限制。根据该区块平均分 3 段压裂要求，建议采用桥塞分段，同时考虑到储层多，且隔层应力差大，为更好地改善每层的压裂，连续油管分段压裂作为备选。

2.2.3 压裂材料的优化

义 184 块目的层段埋藏深度 3500~4200m，井温 138~152℃，储层为常温、常压系统油藏，单井压裂液用量大，为保护油层、满足施工要求，优选的压裂液应易返排、低伤害、可实时混配。

低浓度瓜尔胶压裂液体系具有聚合物用量低、对地层伤害小、可现场实施混配的特点。同时基液可以实现低黏液造复杂缝的要求。

结合前期压裂井的施工数据，义 184 块储层水力裂缝闭合压力高（折算 72~85MPa），对于支撑剂的性能要求较高，为进一步提高压后长期效果，推荐使用 30/50 目低密度高强陶粒（86MPa，破碎率小于 9%，密度不大于 1.55g/cm³）。

2.2.4 井工厂整体压裂论证

根据地面井网部署，共部署 4 个井台，设计"井工厂整体压裂"模式（图1），实现同步作业、同步压裂、连续施工、集中处理返排液，可以降低施工成本，缩短施工时间。

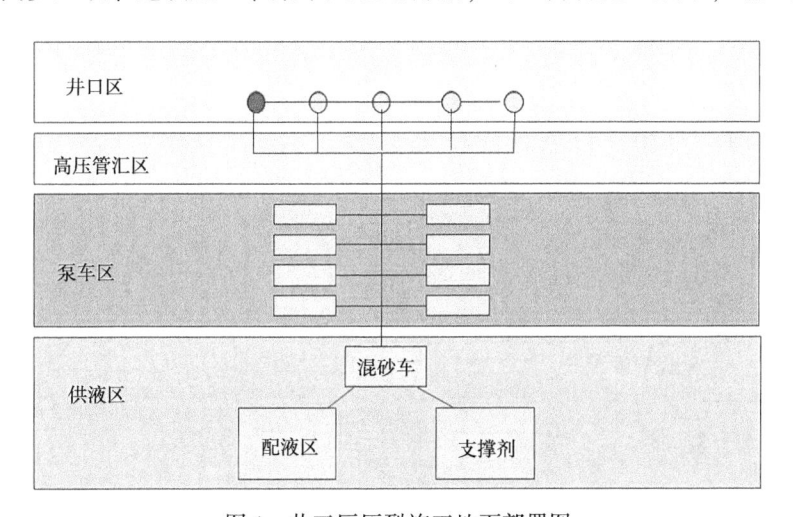

图 1 井工厂压裂施工地面部署图

井工厂压裂施工流程优化（1天4段）：一套车组，采用 2 口井一组，交叉压裂施工，压裂施工的同时进行桥塞施工。

压裂液优化：利用现场合适水源，采用现场实时混配压裂液技术，保证供液及时。

返排液处理：单井压裂结束后，返排液放喷至缓冲池，加药处理沉淀，用罐车集中拉至回灌井回灌，避免污染环境。

18 口井共 4 个井台，通过计算采用"井工厂整体压裂开发"和"常规单井压裂开发"

比较，可节约直接费用352.8万元，同时还可减少作业时间、加快投产进度、降低动迁过程中的安全隐患，实现集中高效开发。

3 现场应用情况及取得的认识

方案规划的27口井均已全部完钻，目前已投产19口，平均单井日产油12.3t，累计产油1.94×10^4t，效果明显，实现了致密油藏的有效动用，取得的认识如下：

（1）在钻井队伍管理上，项目部通过在工程公司内部优选施工队伍、细化单机考核、突出进尺奖励，促进了钻井管理和工程技术进步。

（2）义184井区方案设计采取了"井工厂"组台钻井，在4个井组实施27口合作井，并且在后期投产实现连续压裂施工，极大地节约了投资和建产周期。同台整拖井22口，节约费用78.8万元/口×22口=1733.6万元，建井周期节约22口×4天/口=88天。

（3）在义184井区，4个井组同期施工，实现了技术经验互通共享，有利于创新创效，而且在物料供应、后勤保障上实现统筹计划、集中采办，降低钻井整体成本。

参 考 文 献

[1] 张恒，等.水平井裸眼分段压裂完井技术在苏里格气田的应用[J].石油钻探技术，2011，39（4）：77-80.

[2] 银本才，等.速溶胍胶压裂液的研究与应用[J].油田化学，2012（2）:：159-161.

[3] 朱建英，等.河口采油厂低渗油藏油层改造工艺适应性分析[J].科技创新与实践，2009（1）.

致密灰岩储层高造斜率四边形油井应用案例分析

刘远志 闫正和 谢日彬 杨 勇 陈 琴

(中海石油(中国)有限公司深圳分公司)

摘要：针对四边形油井的实施案例，从地质油藏、钻井工艺、生产动态、动态监测等方面进行剖析，详细总结作业经验及存在的问题、开发动态及生产表现，并提出优化及改进建议。能够有效改善致密层或低渗透层的产能，提高开发效果，有效提高单井的经济性，对于受地面井口位置限制的低渗透或致密油田具有较强的推广价值。

关键字：致密灰岩；水平井；高造斜率；四边形油井；地面井口限制

礁灰岩是由群体造礁生物原地固着生长形成的骨架，骨架之间被附礁生物和其他颗粒、基质及亮晶胶结物充填和胶结，构成坚固的能抗浪的生态礁[1]。大多数礁灰岩储层属于中—高孔渗储层，孔隙以次生溶孔为主，并有部分微裂缝和溶洞[2]。但早期的海底胶结作用造成部分区域发育致密礁灰岩[3]，该区域储层定向井投产后产能低，无法正常生产，导致经济性差，采收率低。

为了提高油井的开发效果，南海珠江口盆地L油田全部采用水平井开发，但是平台正下方的油气富集区无法实施水平井开发，而定向井受产能限制无法正常生产。技术人员通过马达钻具提高井眼的造斜率，并在东南西北中五个方向实施多个井眼以提高油井的控制范围和油井产能。

1 油田及目标井概况

L油田为国内最大的生物礁灰岩底水油田，海域水深310~330m，是一套以溶蚀为主，经深度成岩作用改造的生物礁、滩组成。礁体在纵向上具有礁滩间互沉积的特点；生物礁体在成岩过程中经历了多种成岩环境，形成了具有明显的4个高孔渗段和4个中—低孔渗段间互沉积的储层结构。主力储层埋深1200~1250m，上部发育有厚度4m的致密灰岩礁盖和厚度700m的泥岩盖层，没有水层和复杂地层。

目标井处于平台下方油田的中—低孔渗段，早期邻近高角度斜井的试油成果显示，采液指数只有$4.8m^3/(d·MPa)$，高角度斜井开发无法满足开采的经济要求。为了提高平台下方构造高部位原油富集区的动用程度，设计1口中短半径高造斜率的四边形多底井实现平台下方原油富集区的有效动用，并提高开发效果，其井深结构图和平面轨迹图见图1和图2。四边形油井生产时可以通过1个直井眼和4个短水平井眼在储层中形成一个低压区域，实现致密灰岩储层流体的有效流动，提高油井产能保证油井的生产效果。

图 1 四边形油井井深结构图

图 2 四边形油井平面轨迹图

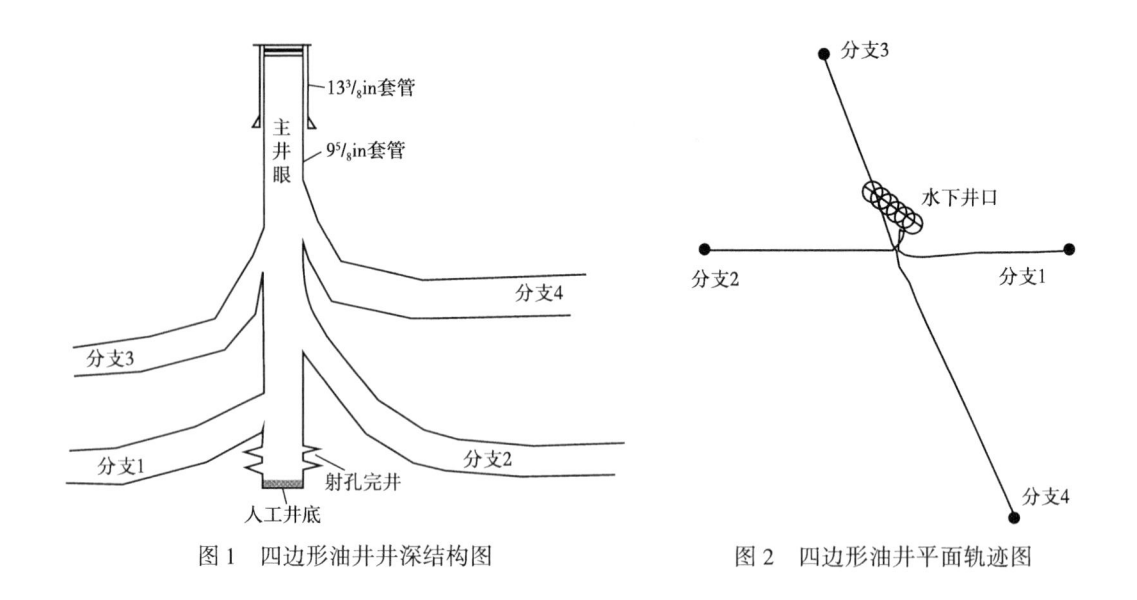

2 四边形多底井装备及工具

高造斜率四边形多底井是在普通水平井基础上发展起来的一项钻井技术，该技术能成倍提高油井产量和提高采收率，改善井网布置，合理有效开发各类油藏，不但可以节约钻井及油田开发综合成本，尤其是对难以开发的薄油气层，还能极大地提高采收率和经济效益。

与普通水平井钻井技术相比，高造斜率四边形多底井需要在直井段套管多次短距离多方位开窗、定向井工具需要实现连续狗腿度在15°以上、钻杆及钻具能够在极限受力环境下的高狗腿度井眼中保持稳定、测量仪器需要克服磁干扰问题并保持高精度测量能力。克服以上技术难点，需要研制特殊工具实现作业目的，主要工具如下：

（1）开窗侧钻工具。

W29井应用的开窗侧钻工具为可回收式斜向器，是在套管内开窗侧钻的一种专用工具，它由凹面、本体、铰链、卡瓦、触发及柱塞组件等6部分组成。斜向器下入时在地面确定斜向器斜面的方位，在不旋转钻杆的情况下至预定井深后，上提钻具，使触发组件在套管接箍处沟槽内挂住。这时继续上提钻具，触块并碰到锁块并推动锁块下行，当锁销进入锁块的中心槽时，压缩弹簧迅速释放，通过柱塞杆推动卡瓦沿锥面上行，从而使卡瓦和套管内壁紧密接触，下方钻具则可坐牢斜向器。

斜向器的回收是通过打捞工艺完成的。将专用的打捞工具和随钻上击器安装到钻杆上，下放探准鱼顶后，通过加压旋转，当扭矩增至正常钻进的最大扭矩时，表明打捞工具已经成功扣住斜向器，上提钻具即可完成回收斜向器作业。

（2）造斜工具。

四边形井设计造斜段狗腿度在15°以上，需要造斜工具具有很强的造斜能力。W29井使用的为1.83°弯接头+特殊结构的铰接马达系统组合。铰接马达系统主要由短螺杆马达、上下铰接头及造斜段总成组成。造斜段总成主要由近钻头稳定器压力驱动的活塞和可调直径稳定器构成，其中可调直径稳定器在钻台上可以调整直径，压力驱动的活塞在钻井液柱压力作用下外凸块的外凸程度不同。这样在造斜与稳斜施工时只用一根钻具即可满足要求。

（3）测量工具。

W29井造斜段的狗腿度最大能够达到30°，而目的储层的岩性为巨厚礁灰岩，可以通过钻速、近钻头伽马和岩屑信息判断是否到达目的层。为保证钻井安全，造斜段选择1.83°弯接头无测量工具+MWD的钻具组合，水平段选择1.5°弯接头+AND+MWD的钻具组合。

3 现场施工效果

W29井是一口处于浮式钻采平台正下方、油田最高部位的径向四边形多底井，四个分支呈正交状态，四个分支分别从套管井中开窗侧钻，通过泥岩造斜段，最终水平段钻至礁灰岩目的层。

表1为W29井钻后的完钻数据表。该井四个开窗侧钻点之间的距离为10m左右，在4个水平井眼中最大狗腿度为27.38°，且连续三柱狗腿度大于20°，最终在优质储层B1层累计钻水平段长度为858.9m。

表1 W29井完钻数据表

井眼编号	开窗深度（m）	A层顶斜深（m）	A层顶垂深（m）	B1层顶斜深（m）	B1层顶垂深（m）	完钻斜深（m）	完钻垂深（m）	最大狗腿[(°)/30m]
W29E	1091.2	1243.9	1201.5	1256.4	1205.2	1432.6	1209.6	27.38
W29W	1080.5	1251.2	1202.4	1281.7	1206.4	1463.0	1207.8	17.55
W29N	1069.8	1267.4	1202.4	1290.8	1206.7	1493.5	1206.4	19.59
W29S	1059.2	1248.2	1203.4	1268.0	1208.2	1566.7	1206.7	18.53

4 油井生产动态效果对比

W29井投产后，产液量保持在188m³/d以上，含水稳定在20%以下。表2为W29井与平台正下方的高角度斜井T1井的生产动态对比表，通过对比确定同等含水条件下四边形油井的产能是定向井产能的5倍，且W29井的含水上升速度明显慢于T1井。当含水上升到60%时，W29井累计产油26.4×10⁴m³，T1井累计产油仅0.08×10⁴m³。

表2 W29井与T1井生产动态对比表表

井号	井型	含水区间（10%~20%)				含水区间（55%~65%)			
		液量(m³/d)	油量(m³/d)	含水(%)	采液指数[m³/(d·MPa)]	液量(m³/d)	油量(m³/d)	含水(%)	采液指数[m³/(d·MPa)]
W29	四边形多底井	188.7	157.1	16.8	27.0	229.4	89.7	60.9	42.7
T1	高角度斜井	20.5	17.3	15.6	4.8	62.4	24.5	60.8	8.6

为了进一步评估四边形油井的开发效果，对 W29 井和 T1 井分别进行了压力恢复测试（见表3）。为了尽可能减少井储对试井解释成果的影响，此次压力恢复测试采用井下关井的方式进行。通过试井解释成果显示这两口井的地层压力、渗透率相同，压力差导数曲线后期均有明显的断层响应特征，表明这两口井的探测范围基本相同，具有极强的可对比性。T1 井的开发效果差主要是因为定向井产能受限影响。

W29 井投产后，含水上升速度较慢，累计生产 16.8 年，累计产油 46×10⁴m³，增油 43×10⁴m³；T1 井仅生产 1.8 年，因产油量低而侧钻，累计产油 0.7×10⁴m³。

表3 W29 井与 T1 井试井解释成果对标表

井号	解释模型	测试含水（%）	地层压力（MPa）	水平段有效长度（m）	表皮系数	渗透率（mD）	断层距离（m）	断层距离（m）	采液指数 [m³/(d·MPa)]
W29	定井储/水平井/平行断层	14.5	12.08	112.9	-4.6	356	34.9	111	30.6
T1	定井储/斜井/1 条断层	67.7	12.05		-0.81	348	82.4	123	9.9

5 结论与建议

（1）四边形油井适应于储层上部无水层且地层稳定的致密层开发，能够有效提高油井的产能及储层动用程度，降低含水上升速度，提高油井的开发效益。

（2）四边形油井可以通过特殊的工具实现，实钻最大狗腿度能够达到 27.38°，能够满足平台正下方储层的动用目的。

（3）通过投产动态和试井解释资料对比，四边形油井的开发效果远好于高角度斜井。

参 考 文 献

[1] 肖渊甫. 岩石学简明教程[M]. 北京：地质出版社，2014.
[2] 侯连华，吴锡令，林承焰，等. 礁灰岩储层渗透率确定方法[J]. 石油学报，2003（5）：67-70，73.
[3] 张邦六，杜小弟. 生物礁地质特征与地球物理识别[M]. 北京：石油工业出版社，2009.
[4] 蒲健康，孙尔均. 可回收式斜向器在多底井中的应用[J]. 石油钻采工艺，1989（5）：17-18，22.

致密气储层压裂入井工作液组合研究与应用

刘培培

（中国石油吉林油田分公司油气工程研究院）

摘要：吉林油田致密气资源丰富，储层黏土含量高，具有低压、低孔、低渗的特征，微纳米级孔隙发育，储层易伤害，压后存在反排率低、反排周期长等问题。大量的压裂液滞留在储层中，侵入到基质微小的孔隙中，产生水锁，甚至完全失去流动能力，极大地降低储层的渗透率。为最大限度地提高储层改造体积，以解除水锁、降低伤害为目的，开发了"改良滑溜水+低伤害改性纤维素压裂液"的压裂入井工作液组合。经室内实验证明，改良滑溜水体系具有较好的解水锁性能，且摩阻低，防膨性与返排性能良好；改性纤维素压裂液具有自防膨性能，破胶与耐温耐剪切性能良好，且残渣含量极低，对储层伤害小。配伍性实验证明，两种工作液完全配伍，能够满足施工需求。该工作液组合在致密气区块已应用3口井，施工成功率100%，平均日产气量约为邻井的4.47倍，平均返排率约为邻井的2.05倍，增产效果与比较优势非常明显，具有较好的大规模推广应用前景。

关键词：致密气；压裂工作液；解水锁；低伤害

随着油气勘探开发的不断深入，致密气、页岩气、煤层气、致密油等非常规油气展示了巨大的潜力[1]。其中，致密气是目前现实性最好的非常规天然气，将成为我国天然气工业快速稳定发展的重要资源。致密气主要赋存于低孔、低渗的致密砂岩中，需要通过压裂改造技术才能获得工业气流[2]。目前体积压裂通过全面改造储层和增大渗流面积成为开发致密气藏的有效手段[3]。但由于非常规油气藏与常规油气藏的储层特点存在巨大差异，因此对压裂液提出了更高的要求。

吉林油田致密气资源丰富，储层黏土含量高，具有低压、低孔、低渗的特征，微纳米级孔隙发育，储层易伤害。经过近几年的探索，逐渐形成了"滑溜水+冻胶压裂液"的大规模体积压裂入井工作液组合，以期最大限度地提高储层改造体积。但随着气藏开发的进行，逐渐出现压后反排率低、反排周期长等问题。大量的压裂液滞留在储层中，侵入基质微小的孔隙中，产生水锁，甚至完全失去流动能力，极大地降低储层的渗透率。本文针对吉林致密气区块的地层特征，以解除水锁、降低伤害为目的，开发了防水锁、易返排、低伤害的压裂入井工作液组合，与压裂工艺相结合，获得了较好的应用效果。

1 改良滑溜水体系

为了满足致密气井体积压裂"大液量+大排量"的施工工艺要求，研制出一种改良的滑溜水体系，主要由减阻剂、黏土稳定剂与助排剂构成。其配方为0.1%减阻剂XY-205+

0.2%黏土稳定剂XY-63+0.2%微乳纳米助排剂。其中，减阻剂主要成分为聚丙烯酰胺类衍生物，具有降阻性能高、使用浓度低、经济等优点；黏土稳定剂主要成分为有机胺，能够从黏土质点向外伸展形成"有机屏障"，从而保持黏土颗粒呈不分散状态，因此可防止压裂时高速流动引起的裂缝表面剥落和微粒产生[4]；微乳纳米助排剂是一种新型的表面活性剂与有机溶剂结合所形成的微乳液，该助排剂分子量为纳米级，胶束外部为非离子型表面活性剂，内部为有机溶剂，胶束外端为亲水结构，胶束直径10～30nm，平均20nm。纳米级液滴能够进入储层微小的孔隙和喉道中，与岩石孔隙表面充分接触，降低表面张力、增加接触角，从而减小储层的水锁伤害，提高压裂液返排效率。

1.1 减阻性能

按配方配制滑溜水，使用HBLZ-Ⅱ型流体流动阻力测试仪，在25℃室温下，分别测试滑溜水与清水在不同流动速率下通过长3m、内直径10mm的管路所产生的压差，如图1所示，随着流速增大，该配方滑溜水的减阻率先上升后趋于平缓。滑溜水减阻率能够达到70%以上，说明该滑溜水体系具有良好的降摩阻性能。

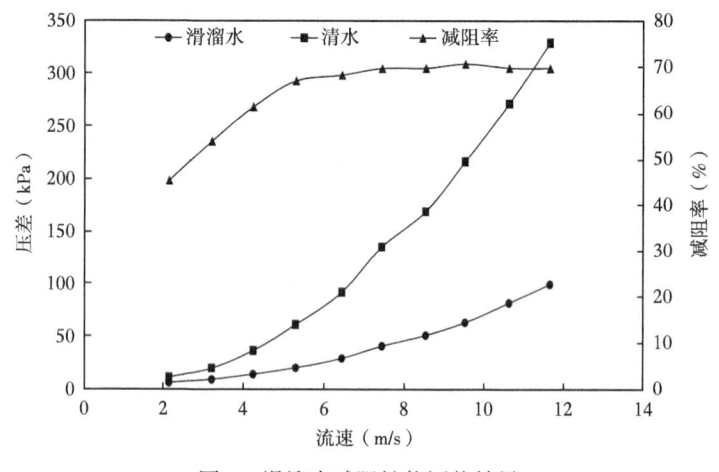

图1 滑溜水减阻性能评价结果

1.2 防膨性能

防膨性能的测定利用毛细管吸收实验的原理，使用Fann Instrument 440型毛细管吸收时间测试仪来进行。实验所用岩心粉末由致密气区块DS19井天然岩心粉磨得到，使用的液体为蒸馏水与本文配方滑溜水。

实验结果表明，蒸馏水组表现出更高的CST时间比。这一高比值暗示该区块地层对水的强吸胀性，会因黏土膨胀造成伤害；对滑溜水的测试得到了较低的CST时间比，表明滑溜水能够较好地抑制黏土膨胀，对地层伤害小。

1.3 水锁伤害性能

选取致密气区块DS111井营城组岩心，采用本文滑溜水与常规气井滑溜水，分别进行了水锁伤害与伤害后的渗透率恢复实验，结果见表1。可见采用研制出的滑溜水体系对岩心进行反向伤害后，启动压力梯度增加1.04倍，而常规气井滑溜水体系增加6.82倍。同时研制的滑溜水体系24h岩心渗透恢复率接近90%，是常规气井滑溜水的1.35倍，解除水锁伤害程度较高。可见研制出的滑溜水有效降低了储层岩石的启动压力，具有较强的防水锁性能，可以使井流体顺利的返排出储层。

表1 滑溜水水锁伤害启动压力梯度及渗透率恢复实验结果

滑溜水类型	初始启动压力梯度（MPa/m）	伤害后启动压力梯度（MPa/m）	启动压力梯度增加倍数	24h渗透率恢复率（%）
常规气井滑溜水	0.28	2.19	6.82	66.72
2.2配方滑溜水	0.27	0.55	1.04	89.87

1.4 助排性能

评价助排性能主要以表面张力为标准，相同条件下，表面张力越小说明助排能力越强[5]。使用Sigma 703D表界面张力仪对滑溜水表面张力进行测试，得该滑溜水体系的表面张力为12.87mN/m，与常规气井滑溜水相比，降低40%以上，利于致密气井压后助排，见表2。

表2 滑溜水表界面张力检测结果

液体配方	表面张力（mN/m）
常规气井滑溜水	24.26
本文配方滑溜水	12.87

2 低伤害冻胶压裂液体系

纤维素是天然高分子，分子链上含有多个伯、仲羟基，具有很强的分子内和分子间氢键作用，不易与其他反应物进行反应，难溶于水和有机溶剂，因此需要对纤维素进行改性[6]。在碱性条件下，使纤维素分子链上的羟基与醚化试剂发生反应，破坏氢键的作用，得到离子型和非离子双基取代的各纤维素混合醚[7]。混合醚具有羧甲基纤维素和羟乙基纤维素的双重特性，提高了纤维素的分散性与水溶性。同时辅以生物降解的手段，通过对降解条件的控制，实现对纤维素相对分子质量的控制，得到低相对分子量的纤维素，作为压裂液的增稠剂，达到压裂液低残渣、低伤害的目的[8]。

结合吉林致密气区块的储层特征，经过大量室内配方优选实验，通过调节压裂液各成分的配比，得到适用于温度范围50~130℃的改性纤维素压裂液配方。

2.1 基液与交联性能

按照配方配制基液与交联剂，在环境温度26℃条件下测得三个温度范围配方基液黏度在36~72mPa·s之间，交联时间为32~45s，满足水基压裂液通用技术指标。同时测得基液pH值在4~5之间，显酸性，见表3。

表3 基液与交联性能检测结果

项目	检测值		
	50~70℃配方	70~100℃配方	100~130℃配方
基液表观黏度（mPa·s）	36	45	72
基液pH值	4~5	4~5	4~5
交联时间（s）	32	45	45

2.2 自防膨性能

由于改性纤维素基液pH值为4~5，在酸性环境中交联，因此，本身具有自防膨性能，无须额外添加防膨剂即具有抑制黏土膨胀的作用。为了量化该压裂液的自防膨性能，室内进行了膨润土柱体膨胀量的测量。实验选用烘干后的膨润土，称量15g，装入专用模具中加压至4MPa并保持5min，压制成柱状，之后取出测量其高度，并将其浸泡在实验液体中，通过位移传感器记录柱体高度变化，计算膨胀量。实验液体包含清水、2.0%KCl、0.4%防膨剂（主要成分有机胺）、改性纤维素压裂液破胶液。实验结果见图2所示，可见实验液体中，破胶液膨胀量最低，其自防膨性能优于2.0%KCl与0.4%防膨剂。因此现场应用中可以省去防膨剂的用量，降低施工成本。

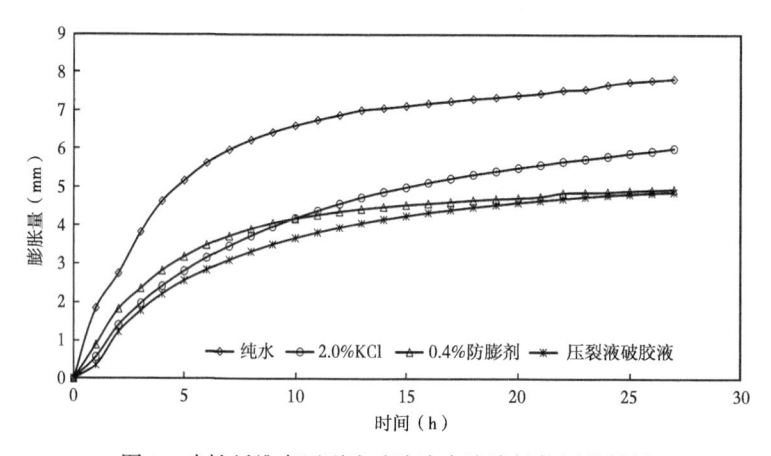

图2 改性纤维素压裂液破胶液自防膨性能评价结果

2.3 破胶性能与残渣含量

实验对不同温度体系压裂液的破胶性能与残渣含量进行了检测，结果见表4。

表4 改性纤维素压裂液的破胶性能检测结果

项 目		检测值		
		30~70℃配方	70~100℃配方	100~130℃配方
破胶性能	破胶时间（min）	120~200	90~120	40~90
	破胶液黏度（mPa·s）	1.5	1.5	1.5
	表面张力（mN/m）	22.96	22.48	23.36
	界面张力（mN/m）	1.40	1.41	1.36
残渣含量（mg/L）		14	16	23

可见随温度变化，该压裂液体系能够实现40~200min完全破胶，破胶性能良好。当储层温度较低时，可适当追加破胶剂来缩短破胶时间，减轻对储层的伤害。破胶液的表面张力在22.48~23.36mN/m之间，界面张力在1.36~1.40mN/m之间，利于压后返排。实验测得该体系存在微量残渣。从理论上分析，改性纤维素压裂液稠化剂为高分子聚合物，交联冻胶破胶后没有固相物质，不应存在残渣。实验中检测的微量残渣分析为配液用自来水中的杂质或是某种添加剂中的微量杂质导致的。

2.4 耐温耐剪切性能

实验室用MARS-600流变仪，在170s^{-1}的剪切速率下，分别对三种温度范围的压裂液配方进行剪切，剪切90min后，得出压裂液的黏度，见表5。

表5 改性纤维素压裂液耐温耐剪切性能检测结果

压裂液体系	剪切温度（℃）	剪切90min后最低黏度（mPa·s）
30~70℃配方	70	110
70~100℃配方	100	125
100~130℃配方	130	145

可见每个温度范围的配方在剪切90min后黏度仍在100mPa·s以上，大于中高温井压裂有效造缝和携砂的需求通用黏度50mPa·s，因此体系具有良好的耐温耐剪切性能，能够满足现场压裂施工需求。

2.5 岩心伤害实验

取致密气区块DS33井营城组营一段天然岩心，通过岩心流动实验评价压裂液破胶液对岩心的伤害，见表6。可见压裂液体系的平均渗透率伤害率为9.69%，表明压裂液具有优良的低伤害性能。其无残渣的特点有利于保持裂缝的高导流能力。

表6 改性纤维素压裂液岩心伤害实验结果

岩心编号	压裂液体系	伤害前渗透率（mD）	伤害后渗透率（mD）	渗透率伤害率（%）
1	30~70℃配方	0.0244	0.0221	9.43
2	70~100℃配方	0.0195	0.0175	10.26
3	100~130℃配方	0.0213	0.01939.39	

3 工作液配伍情况

为验证以上两种工作液与地层水的配伍性以及两种工作液之间的配伍性，进行了以下实验：将滑溜水、破胶液与地层水任意两种以不同比例混合，观察是否产生沉淀，见表7。可见以上实验均未有沉淀生成，说明两种工作液与地层水配伍性良好，工作液之间配伍性良好。

表7 工作液配伍性实验结果

混合类型	沉淀情况 1:2	沉淀情况 1:1	沉淀情况 2:1	配伍情况
滑溜水:地层水	无沉淀	无沉淀	无沉淀	好
破胶液:地层水	无沉淀	无沉淀	无沉淀	好
滑溜水:破胶液	无沉淀	无沉淀	无沉淀	好

4 应用效果

目前,该压裂工作液组合在吉林油田致密气区块进行了3井12段先导性试验,施工压力平稳,施工成功率达100%。表8为上述工作液组合试验井与其邻井情况对比。上述工作液组合试验井平均日产气量$5.23\times10^4 m^3$,约为其邻井的4.47倍,增产效果与比较优势非常明显。对比返排率可以发现,试验井返排率较高,约为邻井的2.05倍,证明改良的滑溜水体系能够降低水锁伤害,同时也证实改性纤维素压裂液体系破胶彻底、对储层及裂缝内支撑剂二次伤害较小,易于返排。

表8 工作液组合现场应用情况

井号	段数	工作液类型	滑溜水 排量(m^3/min)	滑溜水 液量(m^3)	冻胶压裂液 排量(m^3/min)	冻胶压裂液 液量(m^3)	总液量(m^3)	总砂量(m^3)	返排率(%)	测试产量($10^4 m^3/d$)
A井	3	本文工作液组合	10~16	1321	8	2439	3760	200	62.9	5.2
A邻井	3	常规工作液组合	14	1820	8	1941	3761	135	29.3	1.5
B井	5	本文工作液组合	10~16	2151	6~8	4702	6853	336	58.8	2.5
B邻井	4	常规工作液组合	10~16	1603	6~8	2855	4458	230	28.7	0.8
C井	4	本文工作液组合	12	3483	6	5320	8803	463	63.9	8
C邻井	3	常规工作液组合	12	3362	6	3360	6722	340	32.7	1.2

5 结论

(1)改良的滑溜水体系,主要由减阻剂、黏土稳定剂与微乳纳米助排剂构成,减阻率能够能达到70%以上,能够较好地抑制黏土膨胀,24h岩心渗透恢复率接近90%,解除水锁伤害程度较高,表面张力与常规气井滑溜水降低40%以上,利于致密气井压后助排。

(2)改性纤维素压裂液适用于50~130℃温度范围,基液黏度与交联时间满足水基压裂液通用技术指标;基液显酸性,本身具有自防膨性能,40~200min完全破胶,破胶液的表界面张力低,微量残渣;压裂液具有良好的耐温耐剪切性能,对岩心渗透率伤害率为9.69%。

(3)配伍性实验证明,以上两种工作液完全配伍,能够满足施工需求。该工作液组合在致密气区块已应用3口井,施工成功率100%,平均日产气量约为邻井的4.47倍,平均返排率约为邻井的2.05倍,增产效果与比较优势非常明显,具有较好的大规模推广应用前景。

参 考 文 献

[1] 邹才能，朱如凯，吴松涛，等．常规与非常规油气聚集类型、特征、机理及展望——以中国致密油和致密气为例［J］．石油学报，2012，33（2）：173-187.

[2] 孙建孟，韩志磊，秦瑞宝，等．致密气储层可压裂性测井评价方法［J］．石油学报，2015，36（1）：74-80.

[3] 王永辉，卢拥军，李永平，等．非常规储层压裂改造技术进展及应用［J］．石油学报，2012，33（S1）：149-158.

[4] 李颖川．采油工程［M］．北京：石油工业出版社，2002.

[5] 陈曦，郭丽梅，高静．微乳助排剂的研制及性能评价［J］．石油与天然气化工，2017，46（3）：88-93.

[6] 罗成成，王晖，陈勇．纤维素的改性及应用研究进展［J］．化工进展，2015，34（3）：767-772.

[7] 段瑶瑶，明华，代东每，等．纤维素压裂液在苏里格气田的应用［J］．特种油气藏，2014，21（6）：123-125.

[8] 明华，邱晓惠，王肃凯，等．新型低分子纤维素压裂液的研究及其在致密油气藏的应用［J］．精细石油化工，2016，33（5）：15-18.